"十三五"国家重点出版物出版规划项目
国家科技基础性工作专项重点项目
国家社会公益研究专项项目
中国农业科学院科技创新工程

中国土壤剖面数据集

·青海卷

主　编　张维理

本卷主编　冀宏杰　孙小凤　张认连　陈占全

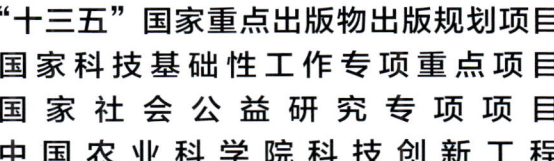

浙江科学技术出版社·杭州

版权所有　侵权必究

图书在版编目（CIP）数据

中国土壤剖面数据集. 青海卷 / 张维理主编；冀宏杰等本卷主编. -- 杭州：浙江科学技术出版社，2024.6. -- ISBN 978-7-5739-1277-0

Ⅰ．S152.2

中国国家版本馆CIP数据核字第2024RF4939号

书　　名	中国土壤剖面数据集·青海卷	
主　　编	张维理	
本卷主编	冀宏杰　孙小凤　张认连　陈占全	
出版发行	浙江科学技术出版社	
	杭州市拱墅区环城北路177号　邮政编码：310006	
	办公室电话：0571-85152719	
	销售部电话：0571-85176040	
排　　版	杭州万方图书有限公司	
印　　刷	浙江新华数码印务有限公司	
经　　销	全国各地新华书店	
开　　本	787 mm×1092 mm　1/8	**印　张**　27
字　　数	477千字	
版　　次	2024年6月第1版	**印　次**　2024年6月第1次印刷
书　　号	ISBN 978-7-5739-1277-0	**定　价**　200.00元
地图审核号	GS浙（2024）312号	

策划组稿　詹　喜　章建林		**责任编辑**　赵雷霖			
责任校对　张　宁		**责任美编**　金　晖		**责任印务**　吕　琰	

如发现印、装问题，请与承印厂联系。电话：0571-85155604

《中国土壤剖面数据集》
编委会

主　　任　赵其国

副 主 任　张维理

委　　员　（按姓氏笔画排序）

　　　　　毛达如　　史学正　　刘　旭　　刘先林　　刘更另
　　　　　孙　睿　　孙九林　　孙铁珩　　杨　鹏　　张洪江
　　　　　张维理　　周健民　　赵其国　　陶　澍　　黄鸿翔
　　　　　黄德明　　傅伯杰

《中国土壤剖面数据集·青海卷》
编写人员

主　　编　张维理

本卷主编　冀宏杰　　孙小凤　　张认连　　陈占全

本卷编委　（按姓氏笔画排序）

　　　　　田有国　　白惠义　　孙小凤　　李月梅　　吴建海
　　　　　张认连　　张怀志　　张继宗　　张维理　　张增艺
　　　　　陈　雷　　陈占全　　岳现录　　徐爱国　　高旭升
　　　　　黄鸿翔　　盛海彦　　蒋福祯　　雷秋良　　冀宏杰

土壤大数据整合与数字制图

设　　计　张维理

制　　作　徐爱国　　张认连　　冀宏杰

程序编制　贾　萌　　吴章生　　严　豪

地图编辑　中国地图出版社集团有限公司

内容提要

本数据集以分县主要土壤类型与土壤剖面点分布图、土壤剖面理化性状表的形式，提供了我国各地详尽的土壤资源与质量的科学数据。全集共25卷，收录了全国2200多个县（市、区）的分县土壤图和6万多个土壤剖面的分层理化性状数据。根据各省级行政区土壤剖面数量和地域关联特征，既有一个省（自治区）的单卷，也有多个省（自治区、直辖市、特别行政区）的合订卷。各卷内容包含分县主要土类说明、主要土壤类型与土壤剖面点分布图、中心区气候特征图表，还含有全国和各卷所涉省级行政区的土壤图、土壤有机质含量图与地势图，以便读者在全国、省级和县级不同视角和尺度上，了解土壤资源与质量状况及其空间分布特征，以及土壤类型、土壤肥力与气候条件、地势、地貌之间的相互关联。

青海省位于中国西部，雄踞世界屋脊青藏高原的东北部。地势总体呈西高东低、南北高中部低的态势，西部地区海拔高峻，向东倾斜，呈梯形下降，东部地区为青藏高原向黄土高原过渡地带，地形复杂，地貌多样。各大山脉构成全省地貌的基本骨架，全省平均海拔3000m以上。属于高原大陆性气候，气温北高南低，年平均气温在 –5.1—9.0℃；降水由东南向西北逐渐减少，绝大部分地区年降水量在400mm以下。主要土壤类型有草毡土、寒钙土、寒冻土、沼泽土、灰棕漠土、栗钙土、风沙土、漠境盐土、棕钙土、草甸盐土、山地草甸土、黑钙土、寒漠土、灰褐土、草甸土、灰钙土、灌淤土、粗骨土等18个土类。本卷收录了青海省40个县（市、区）654个典型土壤剖面的分层理化性状数据，便于读者了解青海省主要土壤类型的分布特征及剖面特征，可作为农业、林业、环境、气象、国土、水利、经济等领域的科研、管理和技术人员的工具书和参考书，也适合高等院校研究生参考使用。

序

万物土中生，有土斯有粮。土为万物之本，土壤的重要性是怎么强调都不为过的。现在，土壤相关数据已成为农业、林业、环境、气象、国土、水利等各部门、各行业的基础数据。土壤研究最基础、最重要的表现形式是土壤剖面数据，其反映了不同层次的土壤理化性状。然而，长期以来，我国一直缺乏一套完整的系统性表现全国各区域土壤性状的剖面数据。

中华人民共和国成立以来，我国曾开展了两次全国性土壤普查，其中20世纪70年代末开始的全国第二次土壤普查是迄今为止最完整的。当时全国挖掘了550余万个剖面，各地分县完成了大比例尺土壤图，数据完整且可靠性高；然而，限于种种因素，当时仅完成了全国范围小比例尺土壤类型图和养分图的汇总，未及时完成全国土壤剖面库的整理。这些纸质资料散落于各地，并且年代久远，面临丢失、损毁的风险。这些宝贵数据具有时空尺度的唯一性，一旦出现问题，将对国家和社会各层面造成无法挽回的损失。

自2001年起，在国家社会公益研究专项项目资助下，张维理研究员带领团队，在全国范围开始对分散存留各地的土壤调查资料进行抢救性收集和整理。2006年，科技部启动了国家科技基础性工作专项项目，"我国1∶5万土壤图籍编撰及高精度数字土壤构建"项目被列入首批重点项目并连续获得两期资助。该项目由中国农业科学院农业资源与农业区划研究所牵头，全国近20个科研单位（两期）共同承担任务，极大地加快了土壤数据抢救的进程，为编制本数据集奠定了基础。在参与本数据集编制的土壤科技工作者20年的持续努力下，在2019年度国家出版基金的资助下，在中国农业科学院科技创新工程的持续支持下，本数据集终于得以面世。

本数据集以涵盖全国2200多个县的土壤剖面分层数据为主体，首次同时展示了分县土壤图与典型土壤剖面分布图，描述了影响土壤发生的气候特征、主要土类的性状等，内容丰富，兼具专业性和科普性。全集共25卷，既有一个省、自治区的单卷，也有多个省、自治区、直辖市、特别行政区的合订卷。鉴于其数据的完整性、系统性、科学性，本数据集可成为我国资源环境领域的必备工具书之一。

本数据集至少可以应用于以下几个方面：

第一，直接服务于农业生产，保障粮食安全和食品安全。全国分县的不同土壤类型分层养分数据、土壤质地信息，可为科学施肥、土壤培肥与耕作措施的制定提供决策依据。

第二，为水利、环境、建筑、旅游等行业提供便捷、直观的土壤分层次基础信息。信息后标有剖面点经纬度，便于查询获取。

第三，对于土壤质量演变、耕地地力演变、碳储量、面源污染、气候变化等多学科研究具有土壤科学起始点数据意义。

我国疆域辽阔，编制本数据集需要对各地分县完成的大比例尺土壤图和土壤调查资料进行数字化整合，创建覆盖我国全域的高精度数字土壤，再进行分县土壤剖面表的提取与分县土壤图的缩编。本数据集的总数据处理量达到 TB 级且数据来源多而复杂、专业性强、处理难度大，按常规方法，需数万人历时多年方能处理完成。张维理研究员创造性地将数据科学、人工智能与人机交互设计原理引入土壤学范畴，首创土壤大数据方法，以土壤科学需求设计统领其他各层级设计，以智能化、自动化、人机交互式的数据分析流程替代人工流程，高效、精准地完成了土壤大数据的时空整合和表达，这一巨著才得以面世。作为两期项目的专家组组长，我亲历了整个项目的全过程，对张维理研究员勇于创新、踏实、勤奋、务实、敬业、有担当的优秀品质印象深刻，也深感钦佩！

本数据集的完成前后历时 20 年之久，直接参与数据收集、编撰人数近百人，涉及我国各省（自治区、直辖市）的土壤肥料相关单位。正是他们的付出和努力，才使得本数据集得以面世。衷心希望本数据集能在农业、林业、环境、气象、国土、水利以及肥料工业等领域发挥积极作用，更好地服务于我国经济和社会发展。

中国科学院院士 赵其国

2021 年 12 月

前 言

土壤是农业的基础，是陆地生态系统生命过程的基础，也是维持地球上能量与水的交换、生命元素循环的重要基础。《中国土壤剖面数据集》首次以分县土壤图和土壤剖面理化性状表的形式，提供了我国陆域全覆盖的土壤资源与质量的科学数据，为农业、林业、环境、气象、国土、水利等部门和相关行业精准了解各地土壤资源分布与质量状况，科学利用土壤资源，发展绿色农业、特色农业和节水农业，进行耕地保育、科学施肥、面源污染防治和基本农田保护等提供了科学依据；也为农业科学、环境科学及地学、气象、测绘、水利等多个学科领域的科研工作者研究陆地生态系统生产力演变、地球物质循环、气候与环境变化提供了基础数据。

编入本数据集的分县土壤图和土壤剖面理化性状表主要源于对全国第二次土壤普查（以下简称"二普"）调查资料的收集、整理、提取与汇总。二普是我国现代规模最大的以查清土壤资源和土壤肥力为主要目标的土壤资源综合调查，既完成了我国迄今为止最详尽的土壤分类调查，也首次在全国范围进行了较高密度的土壤采样化验，开启了我国用土壤理化性状量化指标描述土壤资源与土壤质量状况的时代。二普地面调查采样实施于1979—1987年，通过550万个土壤剖面观测和采样，分县完成了1:5万比例尺土壤图绘制和10万余个土壤剖面的分层采样、化验、记录，其中的土壤质量稳定性要素，如土体构造、质地、母质、成土条件、土壤类型等时效性长，CRT值（土壤特性响应时间，characteristic response time）达上千年，可长久使用；土壤有机质含量，氮、磷、钾含量，酸碱度，耕层厚度等土壤质量变化性要素为了解土壤与环境质量演变提供了重要信息。无论从数量还是质量上看，二普获取的土壤科学数据至今都是我国最详尽、最有价值的土壤资源基础数据，其精度与质量超过许多发达国家的土壤资源基础数据。

20世纪末期以来，全球性人口和经济快速增长导致的人均土地资源与水资源紧缺、环境污染、气候变化、粮食安全危机，使科学界对土壤及其形成过程的关注度不断提高，关注重点也从了解土壤与环境质量现状转变为弄清演变趋势、引致变化的内在机理和驱动因素。土壤圈处于地球大气圈、水圈、生物圈和岩石圈的交会处。土壤层中的生物过程和物质循环过程既活跃，又具有一定的稳定性，能较好地反映地球水圈、土壤圈、大气圈、生物圈及岩石圈五大圈层动态交互作用的结果。只要对近年来国际上关于碳足迹、气候变化的研究进展稍加关注，就可知晓具有时空维度的土壤科学数据对于阐明土壤与环境过程并弄清其驱动因素、预测未来土壤与环境质量变化具有无可替代的作用。本数据集编入的土壤质量数据既是我国在全国范围内首次完成的土壤理化性状的科学记载，也是40多年前对我国土壤质量变化性要素的客观记录，能帮助我们了解改革开放以来经济、农业高速发展以及农用化学品投入量高速增长对土壤与环境质量的影响，对了解我国土壤与环境质量时空演变亦具有起始点土壤科学数据的意义。本数据集编入的起始点数据使我们对全国土壤及相关过程的认识延伸了40多年。历史上的土壤调查结果不能被新的调查结果替代，这一不可替代性使得本数据集将成为我国农业与环境领域最具影响力的工具书和参考书之一。

本数据集既是我国老一辈土壤与农业科研工作者在全国土壤普查工作中取得的成果，也是数据集编制人员长期以来默默耕耘的结晶。二普完成的大比例尺土壤图件和土壤剖面理化性状主要为手绘纸质图件和非正式出版的铅印或油印资料，份数少且由各地自行保存。二普结束后，随着各地机构调整与人员变动，土壤调查资料被损毁或丢失严重，难以发挥作用。在我国多位知名科学家的倡议和推动下，"十一五"期间，"我国1∶5万土壤图籍编撰及高精度数字土壤构建"项目（2006—2017）被列为国家科技基础性工作专项重点项目。其目的是对各地宝贵的土壤科学数据进行抢救性收集、数字化和整合，提升我国科学研究与管理基础数据的条件。为实现这一目标，项目组研究人员首先对各地分散存留的纸质分县土壤调查资料进行了全面的收集、修复和整理。针对国际范围内缺少对异源、异质、异构、异形土壤大数据的提取、整合方法的难题，项目组研究人员积极探索、勇于创新，融合应用土壤学、地理信息系统技术、数据科学、人工智能、人机交互设计方法，创建了土壤大数据方法，以层级化的流程设计实现土壤科学层面的需求设计统领体系架构、数据流程及模块设计，以独立于数据流程的监控设计实现土壤科学家对全流程的掌控和人工干预，以智能化、人机交互式数据流程替代人工流程，优质、高效地完成了对各地异源土壤资料的审核、提取、过滤、分类、整合与表达，完成了覆盖我国全陆域的1∶5万比例尺土壤图绘制与土壤剖面点空间数据库建设工作。为满足各行各业准确了解我国各地土壤资源与质量状况的广泛需求，编者通过对1∶5万比例尺土壤图数据的缩编表达与10万余个土壤剖面理化性状数据的进一步提取，最终完成了本数据集的编制。

本数据集共25卷，收录了全国2200多个县（市、区）的分县土壤图和6万多个土壤剖面的理化性状数据。根据各省级行政区土壤剖面数量的多寡和地域关联特征，既有一个省（自治区）的单卷，也有多个省（自治区、直辖市、特别行政区）的合订卷。为便于读者了解全国及各省级行政区土壤资源与质量的分布特征，特别编制了全国及各省级行政区土壤图、土壤有机质含量图与地势图三个序图，读者可以方便地查询全国及各省级行政区任何地区拥有的主要土壤类型，了解其土壤有机质含量及地势、地貌特征。在各分卷中，分县土壤资源与土壤质量性状由主要土类说明、中心区气候特征图表、分县主要土壤类型与土壤剖面点分布图以及土壤剖面理化性状表共同呈现。

本数据集既可作为工具书、参考书，供农业、林业、环境、气象、国土、水利、经济等领域的管理人员和技术人员使用，也适合高等院校相关专业研究生参考使用。

我国幅员辽阔，从收集、整理全国分县土壤调查资料，到完成覆盖我国全境的 1∶5 万比例尺土壤图籍，再到完成本数据集的编制，来自全国近 20 家研究机构的科研人员组成项目组，辛苦工作了 20多年。其间，本项工作得到了国家社会公益研究专项项目、国家科技基础性工作专项重点项目的长期、连续资助和在项目实施年限上给予的充分理解，同时得到了中国农业科学院科技创新工程的资助，全国 50 多家国家级及省级土壤、测绘、农业科研与管理机构的大力支持以及我国老一辈土壤科学家自始至终的关心和鼓励。在整个项目实施期间，有 9 位院士和 7 位长期从事土壤科学、农业资源环境研究的专家给予了直接和全程的指导。近 20 年间，项目组研究人员一方面要承担艰难而繁重的科研任务，另一方面要顶着多年没有科研产出的压力，没有他们的坚持和付出，就没有本数据集的面世。在此，谨向所有参加数据集编制的科研人员及对本项工作给予支持的部门和人员一并表示衷心的感谢！

由于本数据集包含的数据量庞大，且不限于土壤学本身，尽管我们在编撰过程中极尽斟酌，仍难免存在不足之处，敬请读者批评指正，以便今后修订完善。

中国农业科学院研究员 张维理

2021 年 12 月

目 录

第一编　编制说明与序图

编制说明

编制目的 …………………………………………………………… 002
土壤数据基础知识 ………………………………………………… 002
数据集内容 ………………………………………………………… 005
土壤数据来源 ……………………………………………………… 005
编制方法——土壤大数据方法 …………………………………… 006
中国土壤图、中国土壤有机质含量图与中国地势图编制 ……… 007
分省土壤图、分省土壤有机质含量图与分省地势图编制 ……… 009
县域中心区气候特征图表编制 …………………………………… 011
分县主要土壤类型与土壤剖面点分布图编制 …………………… 012
分县土壤剖面理化性状表编制 …………………………………… 012
土壤专题图与土壤剖面数据可靠性检验 ………………………… 017
参编单位 …………………………………………………………… 019

序　图

中国土壤图 ………………………………………………………… 020
中国土壤有机质含量图 …………………………………………… 022
中国地势图 ………………………………………………………… 024
青海省土壤图 ……………………………………………………… 026
青海省土壤有机质含量图 ………………………………………… 028
青海省地势图 ……………………………………………………… 030

第二编　分县土壤图与土壤剖面数据

西　宁　市

市辖区 …………………… 034	大通回族土族自治县 ………… 043
城中区、湟中区 …………… 037	湟源县 …………………… 047

海　东　市

市辖区 …………………… 050	互助土族自治县 …………… 066
平安区 …………………… 056	化隆回族自治县 …………… 072
民和回族土族自治县 ……… 060	循化撒拉族自治县 ………… 076

海北藏族自治州

门源回族自治县 …………… 081	海晏县 …………………… 088
祁连县 …………………… 084	刚察县 …………………… 092

黄南藏族自治州

同仁市 …………………… 095	泽库县 …………………… 102
尖扎县 …………………… 098	河南蒙古族自治县 ………… 106

海南藏族自治州

共和县 …………………… 109	兴海县 …………………… 120
同德县 …………………… 113	贵南县 …………………… 124
贵德县 …………………… 116	

果洛藏族自治州

玛沁县 …………………… 128	达日县 …………………… 137
班玛县 …………………… 131	久治县 …………………… 140
甘德县 …………………… 134	玛多县 …………………… 143

玉树藏族自治州

玉树市 ………………………… 146
杂多县 ………………………… 149
称多县 ………………………… 152
治多县 ………………………… 155
囊谦县 ………………………… 158
曲麻莱县 ……………………… 161

海西蒙古族藏族自治州

格尔木市 ……………………… 164
茫崖市 ………………………… 167
乌兰县 ………………………… 170
都兰县 ………………………… 174
天峻县 ………………………… 178

附　　录

附录 1　青海省县级行政区及县级土壤图地域名对照表 ……………… 184
附录 2　专题图基础地理要素图例 ……………………………………… 186
附录 3　土壤图土类图例 ………………………………………………… 187
附录 4　中国主要土壤类型简表 ………………………………………… 189
附录 5　青海省主要土壤类型表 ………………………………………… 194
附录 6　分省土壤有机质含量图有机质含量分级图例 ………………… 195
附录 7　青海省典型剖面 0—20cm 土层土壤理化性状中位数与平均数
　　　　………………………………………………………………… 196
附录 8　青海省主要土地利用类型 0—30cm 土层土壤有机质含量 …… 197
附录 9　青海省耕地、园地、林地和草地中主要土壤类型占比 ……… 198
附录 10　《中国土壤剖面数据集》参编单位 …………………………… 199

参考文献 …………………………………………………………………… 201

中国土壤剖面数据集·青海卷

第一编 | 编制说明与序图

编 制 说 明

编制目的

土壤是农业的基础，也是维持地球碳、氮、硫、磷等重要生命元素正常循环的基础。肥沃的土壤促进了人类文明的诞生和繁荣。科学研究表明，地球上种类繁多、形态各异的土壤是在气候、生物、地形、时间、成土母质五大成土因素共同作用下形成的。北京社稷坛铺设的青、白、红、黑、黄五种不同颜色的土壤（五色土），分别代表我国东、西、南、北、中五大区域的典型土壤。不同类型的土壤性状差别很大。例如，南方红壤呈酸性，易缺乏钾离子、钙离子、镁离子等阳离子，农业生产上要注意调酸和补充富含钾、钙、镁的肥料；而西部土壤有机质含量低，施用有机肥料和秸秆还田对提高地力至关重要。我国人均土地资源紧缺，要实现粮食安全、环境安全和可持续发展，需要精准掌握各地土壤资源与质量状况，做到因土制宜，科学管理。

《中国土壤剖面数据集》是国家自然资源基本资料之一，其首次以分县土壤图和土壤剖面理化性状表的形式，提供了我国各地详尽的土壤资源与质量科学数据，为农业、林业、环境、气象、国土、水利等部门了解各地土壤质量状况，科学利用土壤资源，发展绿色农业、特色农业和节水农业，进行耕地保育、科学施肥、面源污染防治和基本农田保护提供了基础数据，也为农业科学、环境科学及地学、气象、测绘、水利多个学科领域的科研工作者研究陆地生态系统生产力及其演变、地球物质循环、气候与环境变化提供了科学依据。

本数据集编入的土壤质量数据亦是我国在全国范围内首次完成的土壤理化性状的科学记载，对了解我国土壤与环境质量时空演变具有起始点数据的意义。通过这些数据，科研工作者可以追溯我国全国范围土壤与环境相关过程至20世纪80年代，分析和了解导致土壤质量变化的环境和人为因素，并对土壤与环境质量演变趋势进行预报与预警。历史上的土壤调查结果不能被新的调查结果替代，这一不可替代性使得本数据集将成为我国农业与环境领域最具影响力的工具书和参考书之一。

土壤数据基础知识

本数据集收录的土壤数据源于土壤调查。为便于读者了解和应用这些数据，本节对土壤调查的目标、内容与主要方法，土壤数据的时空维度特征，土壤数据的应用领域与时效性做一简要介绍。

（一）土壤调查的目标、内容与主要方法

土壤调查的主要目标是查清一个区域内土壤资源与质量状况及其空间分布特征。19世纪末期至20世纪中后期，各国土壤调查的主要目标是查清土壤类型及分布特征[1-2]。由于不同土壤类型最典型的区别是成土过程中形成的土壤剖面特征，因而在传统的土壤调查中，需要在调查区域内进行多点采样，并在每个采样点对0—1—2m深土体的土壤剖面进行分层采样、观测、理化性状分析，记录剖面各分层土壤理化性状，据此进行土壤

分类、命名，并最终依据多点调查结果完成土壤图的绘制。

20世纪末期以来，全球人口及经济快速增长导致人均土地资源和水资源紧缺、环境污染、气候变化与粮食安全危机，不同行业及学科领域对土壤生产功能和环境功能的关注度不断提高，土壤调查的核心内容也逐步从查清土壤类型分布特征转为土壤功能调查。土壤功能调查的目标是了解土壤生产力、土壤环境质量和土壤健康质量等。例如，为了耕地保育和科学施肥，需要进行土壤有效养分含量状况、土壤障碍因素调查；为了了解环境质量，需要进行土壤污染状况、土壤环境容量调查；为了发展节水农业，需要进行土壤保水性状调查；为了控制水污染，需要进行流域农田土壤氮、磷流失特征与风险调查。土壤功能调查的内容主要为可量化的，或含义单一且明确，易于被其他学科和行业认知的土壤功能性指标，如土壤有机碳含量、土壤重金属含量、土壤质地类型、耕层厚度等。在土壤功能调查中，也需要在调查区进行多点采样，并根据调查目标的不同，选择适宜的采样深度。例如，当调查目标是了解土壤有效养分供应量或农田土壤污染物含量时，通常仅对耕层土壤进行采样；当调查目标是了解土壤保水性能、土壤水土流失与养分流失性状时，则需要对较深的土壤剖面进行分层采样和观测。

较早的土壤调查主要通过地面多点采样来了解一个区域土壤资源与质量性状的空间分布特征。近年来，随着遥感技术、地理信息系统（GIS）技术、模拟技术与大数据技术的发展，土壤质量相关数据（如数字高程、土地覆盖、植被数据等）产生量急剧增长，这使得在大区域尺度内通过多类型相关信息精确地捕捉和表达土壤质量性状以及相关过程成为可能。在国际上，地面采样调查与辅助信息结合的方法——数字土壤制图方法（digital soil mapping）已成为土壤调查的重要方法[3]。该方法能利用采样设计、辅助信息、推理模型与地统计检验，大幅度减少地面采样和土壤理化性状测试分析的工作量。与传统方法相比，采用数字土壤制图方法进行土壤调查，可缩短调查周期，降低调查成本，提高用土壤专题地图表征土壤资源与土壤质量性状空间分布特征的可靠性和精度，从而提高土壤调查的效率与质量。

（二）土壤数据的时空维度特征

在现代社会，农业、环境等领域的专业工作者要了解最新的土壤调查结果，更需要掌握未来土壤质量变化趋势，以便根据变化趋势、自然与人为要素对土壤质量的影响，制定具有针对性的政策与技术措施，实现高产、稳产和环境安全。要精确进行土壤与环境质量预测和预警，就需要对重要的土壤质量性状进行周期性的采样、调查、记录，构建具有时空维度的土壤质量数据。这意味着历史上完成的土壤调查不能被新的调查所替代，所以其结果十分宝贵。

土壤数据最重要的特征之一是时空维度特征。通过历史上的土壤调查结果记录，构建具有时间序列的土壤质量科学数据，能将土壤质量现状与土壤质量演变过程相关联，并以此对土壤质量演变趋势和导致其变化的因素进行分析、预测。而土壤数据标有空间坐标，便于科研工作者将土壤调查结果与其他类别的要素和过程，如与气候、地形、土地利用情况有关的变化信息，以及随施肥投入农田的碳、氮、硫、磷数据等相关联，从而进一步提高分析的精度和预测、预报的可靠性。

土壤圈处于地球大气圈、水圈、生物圈和岩石圈的交会处。土壤层中的生物过程和物质循环过程既活跃，又具有一定的稳定性，能较好地反映地球水圈、土壤圈、大气圈、生物圈及岩石圈五大圈层动态交互作用的结果。具有时空维度的土壤科学数据对于阐明土壤与环境过程并弄清其驱动因素、预测未来土壤与环境质量变化具有不可替代的作用。

近年来，具有地理坐标的土壤剖面点数据受到科学界的广泛关注。剖面数据记载了土体构造、剖面分层土壤理化性状，是了解成土过程的基础，也是构建推理模型，量化表征区域尺度土壤过程、流域水土流失与氮磷流失特征、碳氮循环与环境质量演变的基础。在过去的半个世纪中，尽管完成了大量的土壤剖面调查，但由于在较早的土壤调查中尚未使用全球定位系统（GPS）设备，各国在构建地理坐标的土壤剖面点数据库上差别较大。目前，美国完成了约2万个有地理位点标识的土壤剖面数据[4]，澳大利亚已完成约16万个有地理坐标的土壤剖面数据[5]，欧盟各成员国共享使用的土壤剖面数据库含4000个剖面的分层土壤理化性状数据[6]。本数据集则汇集了我国总计6万多个有地理坐标的土壤剖面数据。

（三）土壤数据的应用领域与时效性

表1汇总了本数据集编入的土壤理化性状及其主要影响因素与过程、时间变化特征、所关联的土壤质量性状和应用领域。

表1 土壤理化性状及其主要影响因素与过程、时间变化特征、所关联的土壤质量性状和应用领域

土壤理化性状	主要影响因素与过程	时间变化特征	所关联的土壤质量性状	应用领域
土壤类型	成土过程	变化慢	土壤肥力与环境质量	农业、水利、环境、建筑、肥料工业等
剖面深度（指剖面各土层厚度的总和）	成土过程	变化慢	土壤肥力、土壤环境容量、土壤保水和保肥性能、土壤持水性能	农业、环境等
土体构造（指土壤剖面各发生层有规律的组合，是土壤剖面最重要的特征）	成土过程	变化慢	土壤肥力、土壤环境容量、土壤保水和保肥性能、土壤持水性能、土壤透水性能	农业、水利、环境等
母质	成土因素	变化慢	土壤肥力、土壤矿物组成、矿质养分含量、土壤质地	农业、水利、环境、肥料工业等
质地	成土过程、母质	变化慢	土壤肥力、土壤环境容量、土壤持水性能、土壤耕性、土壤有机碳与养分含量、土壤重金属吸附性能等	农业、水利、环境、建筑等
颜色	土壤氧化还原、淋溶等成土过程，土壤有机质累积过程	变化较慢	土壤肥力、土壤有机碳与养分含量	农业
土壤结构	成土过程、耕作措施	耕层：变化快；深层：变化慢	土壤水分、通气与养分供应状况，土壤持水性能、土壤透水性能、土壤阳离子交换量、土壤孔隙度、土壤松紧度、土壤耕性等多个土壤肥力相关性状	农业
有机质含量	成土过程、质地、土地利用、施肥、轮作等	变化较慢	与多项土壤肥力与环境指标密切相关，是土壤肥力最重要的指标	农业、环境、肥料工业等
全氮含量	成土过程、土地利用、施肥、轮作等	变化较慢	土壤肥力、土壤供氮性能	农业、环境等
全磷含量	成土过程、母质等	变化较慢	土壤肥力、土壤供磷性能	农业、环境等
全钾含量	成土过程、母质等	变化较慢	土壤肥力、土壤供钾性能	农业、环境等
pH	成土过程、酸雨、土壤调理剂施用等	变化快	土壤肥力、土壤养分有效性、土壤结构及重金属吸附性能	农业、环境、肥料工业等
碱解氮含量	土地利用、施肥等	变化快	土壤供氮性能、土壤氮素流失特征	农业、环境、肥料工业等
有效磷含量	土地利用、施肥等	变化快	土壤供磷性能、土壤磷素流失特征	农业、环境、肥料工业等
速效钾含量	土地利用、施肥等	变化快	土壤供钾性能、土壤钾素流失特征	农业、环境、肥料工业等
阳离子交换量	成土过程、黏粒、有机质含量、盐分含量	变化较慢	土壤供肥和保肥性能、土壤重金属吸附性能	农业、环境等

在表1中，主要影响因素与过程指对某项理化性状起主要作用的过程和因素。例如，土壤类型、土壤剖面深度、土体构造、母质、土壤质地类型主要由成土过程或成土条件决定；土壤有机质含量和土壤全氮含量则受成土过程、施肥及轮作等农业技术措施的共同影响；在耕地土壤上，施肥等农业技术措施对土壤碱解氮、有效磷、速效钾等土壤有效养分含量的影响很大。

土壤理化性状的现势性主要取决于其影响因素与过程的时间尺度。自然条件下，成土过程通常需要数万年。受成土过程影响的土壤类型、土层厚度、土体构造、土壤质地类型、母质等土壤理化性状变化很慢，CRT值（土壤特性响应时间，characteristic response time）达上千年，可称为土壤稳定性要素或慢变化性状，其相关数据时效性很长，可长久使用。而农田土壤有效养分含量、酸碱度、耕层厚度等土壤质量性状受施肥和耕作等农业措施影响大，变化较快。例如，农田土壤有效磷、速效钾养分含量，在大量施用磷、钾肥条件下，10余年后可成倍提升。这些土壤理化性状亦可称为土壤变化性要素或快变化性状。

不同土壤理化性状的应用范围既取决于其现势性、时空维度特征，又取决于其所关联的土壤质量性状。土壤剖面深度、土体构造、质地、有机质含量等与土壤持水、保肥、通气和透水性能密切相关，可供农业、水利、环境、金融等行业用于农田稳产、高产性能，农田排灌设施规划与灌溉定额编制，农田水土流失风险分级，流域农田蓄水容量与降雨后流失水量分级，农田水、旱灾害风险分级，农田环境容量测算等各方面的地力评价。土壤有效养分含量、pH与土壤需肥性状和调酸性状密切相关，可供农业、肥料生产和销售部门用于科学施肥和土壤改良。土体构造和质地、土壤结构、土壤有效养分含量还影响流域农田土壤养分流失特征，农业和环境部门在进行农业面源污染防控时，可利用这些土壤性状与其他要素共同编制流域污染源解析与控制类型区分布图，以便对农业面源污染采取分类型、分区段的源头控制措施。土壤有机质含量变化也是了解气候变化和碳减排措施效果的基础，对于环境管控和环境外交具有重要意义。

数据集内容

本数据集全集共25卷，收录了我国2200多个县（市、区）的分县土壤图和6万多个土壤剖面的理化性状数据。根据各省级行政区土壤剖面数量的多寡和地域关联特征，既有一个省（自治区）的单卷，也有多个省（自治区、直辖市、特别行政区）的合订卷。

为便于读者了解各地土壤资源与质量分布概况及其主要特征，编者为各分卷编制了省级行政区的土壤图、土壤有机质含量图与地势图三图。读者可通过分省三图查询各省级行政区任何地区拥有的主要土壤类型，了解其土壤有机质含量及其地势、地貌特征。此外，编者还编制了全国土壤图、土壤有机质含量图与地势图三图附于各分卷，供读者比较和了解各省级行政区土壤资源及质量特征同全国其他地区的区别和关联。

各分卷的第二部分为分县土壤图与土壤剖面数据。在每个省级行政区内，各分县按四部分展示土壤及其相关信息，即分县主要土类说明、本区域中心区气候特征、主要土壤类型与土壤剖面点分布图以及土壤剖面理化性状表。在本卷目录中，分县按民政部于2022年3月发布的《2021年中华人民共和国行政区划代码》中的地级、县级行政区顺序排序。各分卷目录中仅收录了县域内有土壤剖面数据的县级行政区，无土壤剖面数据的县级行政区未纳入分卷目录中，并在附录1中对其进行了标注。

土壤数据来源

编入数据集的分县土壤图与土壤剖面理化性状数据主要源于全国第二次土壤普查（以下简称"二普"）。二普是我国现代规模最大的、以查清土壤类型和土壤肥力为主要目标的土壤资源综合调查。二普之前，我国土壤调查以观测性调查和定性评价为主，很少有采样化验。在总结之前国内外土壤调查经验的基础上，二普不仅完成了我国迄今为止最为详尽的土壤分类调查，也首次在全国范围进行了高密度土壤采样化验，开启了我国用土壤理化性状量化指标描述土壤资源与土壤质量状况的时代。

二普地面采样调查实施于1979—1987年，调查区域基本覆盖我国全陆域。二普不仅地面采样密度高，科学性和系统性也比较突出。全国百余名长期从事土壤研究的科研工作者共同制定了全国土壤分类系统和统一的土壤调查技术规程[7]。在地面调查中，各地以1∶1万比例尺地形图作为工作底图，以乡为调查单元进行野外采样作业，全国共挖取土壤观察剖面550余万个，记录了1—2m深土体各发生层形态和特征，并根据土壤分类标准对土壤进行了分类和命名。对边远区、高寒区和无人区应用遥感解译方法，填补了之前土壤调查及成图中上述地区土壤数据的空白。在大量剖面土体观测和采样调查的基础上，完成了全国绝大部分分县1∶5万比例尺土壤图的绘制，牧区和边疆地区完成了1∶20万—1∶10万比例尺土壤图的绘制。二普还完成了10余万个典型剖面的分层采样，化验分析了剖面分层质地，有机质含量，大量、中量和微量元素含量，pH，阳离子交换量，土壤矿物组成等多项土壤理化性状，编制了分县土壤志。二普通过野外实地调查、采样和测试获取的土壤科学数据，至今仍是我国最详尽、最有实用价值的土壤资源基础数据，其精度与质量超过许多发达国家的土壤资源基础数据[8]。

如图1所示，收录于本数据集的土壤质量数据是对我国40多年前土壤质量状况的客观记录，亦是我国在全国范围内首次完成的土壤理化性状的科学记载，其中的土壤稳定性要素现势性较长，可在今后若干年间长期使用；而土壤变化性要素对了解我国土壤与环境过程的作用亦不可替代。这些数据使我们用现代科学手段研究各地土壤及相关过程的历史可上溯至20世纪80年代。

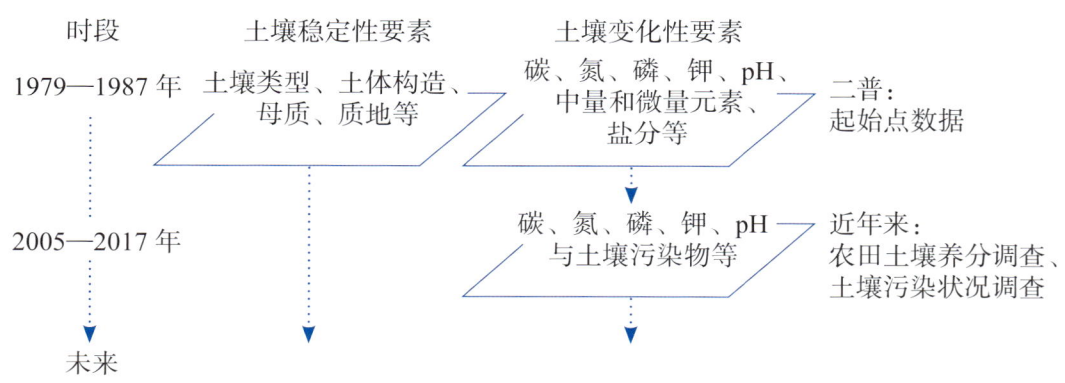

图1　全国性土壤调查所覆盖的时段

受历史条件限制，二普完成的大比例尺土壤图和土壤剖面理化性状主要为手绘纸质图件、非正式出版的铅印或油印资料，份数少且由各地自行保存。二普结束后，随着各地机构调整与人员变动，土壤调查资料被损毁或丢失严重。2000年以来，编者开始对各地分散存留的纸质分县土壤调查资料进行系统性收集、修复与整理，通过对宝贵的土壤科学数据的提取、整合和表达，我国科学研究与管理基础数据的水平得到了提升。本数据集收录的分县土壤图和剖面数据主要源于对全国分县土壤图、分县土种志和分省土种志的整理、提取、汇总与表达（表2）。

表2　数据集主要土壤资料与数据来源

资料类型	资料名称及数量
土壤图（纸质）	1∶5万分县土壤图，总计约1600个县
	1∶100万—1∶50万省级土壤图，总计570个县
土壤剖面资料（纸质）	分县土种志：约2200册，计约2200个县；分省土种志：28册
土壤有机质含量图（纸质）	全国、分省土壤有机质含量图
农区土壤耕层采样数据（电子）	2005—2017年在全国农区采集的、含GPS坐标定位的1000万个采样点耕层有机质含量数据

为编制全国与分省土壤有机质含量分布图，本数据集还使用了我国于二普期间完成的全国、分省土壤有机质含量图纸质图件和于2005—2017年在全国采集的1000万个具有GPS坐标定位的采样点耕层有机质含量数据[9]。

编制方法——土壤大数据方法

我国幅员辽阔，不同地区土壤的土壤类型及其质量状况和分布特征差别较大，各地土壤调查技术条件和水平差别也较大，因此各地分县完成的图件和剖面资料在形式和内容上有较大差异。在用异源土壤数据生成新数据时，新数据的科学性既取决于各异源数据本身的科学性和可靠性，也取决于数据整合采用方法的科学性和可靠性。例如，对分县剖面资料进行整合时，对国标上未出现过的土壤类型名进行归并需要有土壤分类学上的依据；用新的土壤调查数据对原有土壤有机质含量图进行更新，也需要有进行合并表达的科学依据。编制本数据集需要对海量异源数据进行提取、分析、整合、缩编与表达，数据分析流程复杂。同时，在数据分析过程中，土壤专业问题，非标准化数据问题，计算机硬、软件平台系统问题和数据分析员、程序员疏漏问题等可能引致多类别数据分析错误。若既要准确无误地完成各项数据分析技术任务，又要在繁复的数据分析流程中有效贯彻科学原则、实现数据分析科学目标，这就需要一套科学的方法体系。为此，本数据集编者通过研究异源非标准土壤数据特征，融合应用土壤学、数据科学、人工智能、人机交互设计方法与地理信息系统技术，创建了土壤大数据方法[10-11]。

土壤大数据方法是专门供土壤科研工作者使用的一种设计方法，是对经典土壤学研究方法的补充，主要适用于对海量异源土壤数据信息的提取、筛选、分析与表达。通过土壤大数据方法的使用，科研工作者能够分析、认识和阐明土壤性状及相关过程和规律。土壤大数据方法的主要设计规则为以层级化的流程设计实现土壤科学层面的需求设计统领体系架构设计，界定各分段流程目标和关联，部署低层级分段流程、模型和功能模块；以独立于数据流程的监控设计实现土壤科学家对全流程的掌控和人工干预。土壤大数据方法的设计内容包括数据科学分析目标与科学基础界定，数据流程体系架构，流程及软件工具设计，数据流程监控设计。设计中，所有节点均采用双命名制命名，对流程中各节点数据同时进行土壤科学内涵命名和函数代码命名。应用以上设计方法编制设计文档，能在庞杂的异源、异质、异形、异构大数据分析中，实现以科学目标引领数据分析流程，以自动化、人工智能、人机交互式的数据流程替代人工流程，提高大数据分析效率。

在本数据集编制过程中，编者需要完成图件与资料数字化、矢量化，元数据构建，信息提取、过滤、分类、赋码，土壤空间数据逻辑结构、存储结构归一化，统计检验、数据整合、缩编表达、输出等多项数据分析任务，分段流程达1500余个，需要存储的重要节点数据超过2000个，数据量超过20TB。采用土壤大数据方法，编者自主设计和完成了6个土壤大数据分析工具软件包，其中包含157个功能模块（表3），设计文档的科学和工程目标实现率超过99%，为准确、高效完成数据集编制提供了保障，也为土壤学研究提供了新的方法。

表3　系列化土壤大数据分析软件包及其主要功能与模块数

软件包	主要功能	模块数/个
IMAT2.0（intelligent mapping tools）智能化制图工具	异源土壤空间数据的要素提取、过滤、分类、赋码、坐标转换，空间库要素与字段的编辑，图幅与图层的编辑，土壤要素空间库外挂属性表编辑与管理等	35
IMAT-big（intelligent mapping tools for big data）智能化大数据制图工具	超大土壤及相关要素空间数据的要素筛选、图层拆分、数据整合、节点监控、逻辑结构重组等分析	37
IMAP（intelligent map presentation）智能化地图表达工具	土壤大数据地图制图表达与输出	30
ISPA（intelligent soil profile data analysis）智能化土壤剖面数据分析	异源土壤剖面数据的信息提取、过滤、赋码、坐标匹配、检验、整合与统计等	22
ISPP（intelligent soil profile presentation）智能化土壤剖面表达	土壤剖面图表及辅助信息的表达	12
IMAT-SOM（intelligent mapping tools-SOM）土壤有机质制图工具	异源土壤有机质数据整合与表达	21

中国土壤图、中国土壤有机质含量图与中国地势图编制

编制全国三图的目的是便于读者在全国视角和尺度上了解我国各地区土壤资源与质量状况空间分布特征，土壤类型和土壤肥力与地势、地貌之间的相互关联。其中，土壤图用于展示土壤资源分布状况及与成土过程相关的土壤质量状况；土壤有机质含量图用于直观反映土壤肥力情况；地势图便于读者了解不同类型和肥力水平土壤的地势、地貌特征。全国三图的制图比例尺为1∶1300万。

全国三图中采用的境界、城市等基础地理信息要素于中国地图出版社出版的《第一次全国地理国情普查地图集》[12]和《中国地图集》[13]。全国三图中，境界、水系、居民地、地级以上城市等基础地理信息要素的图示与图例表达见附录2。

（一）中国土壤图

由于制图比例尺小，中国土壤图是在二普完成的1∶400万比例尺全国土壤图的基础上进行矢量化和缩编表达获得的。在缩编表达过程中，土壤类型仅保留了我国土壤分类系统中的第三层级——土类。

在土壤图中，土类颜色主要根据不同土类在其成土因素、发育程度下形成的典型颜色进行设计（附录3）。红色系供土壤富铝化程度高的土壤选用，如红壤、砖红壤、赤红壤等；黄色系、棕色系供干旱区发育程度低的土壤选用，如黄绵土、灰漠土、灰棕漠土等。受灌水、耕作和地下水影响大的土壤采用绿色系，如水稻土、灌淤土、潮土、草甸土等，表示土壤肥力较高，绿色植物生长茂盛；黑土、黑钙土、栗钙土、棕壤、褐土、黄棕壤、紫色土等分别选用深棕色系、褐色系、紫色系；盐土、碱土、沼泽土等植物生长有障碍的土类采用暗色系，如暗紫色系、灰褐色系、青灰色系等，表示土壤生产力低下，植物生长较差。这一颜色设计与国标相关规定一致[14]。

在图例中，按照我国主要土壤类型从南到北、从东向西的地带性分布规律对土类进行排序，附录4所列中国主要土壤类型的排序也按此规则编排。

（二）中国土壤有机质含量图

土壤有机质含量是指土壤中各种含碳有机物质的总和。土壤有机质主要包括土壤腐殖质、半分解的动植物残体、与土壤黏粒和细粉粒紧密结合的有机物质、土壤微生物体所含的有机物质等。以动植物残体形式进入土壤的有机物质成为土壤生物的食物，供养土壤生物的生命活动；在土壤生物，特别是土壤微生物作用下生成的土壤腐殖质，能够促进土壤团聚体形成，提高土壤保水、保肥、供水、供肥性能，提高土壤肥力，并大幅度提高耕地土壤高产、稳产性能。因此，土壤有机质含量是最重要的土壤质量指标之一。土壤有机质碳量是大气总碳量的2倍，是地球植被总碳量的3倍，参与地球陆域碳循环总碳量中80%的碳以土壤有机质碳的形式存在。研究显示，土壤有机质含量实质上是土壤有机碳投入和分解之间动态平衡的表现，影响这一平衡的主要因素为气候、土壤质地与土地利用方式，施肥和耕作等农业技术措施对其影响则相对较小。当影响平衡的主要因素未发生变化时，土壤有机质含量也比较稳定[15]。

中国土壤有机质含量图由各分省土壤有机质含量图（0—30cm土层）合并编制生成。制图用源数据和编制方法在分省土壤有机质含量图编制说明中加以叙述。

为展示全国范围的土壤有机质含量空间分布特征，编者在中国土壤有机质含量图的图示和图例表达中采用了有机质含量范围的非等距划分分级方式，将我国土壤有机质含量分为7个等级（表4），各分级所占我国陆域面积的比例也列于表中。其中，占我国陆域面积29%的"很低"和"低"两个分级的土壤（有机质含量小于10g/kg）主要分布于西北干旱地区，而"较高""高""很高"三个分级的土壤（有机质含量大于25g/kg）主要分布于东北、西南地区，这些地区森林覆盖率较高，雨量充沛，温度适宜，有利于土壤有机质的累积。

表4 中国土壤有机质含量（0—30cm土层）分级

分级	分级释义	有机质含量/（g/kg）	换算系数	有机碳含量/（g/kg）	占陆域面积/%
1	很低	≤5	1.724	≤2.9	5
2	低	5—10（含）	1.724	2.9—5.8（含）	24
3	较低	10—15（含）	1.724	5.8—8.7（含）	18
4	中	15—25（含）	1.724	8.7—14.5（含）	19
5	较高	25—35（含）	1.724	14.5—20.3（含）	9
6	高	35—45（含）	1.724	20.3—26.1（含）	16
7	很高	>45	1.724	>26.1	6

（三）中国地势图

地势图是表示制图区域地貌特征的专题地图，强调表现地面的高低起伏、倾斜程度及其区域对比关系，以及与地形密切相关的河流、湖泊等水系要素分布特征，显示出制图区域山河分布的脉络体系、结构形式、各种地貌类型的形态特征。地势是影响土壤类型的重要因素，地势图也是编制土壤图、气候图、植被图等的基础。

中国地势图的地貌晕渲图采用 SRTM3 DEM（shuttle radar topography mission, digital elevation model，2003）数据，考虑我国地势呈三级阶梯状分布的特点，按 0—50—100—200—500—800—1000—1200—1500—2000—2500—3000—3500—5000m 及以上设计高度表，以深绿色—黄绿色—棕色—紫色色调的象征色表示海拔由低向高过渡。其他矢量数据来源于中国地图出版社编制的 1∶400 万《中国地形图》[16]。河流参照中国地图出版社编制的《中国河流、水运资料图》进行选取、表达，三级及以上河流全部选取，二级及以上河流标注名称，低级别河流适当选取以反映区域水系特点；成图面积 4mm² 以上湖泊和水库全部表示，但仅标注大型湖泊名称，小面积湖泊适当选取以反映区域特点，如青藏高原湖泊群分布；山脉、山峰参照中国地图出版社编制的《中国山脉资料图》选取，三级及以上山脉全部选取、表达，二级山脉主峰及知名山峰标注名称和高程，我国主要高原、平原、盆地和沙漠均选取、表达；自然地理要素分级参考中国地图出版社采用的地图编制分级系统；根据版面载负量情况选取省会、部分地级市和少量县级居民点（主要位于西部地区），居民地主要用于定位参照。

分省土壤图、分省土壤有机质含量图与分省地势图编制

编制分省土壤图、分省土壤有机质含量图与分省地势图三图的主要目的是使读者了解各省级行政区内不同地区土壤类型、土壤肥力与地貌的主要分布特征及其相互关联。其中，土壤图用于展示土壤资源分布状况及与成土过程相关的土壤质量状况；土壤有机质含量图用于直观反映土壤肥力情况；地势图便于读者了解不同类型和肥力水平土壤的地势、地貌特征。为便于比较，每个省级行政区的分省三图采用的比例尺相同，制图则采用幅面固定、各省级行政区制图比例尺自适应方法。

分省三图中采用的境界、城市等基础地理信息要素源于中国地图出版社出版的《第一次全国地理国情普查地图集》[12] 和《中国地图集》[13]。分省三图中，境界、水系、居民地、地级以上城市等基础地理信息要素的图示与图例表达见附录2。

（一）分省土壤图

为编制数据集用分省土壤图，编者对二普完成的纸质分省土壤图（原图比例尺主要为 1∶50 万）进行了地理校正、空间要素提取、图层与分级码标准化、土壤学专业校正、属性表制作、挂接和专题图缩编表达。在缩编表达过程中，制图比例尺一般在 1∶200 万—1∶100 万之间。由于制图比例尺较小，土壤类型仅保留了我国土壤分类系统中的第三层级——土类。各土类颜色与中国土壤图中采用的土类颜色相同（附录3）。在分省土壤图中，按照我国主要土壤类型从南到北、自东向西的分布规律对图例中的土壤类型进行排序。附录4所列中国主要土壤类型的排序也按此规则编排。附录5列出了青海省主要土壤类型及其占省级行政区域面积百分比。

（二）分省土壤有机质含量图

1. 数据源说明

本数据集中，土壤剖面理化性状表给出了有确切时间和空间坐标的剖面信息。分省土壤有机质含量图的主要作用是便于读者直观了解各省级行政区最重要的土壤肥力指标——土壤有机质含量的空间分布特征。

二普中，受当时技术条件限制，全国仅完成了比例尺为1∶400万的纸质土壤有机质含量分布图的绘制，19个省、自治区、直辖市完成了比例尺为1∶250万—1∶50万的纸质分省土壤有机质含量分布图的绘制。直接采用小比例尺纸质图矢量化生成的土壤有机质含量等级划线图作为分省土壤有机质含量图，存在有机质含量分级的级差大、信息均化、图斑大、制图精度不够等问题，难以精细表现一个省级行政区域内土壤有机质含量的空间分布特征。

2005—2017年，我国在农区进行了测土施肥，农田耕层采样点达到1000万个。这批数据的主要优点是采样密度大且有空间坐标，通过对这批数据进行空间插值分析，可较精细地展示各地农田土壤有机质含量分布特征；其缺点是采样点主要集中于占陆域面积不到20%的农田，仅采用这批数据难以绘制覆盖全域的土壤有机质含量分布图。考虑到土壤，尤其是林地、草地土壤的有机质含量变化较慢，在制图中采用了混合时段数据合并表达的方式。对无测土数据的林地、草地等，仍然采用从小比例尺土壤有机质含量等级划线图中提取的数据；对有测土数据的农田，则采用2005—2017年间耕层采样数据，对原有数据进行了更新。通过对两源数据的提取、土层转换、合并、插值，最终生成各省级行政区土壤有机质含量分布图（土层厚度0—30cm），这样既可较精细展示出各省级行政区土壤有机质含量的空间分布特征，也能保证所做专题图有很强的现势性。

三个数据源制图表达结果比较显示，采用异源数据合并表达的方式制图，各分省图展示的有机质含量空间分布特征与二普小比例尺图相近，但制图精度有较大改进，一个省级行政区域内土壤有机质含量的空间分布特征更为清晰（表5）。

表5 三个数据源制图表达结果比较

数据源	土壤有机质含量图制图表达效果	
	优点	存在问题
采用二普完成的手绘图	小比例尺手绘图中，土壤有机质含量地带性分布特征十分明显；基本无数据空区	局部地区图斑大，制图精度不够
采用新的测土数据插值生成	有数据的区域制图精度高	占陆域面积约80%的林地、草地和一些县域无新的测土数据，难以通过采样点插值生成覆盖全域的有机质含量图
异源数据合并表达	基本无数据空区；制图精度有较大改进；小比例尺图中土壤有机质含量的地带性分布特征被保留	用混合时段数据表达全陆域土壤有机质含量分布状况，其中林地、草地数据主要源于20世纪80年代采样数据，农田数据更新至2017年

表6汇总了分省土壤有机质含量图的主要制图信息。制图采用异源数据合并表达的方式，生成的分省土壤有机质含量图所代表的时间段为1979—2017年，图中核算土壤有机质含量的土层厚度为0—30cm。

表6 分省土壤有机质含量图制图信息

制图数据	异源数据合并表达
采样时间	草地、林地及其他非农田土壤采样时间段为1979—1987年，农田土壤采样时间段为2005—2017年
土层厚度	0—30cm（对采样深度不足0—30cm的耕层采样数据，用剖面数据进行了土层厚度转换，统一转换为0—30cm）
制图方法	普通克利金插值（ordinary Kriging）
网格尺寸	200m

2. 制图表达说明

我国地域辽阔，各地土壤有机质含量差异极大。西北部地区降水量少，土壤粗砂粒含量高，风沙土、漠土大量分布，占我国陆域总面积的12.6%，其0—30cm土层内有机质平均含量不到10g/kg；东北部地区雨量充沛，气候、植被有利于土壤有机碳累积，其0—30cm土层有机质平均含量在40g/kg以上。另外，一些省级行政区的土壤有机质含量变化范围很宽，如内蒙古土壤有机质含量主要为4—70g/kg；而北京、山东等地土壤有机质含量变化范围很窄，为7—17g/kg。

为使各省级行政区域内土壤有机质含量空间分布特征均能得到充分展示，编者在分省土壤有机质含量图的图示和图例表达中对有机质含量范围进行等距划分分级，根据各省级行政区土壤有机质含量分布特征，将有机质含量分为7—14个等级。各分级的颜色设计及其RGB与CMYK色码见附录6。

（三）分省地势图

根据各省级行政区的成图比例尺和地形特点，选取合适精度的数字高程模型（DEM）栅格数据，确定设色原则和色层表进行分层设色，编制彩色晕渲的分省地势图。图中的河流水系及山峰、山脉等地理要素基于中国地图出版社研制的多尺度中国地图数据库选取，按各省级行政区地图设定的投影参数和比例尺投影转换后进行数据融合处理，再进行图形化编辑和地图整饰，最后输出成图。各省级行政区的彩色地貌晕渲图，按0—50—200—500—1000—1500—2000—3000—4000—5000—6000m及以上设计统一的高度表，但对一些低海拔平原地区，如天津、山东、上海等省、直辖市，则增添了20m等高距。确定统一的设色原则，建立色层表，以深绿色—黄绿色—棕色—紫色色调的象征色过渡方式表示海拔由低向高过渡，低海拔地区以绿色为主，中海拔地区以棕色为主，高海拔地区的高寒地带则用冷色调紫色。地势图中的其他地理要素，地级市及以上级别居民地全部选取，县级居民地根据图面载负量情况酌情选取；河流按等级选取以反映地域水系结构特点，主要河流加注名称；成图面积4mm²以上的湖泊和水库全部选取，大型湖泊、水库加注名称，适当选取小面积湖泊以反映区域分布特点；山脉按等级选取，仅标注主要山脉主峰和知名山峰。

县域中心区气候特征图表编制

气候是五大成土因素之一，也是土壤质量的重要影响因素。为便于读者了解各地土壤资源与质量状况及其与气候特征的关联，编者编制了各县域中心区（位于各县域中心点、代表面积约为400km²的区域）气候特征值表、月平均气温与月平均降水量分布图。各县域中心区气候特征值是通过对160个中国地面国际交换站的气象年值、月值以及日值数据的计算和空间分析获得的。气象数据的相关用语也采用中国地面国际交换站所用的表达方式。鉴于各地气候特征值需要依据多年气象观测数据分析和提取，而二普采样时段为1979—1987年，因此采用了1971—2000年共计30年的年值、月值和日值气象数据，气象数据时段覆盖二普采样时段。

在分县气候特征值编制过程中，先从相应的各数据源中提取出各站点年值、月值以及日值数据，再按照表7所示计算方法，计算160个站点的各项气候特征值并对其分别进行插值计算，获得覆盖我国全域、网格尺寸约为20km的网格化气候特征年值与月值数据，最后再与县域中心点图层叠加，提取出各县中心区气候特征值。各县所处气候带则是通过县域中心点图层与中国气候区划图叠加后提取获得的[17]。

表7 县域中心区气候特征值的计算方法与数据来源

县域中心区气候特征	计算方法	气象数据来源
年平均气温 /℃	30年的年值平均	中国地面国际交换站气候标准值年值数据集（160个站点，1971—2000年）
年平均最高气温 /℃		
年平均最低气温 /℃		
年降水量 /mm		
年平均相对湿度 /%		
年日照时数 /h		
月平均气温 /℃	30年的月值平均	中国地面国际交换站气候标准值月值数据集（160个站点，1971—2000年）
月平均降水量 /mm		
≥10℃的积温 /℃	一年中日平均气温≥10℃的温度值加和	中国地面国际交换站气候资料日值数据集（160个站点，1971—2000年）
干燥度	修正的谢良尼诺夫公式： $干燥度 = 0.16 \times \dfrac{全年 \geq 10℃的积温}{全年 \geq 10℃期间的降水量}$	
气候带	提取	1∶3200万中国气候区划图

分县主要土壤类型与土壤剖面点分布图编制

编制分县主要土壤类型与土壤剖面点分布图的主要目的是使读者在一个较小的图幅上也能大致了解一个县域内主要土壤类型概况。编者通过对全国1:5万土壤图的缩编表达，为有土壤剖面数据的县级行政区编制了分县主要土壤类型图。受地图幅面限制，在分县土壤图中，仅保留了我国土壤分类系统中的第三层级——土类，通过缩编滤掉了亚类、土属、土种信息。

各分县主要土壤类型与土壤剖面点分布图的制图采用幅面固定、制图比例尺自适应的方法，制图比例尺一般为1:35万—1:20万，自适应制图由编制者自行设计的软件模块自动完成。

在分县主要土壤类型与土壤剖面点分布图中，各土类颜色与中国土壤图中采用的土类颜色相同（附录3）。图中各土类在图例中的排序则按各土类占本县县域面积比例从大到小的顺序排列，便于读者了解本县内主要土壤类型的分布。

在分县主要土壤类型与土壤剖面点分布图中，为便于读者查找，剖面点按照其在图面的位置，先左后右、先上后下顺序编码，编码过程也由ISPP软件包（表3）中的模块自动完成。

分县主要土壤类型与土壤剖面点分布图中的基础地理底图来源于国家基础地理信息中心提供的1:25万DLG（公众版）数据（使用许可协议编号：非2011-1011），基础地理信息要素的图示与图例表达主要参照相关国标（详见附录2）。为保证本数据集中主要土壤类型与土壤剖面点分布图的内容和土壤剖面数据表对应，分县主要土壤类型与土壤剖面点分布图中的市级界线、县级界线均采用二普时的普查界线，并以此作为分县主要土壤类型与土壤剖面点分布图的分幅标准。为兼顾地名位置定位准确性和图书实用性，地图中乡镇级及以上居民地分别根据新版《中华人民共和国行政区划简册》和各省级行政区地图册进行了更新，现势性截至2021年12月。为更好地表现全书的系统性与协调性，在地图下方加注说明县级行政区划变更情况，部分市辖区图幅的图名根据图上县级居民点进行了更新。

二普后，随着城市化的加快，城市周边土地利用情况变化很大，居民地面积大幅增加，导致一些分县土壤图中的土壤面积占县域面积比例和分县主要土类说明中的一些土类面积占县域面积比例较二普时均有下降。在一些大城市周边县（市、区），土地利用情况的变化使各类土壤总面积不到县域面积的60%。

二普时，分县完成了1:5万比例尺土壤图编绘后，还通过省级汇总和缩编制图，完成了1:50万比例尺省级土壤图。在省级汇总中，对一些分县土壤图中原有土壤类型名进行了修订。例如，浙江在进行省级汇总时，将分县土壤图中原命名为侵蚀型红壤亚类的大部分土属划归粗骨土类；安徽、湖北等省在省级汇总时将黏盘黄棕壤亚类改为黄褐土类。在对二普调查成果的数字整合中，编者仅收集到约1600个县的大比例尺土壤图（表2）。对大比例尺图数据缺失的县，则以省级土壤图裁切方式进行了补全。这种补全虽有利于完成覆盖我国全域的高、中精度土壤图，但也引起了在一个省级行政区里源于分县和分省的两类土壤图中土壤分类命名不统一的问题，编者在尽量保持调查资料原始记载的前提下，对这类问题进行了力所能及的修订。

分县土壤剖面理化性状表编制

分县土壤剖面理化性状表是本数据集的主体内容。前文已对各项土壤理化性状应用范围以及从分县纸质土种志中进行信息提取、表达和制作的方法做了说明，本节仅对土壤理化性状测试方法、剖面点坐标匹配方法与土壤剖面分类名的修订加以说明。

（一）土壤理化性状测定方法

本数据集所列土壤理化性状的测定方法见表8。其中，土壤有机质含量，土壤氮、磷、钾全量与有效态含量，pH，土壤阳离子交换量的测定方法以及土壤分类方法均为国标方法。剖面理化性状表中的土壤全氮、全磷、全钾、碱解氮、有效磷、速效钾含量均以N、P、K纯养分量计。

在二普中，我国大多数地区土壤质地分级采用了卡庆斯基制，仅极少数地区采用了国际制。其中，卡庆斯基制采用了简制，将土壤质地分为3组9种类型；国际制将土壤质地分为12种类型（表9）。由于两种分级制中的质地分级名并无重复，因此在分县土壤剖面理化性状表中未对两种分级制的分级名进行合并。

表8 土壤理化性状的测定方法

土壤理化性状	测定方法
有机质	湿灰化或干灰化消化后，重铬酸钾滴定法测定（丘林法）
全氮	凯氏定氮法测定
全磷	酸溶或碱熔消化后，钼锑抗比色法测定
全钾	碱熔或酸溶消化后，火焰光度法或四苯硼钠比浊法测定
pH	水浸提法，水土比为5∶1或2∶1
碱解氮	扩散吸收法（康惠法）测定
有效磷	中性及石灰性土壤：Olsen法测定；酸性土壤：Bray法测定
速效钾	醋酸铵浸提后，火焰光度法或四苯硼钠比浊法测定
阳离子交换量	醋酸铵法测定

表9 卡庆斯基制与国际制土壤质地分级名

等级序号	卡庆斯基制[1] 土壤质地分级名	等级序号	国际制[2] 土壤质地分级名
1	松砂土	1	砂土
2	紧砂土	2	壤质砂土
		3	砂质壤土
3	砂壤土	4	壤土
4	轻壤土	5	粉砂质壤土
5	中壤土	6	砂质黏壤土
		7	黏壤土
6	重壤土	8	粉砂质黏壤土
7	轻黏土	9	砂质黏土
8	中黏土	10	壤质黏土
		11	粉砂质黏土
9	重黏土	12	黏土

注：1）卡庆斯基制指按卡庆斯基粒径分级的质地分类。该分类制有简制和详制两种。简制有3组9种质地，其主要特点是将土粒分为物理性黏粒和物理性砂粒两级；按物理性黏粒或物理性砂粒的数量进行质地分类，而不是按照砂粒、粉粒、黏粒三个粒级的质量比分组。详制是在简制的基础上，把9种质地进一步细分为39种质地类别，把含量最多和次多的粒组作为冠词，顺序放在简制名称前面，主要用于土壤基层分类及大比例尺制图。卡庆斯基还提出根据石砾含量而定的附加分类，也可作为质地分类的冠词，主要应用于山地土壤的质地分类。

2）国际制土壤质地分类在第二届国际土壤学会上通过，根据砂粒（粒径0.02—2mm）、粉粒（粒径0.002—0.02mm）、黏粒（粒径小于0.002mm）三粒组含量的比例，通过国际制土壤质地分类三角图，以黏粒含量为主要标准，小于15%者为砂土质地组和壤土质地组，15%—25%者为黏壤组，黏粒含量大于25%者为黏土组，划定12种质地类别。

（二）土壤剖面点的坐标匹配

含地理坐标的剖面数据可直观展示该土壤剖面点所代表土壤的土层厚度、土体构造及理化性状等特征，也是构建推理模型，进行土壤及其理化性状数字制图的基础。

二普完成的分县土种志中虽无典型剖面地理坐标记载，却有关于剖面采样地点、景观和土壤剖面分类命名的详细记录，如乡镇名、村名、高程和土类、亚类、土属、土种名等。从1∶5万土壤类型图与1∶5万基础地理信息数据库中也能提取出上述信息。在1:5万比例尺空间数据库中，空间对象分辨率可达到100m×100m精度，折合为1hm²。在全国性土壤调查中，对于选择、确定典型剖面采样点点位，通常要求其所代表的土壤类型在面积上能代表采样点周围100亩（1亩≈666.7m²）以上的土壤，通过这种匹配方法获得的点位对实际采样点点位有较高的代表性。

为了使分县土种志中记载的剖面数据获得坐标，编者构建了多要素土壤剖面点坐标匹配模型，无空间坐标的土壤剖面从1:5万土壤类型图和基础地理信息数据库中获得空间坐标。坐标匹配模型工作机制如图2所示。首先，从分县土种志中提取出A源数据，即每个剖面隶属的土类、亚类、土属、土种名及剖面采样点地名、采样点高程等多要素信息；然后，用分县1:5万土壤图与多要素基础地理信息数据库叠加，生成含土类、亚类、土属、土种名和村名、乡镇名、高程等要素信息的空间数据，即B源数据；最后，利用多要素匹配模型，逐县对A、B两源数据进行匹配。当A源数据中某剖面点土类、亚类、土属、土种名和采样点地名、高程与B源数据中某土壤要素空间对象的四个土壤分类名、地名、高程等多要素信息一致时，该剖面点获得B源数据中土壤要素空间对象中心点坐标。若一个县域内，某剖面点与B源数据中多个空间对象存在配对关系，则取其中面积最大的空间对象的中心点坐标。

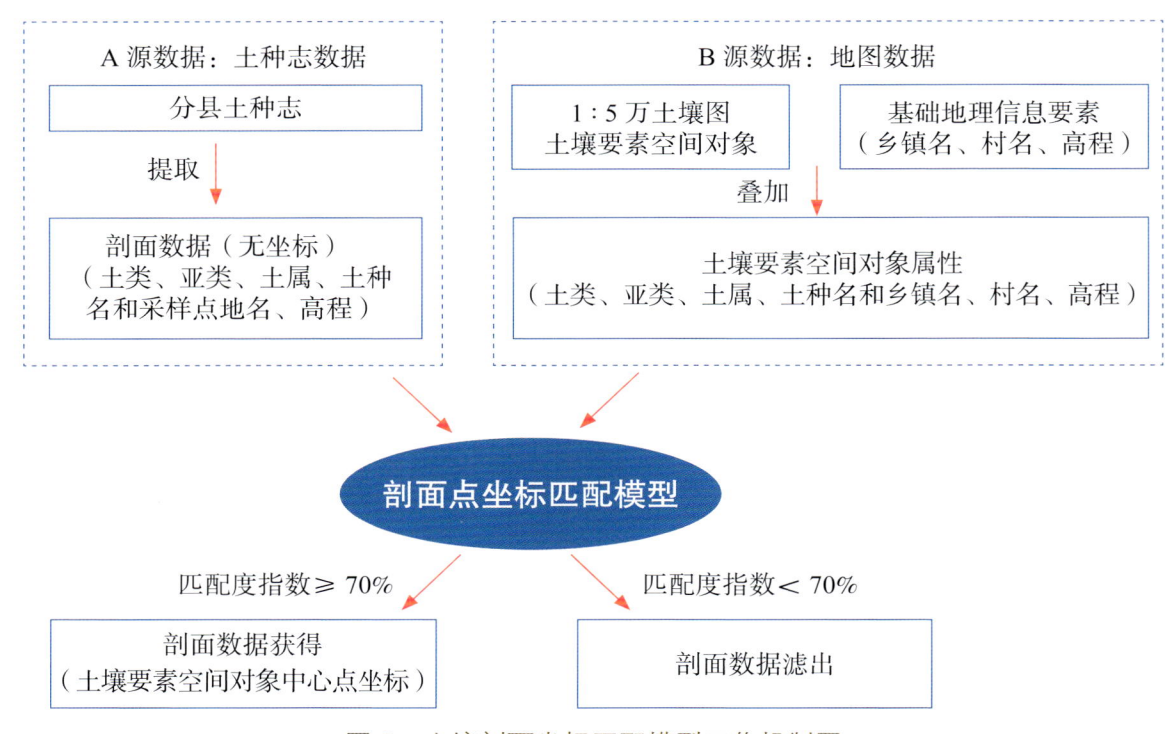

图2　土壤剖面坐标匹配模型工作机制图

为衡量每个土壤剖面坐标匹配的质量，在匹配模型中植入了匹配度评价模型，分析和提取每个土壤剖面点坐标匹配中多要素信息的吻合度。匹配度指数较高，代表两源数据中的土类、亚类、土属、土种名和地名、高程等多要素信息一致性高；匹配度指数较低，代表A、B两源多要素信息存在一些不一致性；匹配度指数小于70%的剖面数据会被滤出，该剖面也会从分县土壤剖面理化性状表中删除（表10）。利用坐标匹配模型，从分县土种志中提取出的10万余个剖面数据中，有6万多个获得了地理坐标并被收录于本数据集的分县土壤剖面理化性状表中，有约3万个由于匹配度指数较低被滤出。

表10　坐标匹配的匹配度指数及释义

匹配度指数/%	释义
90—100	匹配度高：A（分县土种志）、B（地图）两源数据中乡镇名、村名和三个以上土壤分类名（土类、亚类、土属、土种）、高程均一致
80—90	匹配度较高：A、B两源数据中乡镇名、村名和两个土壤分类名（土类、亚类）、高程一致
70—80	具有一定匹配度：A、B两源数据中乡镇名、村名、土类名、高程一致
< 70	匹配度较低：A、B两源数据中地名和土类名不能全匹配

为检验通过匹配模型获得地理坐标的剖面对当地土壤类型是否具有代表性，编者自2008年以来，在河北、

山东、黑龙江、宁夏、海南等地挖取了 300 余个校验剖面，进行了比对研究。比对研究结果显示，校验剖面与二普完成的剖面记载在土壤类型、土体构造、母质、质地等土壤质量慢变化性状上都有很好的一致性。

（三）土壤剖面分类名的修订

分县土壤剖面理化性状表列出了每个土壤剖面的分类名。土壤分类名是对某一类土壤资源的抽象概括和表达，表述了各类土壤的主要成土过程以及各类土壤综合性的典型特征。如黑土是指在温带半湿润地区草甸草原植被条件下形成的具有深厚均匀腐殖质层的土壤，呈黑色，富含有机质和各种养分；褐土是指在暖温带半湿润地区形成的具有弱腐殖质表层和黏化层的土壤，盐基饱和度较高，呈棕褐色。土壤分类名既具有典型性，又具有综合性，是土壤最基本的属性。

二普中，我国基于全国第一次土壤普查经验制定了六等级土壤分类系统，这也是目前的国标系统。该系统中的六等级分别为土纲、亚纲、土类、亚类、土属和土种，从高级到低级，不同层级之间为隶属关系。其中，土纲用于界定水、温等主要的土壤成土条件，亚纲用来进一步区分土纲内成土条件与过程的差异，土类反映成土条件引致的最典型土壤特征，亚类反映土类内成土条件引致剖面特征的进一步分异，土属反映母质等成土条件引致亚类剖面的分异，土种反映同一土属中土壤的分异或当地群众对该土壤的命名。

在对各地土壤调查数据进行全国汇总时，编者发现，从全国 2200 多个分县土壤剖面资料中提取出的土壤分类名与我国在 1998—2009 年发布的三版《中国土壤分类与代码》国标差异较大[18-20]。国标发布的土类、亚类、土属、土种名数量分别为 60 个、229 个、663 个和 3246 个，而从 2200 多个分县土壤图件与剖面资料中提取出的土类、亚类、土属、土种名数量分别为 312 个、1520 个、12150 个和 43200 个。对国标上从未出现的土壤类型名进行审核和归并需要有土壤分类学上的依据。通过对俄罗斯、美国、加拿大、澳大利亚、德国、英国等各国土壤分类研究及发展状况的研究，编者总结了我国和其他世界各国过去半个世纪中在土壤分类方面的经验，确定了土壤剖面分类名的修订原则[1]。

研究显示，我国国标分类系统中的第三层级——土类（附录 4），能很好地反映我国主要土壤类型形态上的典型特征。通过土类及其隶属的 12 大土纲可清晰展现出我国 60 个土类受温度、海拔、降雨、土壤发育度、地下水盐运动、耕种垦殖等主要成土条件影响而形成的地带性分布特征。另外，土类本身属于高层级分类，数目有限，命名符合汉语语言特征，易于专业及非专业人员掌握。通过土类名，读者能够辨识各种土壤类型，了解其成土过程、土壤质量与肥力特征。因此，在土壤剖面分类名的修订中，应重视维护土类名的稳定性。根据这一原则，在对分县资料中土壤分类名的编审中，编者将国标发布的 60 个土类名进行了归并，对亚类及以下的中、低级分类名称则在尽量保留现场获取的一手土壤调查信息的前提下进行适度归并与整合。

为便于读者了解我国目前采用的土壤分类名与国际土壤学会推荐的土壤分类名（world reference base for soil resources，WRB）[21] 之间的关联，附录 4 中还给出了由史学正研究员通过剖面比对建立的 WRB 土组名与我国 60 个土类名的关联及 WRB 土组名对我国土类名的最大可参比性[22]。

（四）剖面土层代码

在形成过程中，由于物质迁移和转化，土壤会分化成一系列组成、性质和形态各不相同的层次，称为发生层或土层。土壤剖面各土层的顺序和变化情况，反映了土壤形成过程及土壤性质。

目前各国尚无统一的土层命名。1967 年国际土壤学会提出将土壤剖面划分成 O 层（有机层）、A 层（腐殖质层）、E 层（淋溶层）、B 层（淀积层）、C 层（母质层）和 R 层（基岩）等 6 个主要土层。全国土壤普查办公室编制出版的《中国土种志》（6 卷）[23-28]、《中国土壤》[29] 则将自然土壤剖面划分成 O 层（凋落物有机质层）、A 层（表层）、B 层（淀积层）、C 层（母质层）、D 层（岩石碎屑层）和 R 层（坚硬岩石层）等 6 个主要土层；将旱地农田土壤划分成 A（耕层）、C_1（心土层）和 C_2（底土层）等几个主要土层；将水田土壤划分成 Aa（耕作层）、Ap（犁底层）、P（渗育层）、W（潴育层）和 G（潜育层）等 5 个主要土层。

由于分县土种志中，土层代码和释义与以上文献给出的土层码不尽相同，因此在数据集编制中，编者主要保留了 2200 多个分县土种志中实际采用的土层代码和释义（表 11）。为便于读者参考，编者在附录 4 中列出了引自《中国土壤》部分土类典型剖面的土体构造及其关联的土层代码[29]。

表 11　土壤剖面土层代码和释义[1)]

代码		释义
自然土壤与旱地土壤	Ao	位于土表的枯枝落叶层
	A	自然土壤指表土层，耕地土壤指耕作层
	B	心土层，受成土作用形成的淋溶淀积层
	C	底土层，受成土作用少的母质层，较紧实，通常不受耕作、施肥影响
	D	未风化的母岩层，岩石碎屑层
水田土壤	A	耕作层，亦称淹育层和作物栽培层
	P	犁底层，位于耕作层下，经机械耕作和黏粒淀积，结构较为紧实
	W[2)]	潴育层，位于犁底层下，水田在干湿交替作用下，铁、锰淋溶淀积形成斑纹层，使水稻土有较好的通透性，渗水而不漏水，渍水而不滞水
	G	潜育层，存在于水稻土、沼泽土和泥炭土中。土体长期积水，通透性不良，在还原状态下形成青灰色土层又叫青泥层，作物受还原性物质危害。若在其他土层出现，可用 g 表示，如 Pg、Wg
	E	漂洗层，侧渗作用下黏粒、有机质被淋洗，铁质溶脱，形成灰白色或白色漂洗层

注：1）表中土层代码和释义主要根据全国各分县土种志中实际采用代码和释义进行综合与汇总。土体构造中，两个字母并列表示过渡层土壤，例如 AB 层、BC 层等。
　　2）一些地区将潴育层细分为 W_1（渗育层）和 W_2（淀积层）两层。渗育层指有明显水化铁层，多见黄色锈斑；淀积层指明显有铁锰淀斑或铁锰结核的土层。

（五）其他

分县土壤剖面理化性状表中，空格代表本项无数据。

若土壤剖面的土层码为数字，则表示调查中未对该剖面的各分层进行土层代码赋码。对这类剖面，编者按从地表至底土顺序赋土层序号 1、2、3……。土层序号不具有土壤发生学上的含义，仅表达每一土层的顺序。

分县土壤剖面理化性状表中土层厚度的上、下边界表示该土层采样范围。例如：土层厚度为 0—17cm，表示土层采自剖面 0—17cm 部位；土层厚度为 50—100cm 表示采自剖面 50—100cm 部位。一些剖面底土的土层厚度仅有上界而无下界。例如：85—，表示该土层采自剖面 85cm 至更深部位。

个别剖面上、下土层的上、下边界相互不衔接，例如：两个土层厚度分别为 0—10cm、30—35cm，表示该剖面的采样为不连贯采样，每个土层只选取了该土层的代表性层段。

一些剖面分层样本上、下土层的上、下边界相互不衔接，例如：按从地表至底土顺序，6 个土层采样范围分别为 0—13cm、13—18cm、18—40cm、18—32cm、32—100cm、50—100cm，其中第三个土层 18—40cm 为额外增加的采样层。在土壤调查中，当调查者认为需要对某些区域或土类的特定土层进行单独采样和分析时，往往会出现这一情形。为了最大限度保持第一手调查资料的完整性，编者将这类土层也编入了分县土壤剖面理化性状表中。

收录本卷的青海省典型土壤剖面共计 654 个。通过对剖面数据的土层厚度转换，附录 7 给出了这些典型剖面 0—20cm 土层土壤理化性状中位数与平均数。全国第二次土壤普查剖面采样为典型土类采样，而非网格化采样。0—20cm 土层土壤理化性状中位数与平均数不代表本省土壤理化性状平均状况。但全国第二次土壤普查是我国最早的大样本量调查，附录 7 所示的 0—20cm 土层土壤理化性状中位数与平均数对了解青海省 20 世纪 80 年代土壤肥力性状量化指标具有一定参考价值。

附录 8 列出了青海省耕地、园地、林地、草地和湿地 0—30cm 土层土壤有机质含量的平均值。该值由青海省土壤有机质含量图和自然资源部土地科学数据中心编制的 2019 年 1：100 万比例尺全国土地利用缩编图通过叠加、计算生成。其中，耕地包括水田、水浇地、旱地三种土地利用类型；园地包括果园、茶园和其他园地三种土地利用类型；林地包括有林地、灌木林地和其他林地三种土地利用类型；草地包括天然牧草地、人工牧草地和其他草地三种土地利用类型；湿地包括沼泽地、沿海滩涂和内陆滩涂三种土地利用类型。鉴于青海省土壤有机质含量图源于大样本量地面采样，土壤有机质含量亦为变化较慢的土壤质量性状[15]，附录8对了解青海省耕地、园地、林地、草地和湿地的土壤有机质含量状况及演变具有较高的参考价值。为便于读者了解青海省耕地、园地、林地和草地四种土地利用类型中受成土过程影响而形成的各主要土壤类型及其在各土地利用类型中的占比情况，附录9给出了主要土壤类型在这四种土地利用类型中的占比。

土壤专题图与土壤剖面数据可靠性检验

该检验目的是对数据集中的土壤专题图和土壤剖面数据能否真实反映土壤资源与土壤理化性状及其空间分布特征给出科学、客观的评价。另外，数据集中的土壤专题图和土壤剖面数据主要源于1979—1987年的二普和2005—2017年在全国测土配方施肥项目中的土壤养分调查，因此，该检验也是对我国两次全国性土壤调查所获成果的质量评估。

对土壤专题图及含地理坐标的剖面数据的检验涉及地图制图学、测绘科学、土壤学、地统计学等多学科内容，而对于不同的学科，数据检验的目标和内容也不同。对于地图制图，精度检验十分重要；而在土壤学范畴，可靠性检验更为重要。精度检验方面，本数据集剖面坐标是通过1∶5万比例尺地图数据匹配获得，匹配用地图精度直接影响剖面数据坐标精度。可靠性检验方面，土壤专题图和土壤剖面数据均属于土壤学范畴，还需要从土壤学角度给出科学评价。借助目前仍在发展中的地统计方法，编者最终给出了合理的可靠性检验方法。为便于读者理解，本节将重点说明两点：一是地图精度与土壤专题图制图的关联；二是土壤专题图和剖面数据的地统计检验结果。

在地图制图中，地图精度用于衡量某一地物点或地物轮廓点的平面位置和高程位置偏离其真实位置的平均误差。这里的地物点或地物轮廓点可以是测量控制点、水准点、道路交叉点、境界线方向变化点、山脚点、山顶等。地图精度与地图投影、比例尺、制作方法和工艺有关。地图比例尺不同，误差控制要求也不同。一般来说，地图比例尺越大，误差越小，精度越高。换言之，地图精度或比例尺主要反映对地图中基础地理信息要素，如测量控制点、河流、道路、等高线、境界的误差控制要求。

在土壤专题图制图中，需要用基础地理信息要素标识土壤要素空间位置。在较早的土壤调查中，没有GPS设备，通常用纸质地形图为底图标识采样点位置。地面土壤采样调查完成后，根据底图标记的采样点位置和实测获得的土壤要素值，由经验丰富的土壤科学家依据土壤及相关要素的空间分布、空间相关性和空间依赖性规律进行人工综合判图，在底图上手工完成土壤专题图的勾绘和制图。我国的二普与欧美各国在20世纪80年代之前进行的全国性土壤调查基本均采用这一方法进行土壤专题图编绘。二普为大样本量土壤调查，采样密度高，采用1∶1万大比例尺地形图为工作底图，全国共挖取土壤观察剖面550余万个，采集0—20cm土壤表层样本200余万个，通过综合判图和人工勾绘，最终完成分县1∶5万比例尺土壤图和各类土壤养分含量图的编制。土壤专题图比例尺不代表地图中对土壤要素的误差控制要求，客观上，地面采样中应用大比例尺的工作底图，采样密度高，土壤采样点均衡分布于调查区域中，以此为依据编制的土壤专题图能精细地表达调查区域内土壤要素的空间变化特征。采样密度低的土壤调查结果则不适合编制大比例尺土壤专题图。

近年来，随着GPS和GIS技术的发展，地统计方法已较多用于反映和研究土壤要素的空间变化规律。地统计方法不仅提供了利用含地理坐标的土壤采样点数据制作土壤专题图的地统计模型，还提供了对模拟结果进行不确定性检验的方法。地统计检验的主要目的是了解模拟结果对真实情况反演的客观性和可靠性，而不是评价地图中土壤要素的精度或误差控制。检验结果既受地面采样原则、采样量的影响，也受所选模型类型、建模过程中是否引入协变量等因素的影响。

由于二普完成的土壤图和养分含量图中没有采样点标注，难以对其进行地统计检验。为此，编者同时对我国在全国测土配方施肥项目中完成的有GPS定位坐标的农田耕层土壤有机质含量数据进行了地统计分析和检验。与二普相似，全国测土配方施肥项目也按网格化均匀分布原则进行大样本量、高密度土壤采样，全国总计完成1000万个农田土壤耕层样本的采集。

检验方法为：首先，在我国东、南、西、北、中不同地域选取7个代表性片区，每片区包含地域相连、域内无大面积剖面点缺失的多个行政县，且含土壤剖面点500个以上。其次，提取7个片区源于二普剖面0—20cm土层和源于2005—2017年0—20cm农田耕层采样的土壤有机质含量数据。二普剖面数据的采样特征为在优先选取典型土壤类型的前提下，尽量均衡分布；样本量较小，全国有6万多个具有匹配坐标的剖面。2005—2017年农田养分调查数据为网格化均衡分布的大样本量，全国完成了1000万个有GPS定位坐标的耕层样本。最后，用普通克利金插值（ordinary Kriging）方法进行地统计分析和检验。在每片区剖面点和耕层采样点的数据中分别随机选取80%作为训练样本集，20%作为验证样本集，同时进行建模；将验证样本预测值与实测值进行线性回归，计算R^2（决定系数）和RMSE（均方根误差），以此评价两组数据表达土壤要素空间分布特征的可靠性和误差。选择土壤有机质含量作为检验指标的原因为该指标是最重要的土壤质量性状之一，且可量化表达，便于进行地统计检验。

二普剖面数据的检验结果显示，在7个代表性片区，剖面点数据表达的有机质含量分布状况可靠性均达极显著水平（表12）。这表明，尽管二普典型剖面数据为非网格化采样，含地理坐标样本量较少，需采用匹配坐标替代原点坐标，但在一个由多县组成的片区内，当剖面样本量达到一定数量后，即使未引入可极大改进R^2的地形、土地利用类型等辅助变量，用普通克利金插值仍然能比较真实、可靠地反演土壤要素空间分布特征。2005—2017年耕层采样点数据的检验结果显示，与二普剖面点数据相比，大部分片区的有机质含量分布数据R^2更大（达到中等相关至强相关），RMSE更小，可靠性和预测精度明显更优，这说明就表征土壤要素空间分布特征而言，网格化均衡分布的大样本量采样得到的数据可靠性和精度相对较高。这为二普大比例尺土壤专题图数据（土壤图和土壤pH、有机质、氮、磷、钾养分含量图）的地统计检验特征提供了佐证。二普大比例尺土壤专题图数据均源于网格化均衡分布的大样本量地面调查，其可靠性和精度应优于二普剖面点数据。

两组数据地统计检验结果还显示，尽管相隔近30年，两时段调查的土壤有机质含量也有一定变化，但各片区土壤有机质含量的空间分布规律总体相近。图3展示了东北片区两组数据通过普通克利金插值获得的土壤有机质含量分布图。可以看出，尽管二普土壤剖面样本数（546）远少于农田耕层土壤样本数（45182），20%校验集所获R^2较低，预测值与实测值偏差较大，但两组数据展示的土壤有机质含量空间分布格局相近，均为东北角最高，西南角最低。另外，该片区2005—2017年的农田耕层有机质含量均值为36.41g/kg，低于1979—1987年间的二普采样结果（40.53g/kg），这一结果与东北地区所做长期定位试验结论一致。这表明，本数据集剖面数据可为了解土壤质量时空演变规律提供可靠的数据支持[9]。

表12 二普典型土壤剖面数据和2005—2017年耕层采样点数据的地统计检验结果

编号	片区名	县数	面积/km²	二普剖面土壤有机质含量[1]			耕层土壤有机质含量[2]		
				样本量	$R^{2\ [3]}$	RMSE[3]	样本量	$R^{2\ [3]}$	RMSE[3]
1	东北片区	19	72353	546	0.329**	14.77	45182	0.689**	6.32
2	冀鲁豫片区	64	50071	881	0.363**	5.65	256341	0.429**	3.47
3	江浙片区	53	63003	1312	0.334**	8.83	51759	0.666**	4.05
4	湖北片区	10	21044	515	0.286**	20.21	60545	0.281**	11.09
5	四川片区	39	98052	1283	0.380**	9.20	206682	0.344**	7.08
6	粤闽赣片区	27	58745	801	0.223**	13.33	51759	0.285**	6.42
7	陕甘片区	47	109010	990	0.296**	7.20	256341	0.558**	2.48

注：1）数据源于二普土壤剖面（1979—1987年采样，0—20cm土层）数据库，土壤有机质含量单位为g/kg。
2）数据源于2005—2017年农田耕层（0—20cm）土壤养分调查数据库，土壤有机质含量单位为g/kg。
3）20%验证样本所获预测值与实测值的线性回归R^2（决定系数，其中 ** 表示1%水平显著）和RMSE（均方根误差）。

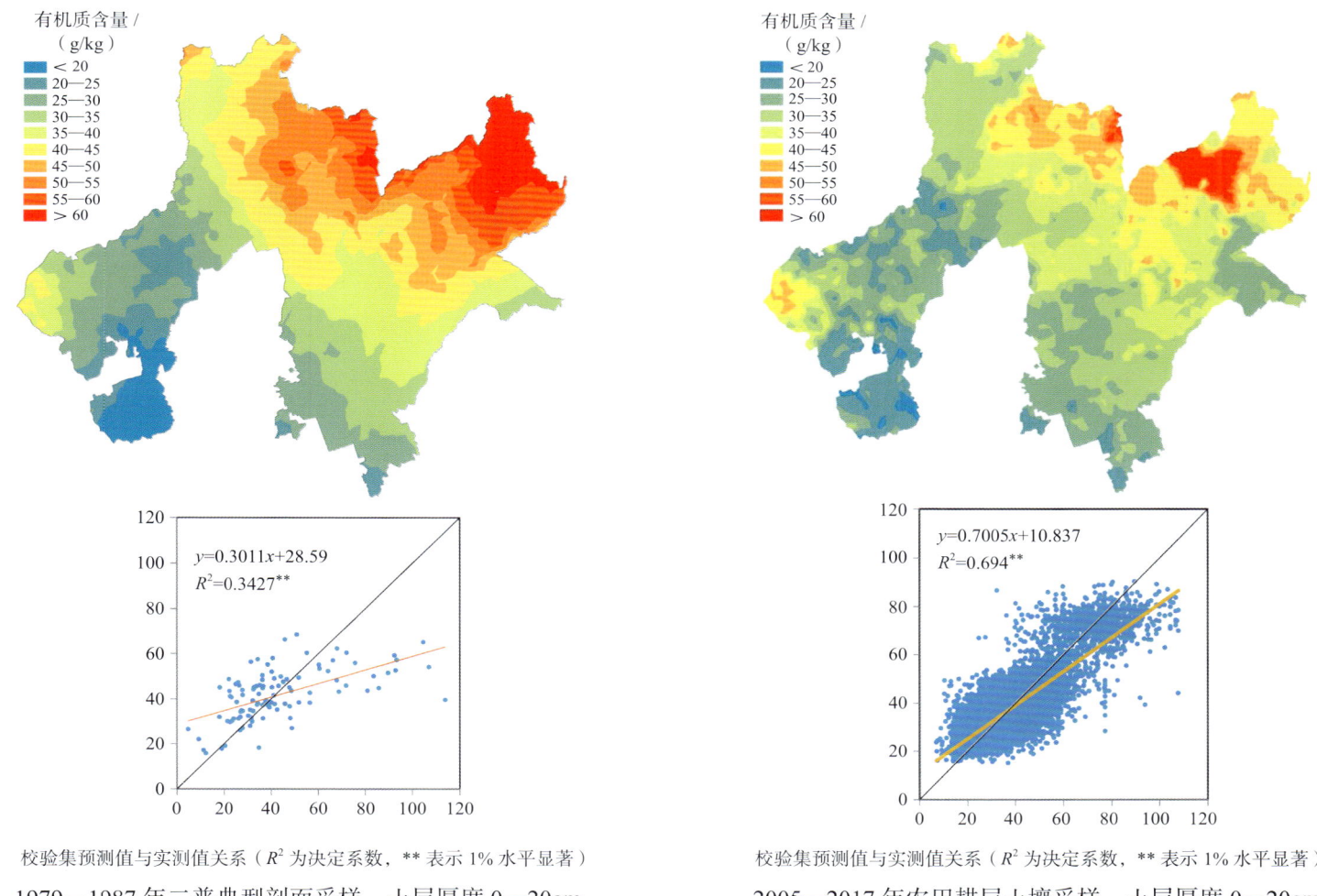

图 3　东北片区土壤有机质含量分布图及地统计检验结果

参编单位

《中国土壤剖面数据集》的编制工作始于 1998 年。其编制过程主要分为以下两个阶段：

第一阶段为全国 1∶5 万土壤图编制和中国剖面数据库构建阶段。20 世纪末，随着现代科学研究与管理对土壤时空信息的迫切需要和大数据技术的发展，利用土壤调查结果构建我国土壤资源与质量时空数据库日益显现出可行性和必要性。1998 年，我国土壤科技工作者开始对二普分县土壤图件和资料进行系统收集和整理，这项工作曾得到国家社会公益性研究专项的资助。"十一五"期间，"我国 1∶5 万土壤图籍编撰及高精度数字土壤构建"被列为国家科技基础性工作专项重点项目。在全国各地农业、国土、档案等多家单位的大力配合和各地土壤科技工作者的支持下，项目组汇聚全国土壤科学、农业、测绘与环境领域多家专业科研院所的科研力量，深入 31 个省、自治区、直辖市以及数百个县的原始图件与资料存放部门，完成了 2200 多个县的分县大比例尺纸质土壤图与土种志的收集。同时，项目组还收集了 31 个省、自治区、直辖市的分省土壤图、土壤有机质含量图等多类别土壤专题图和分省土壤调查资料，并在此基础上，项目组研究人员通过融合多学科方法创建土壤大数据方法，以方法创新带动异源非标准海量土壤信息的时空整合与表达，至 2017 年，完成了我国 1∶5 万土壤图的整合表达和中国土壤剖面数据库的构建，为编制《中国土壤剖面数据集》奠定了科学基础、方法基础和数据基础。

第二阶段为《中国土壤剖面数据集》编制阶段。为满足我国农业、林业、环境、气象、国土、水利等各部门对公众版土壤资源与质量信息的迫切需求，项目组于 2017 年启动了数据集编制工作。在数据集编制过程中，项目组一方面利用土壤大数据方法进行数据的审核、土壤专题图的缩编与剖面数据表的表达等多项工作，另一方面组织了各省级土壤专业科研院所参与各分卷内容的审核和修订工作。数据集的编制还得到了中国农业科学院科技创新工程的资助。

本数据集的最终面世离不开多家科研单位在过去 20 多年时间里的共同付出。这些单位包括国家科技基础性工作专项重点项目"我国 1∶5 万土壤图籍编撰及高精度数字土壤构建""我国 1∶5 万土壤图籍编撰及高精度数字土壤构建二期工程"主持与参加单位、参加数据集各分卷审核和修订工作的土壤专业科研单位以及参与分县大比例尺纸质土壤图与土种志收集的各地相关管理与科研部门（附录 10）。

（张维理、徐爱国、张认连、冀宏杰）

序图

中国土壤图
1:13 000 000

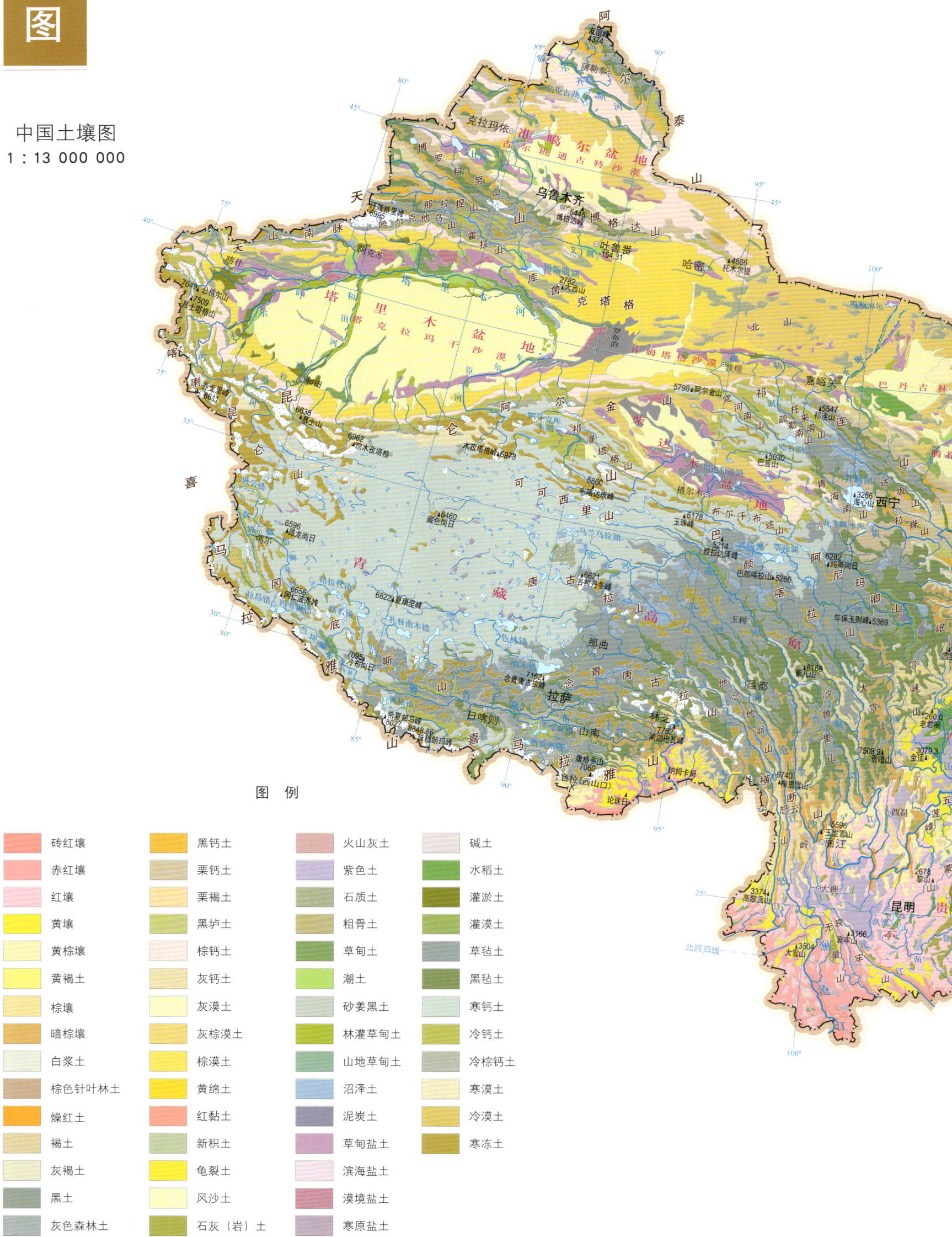

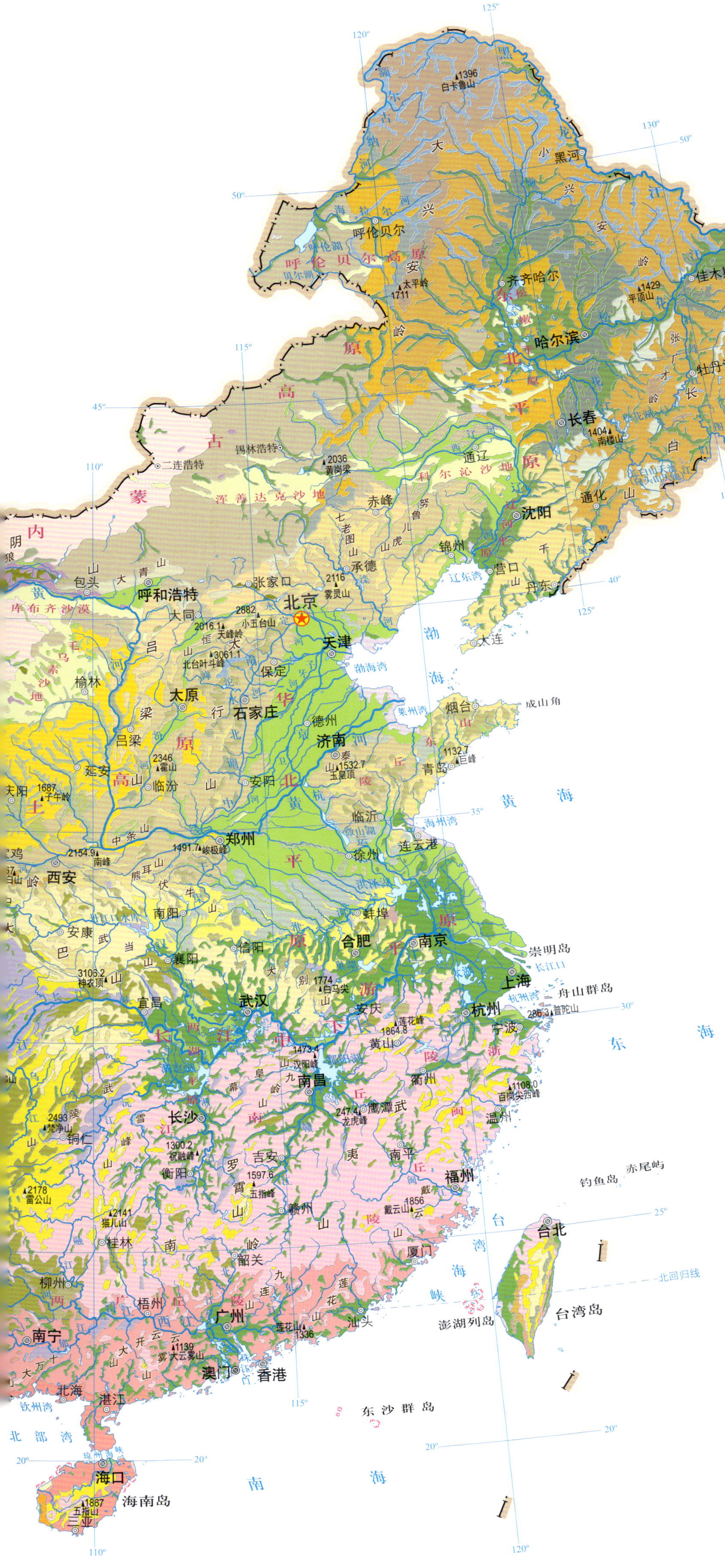

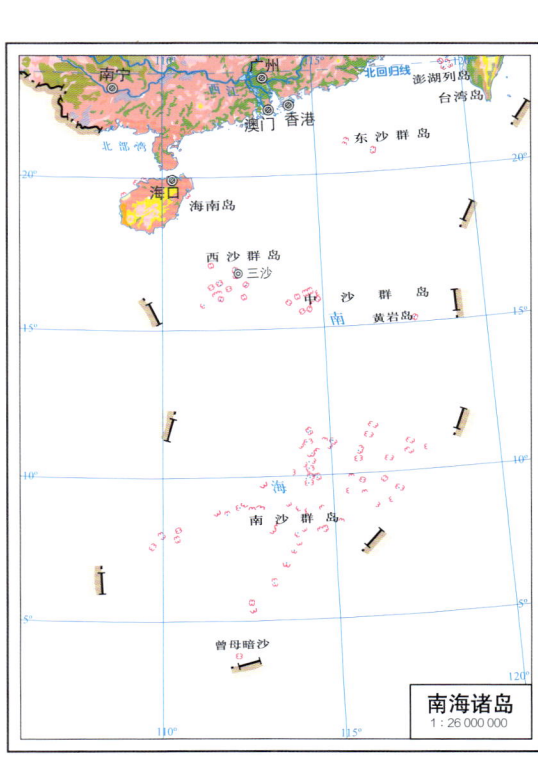

中国土壤有机质含量图
1 : 13 000 000

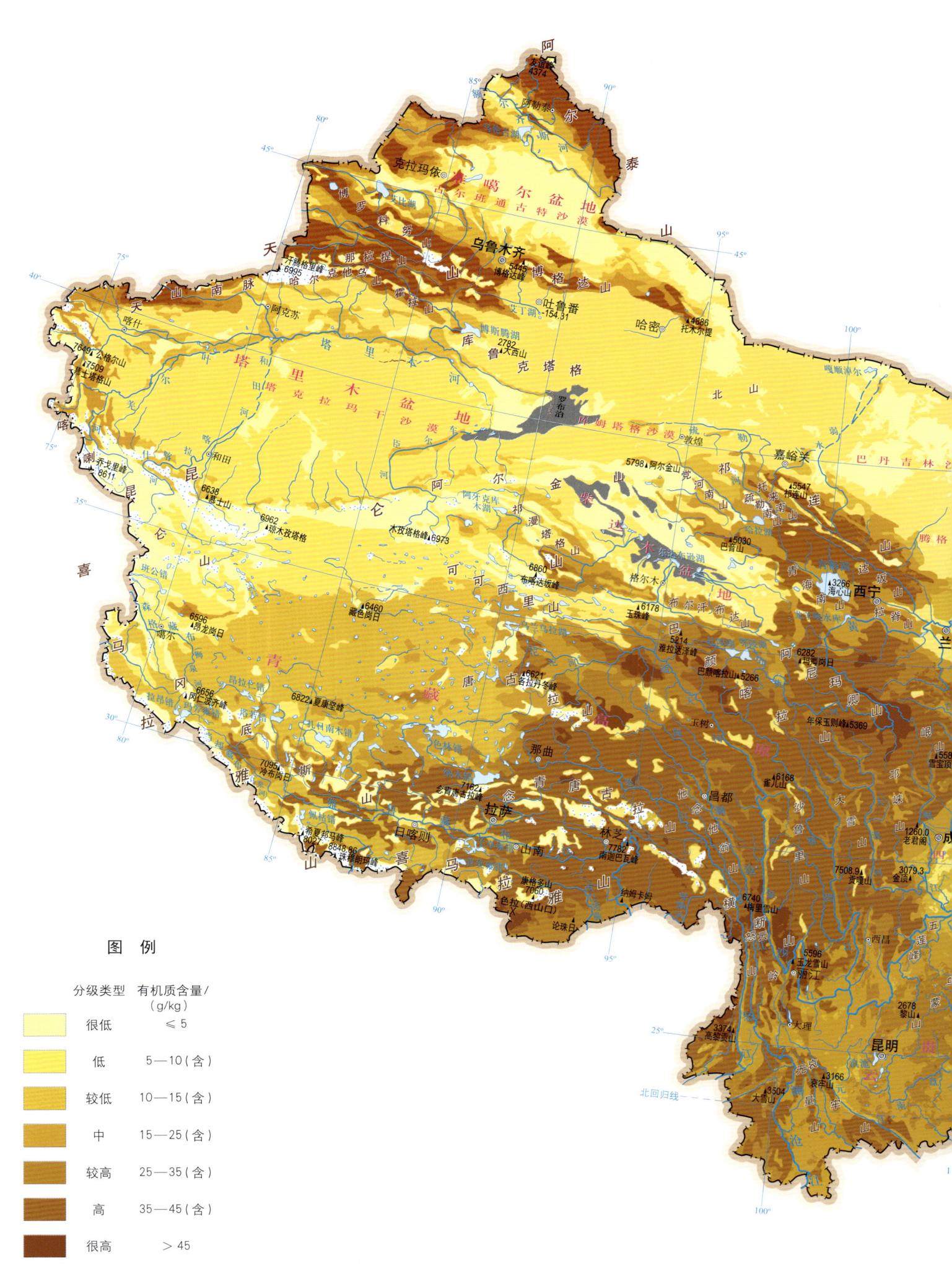

图 例

分级类型	有机质含量/（g/kg）
很低	≤ 5
低	5—10（含）
较低	10—15（含）
中	15—25（含）
较高	25—35（含）
高	35—45（含）
很高	> 45

注：土层厚度为 0—30cm。

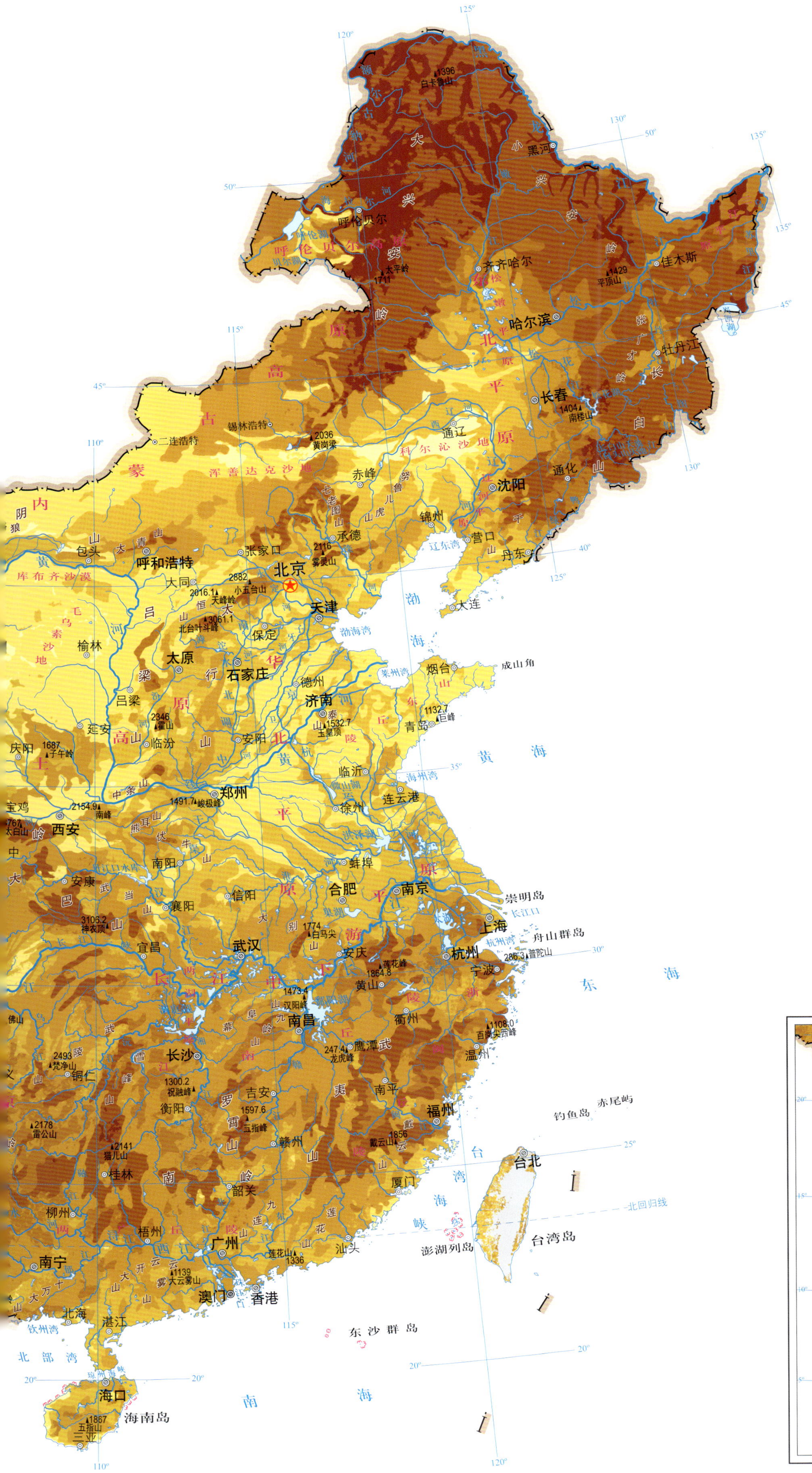

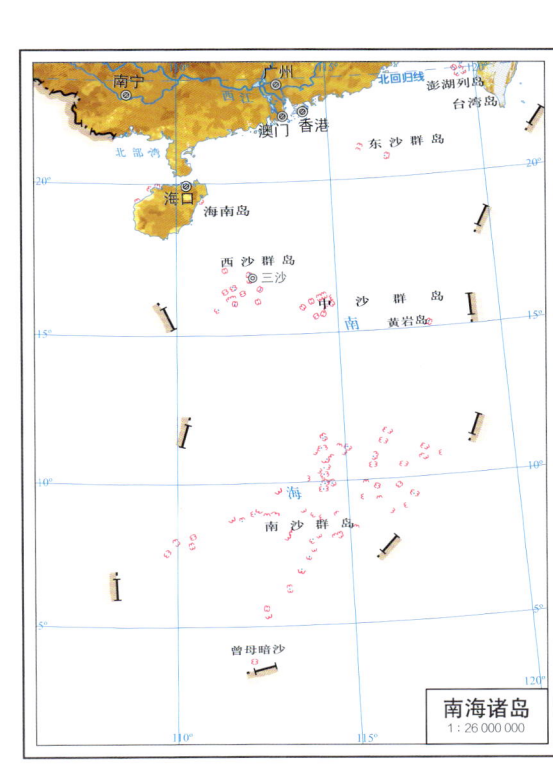

南海诸岛
1:26 000 000

中国地势图
1∶13 000 000

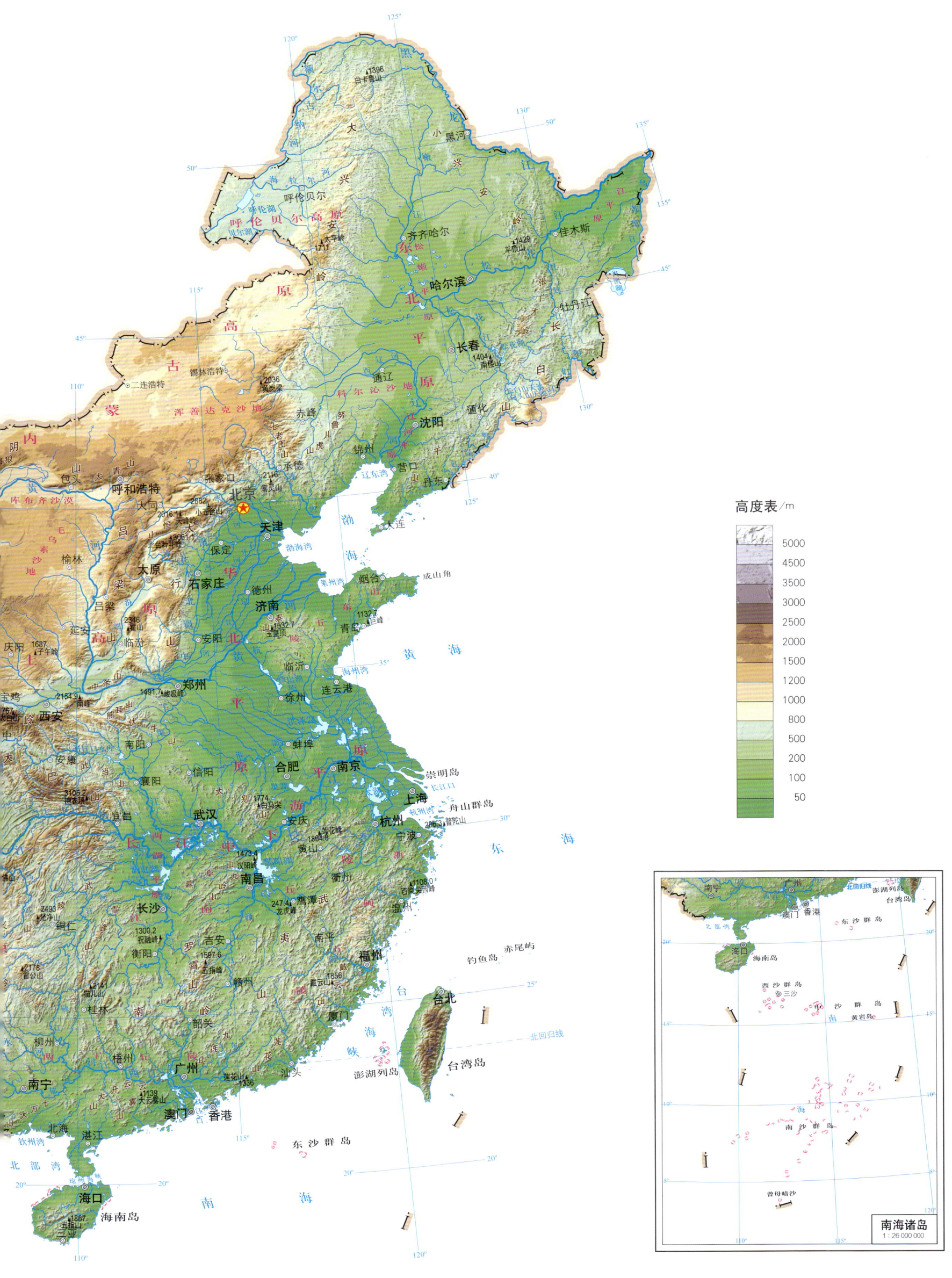

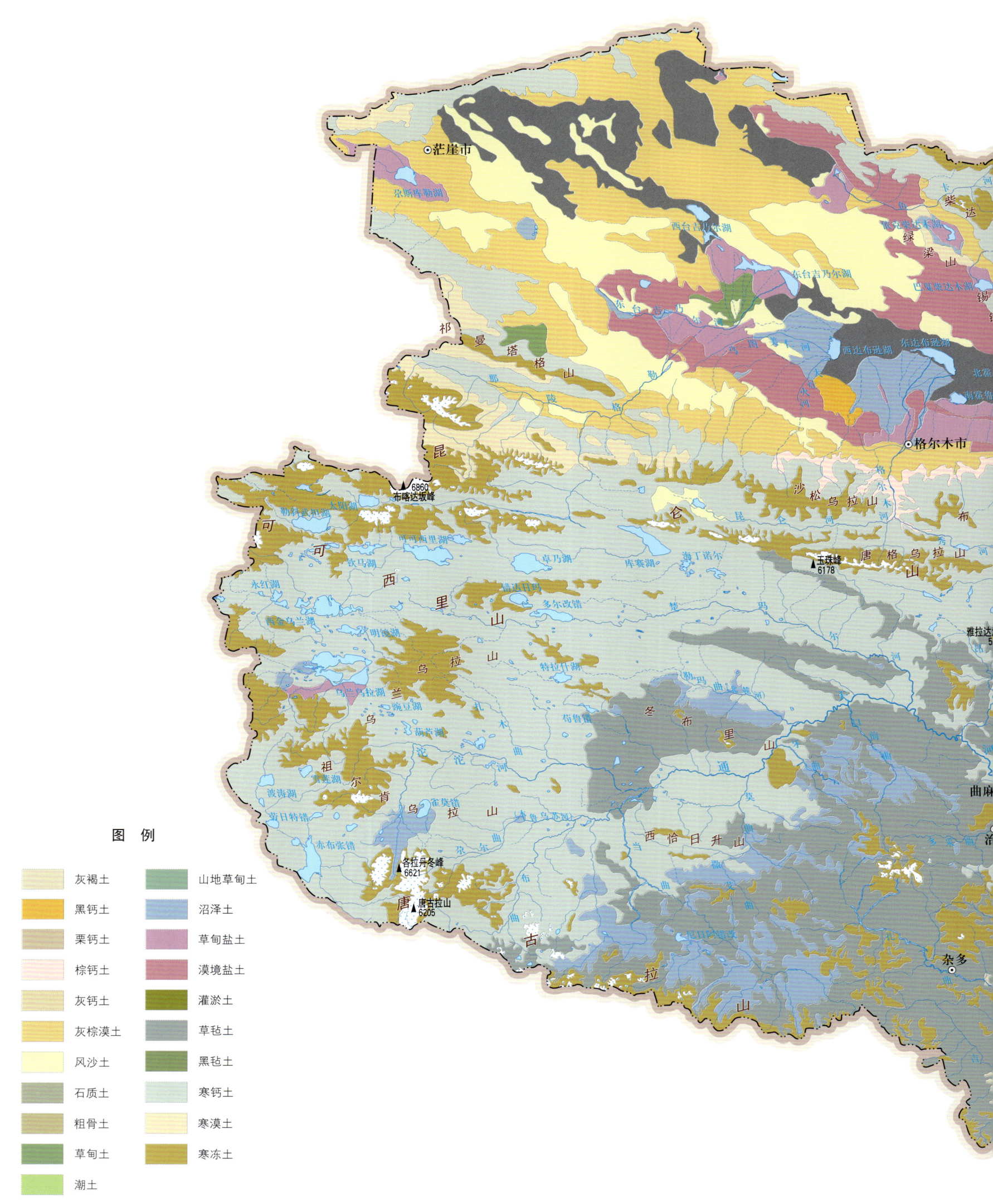

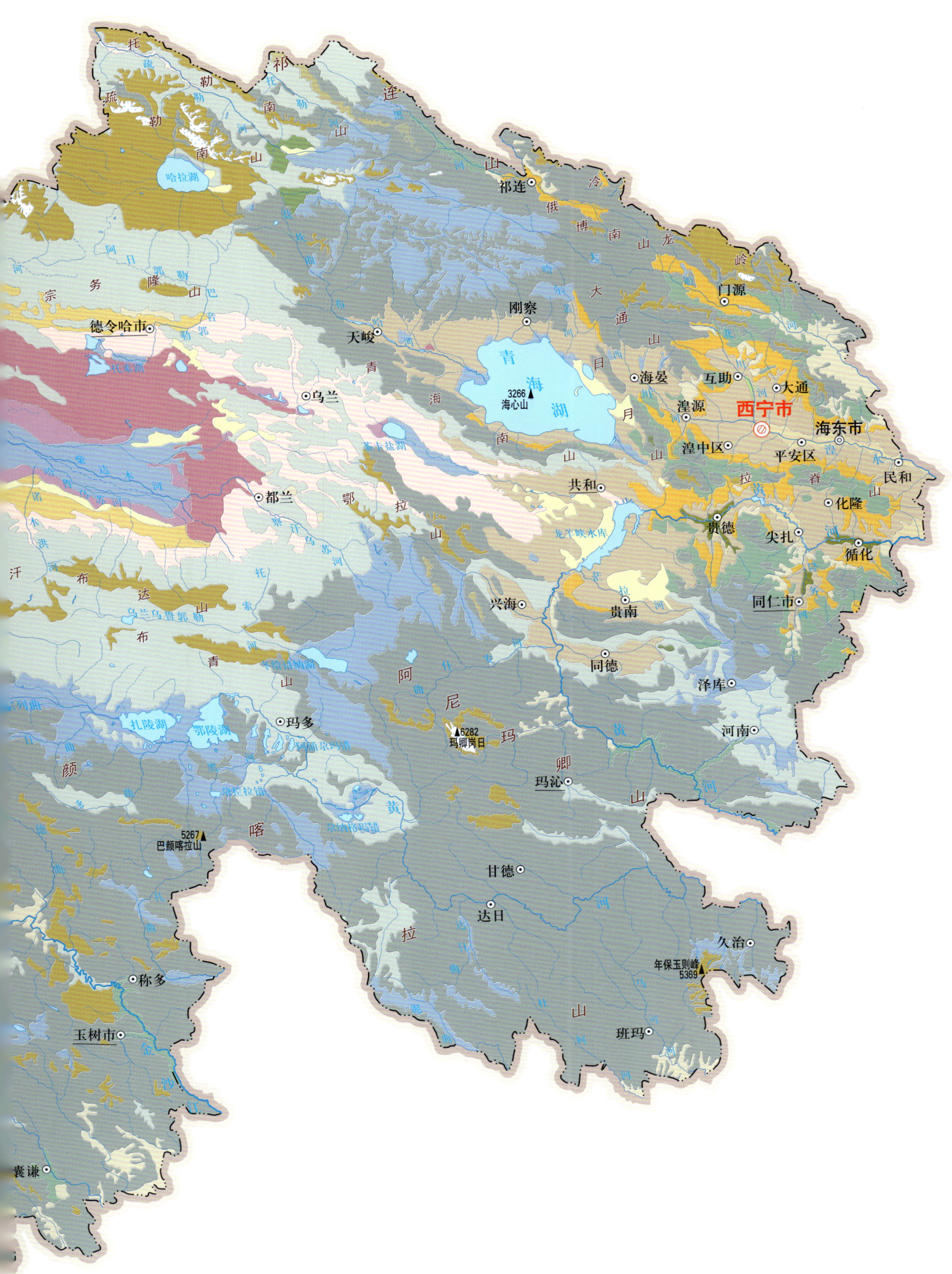

青海省土壤有机质含量图
1∶3 000 000

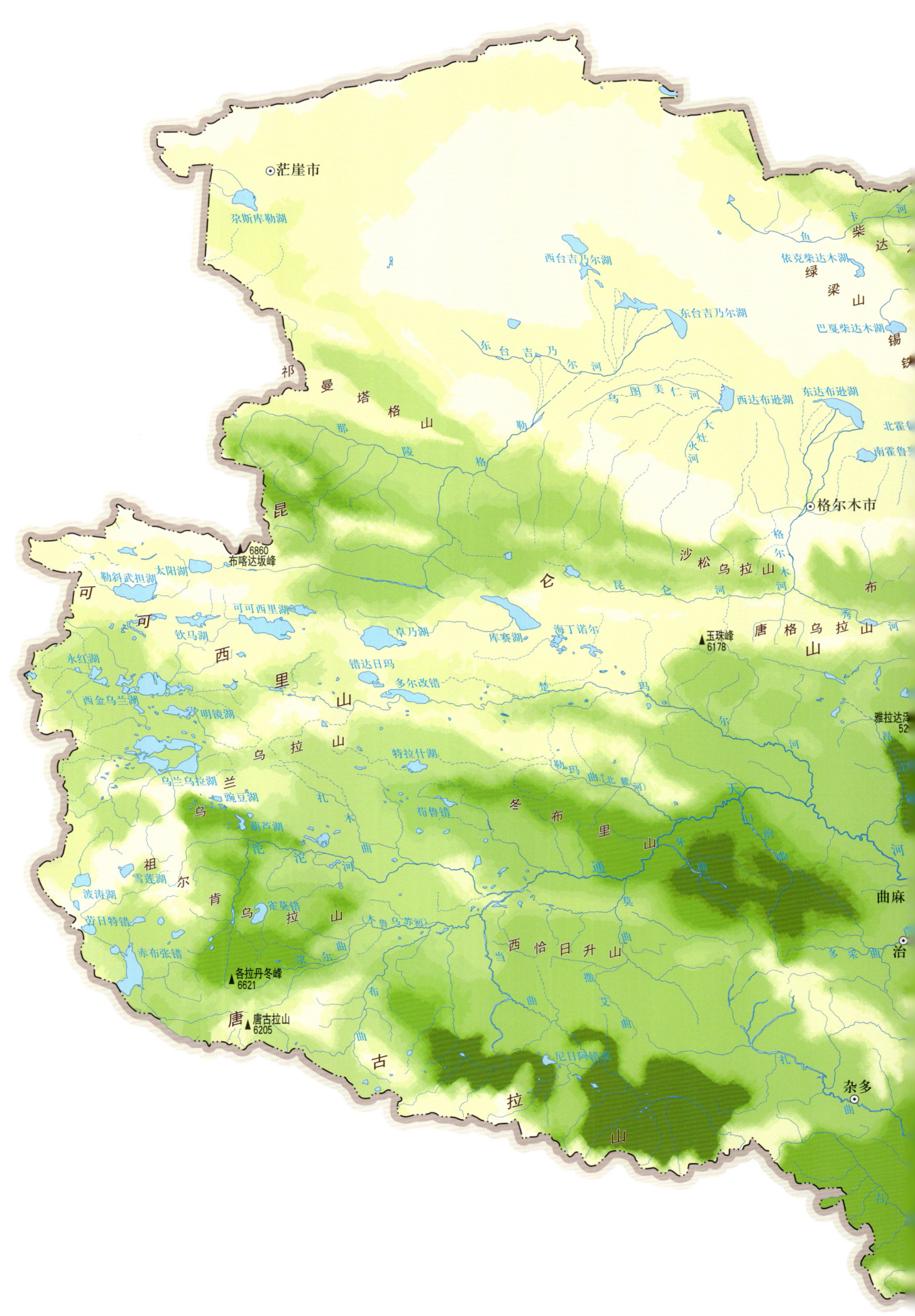

注：土层厚度为0–30cm。

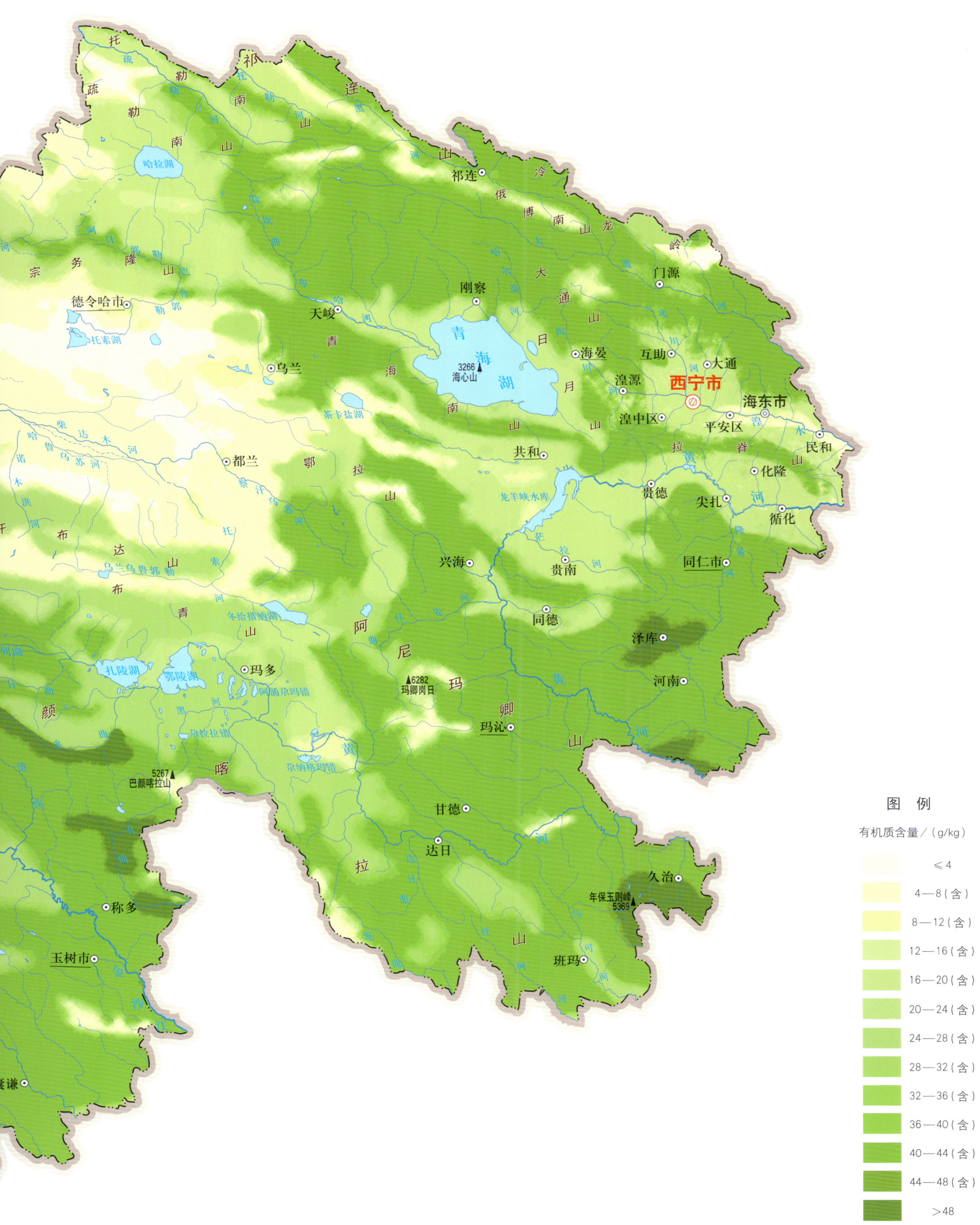

青海省地势图
1∶3 000 000

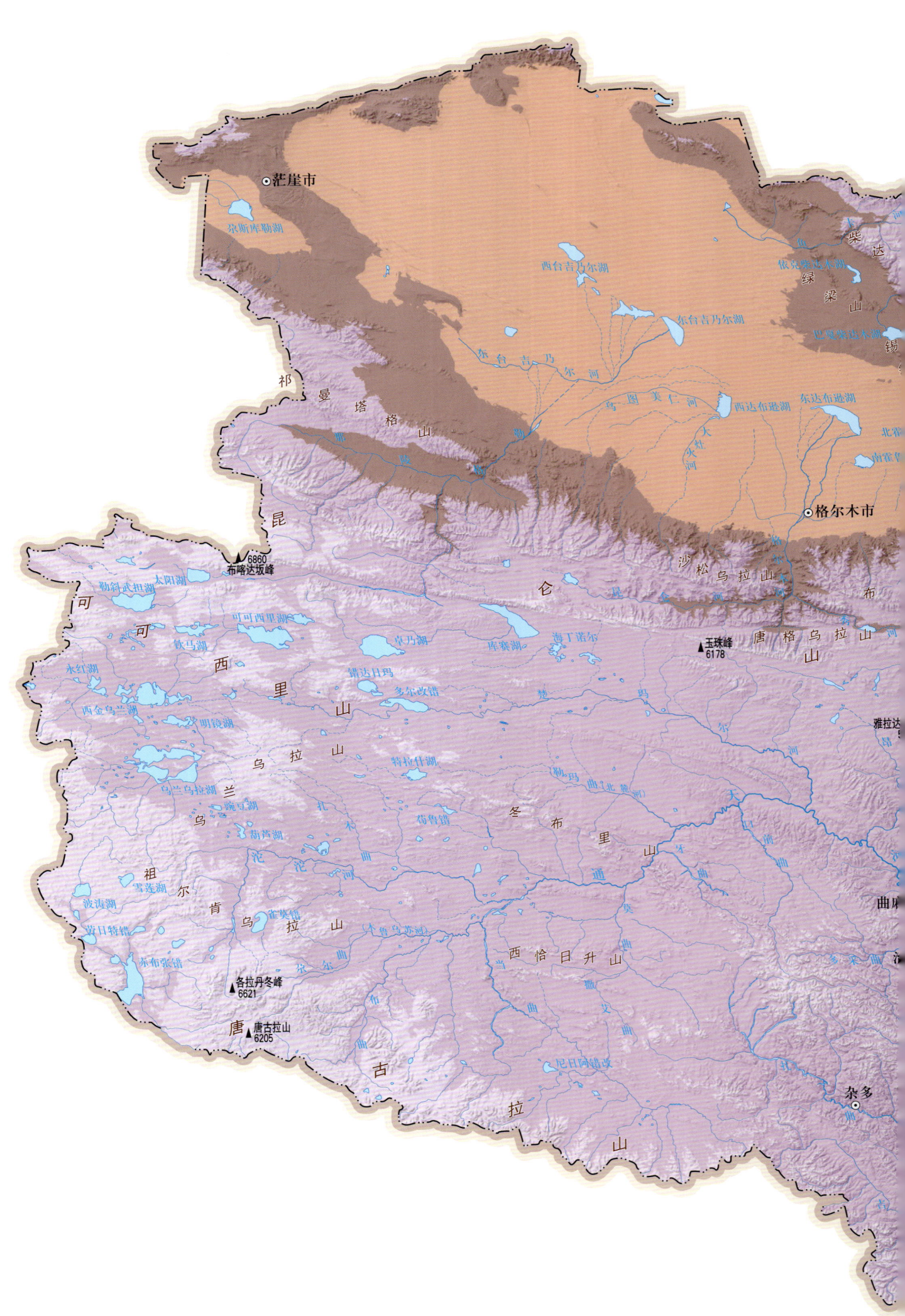

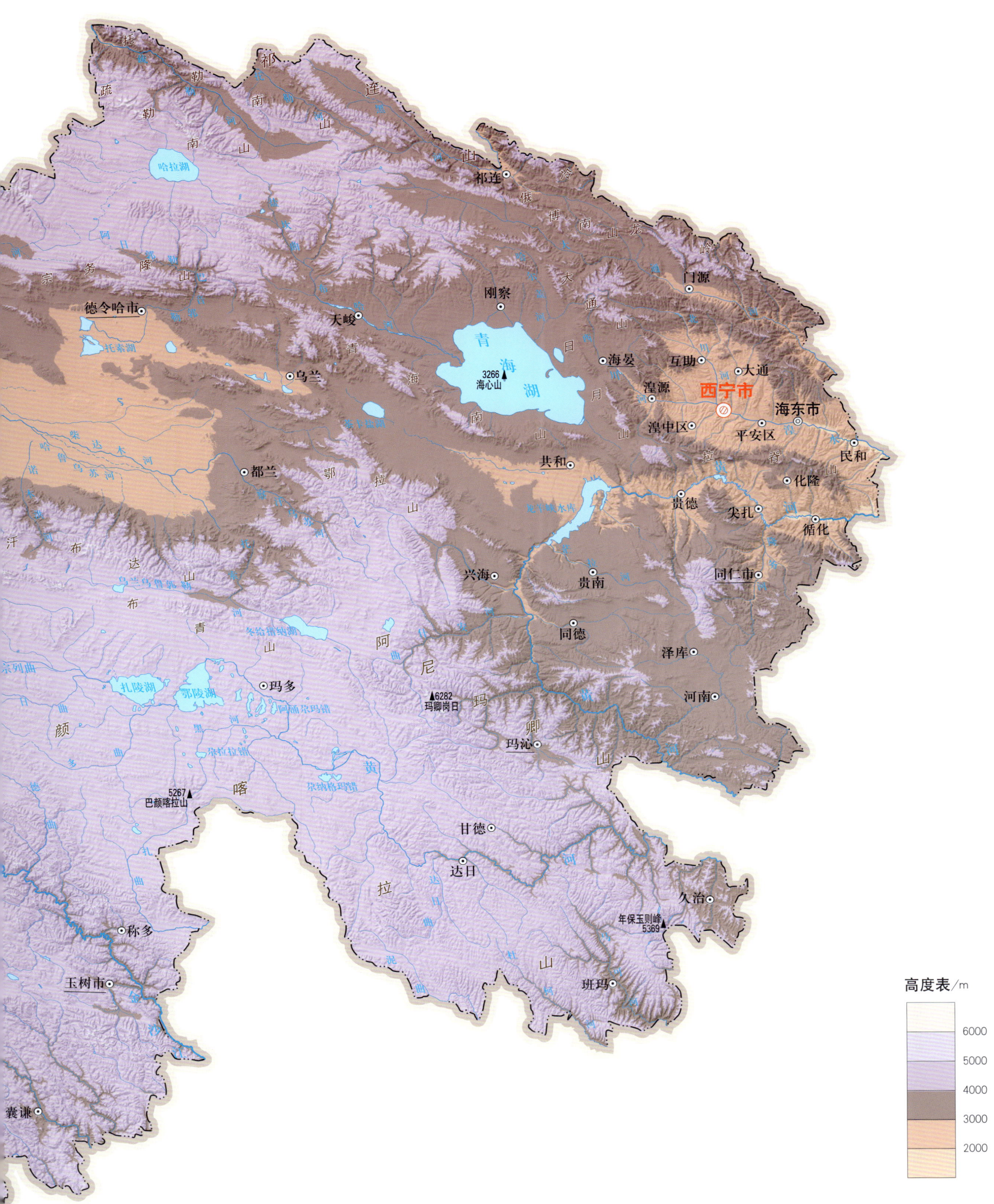

第二编 | 分县土壤图与土壤剖面数据

西 宁 市

市 辖 区

主要土类说明

栗钙土是西宁市主要土壤类型，占本市地域面积的 71%。栗钙土是在温带半干旱草原下形成的具有栗色腐殖质层和灰白色钙积层的土壤。该土壤表层为栗色腐殖质层，厚 20—30cm，有机质含量为 15—45g/kg。其下，灰白色钙积层发育明显。钙积层见于 20—30cm 深处，厚 20—40cm，呈斑点状或层状积钙。石膏及易溶盐局部聚积。成土母质为黄土物质。

灰钙土是西宁市第二大土壤类型，占本市地域面积的 9%。灰钙土是位于暖温带干旱草原区，具低腐殖质、弱淋溶特征的土壤，土体构型为 A–B–C。该土壤仅夏季发生淋溶，易溶盐、碳酸钙、石膏弱度淋移。其分层累积于 15—30cm 深处，碳酸钙含量为 120—250g/kg。尚可在底部见易溶盐累积，含量可达 10g/kg。土壤 pH 为 8.5—9.0。表层初显结皮。表层灰褐色腐殖质积累较少，厚度为 50cm 左右。钙积层不明显，多为轻壤或中壤土。成土母质多为黄土，少数为冲积扇洪积物。植被覆盖度为 10%—40%。

本区域中心区气候特征

本区域中心区气候特征值
Regional climate characteristics in central area of the region

气候带：高原亚寒带亚湿润气候 Climate region: Plateau sub frigid subhumid climate	
年平均气温 /℃ Annual average temperature /℃	5.4
年平均最高气温 /℃ Annual average maximum temperature /℃	13.2
年平均最低气温 /℃ Annual average minimum temperature /℃	−0.3
年降水量 /mm Annual precipitation /mm	386
≥10℃的积温 /℃ Daily temperature accumulated in a year（≥10℃）/℃	1773
年日照时数 /h Annual sunshine /h	2654
年平均相对湿度 /% Annual average relative humidity /%	56
干燥度 Dryness	0.83

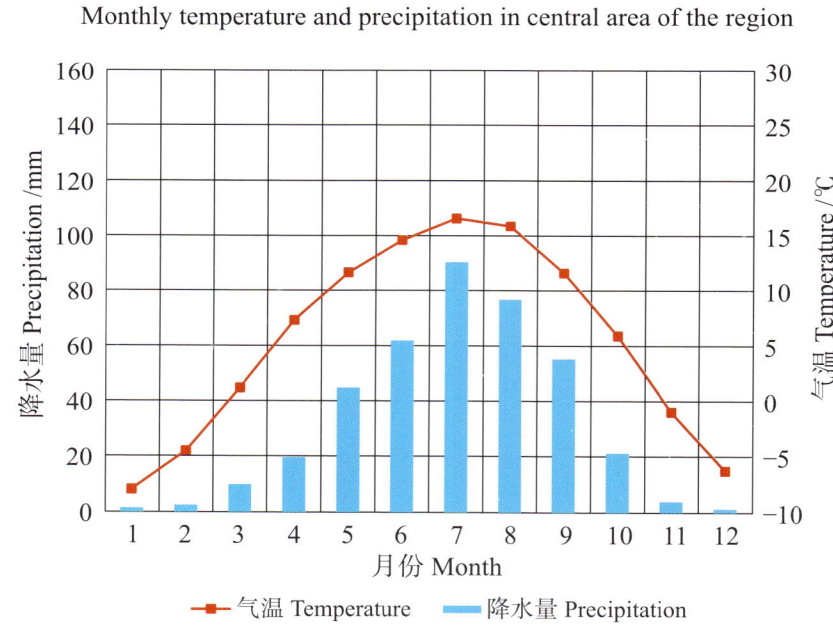

本区域中心区月平均气温与月平均降水量
Monthly temperature and precipitation in central area of the region

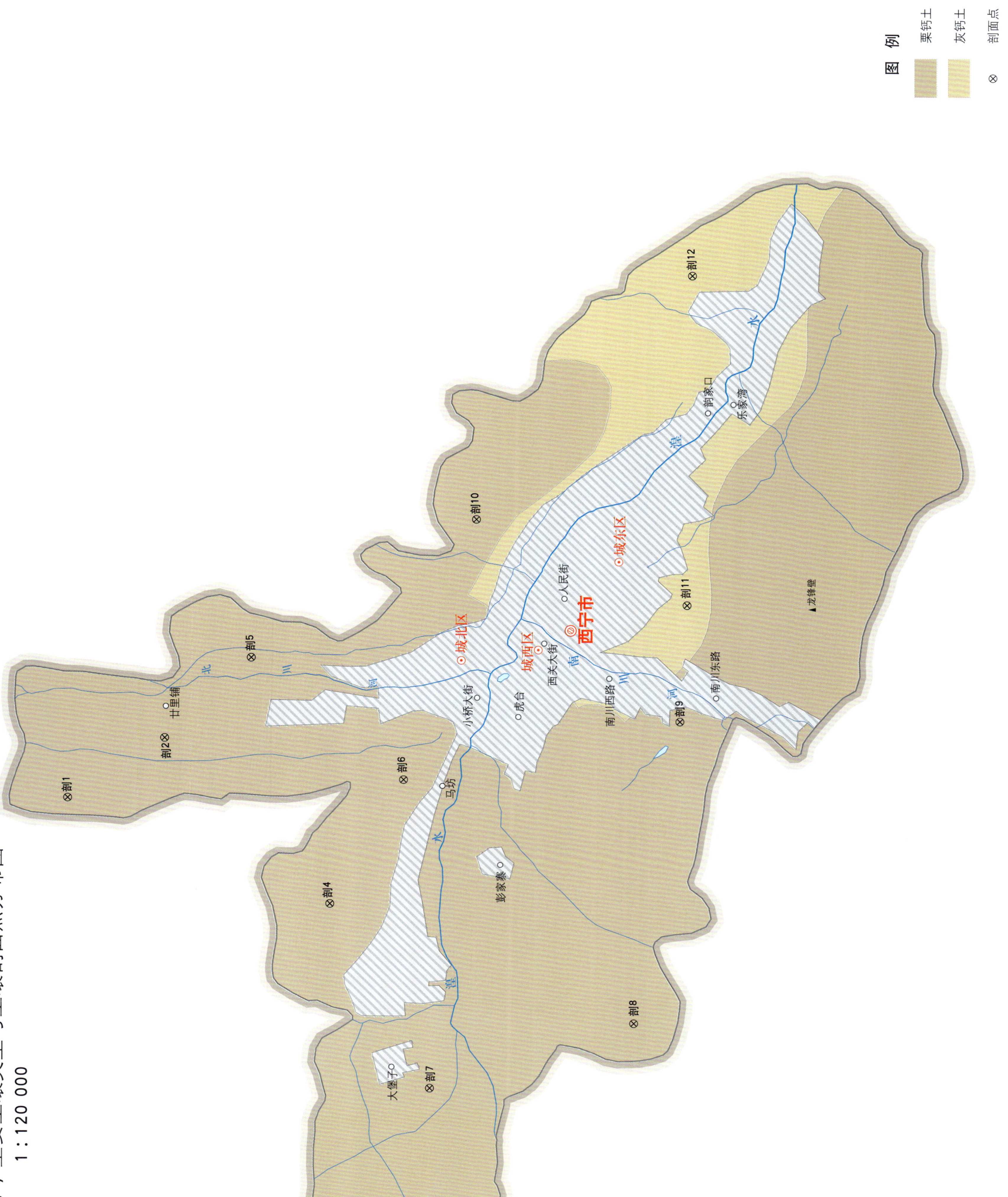

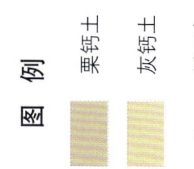

西宁市土壤剖面理化性状表

剖面号 Soil profile	土纲 Soil order	土类 Soil great group	亚类 Soil subgroup	土属 Soil genus	土种 Soil species	土层码 Layer code	土层厚度 Depth/cm	颜色 Soil color	质地 Soil texture	土壤结构 Soil structure	pH	有机质 OM/(g/kg)	全氮 TN/(g/kg)	全磷 TP/(g/kg)	全钾 TK/(g/kg)	碱解氮 AN/(mg/kg)	有效磷 AP/(mg/kg)	速效钾 AK/(mg/kg)	阳离子交换量CEC/(cmol/kg)	剖面点坐标 Profile coordinate	匹配指数 Matching index/%
剖1	钙层土	栗钙土	栗钙土	耕种栗钙土	大白土	1	0–19	淡栗色	壤土	团粒状	7.3									E 101°43′31.7″ N 36°44′39.1″	87
						2	19–56	黄棕色	壤土	块状	7.3										
						3	56–125	黄棕色	壤土	块状	7.5										
剖2	钙层土	栗钙土	栗钙土			1	0–5	红棕色	轻黏土	粒状	8.1	27.4	1.54	1.12	20.7	66	1.0	370	21.0	E 101°44′36.2″ N 36°43′13.1″	84
						2	5–30	红棕色	轻黏土	粒状	7.9	24.2	1.47	1.05	18.7	66	1.0	280	22.9		
						3	30–40	淡红棕色	轻黏土	粒状	7.9	15.2	0.88	0.96	20.7	75	1.0	385	24.1		
剖3	钙层土	栗钙土	栗钙土	耕种栗钙土	大白土	1	0–19		轻壤土	块状		7.4	0.42	1.44	20.1	23	4.0	220	6.2	E 101°34′39.0″ N 36°41′08.5″	96
						2	19–56	灰黄色	轻壤土	块状		8.2	0.54	0.79	19.1	36	2.0	220	6.7		
						3	56–125	灰黄色	轻壤土	块状		3.6	0.29	0.82	19.1	26	4.0	170	5.2		
剖4	钙层土	栗钙土	栗钙土	耕种栗钙土	大白土	1	0–14	灰黄色	轻壤土	块状										E 101°41′24.7″ N 36°40′53.4″	91
						2	14–40	灰黄色	轻壤土	块状											
						3	40–79	灰黄色	轻壤土	块状											
						4	79–150	灰黄色	轻壤土	块状											
剖5	钙层土	栗钙土	栗钙土	耕种栗钙土	黑黄土	1	0–18	暗灰棕色	中壤土	团粒状	8.3	25.4	1.56	1.32	18.4	72	4.0	250	16.8	E 101°46′03.2″ N 36°41′55.6″	98
						2	18–27	灰黄棕色	中壤土	块状	8.0	26.3	1.50	1.33	19.5	65	1.0	220	21.0		
						3	27–52	暗黄棕色	中壤土	块状	8.0	19.4	1.03	1.06	19.2	39	2.0	210	19.4		
						4	52–150	灰黄棕色	中壤土	块状	8.0	7.8	0.38	1.15	19.3	20	1.0	210	7.3		
剖6	钙层土	栗钙土	栗钙土	耕灌栗钙土	白麻土	1	0–28	灰黄色	轻壤土	半粒状	7.5	5.4	0.36	0.93	20.2	16	8.0	230	8.3	E 101°43′42.2″ N 36°39′45.9″	86
						2	28–75	灰黄色	中壤土	块状	7.5	3.7	0.30	1.20	20.0	12	2.0	220	7.8		
						3	75–150	灰黄色	中壤土	块状	7.6	3.4	0.23	0.97	20.1	10	3.0	195	5.2		
剖7	钙层土	栗钙土	栗钙土	耕种栗钙土	黑垆土	1	0–36	灰黄色	中壤土	小块状	7.6	23.2	1.39	1.66	20.1	89	6.0	335	17.1	E 101°37′55.4″ N 36°39′31.2″	93
						2	36–49	灰黄色	中壤土	小块状	7.8	21.3	1.27	1.38	20.2	80	4.0	300	15.6		
						3	49–85	灰黄色	中壤土	块状	7.6	9.9	0.61	1.18	20.2	26	2.0	180	16.2		
						4	85–150	灰黄色	中壤土	小块状	7.6	8.5	0.60	1.07	20.1	33	3.0	210	14.2		
剖8	钙层土	栗钙土	栗钙土	耕种栗钙土	白黄土	1	0–20	灰黄色	中壤土	块状	7.3									E 101°39′01.8″ N 36°36′31.7″	91
						2	20–40	棕色	中壤土	块状	7.3										
						3	40–90	棕色	重壤土	块状	7.5										
						4	90–150	棕色	轻壤土	块状	7.8										
剖9	钙层土	栗钙土	栗钙土	耕种栗钙土	黑黄土	1	0–20	暗灰棕色	中壤土	团粒状	8.2	19.2	0.99	1.44	21.8	46	12.0	350	14.4	E 101°44′39.5″ N 36°35′43.8″	98
						2	20–85	暗黄棕色	中壤土	团块状	8.0	9.2	0.38	1.23	22.6	46	2.0	345	2.0		
						3	85–150	暗黄棕色	轻壤土	团块状	7.8	2.0	0.27	1.21	20.6	12	1.0	240	5.7		
剖10	钙层土	栗钙土	栗钙土	耕种栗钙土	白黄土	1	0–17	暗灰黄色	中壤土			15.2	0.88	1.30	20.3	38	5.0	250	16.6	E 101°48′31.7″ N 36°38′35.9″	83
						2	17–35	灰黄色	中壤土			12.8	0.85	1.20	20.2	28	3.0	220	17.2		
						3	35–58	灰黄色	中壤土			7.4	0.45	1.06	19.2	15	2.0	180	15.6		
						4	58–108	灰黄色	中壤土	小块状		5.7	0.36	0.92	19.1	12	2.0	170	9.8		
						5	108–150	灰黄色	中壤土	小块状		3.0	0.22	1.10	20.1	8	8.0	210	5.7		
剖11	干旱土	灰钙土	耕种灰钙土	灌溉灰钙土	灰黄土	1	0–24	棕色	中壤土	块状	8.2	16.8	0.73	1.60	20.2	36	3.0	325	14.5	E 101°46′49.1″ N 36°35′34.7″	94
						2	24–32	棕色	中壤土	块状	8.4	10.1	0.64	1.20	20.2	26	1.0	320	17.4		
						3	32–53	棕色	中壤土	小块状	8.5	18.1	0.61	1.28	19.1	24	1.0	290	14.5		
						4	53–150	黄棕色	中壤土	块状	8.5	2.8	0.21	1.20	18.5	10	2.0	300	8.0		
剖12	干旱土	灰钙土	耕种灰钙土	灌溉灰钙土	灰白土	1	0–19	淡棕色	中壤土	小块状	8.3	12.4	0.67	1.50	19.2	32	4.0	410	7.8	E 101°52′58.4″ N 36°35′21.5″	81
						2	19–33	淡棕色	轻壤土	块状	8.5	7.6	0.38	1.19	19.3	18	4.0	210	7.8		
						3	33–80	淡棕色	轻壤土	块状	8.6	3.4	0.21	1.14	18.2	8	4.0	180	4.7		
						4	80–150	淡棕色	轻壤土	块状	8.7	3.0	0.17	1.13	18.2	6	3.0	220	6.2		

城中区、湟中区

主要土类说明

栗钙土是城中区、湟中区主要土壤类型，占本区地域面积的31%。栗钙土是在温带半干旱草原下形成的具有栗色腐殖质层和灰白色钙积层的土壤。该土壤表层为栗色腐殖质层，厚20—30cm，有机质含量为15—45g/kg。其下，灰白色钙积层发育明显。钙积层见于20—30cm深处，厚20—40cm，呈斑点状或层状积钙。石膏及易溶盐局部聚积。

山地草甸土是城中区、湟中区第二大土壤类型，占本区地域面积的23%。山地草甸土是在中山山顶平台的草甸植被下形成的薄层土壤。其表层为草皮层，其下是有锈色斑纹或络合铁锰胶膜的薄层土壤，具As-A-C-D剖面构型。土壤有机质累积量大，腐殖质层厚，可在1m以上。成土母质有残积物、坡积物、冰碛物及黄土等。

黑钙土是城中区、湟中区第三大土壤类型，占本区地域面积的15%。黑钙土是脑山地区的主要土壤，分布于海拔2700—3200m的中山一带，其上部与灰褐土或山地草甸土接壤，下部逐步过渡为栗钙土。黑钙土基本处在冷温湿润草原气候带，成土母质多为黄土、坡积物等。土体构型为A-AB-C。其腐殖质层深厚、松软，呈黑褐色或暗灰棕色。有机质年累积量高，表层有机质含量可达80—140g/kg。土层深厚，地下水位深。

红黏土占城中区、湟中区地域面积的9%。深厚黄土层下，常见第三纪红色黏土（保德期红黏土）埋藏。厚层黄土层侵蚀殆尽处，红色黏土层露出，形成的母质性状明显的初育土，即红黏土。其黏粒含量高，塑性强，生物作用微弱，母质特性明显，pH为7.0—8.0，有时夹有砂姜。

草毡土占城中区、湟中区地域面积的8%。草毡土是发生于高寒区（青藏高原）平缓高原面上，具强度生草腐殖质积累与弱度氧化还原特征的高山土壤。由于寒冻，嵩草根累积并弱度分解，该土壤呈草毡状。土体滞水，冻融交替，弱度氧化还原交替进行，造成该土壤氧化铁微弱游离。土体构型为$As-A_1-(AB)BC-C(D)$，剖面厚度为50—80cm。成土母质为坡积物、残积物或冰碛物。

灌淤土占城中区、湟中区地域面积的7%，主要分布于拦隆口、李家山、多巴、总寨、田家寨及西堡、坡家、甘河滩等地的河谷阶地和湟水河两侧耕灌时间长久的二、三级阶地。灌淤土是在灌溉条件下经过灌淤、施肥、耕作，人工高度熟化的农业土壤。土体构型为Ap-AB-BC-C。

灰褐土占城中区、湟中区地域面积的3%。灰褐土发生于温带干旱、半干旱山地云杉、冷杉下，腐殖质累积与积钙作用明显，pH为7.0—8.0。该土壤表层有机质含量可达100g/kg，表层下见暗色腐殖质层，有弱黏淀特征。具Ao-A-B-C剖面构型，B层呈棕褐色。钙积层在40cm以下出现，铁铝氧化物无移动。

小于本区域面积3%的土壤类型还有潮土、寒漠土、沼泽土、新积土、灰钙土等。

本区域中心区气候特征

本区域中心区气候特征值
Regional climate characteristics in central area of the region

气候带：高原亚寒带亚湿润气候 Climate region: Plateau sub frigid subhumid climate	
年平均气温 /℃ Annual average temperature /℃	4.9
年平均最高气温 /℃ Annual average maximum temperature /℃	12.8
年平均最低气温 /℃ Annual average minimum temperature /℃	-1.1
年降水量 /mm Annual precipitation /mm	394
≥10℃的积温 /℃ Daily temperature accumulated in a year（≥10℃）/℃	1664
年日照时数 /h Annual sunshine /h	2677
年平均相对湿度 /% Annual average relative humidity /%	56
干燥度 Dryness	0.71

本区域中心区月平均气温与月平均降水量
Monthly temperature and precipitation in central area of the region

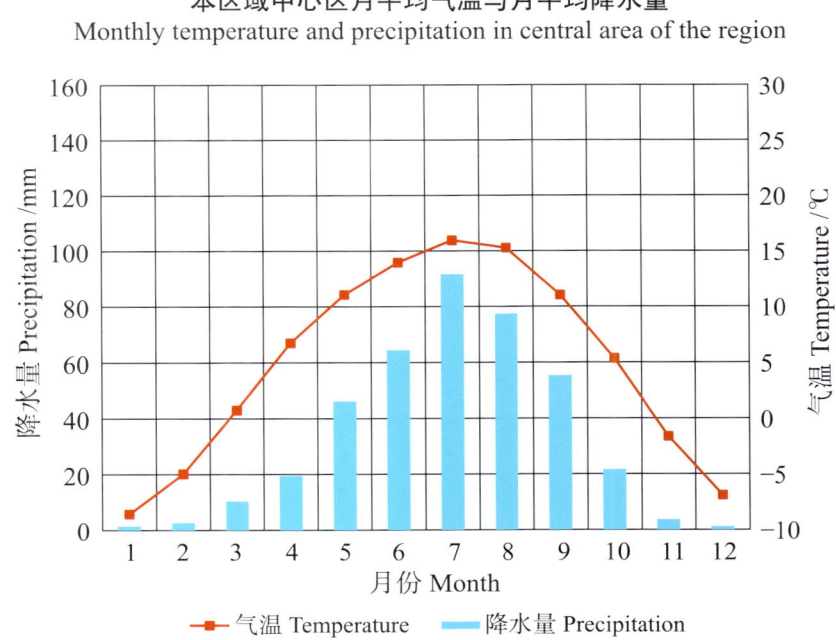

城中区、湟中区主要土壤类型与土壤剖面点分布图
1∶280 000

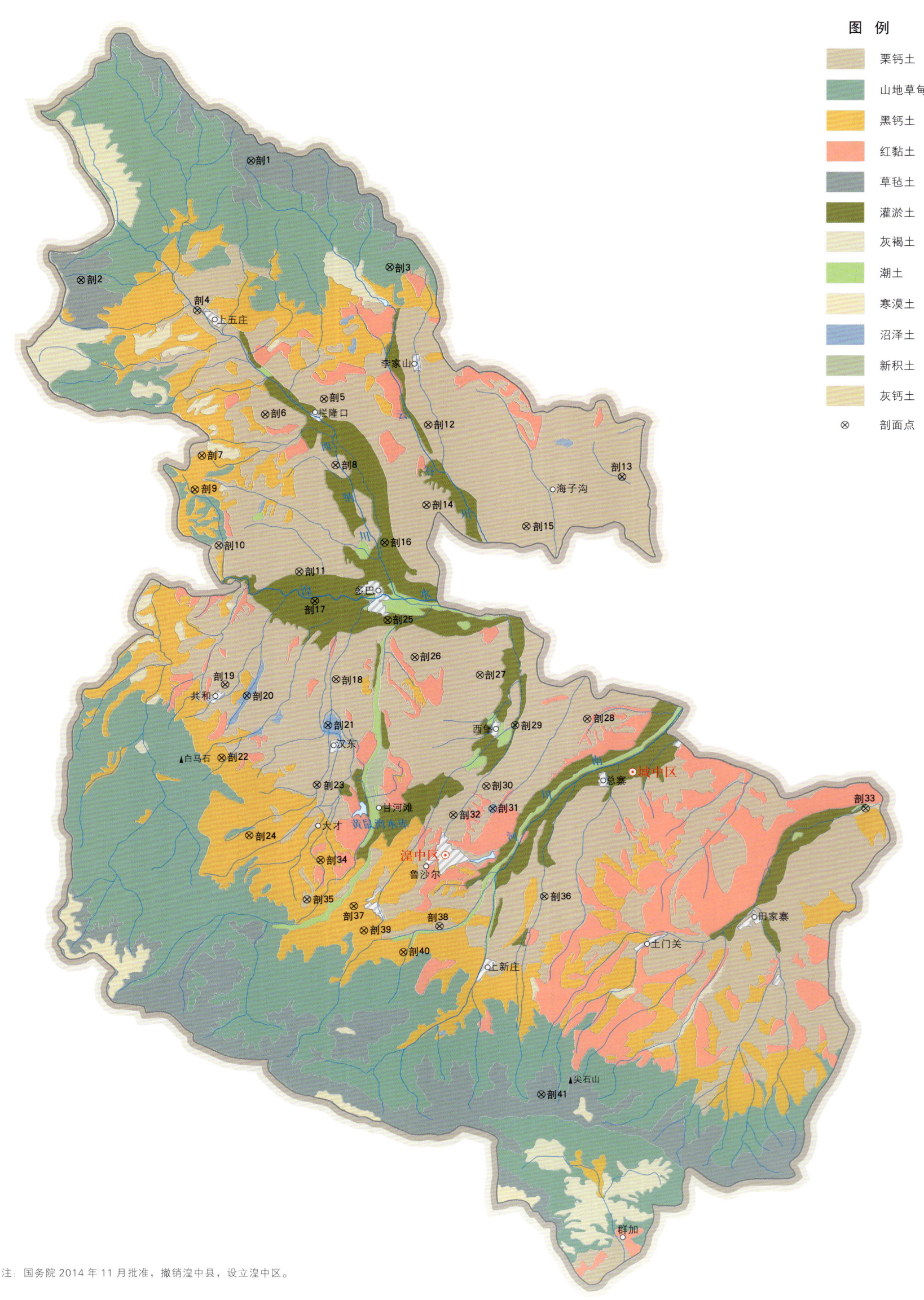

注：国务院 2014 年 11 月批准，撤销湟中县，设立湟中区。

城中区、湟中区土壤剖面理化性状表

剖面号 Soil profile	土纲 Soil order	土类 Soil great group	亚类 Soil subgroup	土属 Soil genus	土种 Soil species	土层码 Layer code	土层厚度 Depth/cm	颜色 Soil color	质地 Soil texture	土壤结构 Soil structure	pH	有机质 OM/(g/kg)	全氮 TN/(g/kg)	全磷 TP/(g/kg)	全钾 TK/(g/kg)	碱解氮 AN/(mg/kg)	有效磷 AP/(mg/kg)	速效钾 AK/(mg/kg)	阳离子交换量CEC/(cmol/kg)	土壤母质 Parent material	剖面点坐标 Profile coordinate	匹配指数 Matching index/%
剖1	高山土	草毡土	棕草毡土			1	0–17				7.0	106.9	5.45	0.99	23.0	254	1.0	278	44.8		E 101°26′18.7″ N 36°55′30.7″	97
						2	17–48	暗灰棕色	重壤土	粒状	7.0	78.5	4.46	1.12	22.6	140	痕迹	140	38.2			
						3	48–56	暗灰棕色	重壤土	团粒状	7.0	54.8	3.10	1.07	21.9	190	痕迹	95	3.0			
						4	56–100				7.0	49.8	2.32	1.09	22.2	104	痕迹	77	27.8			
剖2	高山土	草毡土	棕草毡土			1	0–7				7.0	122.6	6.15	1.46	23.1	299	1.0	442	48.0		E 101°18′40.4″ N 36°51′16.5″	79
						2	7–30	暗灰棕色	重壤土	团粒状												
						3	30–50	暗灰棕色	中石质重壤土	块状												
						4	50–68	淡棕黄色	重壤土	鳞片状												
						5	68–100	淡棕黄色	重壤土	小块状												
剖3	半水成土	山地草甸土	山地灌丛草甸土			1	0–15	灰黑色	中石质中壤土	鳞片状	6.9	179.2	8.16	0.93	19.0	284	2.0	217	65.8		E 101°32′18.6″ N 36°51′27.7″	100
						2	15–30	棕黑色	中石质重壤土	粒状	7.0	114.1	5.49	1.07	19.8	260	痕迹	80	49.0			
						3	30–50	栗色	重壤土	块状	7.0	56.1	2.47	0.83	20.7	107	痕迹	79	36.9			
						4	50–65	棕黄色			7.1	8.4	0.81	0.50	20.8	31	痕迹	56	14.3			
剖4	钙层土	栗钙土	栗钙土	耕种栗钙土	黑红土	1	0–12	紫色	重黏土	粒状	7.9	12.2	1.06	0.58	20.0	52	10.0	224	15.9		E 101°23′45.9″ N 36°50′03.6″	83
						2	12–22	紫棕色	轻黏土	粒状	8.1	14.5	0.96	0.55	19.3	46	11.0	155	16.2			
						3	22–85	棕红色	轻黏土	块状	8.3	4.7	0.48	0.69	20.2	28	7.0	122	17.3			
						4	85–150	红棕色	轻黏土	块状	8.5	1.8	0.43	0.55	21.5	29	6.0	140	17.9			
剖5	钙层土	栗钙土	栗钙土	白黄土	白黄土	1	0–15	白色	轻壤土	粒状	8.4	17.3	1.12	0.58	18.5	25	3.0	105	1.2		E 101°29′16.1″ N 36°46′40.4″	92
						2	15–70	白色	轻壤土	块状	8.8	5.0	0.53	0.69	18.3	10	1.0	65	5.6			
						3	70–150	棕灰色	轻壤土	块状	8.6	3.9	0.29	0.64	18.9	8	痕迹	46	5.6			
剖6	钙层土	栗钙土	栗钙土	耕种淋溶黑钙土	砂质油黑土	1	0–15	红黑色	中壤土	团粒状	7.5	51.9	2.77	0.86	16.0	119	1.0	156	26.1		E 101°26′39.5″ N 36°46′09.5″	100
						2	19–35	橘红色	中壤土	棱块状	8.2	8.9	0.82	0.58	13.5	25	痕迹	75	12.8			
						3	35—	棕棕色	砂质壤土	大块状	8.2	7.7	0.77	0.72	13.1	25	痕迹	65	1.6			
剖7	钙层土	栗钙土	栗钙土	耕种栗钙土	焦红土	1	0–19	黑黑色	砂质壤土	团粒状	7.0	43.7	2.67	0.73	21.8	157	8.0	227	23.2	坡积性黄土	E 101°23′48.8″ N 36°44′41.7″	96
						2	19–31	黑棕色	黏壤土	小块状	7.0	33.8	2.10	0.74	23.6	153	3.0	153	2.4			
						3	31–80	黑棕色	黏壤土	块状	7.1	33.2	2.06	0.75	24.0	128	痕迹	120	18.9			
						Ck	80–110	灰黄棕色	黏壤土	粒状、小块状	7.2	13.0	1.24	0.59	21.7	85	痕迹	98	13.1			
剖8	钙层土	栗钙土	栗钙土	耕种栗钙土		A_{11}	0–18	暗红棕色	粉砂质黏壤土	片状	8.3	13.6	0.98	0.62	18.8	65	6.0	137	13.0	红土、红砂岩	E 101°23′42.1″ N 36°44′13.4″	91
						A_{12}	18–25	浊红棕色	粉砂质黏壤土	片状	8.3	11.0	0.84	0.35	19.1	48	2.0	105	13.5			
						Bk_1	25–60	浊红棕色	粉砂质黏壤土	棱块状	8.4	5.8	0.44	0.39	16.7	30	2.0	104	14.2			
						Bk_2	60–82	油橙色	粉砂质黏壤土	块状	8.3	3.8	0.31	0.29	16.3	23	1.0	85	9.4			
						C	82–150	亮红棕色	粉砂质黏壤土	大块状	8.4	2.3	0.30	0.33	18.5	21	1.0	74	9.0			
剖9	钙层土	黑钙土	淋溶黑钙土	耕种淋溶黑钙土	油黑土	A_{11}	0–16	黑棕色	中壤土	团粒状	7.2	64.8	3.49	1.15	21.2	198	9.5	158	29.5	黄土	E 101°23′28.4″ N 36°43′27.6″	81
						A_{12}	16–30	黑棕色	中壤土	团粒状	7.0	70.9	3.77	1.12	21.6	192	8.0	145	3.1			
						Ah/B	30–89	暗棕色	中壤土	块状	7.2	74.1	3.85	0.99	20.6	188	2.0	72	38.9			
						B/C	89–150	灰黄棕色	中壤土	块状	7.5	34.8	1.67	0.64	22.6	50	1.0	68	24.0			
剖10	钙层土	栗钙土	淋溶黑钙土	耕种栗钙土	红黄土	1	0–19	暗棕色	中壤土	单粒状	8.2	9.1	0.68	0.50	20.2	32	3.0	155	11.0		E 101°24′27.7″ N 36°41′24.0″	72
						2	19–40	棕色	中壤土	块状	8.1	10.3	0.79	0.48	19.8	34	2.0	110	1.6			
						3	40–65	棕色	中壤土	块状	8.2	8.0	0.59	0.44	19.0	26	1.0	26	11.8			
						4	65–150	灰棕色	中石质中壤土	块状	8.2	4.6	0.57	0.59	19.3	20	1.0	79	12.3			
剖11	钙层土	栗钙土	淡栗钙土	红黄土	砂质红黏土	1	0–15	红棕色	中石质中壤土	粒状	8.3	15.4	1.14	0.57	22.3	55	4.0	97	13.3		E 101°27′58.7″ N 36°40′21.4″	73
						2	15–26	红棕色	中壤土	块状	8.2	15.3	0.91	0.51	22.4	51	2.0	74	14.5			
						3	26—	棕红色	中壤土	粒状	8.5	4.8	0.53	0.45	15.9	32	1.0	54	16.5			

续表 Continued

剖面号 Soil profile	土纲 Soil order	土类 Soil great group	亚类 Soil subgroup	土属 Soil genus	土种 Soil species	土层码 Layer code	土层厚度 Depth/cm	颜色 Soil color	质地 Soil texture	土壤结构 Soil structure	pH	有机质 OM/(g/kg)	全氮 TN/(g/kg)	全磷 TP/(g/kg)	全钾 TK/(g/kg)	碱解氮 AN/(mg/kg)	有效磷 AP/(mg/kg)	速效钾 AK/(mg/kg)	阳离子交换量CEC/(cmol/kg)	土壤母质 Parent material	剖面点坐标 Profile coordinate	匹配指数 Matching index/%
剖12	钙层土	栗钙土	栗钙土	耕种栗钙土	砂质红黑土	1	0~20	栗色	粉砂质壤土	团粒状	8.2	23.9	1.49	0.59	20.6	73	22.0	47	16.5		E 101°33′50.0″ N 36°45′37.6″	80
						2	20~60	棕红色	砂质壤土	单粒状	8.5	5.8	0.48	0.50	14.3	31	4.0	38	9.1			
						3	60~120	红棕色	砂质壤土	碎块状	8.5	3.9	0.37	0.67	16.2	18	3.0	34	9.0			
剖13	钙层土	栗钙土	栗钙土		红鸡粪土	2	0~27	棕色	中壤土	团块状										红土	E 101°42′18.7″ N 36°43′30.7″	90
						3	27~40	棕灰色	中壤土	粒状												
						4	40~60	白色	中壤土	块状												
							60~130															
剖14	钙层土	栗钙土	淡栗钙土			A_{11}	0~19	油红棕色	粉砂质黏壤土	粒状、小块状	8.4	15.3	1.05	0.68	20.1	48	4.5	170	15.1		E 101°33′39.5″ N 36°42′41.2″	88
						Ak	19~35	油红棕色	粉砂质黏壤土	片状	8.4	9.3	0.72	0.77	21.0	32	3.0	160	14.4			
						Bk	35~70	红棕色	粉砂质黏壤土	团块状	8.5	6.6	0.50	0.46	20.2	30	1.0	140	15.9			
						Ck	70~116	棕灰色	粉砂质黏壤土	块状	8.5	3.2	0.30	0.48	20.6	16	1.5	142	15.5			
剖15	钙层土	栗钙土	栗钙土	薄层潮灌淤土	腰砂土	2	0~4	淡棕色	中黏土	团粒状	7.6	34.6	1.92	0.72	21.2	65	4.0	175	25.6		E 101°38′01.7″ N 36°41′48.1″	93
						2	4~25	红棕色	中黏土	块状	7.8	13.9	0.77	0.57	22.8	24	2.0	147	19.6			
						3	25~51	红棕色	重黏土	棱块状	7.9	12.1	0.59	0.61	22.1	19	2.0	135	19.0			
						4	51~130	淡红棕色	中黏土	棱块状	7.9	8.7	0.42	0.55	22.9	13	2.0	136	12.6			
剖16	人为土	灌淤土	灌淤土		厚层黄淤土	A_{11}	0~15	灰黄棕色	黏壤土	粒状、小块状	7.5	18.5	0.96	0.96	19.6	121	16.0	450	1.2	冲积物、淤积物	E 101°31′46.2″ N 36°41′20.8″	83
						A_{12}	15~28	灰黄棕色	砂质壤土	单粒夹小块状	7.5	8.2	0.78	0.58	11.2	112	9.0	312	7.2			
						Ct	28~32	灰黄棕色	轻黏土	块状	7.5	7.7	0.72	0.72	9.9	89	5.0	332	3.9			
						Cb	32~54	灰黄棕色	壤土	块状	7.5	14.3	0.59	0.83	17.6	112	14.0	413	9.7			
剖17	人为土	灌淤土	潮灌淤土	涂灌土		A_{11}	0~23	油棕色	黏质黏土	屑粒状	8.3	15.0	1.10	0.66	18.8	31	3.0	319	6.2	冲积物、淤积物	E 101°28′37.6″ N 36°39′15.8″	89
						Ab	23~54	油棕色	黏质黏土	块状	8.6	14.7	1.05	0.68	19.7	21		407	8.6			
						C_1	54~94	油棕色	黏质黏土	块状	8.5	9.5	0.93	0.74	18.2	31		357	6.8			
						C_2	94~150	油棕色	黏质黏土	块状	8.1	8.8	0.82	0.58	18.6	29	3.0	372	7.1			
剖18	钙层土	栗钙土	栗钙土		红棋子土	1	0~20	紫色	重壤土	粒状	8.4	13.3	0.92	0.51	19.9	40	8.0	140	12.9	红泥岩风化残积物、坡积物	E 101°29′29.3″ N 36°36′20.5″	99
						2	20~40	棕色	轻黏土	小块状	8.5	7.9	0.42	0.59	21.7	9	2.0	137	15.6			
						3	40~100	红色	轻黏土	块状	8.3	4.6	0.29	0.55	21.3	8	3.0	156	15.8			
剖19	钙层土	栗钙土	栗钙土		黑黄土	1	0~21	栗色	重壤土	团块状	7.7	24.3	1.20	0.48	18.9	80	4.0	200	1.9		E 101°24′35.3″ N 36°36′15.1″	100
						2	21~51	栗色	中壤土	块状	7.9	19.6	1.24	0.58	16.5	66	痕迹	99	1.5			
						3	51~85	深棕色	中壤土	块状	7.8	7.8	0.54	0.39	24.8	23	痕迹	76	6.5			
						4	85~150	深棕色	重壤土	块状	8.1	1.7	0.27	0.44	19.4	26	痕迹	70	6.2			
剖20	水成土	沼泽土	耕种沼泽土	泥炭土	泥炭土	1	0~20	青灰色	中壤土	团块状	7.9	28.8	1.04	0.69	17.9	30	痕迹	100	18.6		E 101°25′31.8″ N 36°35′49.2″	91
						2	20~50	灰青色	轻黏土	碎块状	8.2	43.8	2.01	0.76	15.9	79	4.0	63	13.1			
						3	50~70	黑色	重壤土	碎块状	8.2	35.6	1.93	0.83	16.1	88	痕迹	95	19.8			
						4	70~90	黑色	中壤土	团块状	8.2	30.6	1.05	0.55	16.2	37	痕迹	96	17.8			
						5	90~120	黑色	轻壤土	块状	8.2	17.2	0.70	0.54	19.6	22	痕迹	127	2.0			
剖21	水成土	沼泽土	耕种沼泽土	盐沼土	盐青泥土	1	0~22	深棕色	重壤土	团块状	8.6	25.5	1.60	0.56	15.4	66	1.0	100	14.3		E 101°24′21.2″ N 36°33′34.2″	92
						2	22~76	深棕色	重壤土	块状	8.6	27.8	1.76	0.51	12.0	58	1.0	45	14.2			
						3	76~90	黑棕色	重壤土	块状	8.0	22.9	1.38	0.52	14.0	44	1.0	41	22.7			
						4	90~110	灰棕色	重壤土	块状	8.1	14.1	0.71	0.43	13.8	22	1.0	36	11.3			
						5	110~125	灰青色	重壤土	块状	8.1	6.2	0.55	0.52	16.8	11	0.5	44	8.3			
						6	125~150	栗色	轻壤土	粒状	7.9	18.3	1.61	0.46	18.6	26	痕迹	79	22.0			
剖22	钙层土	黑钙土	黑钙土	耕种黑钙土	锈黑土	1	0~20	黑棕色	中壤土	块状	7.9	43.2	2.25	1.18	22.6	117	10.0	208	23.4		E 101°29′04.2″ N 36°34′39.4″	98
						2	20~34	黑棕色	重壤土	块状	7.9	52.6	2.45	1.09	18.7	116	4.0	134	26.4			
						3	34~80	黑棕色	重壤土	团块状	7.8	55.8	2.83	1.07	21.6	110	3.0	78	22.3			
						4	80~100	黑棕色	重壤土	鳞片状	7.7	25.1	1.33	0.71	23.9	47	2.0	66	21.4			
						5	100~150	淡灰黄色	轻黏土	块状	7.7	15.1	0.72	0.48	22.4	23	1.0	49	11.4			

续表 Continued

剖面号 Soil profile	土纲 Soil order	土类 Soil great group	亚类 Soil subgroup	土属 Soil genus	土种 Soil species	土层码 Layer code	土层厚度 Depth/cm	颜色 Soil color	质地 Soil texture	土壤结构 Soil structure	pH	有机质 OM/(g/kg)	全氮 TN/(g/kg)	全磷 TP/(g/kg)	全钾 TK/(g/kg)	碱解氮 AN/(mg/kg)	有效磷 AP/(mg/kg)	速效钾 AK/(mg/kg)	阳离子交换量CEC/(cmol/kg)	土壤母质 Parent material	剖面点坐标 Profile coordinate	匹配指数 Matching index/%
剖23	钙层土	栗钙土	灌淤型栗钙土	灌淤型红土	灌淤型黄麻土	1	0–18	淡红棕色	轻壤土	块状	7.9	5.7	0.56	0.78	20.3	21	2.0	228	16.3	红土	E 101°28′30.7″ N 36°32′29.4″	82
						2	18–53	棕红色	轻壤土	块状	8.0	4.0	0.36	0.54	18.3	15	1.0	129	15.6			
						3	53–99	深红色	轻壤土	块状	8.1	5.5	0.50	0.71	21.1	14	1.0	160	11.6			
						4	99–150	棕红色	轻壤土	块状	8.0	4.1	0.50	0.76	23.1	11	痕迹	108	13.7			
剖24	钙层土	黑钙土	石灰性黑钙土	火黑红土	红黑土	A_{11}	0–16	暗棕色	壤质黏土	粒状、团粒状	8.3	31.0	1.76	0.65	19.8	84	5.0	180	21.3	红土	E 101°25′28.9″ N 36°30′41.4″	80
						A_{12}	16–30	暗红棕色	壤质黏土	团块状	8.3	28.2	1.42	0.64	20.3	80	2.0	110	21.9			
						AhBk	30–83	油红棕色	壤质黏土	大块状	8.4	20.8	1.08	0.62	19.9	51	2.0	100	22.5			
						Bk	83–150	红棕色	粉砂质壤土	块状	8.6	9.8	0.72	0.57	18.3	32	1.0	97	15.0			
剖25	人为土	灌淤土	灌淤土	淤墡土	厚层黑淤土	A_{11}	0–18	棕灰色	黏土	屑粒状	8.4	20.9	1.32	1.03	20.7	57	9.0	417	1.0	冲积物、淤积物	E 101°31′48.8″ N 36°38′28.9″	71
						Ab_1	18–48	棕灰色	壤黏土	团块状	8.4	14.1	0.64	0.89	20.8	31	4.0	145	11.6			
						Ab_2	48–115	棕灰色	黏土	块状	8.3	11.0	0.71	0.57	19.9	18	5.0	150	1.2			
						C	115–150	油黄橙色	壤土	块状	8.4	6.7	0.41	0.62	19.1	7	4.0	115	15.6			
剖26	钙层土	栗钙土	耕种栗钙土	焦红土	红黄粽土	1	0–18	红黄色	重壤土	粒状	8.2	12.6	0.88	0.38	18.8	48	6.0	131	12.0	红土、红砂岩	E 101°32′57.8″ N 36°37′05.0″	82
						2	18–25	红棕色	轻壤土	小块状	8.5	5.8	0.44	0.42	13.7	38	2.0	105	12.2			
						3	25–60	棕红色	壤黏土	棱块状	8.4	3.8	0.35	0.42	16.7	30	3.0	145	14.2			
						4	60–82	油黄棕色	重壤土	大块状	8.5	6.7	0.81	0.29	11.3	21	3.0	85	9.4			
						5	82–150	红黄棕色	轻壤土	块状	8.4	1.2	0.41	0.33	18.5	21	4.0	124	15.8			
剖27	钙层土	栗钙土	淡栗钙土	山地淡栗钙土	山地淡栗钙土	A	0–25	油黄棕色	黏壤土	粒状	8.0	7.3	0.58	0.42	17.7	27	1.0	70	6.1	黄土	E 101°35′48.6″ N 36°36′21.9″	91
						Bk	25–80	油黄棕色	黏壤土	块状	8.2	4.6	0.44	0.42	18.4	15	痕迹	36	4.9			
						Ck	80–150	棕红色	黏壤土	块状	8.1	1.5	0.26	0.41	21.1	12	14.0	49	4.4			
剖28	钙层土	栗钙土	耕种栗钙土	薄层灌淤土	黄帽底红土	1	0–20	深栗色	中壤土	团粒状	7.9	16.2	1.02	0.55	18.5	65	3.0	160	12.7	次生黄土、红泥岩风化残积物	E 101°40′29.0″ N 36°34′38.7″	99
						2	20–38	栗色	中壤土	块状	7.6	11.6	0.73	0.46	18.2	42	3.0	43	1.8			
						3	38–100	棕红色	重壤土	块状	8.2	5.7	0.52	0.39	16.6	33	1.0	27	1.0			
剖29	人为土	灌淤土	薄层灌淤土	薄层黄淤土	黄淤底红土	1	0–20	栗色	黏壤土	团粒状	8.3	14.6	1.15	0.6	20.7	34	7.0	191	1.7	冲积物、淤积物	E 101°37′17.8″ N 36°34′28.9″	86
						2	20–40	栗色	黏壤土	块状	8.2	15.8	1.15	0.78	19.8	34	2.0	154	5.8			
						3	40–60	棕色	中壤土	块状	8.2	4.5	0.48	0.72	18.1	31	1.0	75	11.4			
剖30	钙层土	栗钙土	栗钙土	白黄土	黄鸡粪土	1	0–13	灰黄色	重壤土	团粒状	8.3	13.3	0.70	0.57	16.1	59	9.0	100	1.3		E 101°35′58.2″ N 36°32′16.8″	89
						2	13–58	淡黄黄色	中壤土	块状	8.5	4.0	0.30	0.47	15.9	24	痕迹	45	5.7			
						3	58–150	淡黄黄色	中壤土	块状	8.5	2.2	0.29	0.56	17.1	22	痕迹	51	5.1			
剖31	水成土	沼泽土	盐化沼泽土	盐注土	盐骨泥土	A_{1z}	0–22	灰色	壤质黏壤土	腐粒、碎块状	8.6	25.5	1.60	0.57	15.5	66	1.0	100	14.3	冲积物	E 101°34′28.2″ N 36°31′15.2″	78
						A_{2z}	22–34	灰色	粉砂质黏壤土	片状	8.6	27.8	1.76	0.51	12.1	58	1.0	45	14.2			
						G_1	34–76	蓝灰色	壤质黏土	小块状	8.5	22.9	1.38	0.53	14.1	44	1.0	41	22.7			
						G_2	76–90	暗蓝灰色	黏壤土	块状	8.5	14.1	0.71	0.43	13.8	22	1.0	36	11.3			
						G_3	90–125	蓝灰色	粉砂质黏土	块状	8.4	18.3	1.61	0.46	18.7	26	1.0	76	22.0			
剖32	钙层土	栗钙土	栗钙土	白黄土	大白土	1	0–20	棕色	中壤土	团块状	8.2	9.1	0.61	0.55	17.4	45	4.0	100	6.9		E 101°52′36.3″ N 36°31′04.3″	82
						2	20–43	黄褐色	中壤土	柱状	8.4	3.4	0.34	0.68	16.8	13	2.0	51	4.8			
						3	43–88	灰棕色	轻壤土	柱状	8.3	2.8	0.22	0.86	16.9	21	2.0	71	4.3			
						4	88–150	棕黄色	中壤土	块状	8.4	1.7	0.28	0.61	17.4	23	1.0	85	4.5			
剖33	干旱土	灰钙土				1	0–23	红棕色	中壤土	单粒状	7.9	4.5	0.40	0.76	18.5	16	痕迹	160	7.4		E 101°28′35.4″ N 36°29′42.0″	96
						2	23–53	红棕色	中壤土	块状	7.3	26.4	2.10	0.70	19.3	10	痕迹	145	6.5			
						3	53–91	黄棕色	重壤土	团粒状	7.6	15.1	1.22	0.74	19.3	9	痕迹	162	6.4			
						4	91–150	黄色	中壤土	团粒状	7.6	2.2	0.19	0.53	20.1	11	痕迹	191	6.4			
剖34	钙层土	黑钙土	黑钙土	耕种黑钙土	黄黑土	1	0–20	栗色	重壤土	块状	7.5	26.4	2.10	0.73	19.0	54	痕迹	65	19.7			87
						2	20–56	深栗色	中壤土	团粒状	8.0	15.1	1.22	0.62	18.2	28	痕迹	45	13.9			
						3	56–117	黑灰色	中壤土	团粒状	8.3	8.9	0.74	0.6	16.8	16	痕迹	50	9.5			
						4	117–150	淡黄棕色	中壤土	块状	8.5	5.0	0.36	0.55	18.2	16	痕迹	59	7.6			

续表 Continued

剖面号 Soil profile	土纲 Soil order	土类 Soil great group	亚类 Soil subgroup	土属 Soil genus	土种 Soil species	土层码 Layer code	土层厚度 Depth/cm	颜色 Soil color	质地 Soil texture	土壤结构 Soil structure	pH	有机质 OM/(g/kg)	全氮 TN/(g/kg)	全磷 TP/(g/kg)	全钾 TK/(g/kg)	碱解氮 AN/(mg/kg)	有效磷 AP/(mg/kg)	速效钾 AK/(mg/kg)	阴离子交换量CEC/(cmol/kg)	土壤母质 Parent material	剖面点坐标 Profile coordinate	匹配指数 Matching index/%
剖35	钙层土	栗钙土	暗栗钙土	暗栗泥砂土	甘河黑麻土	A₁₁	0—21	暗棕色	黏壤土	团粒状	8.2	25.5	1.43	0.93	19.0	101	10.0	246	13.7	冲积物	E 101°27′56.9″ N 36°28′14.9″	100
						A₁₂	21—38	油黄棕色	黏壤土	片状	8.2	20.2	1.05	0.95	18.8	78	3.0	160	12.5			
						Bk	38—89	油黄棕色	黏壤土	块状	8.3	16.8	0.86	0.86	19.5	48	2.0	145	12.0			
						Ck	89—150	油黄橙色	黏壤土	块状	8.2	8.6	0.65	0.70	18.9	24	2.0	131	1.5			
剖36	钙层土	栗钙土		耕种栗钙土	红鸡粪土	1	0—19	红棕色	中壤土	粒状	8.3	9.3	0.85	0.68	20.1	40	8.0	239	15.8	红土	E 101°38′22.4″ N 36°28′08.4″	95
						2	19—35	棕红色	重黏土	团块状	8.4	7.9	0.52	0.77	15.2	20	3.0	234	18.5			
						3	35—70	棕红色	重黏土	团块状	8.3	6.6	0.50	0.46	20.6	32	3.0	281	18.6			
						4	70—116	红棕色	重黏土	团块状	8.3	3.2	0.30	0.48	21.4	18	3.0	265	19.9			
剖37	钙层土	黑钙土		耕种黑钙土	红黑土	1	0—15	红棕色	轻黏土	粒状	8.1	21.6	1.14	0.61	19.8	70	6.0	206	22.3		E 101°30′00.2″ N 36°27′57.5″	82
						2	15—30	棕黏色	轻黏土	块状	8.0	22.6	0.92	0.52	19.9	27	2.0	120	24.2			
						3	30—80	红棕色	轻黏土	块状	8.1	9.1	0.84	0.54	18.4	28	1.0	99	3.1			
剖38	钙层土	栗钙土	暗栗钙土			1	0—18	栗色	中石质轻黏土	粒状	8.0	76.6	4.41	0.62	21.6	87	4.0	331	28.4		E 101°33′44.6″ N 36°27′07.9″	74
						2	18—40	深栗色	中壤土	粒状	8.2	51.7	2.88	0.52	20.7	116	2.0	136	21.5			
						3	40—80	深栗色	中石质中壤土	块状	8.3	13.0	0.90	0.43	18.3	30	1.0	75	8.3			
剖39	钙层土	黑钙土		淋溶耕种黑钙土	黑油砂土	1	0—20	暗棕色	中壤土	团粒状	7.0	33.8	2.17	0.73	21.8	157	8.0	200	19.2		E 101°30′24.8″ N 36°27′02.5″	84
						2	20—40	暗棕色	中壤土	层片状	7.0	30.9	2.10	0.74	23.6	153	3.0	183	19.4			
						3	40—90	暗棕色	中壤土	块状	7.1	33.2	2.06	0.75	24.0	128	1.0	158	11.9			
						4	90—110	暗棕色	中壤土	块状	7.2	16.0	1.24	0.59	21.7	85	痕迹	125	12.1			
剖40	钙层土	黑钙土		淋溶耕种黑钙土	山地油黑土	1	0—16	暗棕色	中壤土	团粒状	7.2	65.9	3.64	1.24	20.8	133	4.0	143	22.8		E 101°32′07.4″ N 36°26′12.8″	98
						2	16—30	暗棕色	中壤土	团粒状	7.0	57.8	3.13	1.04	21.7	137	2.0	95	3.0			
						3	30—89	黑棕色	中壤土	团粒状	7.2	46.3	2.80	0.94	20.7	144	2.0	69	37.0			
						4	89—150	黑棕色	中壤土	块状	7.3	31.9	1.67	0.54	22.5	52	1.0	68	26.5			
剖41	高山土	草毡土				1	0—5	栗色、棕色	重壤土	粒状	6.5	160.9	7.41	0.70	17.4	252	14.0	284	67.9		E 101°38′01.3″ N 36°20′52.5″	82
						2	5—20	栗色、棕色	重壤土	团粒状	6.4	117.3	5.06	0.80	17.4	205	2.0	76	4.6			
						3	20—34	灰黄棕色	重壤土	粒状	6.4	81.8	3.91	0.74	19.4	223	痕迹	69	33.7			
						4	34—															

大通回族土族自治县

主要土类说明

草毡土是大通回族土族自治县（以下简称大通县）主要土壤类型，占本县地域面积的45%。草毡土是发生于高寒区（青藏高原）平缓高原面上，具强度生草腐殖质积累与弱度氧化还原特征的高山土壤。该土壤由于寒冻，蒿草根累积并弱度分解，该土壤呈草毡状。土体滞水，冻融交替，弱度氧化还原交替进行，造成该土壤氧化铁微弱游离。土体构型为 As–A_1–（AB）BC–C（D），剖面厚度为50—80cm。地形平缓地段土体深厚，陡坡地段则小于30cm。成土母质为坡积物、残积物或冰碛物。

黑钙土是大通县第二大土壤类型，占本县地域面积的18%。黑钙土是脑山地区的主要土壤，分布在海拔2650—3600m的达坂山、娘娘山支脉一带，其上部与灰褐土、草毡土接壤，下部逐步过渡为栗钙土。土体构型为A–AB–C。其腐殖质层深厚、松软，多呈黑褐色或暗灰棕色。剖面厚度为50—100cm，有机质年累积量高，其下常见到舌状过渡层。成土母质多为黄土，也有坡积物。土层深厚，地下水位很深。自然植被为草原化草甸类型，主要有莎草科、菊科、禾本科等，覆盖度在80%左右。

栗钙土是大通县第三大土壤类型，占本县地域面积的17%，广泛分布在浅山（海拔2400—2700m）、川水（海拔2300—2600m）地区，是农业生产的主要土壤。一般来说，它的土层较厚，土性绵散，呈灰黄色或淡黄色，唯有浅山受侵蚀较重的地区土层较薄，土色不一。土体构型为Ah–Bk–Ck。其腐殖质层呈粒状结构，疏松、质地均一，厚度一般为20—45cm。成土母质主要是黄土（浅山）及次生黄土（川水地）。有机质含量在20g/kg左右。在30—65cm处有石灰淀积层，钙积层中的石灰含量为8%—13%。土体通层有强石灰反应，中性或弱碱性。

灰色森林土占大通县地域面积的10%。灰色森林土是在温带森林草原地区森林植被下发育的具深厚腐殖质层的土壤。该土壤腐殖质层厚达50cm，有机质含量为20—30g/kg，具有弱度淋溶特征，剖面下部见硅粉，冻土层厚1.5m。土体构型为O–A–AB或（B）–BC–C。成土母质为坡积物、残积物以及黄土沉积物。

石质土占大通县地域面积的8%，广泛分布于侵蚀严重岩石裸露的石质山地、侵蚀残丘以及在丘顶、山脊、山坡等坡度陡峻的地形部位。该土壤表层岩石裸露，风化层浅薄，厚度一般小于10cm，风化度低，富含砾石，多碎屑岩粒。土体构型为A–R。

小于本县地域面积3%的土壤类型还有潮土、新积土、沼泽土、草甸盐土等。

本区域中心区气候特征

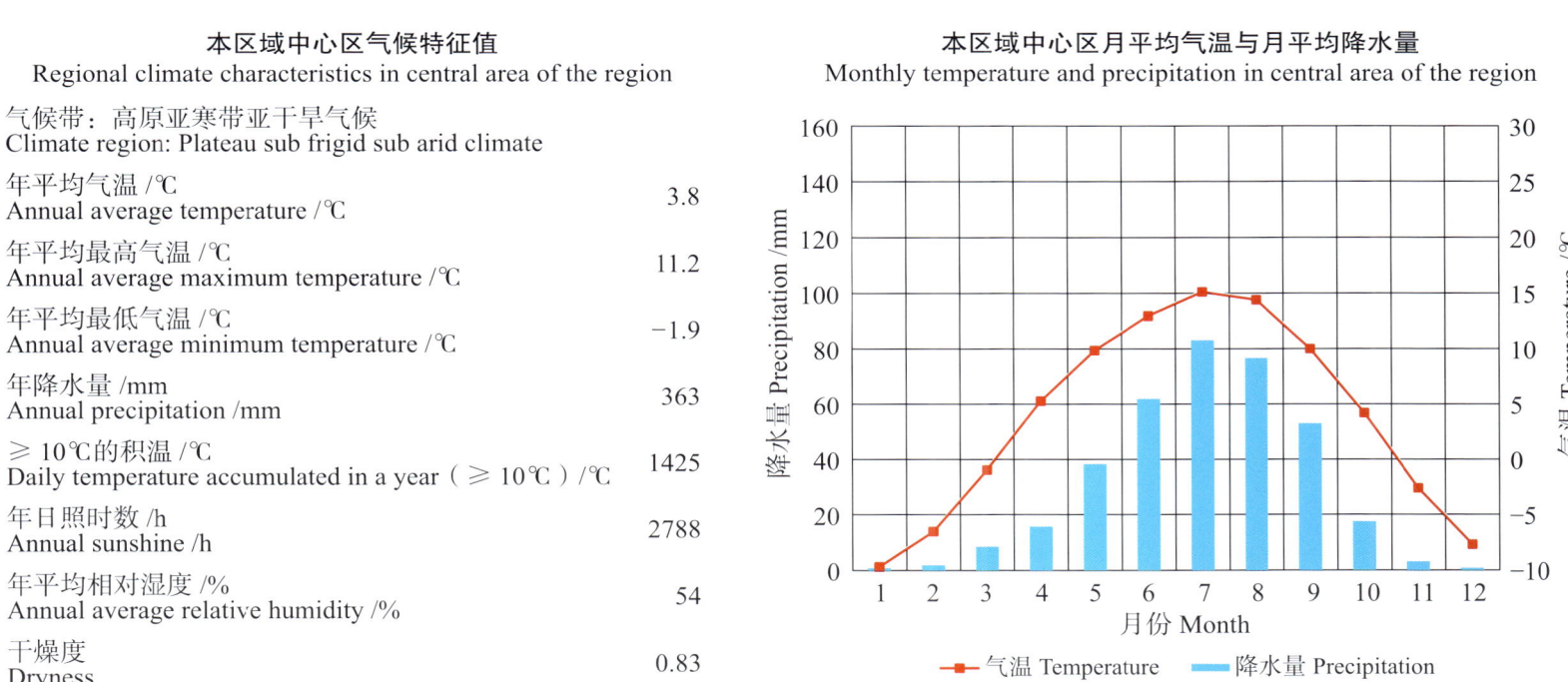

本区域中心区气候特征值
Regional climate characteristics in central area of the region

气候带：高原亚寒带亚干旱气候 Climate region: Plateau sub frigid sub arid climate	
年平均气温 /℃ Annual average temperature /℃	3.8
年平均最高气温 /℃ Annual average maximum temperature /℃	11.2
年平均最低气温 /℃ Annual average minimum temperature /℃	−1.9
年降水量 /mm Annual precipitation /mm	363
≥10℃的积温 /℃ Daily temperature accumulated in a year（≥10℃）/℃	1425
年日照时数 /h Annual sunshine /h	2788
年平均相对湿度 /% Annual average relative humidity /%	54
干燥度 Dryness	0.83

本区域中心区月平均气温与月平均降水量
Monthly temperature and precipitation in central area of the region

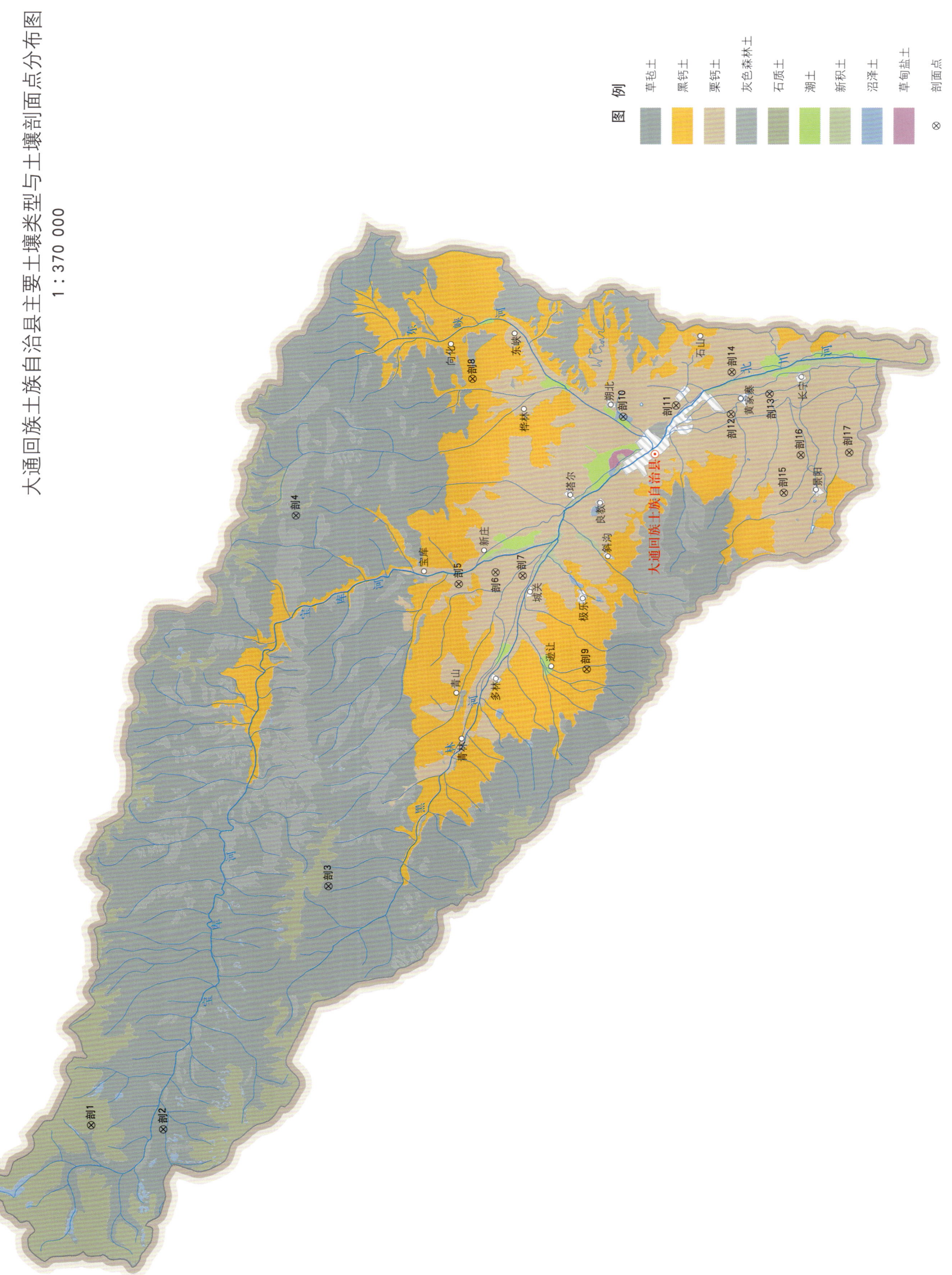

大通回族土族自治县土壤剖面理化性状表

剖面号 Soil profile	土纲 Soil order	土类 Soil great group	亚类 Soil subgroup	土属 Soil genus	土种 Soil species	土层码 Layer code	土层厚度 Depth cm	颜色 Soil color	质地 Soil texture	土壤结构 Soil structure	pH	有机质 OM (g/kg)	全氮 TN (g/kg)	全磷 TP (g/kg)	全钾 TK (g/kg)	碱解氮 AN (mg/kg)	有效磷 AP (mg/kg)	速效钾 AK (mg/kg)	阳离子交换量 CEC (cmol/kg)	剖面点坐标 Profile coordinate	匹配指数 Matching index/%
剖1	初育土	石质土	高山石质土	高山石质土	高山石质土	1	0—27	栗色	粗砂土											E 101°00′36.0″ N 37°23′03.1″	75
						2	27—57		砾质砂土										29.7		
剖2	高山土	棕毡土	棕毡土	棕毡土		1	0—19	黑褐色	黏质壤土	团粒状	6.9	55.3	3.82	0.65	28.0	443	3.0	150	8.5	E 101°00′15.6″ N 37°19′40.3″	70
						2	19—32	深栗色	黏壤土		7.0	12.1	0.52	0.25	15.0	34	痕迹	86	2.5		
						C	32—65	棕黄色			7.0	1.6	0.39	0.32	24.0	31	3.0	125			
剖3	高山土	草毡土	草毡土	草毡土	草毡土	1	0—10				6.5	92.7	4.16	0.85	41.0	527	痕迹	164		E 101°14′53.5″ N 37°11′41.6″	85
						2	10—46				6.5	69.8	3.23	1.04	27.0	321	3.0	234			
						3	46—70				6.4	20.0	0.62	0.25	21.0	92	痕迹	33			
剖4	高山土	草毡土	草毡土	草毡土	草毡土	1	0—36	褐色		粒状										E 101°37′30.4″ N 37°12′48.6″	71
						2	36—50	栗黄色	粉砂质壤土												
						C	50—														
剖5	钙层土	栗钙土	淡栗钙土	白黄土	黄鸡粪土	1	0—25	暗棕色	粉砂质黏壤土	团粒状	7.8	9.0	0.34	0.33	12.0	67	1.0	73	6.5	E 101°33′04.3″ N 37°05′15.0″	93
						2	25—92	红棕色	粉砂质黏壤土	块状	7.6	6.8	0.46	0.51	24.0	42	痕迹	55	6.6		
						3	92—135	灰黄色	粉砂质黏壤土	块状	7.8	7.9	0.34	0.43	19.0	50	痕迹	115	8.0		
剖6	钙层土	栗钙土	淡栗钙土	红黄土	红黄土	1	0—26	红黄色	重壤土	粒状	7.6	25.0	0.87	0.20	19.0	92	3.0	105	14.3	E 101°33′43.9″ N 37°03′30.2″	95
						2	26—60	棕红色	黏壤土	块状	7.6	14.6	0.95	0.60	19.0	84	3.0	110	17.6		
						3	60—138	深栗色	黏壤土	粒状	7.5	17.5	0.71	0.60	24.0	84	2.0	68	17.8		
剖7	钙层土	栗钙土	栗钙土	川地灌溉黑墡土	灌溉黑墡砂土	1	0—20	黑灰色	壤土	块状	7.7	26.3	0.89	0.65	28.0	137	痕迹	82	1.2	E 101°37′29.2″ N 37°02′14.6″	85
						2	20—30	栗色	壤土	块状	7.7	25.3	0.62	0.73	15.0	137	2.0	130	8.5		
						3	30—85	栗色	砂质黏壤土	块状	7.8	23.2	0.30	0.65	28.0	167	2.0	73	11.0		
						4	85—150	灰色	砂土		7.5	29.0	0.43	0.24	15.0	15	2.0	64	2.8		
剖8	钙层土	黑钙土	淋溶黑钙土	山地淋溶黑钙土		1	0—26	深棕色	粉砂质黏壤土	片状、块状	6.5	61.1	3.85	0.30	19.0	38	痕迹	460	29.2	E 101°45′32.0″ N 37°04′20.6″	97
						2	26—66	深棕色	粉砂质黏壤土	片状、块状	7.2	46.4	1.76	0.70	28.0	38	痕迹	217	2.1		
						C	66—113	栗色	黏壤土	团粒状	7.1	10.2	0.49	0.30	10.0	76	5.0	105	9.9		
剖9	钙层土	黑钙土	淋溶黑钙土	山地耕种淋溶黑钙土	油黑土	1	0—23	暗棕色	黏壤土	块状	6.6	54.8	3.51	0.85	45.0	389	10.0	141	35.5	E 101°27′41.6″ N 36°59′20.8″	98
						2	23—89	深棕色	砂质黏壤土	团粒状	6.8	69.8	3.20	0.93	15.0	336	9.0	86	39.3		
						3	89—115	褐棕色	黏质黏壤土	块状	7.2	21.1	0.80	0.20	28.0	122	3.0	86	15.4		
						4	115—														
剖10	水成土	沼泽土	泥炭腐殖沼泽土	青泥土	青泥土	1	0—20	黑灰色	砂质壤土	片状、块状	7.2	36.0	1.10	0.43	36.0	126	4.0	59	11.8	E 101°43′00.1″ N 36°57′19.4″	77
						2	20—45	黑灰色	粉砂质黏壤土	片状	6.9	39.5	2.69	0.48	24.0	92	1.0	96	19.0		
						3	45—66	黑灰色	黏壤土	片状	7.0	15.8	0.43	0.51	16.0	50	3.0	86	6.6		
						4	66—150	灰色	砂质黏壤土	片状	7.0	16.3	0.72	1.80	32.0	46	2.0	64	6.6		
剖11	钙层土	栗钙土	栗钙土	川地灌溉栗钙土	灌溉红胶土	1	0—25	暗栗色	黏壤土	单粒状	7.4	54.8	0.83	0.65	28.0	84	7.0	217	8.0	E 101°43′35.4″ N 36°54′49.3″	95
						2	25—33	红棕色	黏壤土	块状	7.3	13.2	0.82	0.51	28.0	76	5.0	186	8.0		
						3	33—48	红棕色	砂质黏壤土	块状	7.2	10.0	0.71	0.43	27.0	46	2.0	209	9.1		
						4	48—120	红棕色	黏壤土	块状	7.2	6.3	0.68	0.73	24.0	69	1.0	115	1.7		
						P	120—150	棕红色	壤土	粒状	7.5	19.5	0.56	0.33	33.0	92	痕迹	242	13.8		
剖12	钙层土	栗钙土	栗钙土	川地灌溉栗钙土	灌溉黄麻土	1	0—21	深栗色	细砂质黏壤土	块状	7.5	15.8	0.89	0.65	19.0	122	4.0	193	8.0	E 101°42′59.0″ N 36°52′15.2″	97
						P	21—30	栗色	壤土	块状	7.6	15.8	0.77	0.57	17.0	137	6.0	91	8.5		
						3	30—70	棕栗色	壤土	块状	7.8	11.6	0.34	0.65	10.0	38	4.0	91	7.2		
						4	70—150	深栗色	壤土	块状	7.6	8.4	0.80	0.65	30.0	46	2.0	73	12.1		

续表 Continued

剖面号 Soil profile	土纲 Soil order	土类 Soil great group	亚类 Soil subgroup	土属 Soil genus	土种 Soil species	土层码 Layer code	土层厚度 Depth/cm	颜色 Soil color	质地 Soil texture	土壤结构 Soil structure	pH	有机质 OM/(g/kg)	全氮 TN/(g/kg)	全磷 TP/(g/kg)	全钾 TK/(g/kg)	碱解氮 AN/(mg/kg)	有效磷 AP/(mg/kg)	速效钾 AK/(mg/kg)	阳离子交换量CEC/(cmol/kg)	剖面点坐标 Profile coordinate	匹配指数 Matching index/%
剖13	钙层土	栗钙土	栗钙土	川地灌溉栗钙土	灌溉黑麻土	1	0–29	深栗色	黏壤土	团粒状	7.9	19.0	0.95	0.74	23.0	114	10.0	135	9.4	E 101°44′07.8″ N 36°50′25.4″	83
						P	29–40	栗色	黏壤土	块状	7.7	17.6	1.13	0.70	24.0	106	9.0	120	8.5		
						3	40–85	栗色	粉砂质黏壤土	块状	7.8	15.3	0.74	0.70	26.0	86	9.0	73	8.0		
						4	85–132	栗色	壤质黏土	块状	7.9	14.5	0.81	0.85	28.0	84	10.0	68	8.8		
剖14		栗钙土	栗钙土	川地灌溉栗钙土	灌溉红麻土	1	0–18	红棕灰色	黏壤土	粒状	7.8	21.1	0.65	0.51	10.0	61	10.0	105	8.0	E 101°45′30.6″ N 36°52′09.5″	88
						P	18–25	灰棕色	黏壤土	块状	8.1	19.0	0.95	0.51	26.0	107	5.0	164	8.0		
						3	25–105	红棕色	黏壤土	块状	7.7	10.0	0.46	0.38	15.0	191	痕迹	86	6.9		
						4	105–150	红棕色	黏壤土	块状											
剖15		栗钙土	山地耕种栗钙土	黑黄土	黑黄土	1	0–20	灰棕色	粉砂土	粒状	7.5	12.6	0.69	0.69	32.0	69	12.0	86	14.5	E 101°38′07.4″ N 36°49′53.0″	84
						2	20–59	灰棕色	粉砂土	块状	7.4	23.7	0.43	0.43	32.0	99	3.0	105	7.7		
						3	59–115	深栗色	壤土	块状	7.5	18.0	0.90	0.43	45.0	34	3.0	73	12.1		
剖16		栗钙土	淡栗钙土	白黄土	大白土	1	0–35	淡棕色	壤土	团粒状	7.3	7.4	0.28	0.43	24.0	61	3.0	115	6.1	E 101°40′23.8″ N 36°49′02.3″	90
						2	35–54	黄棕色	壤土	块状	7.3	8.4	0.59	0.33	43.0	46	9.0	82	5.8		
						3	54–150	黄棕色	壤土	块状	7.5	4.8	0.12	0.39	37.0	122	5.0	100	5.5		
剖17	钙层土	栗钙土	淡栗钙土	白黄土	白黄土	1	0–20	淡棕色	粉砂质壤土	团粒状	7.1	9.1	0.87	0.33	41.0	42	2.0	91	8.0	E 101°40′27.5″ N 36°46′45.1″	97
						P	20–28	暗棕黄色	粉砂质壤土	块状	7.4	2.6	0.27	0.55	15.0	42	痕迹	55	5.5		
						3	28–55	棕黄色	粉砂质壤土	块状	7.3	3.6	0.12	0.25	19.0	67	痕迹	64	5.5		
						4	55–150	棕黄色	粉砂质壤土	块状	7.5	2.3	0.32	0.33	19.0	34	2.0	77	11.8		

湟 源 县

主要土类说明

草毡土是湟源县主要土壤类型，占本县地域面积的48%。草毡土是发生于高寒区（青藏高原）平缓高原面上，具强度生草腐殖质积累与弱度氧化还原特征的高山土壤。由于寒冻，蒿草根累积并弱度分解，该土壤呈草毡状。土体滞水，冻融交替，弱度氧化还原交替进行，造成该土壤氧化铁微弱游离。土体构型为 $As-A_1-$（AB）BC-C（D），剖面厚度为50—80cm。地形平缓地段土体深厚，陡坡地段则小于30cm。成土母质为坡积物、残积物或冰碛物。

黑钙土是湟源县第二大土壤类型，占本县地域面积的28%，主要分布在海拔2800—3300m的脑山及半脑山地区。土体构型为A-AB-C。其腐殖质层深厚、松软，呈黑褐色或暗灰棕色，厚度为50—100cm，其下常见到舌状过渡层。成土母质多为黄土、坡积物。黑钙土成土过程主要受到腐殖质积累与淋溶共同作用。原始植被以灌丛草甸类型为主。

栗钙土是湟源县第三大土壤类型，占本县地域面积的12%，主要分布在湟水河两岸地形开阔、气候温和的浅山坡地上。其土层深厚，全剖面均有石灰反应。土体构型为Ah-Bk-Ck。耕作层（A）呈黄棕色，粒状或块状结构，质地疏松，为中壤土，呈微碱性。心土层（B）为明显的棕色或棕黄色，质地上下均一，结构不明显。底土层（C）多系黄土状物质或少数坡积砾石和红土。荒坡的原始植被多为蒿类、针茅、白刺等耐旱植物，稀疏矮小，覆盖度很低。

石质土占湟源县地域面积的8%，广泛分布于侵蚀严重、岩石裸露的石质山地、侵蚀残丘以及在丘顶、山脊、山坡等坡度陡峻的地形部位。该土壤表层岩石裸露，风化度低，风化层小于10cm，富含砾石，多碎屑岩粒，属A-R型土。成土母质为变质的板岩、页岩、片麻岩等风化残积物、坡积物。岩石在物理风化的特定条件下，多崩裂成碎石块。

小于本县地域面积3%的土壤类型还有灰褐土、新积土、沼泽土、潮土、山地草甸土等。

本区域中心区气候特征

本区域中心区气候特征值
Regional climate characteristics in central area of the region

气候带：高原亚寒带亚湿润气候 Climate region: Plateau sub frigid sub humid climate	
年平均气温 /℃ Annual average temperature /℃	3.5
年平均最高气温 /℃ Annual average maximum temperature /℃	11.5
年平均最低气温 /℃ Annual average minimum temperature /℃	−2.6
年降水量 /mm Annual precipitation /mm	387
≥10℃的积温 /℃ Daily temperature accumulated in a year（≥10℃）/℃	1325
年日照时数 /h Annual sunshine /h	2786
年平均相对湿度 /% Annual average relative humidity /%	55
干燥度 Dryness	0.53

本区域中心区月平均气温与月平均降水量
Monthly temperature and precipitation in central area of the region

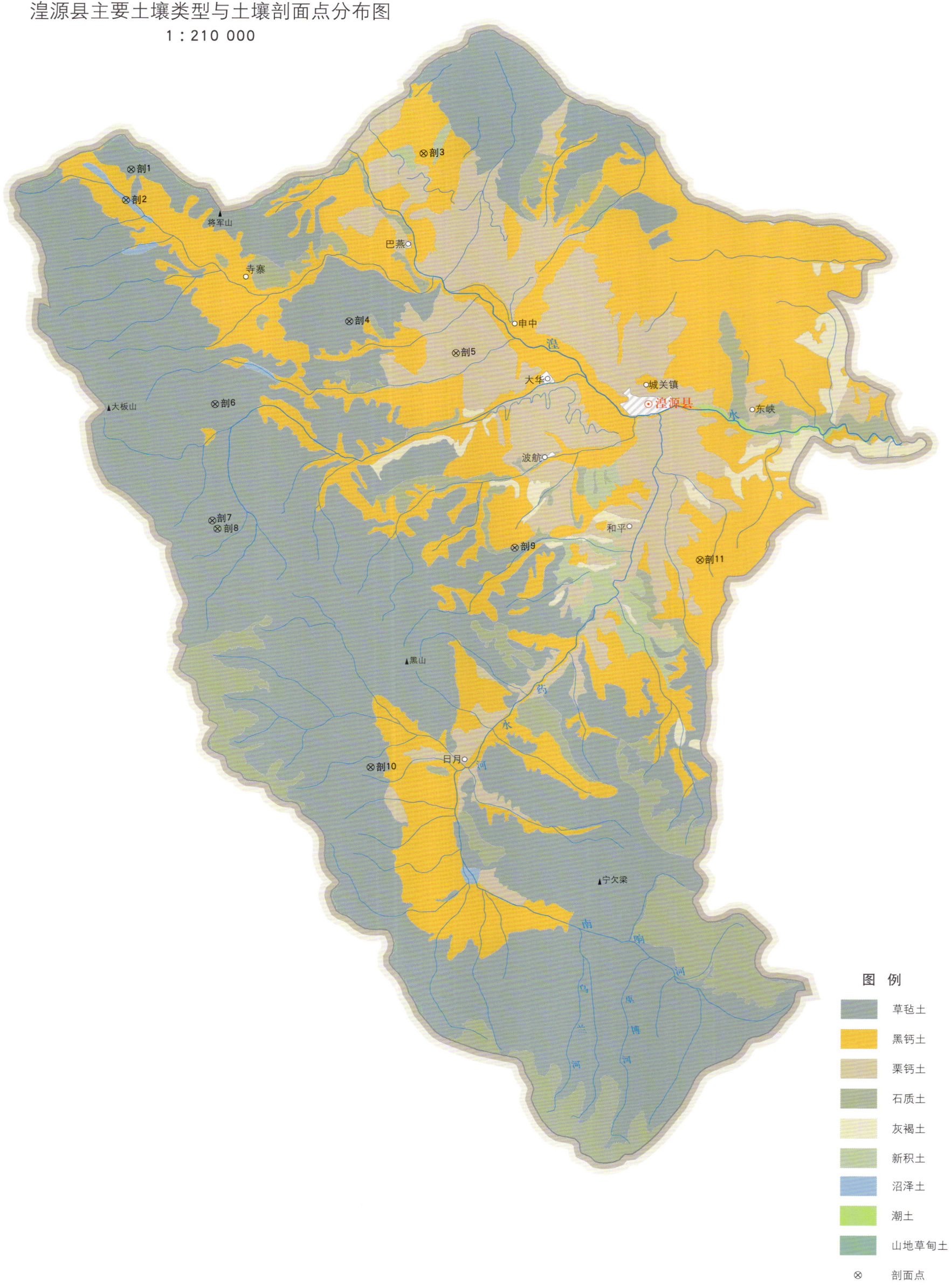

湟源县土壤剖面理化性状表

剖面号 Soil profile	土纲 Soil order	土类 Soil great group	亚类 Soil subgroup	土属 Soil genus	土种 Soil species	土层码 Layer code	土层厚度 Depth/cm	颜色 Soil color	质地 Soil texture	土壤结构 Soil structure	pH	有机质 OM/(g/kg)	全氮 TN/(g/kg)	全磷 TP/(g/kg)	全钾 TK/(g/kg)	碱解氮 AN/(mg/kg)	有效磷 AP/(mg/kg)	速效钾 AK/(mg/kg)	阳离子交换量CEC/(cmol/kg)	土壤母质 Parent material	剖面点坐标 Profile coordinate	匹配指数 Matching index/%
剖1	高山土	草毡土	石灰性草毡土	石灰性草毡土	薄层石灰性草毡土	1	0—15	紫棕色	砂壤土	块状	8.7	25.3	2.01	0.76	20.9	154	2.0	28	8.7		E 100°58′04.0″ N 36°48′19.2″	85
						2	15—29	深栗色	砂砾土	片状	8.8						3.7	22				
						R	29—				8.9						4.0	17	17.5			
剖2	水成土	沼泽土	泥炭沼泽土	泥炭沼泽土	厚层泥炭沼泽土	1	0—20	栗色	砂壤土	粒状	8.7	29.0	1.57	0.74	11.8	133	4.0	104	16.6		E 100°57′52.4″ N 36°47′26.4″	97
						2	20—41	深栗色	砂壤土	片状	8.6	36.0	2.52	0.65	9.8	133	3.0	82	1.9			
						3	41—80	黑栗色	砂壤土	片状	8.5	16.1	1.02	0.83	11.2	35	2.0	59	16.6			
						4	80—120	棕黄色	砂壤土	粒状	7.6	31.3	1.54	0.90	11.9	77	1.0	41	19.7			
						5	120—	黑灰色			7.5	33.7	2.77	0.64	12.9	119	2.0	39	15.3			
剖3	钙层土	黑钙土	黑钙土	耕种黑钙土	黄黑土	1	0—23	栗色	壤土	粒状	7.2	33.7	2.11	0.82	13.0	126	3.0	355	16.8		E 101°08′12.7″ N 36°48′36.9″	79
						2	23—70	深栗色	壤土	粒状	8.3	29.3	2.10	0.65	12.3	133	1.0	204	22.7			
						3	70—102	栗色	壤土	块状	8.3	48.1	2.59	0.90	12.5	119	1.0	184	13.9			
						4	102—150	栗色	壤土	粒状	8.5	33.7	1.87	0.72	13.0		痕迹	117	25.5			
剖4	高山土	草毡土	棕草毡土	石灰性棕草毡土	厚层石灰性棕草毡土	1	0—21	黑色	轻壤土	粒状	8.1	60.3	3.69	0.79	24.7	280	4.0	96	22.4		E 101°05′31.6″ N 36°43′49.4″	92
						2	21—50	深栗色	轻壤土	粒状	8.3	46.4	3.69	0.72	23.2	186	2.0	91	21.1			
						3	50—78	黑色	轻壤土	块状	8.3	40.6	2.14	0.64	24.6	133	痕迹	80				
						4	78—92	棕色	砂壤土	块状	8.3							77				
剖5	栗钙土	栗钙土	栗钙土	耕种栗钙土	黑黄土	1	0—18	栗色	中壤土	粒状	8.9	18.4	1.28	0.81	8.6	98	2.0	131	11.1		E 101°09′11.9″ N 36°42′50.8″	77
						2	18—31	褐色	中壤土	块状	8.9	26.4	1.40	0.77	23.6	112	3.0	87	12.0			
						3	31—109	棕色	中壤土	粒状	8.9	8.0	0.71	0.77	8.6	14	1.0	72	9.1			
						4	109—150	黄色	轻壤土	块状	9.1	5.7	0.41	0.73	23.6	11	1.0	48	6.0			
剖6	高山土	草毡土	淋溶草毡土	淋溶草毡土	厚层淋溶草毡土	1	0—3	黑色	中壤土	粒状	7.6	158.5	6.84	0.64	21.2	581	5.0	345	51.7		E 101°00′19.3″ N 36°41′30.5″	71
						2	3—16	深黑色	中壤土	粒状	7.9	136.0	6.39	0.53	12.2	448	3.0	114	43.4			
						3	16—76	栗色	中壤土	块状	8.2	47.6	2.60	0.36	13.1	154	3.0	84	29.5			
						4	76—	棕红色	重壤土	粒状	8.4	16.2	1.09	0.33	20.3	70	3.0	57	13.7			
剖7	高山土	草毡土	淋溶棕草毡土	淋溶棕草毡土	薄层淋溶草毡土	1	0—13	黑灰色	砂壤土	粒状											E 101°00′39.1″ N 36°38′08.3″	85
						2	13—25	栗色	砂壤土	块状、粒状												
						3	25—44	褐色	砂土													
						4	44—															
剖8	高山土	草毡土	棕草毡土	淋溶棕草毡土	厚层石灰性草毡土	1	0—8	深栗色	中壤土	粒状	7.6	105.2	4.45	0.66	19.7	560	3.0	237	39.7		E 101°00′49.3″ N 36°37′54.8″	78
						2	8—26	深栗色	中壤土	块状	7.5	29.9	1.98	0.56	18.8	350	2.0	62	38.9			
						3	26—63	浅褐色	砂壤土		8.1	8.0	0.39	0.70	12.8	105	1.0	50	19.6			
						4	63—88	褐色	中壤土		8.0					18	1.0	46	8.2			
剖9	初育土	石质土	钙质石质土	钙质石质土	草质石质土	1	0—10	灰棕色	砂质黏壤土	单粒、小块状	8.1	28.4	2.04	0.62	21.6	189	2.8	135	1.6	残积物、坡积物	E 101°11′04.9″ N 36°37′11.3″	91
						R	10—															
剖10	高山土	草毡土	石灰性草毡土	石灰性草毡土	厚层石灰性草毡土	1	0—6	深栗色	中壤土	粒状	8.3	113.2	5.11	0.81	21.2	455	4.0	229	36.4		E 101°05′57.1″ N 36°30′55.8″	91
						2	6—37	深栗色	中壤土	粒状	7.9	108.7	5.15	0.75	9.5	420	4.0	66	37.7			
						3	37—71	栗色	重壤土	块状	8.2	51.6	3.27	0.70	15.8	238	1.0	41	29.3			
						4	71—92	黑栗色	重壤土	块状	8.3	37.1	2.28	0.54	15.8	119	1.0	37	23.8			
						5	92—	棕色	中壤土		8.1	13.9	0.85	0.24	16.2	36	2.8	35	12.7			
剖11	钙层土	黑钙土	黑钙土	耕种黑钙土	黑鸡粪土	1	0—18	栗色	中壤土	粒状	8.3	29.0	1.88	1.62	15.4	51	9.8	152	12.2		E 101°17′28.6″ N 36°36′43.1″	76
						2	18—30	深栗色	中壤土	块状	7.9	20.9	1.54	0.79	24.7	168	4.7	75	13.5			
						3	30—69	灰棕色	中壤土	块状	8.3	29.3	1.96	0.74	27.0	140	2.5	55	11.8			
						4	69—150	黑栗色	中壤土	块状	8.5	11.8	1.87	0.92	27.8	11	3.8	66	19.6			

海 东 市

市 辖 区

主要土类说明

栗钙土是海东市主要土壤类型，占本市地域面积的37%，分布在海拔2300—2600m的浅山、半浅山和部分沟岔地区。土体构型为Ah-Bk-Ck。该土壤表层为栗色腐殖质层，呈粒状结构，疏松、质地均一。

灰钙土是海东市第二大土壤类型，占本市地域面积的22%，分布在海拔1800—2300m的湟水河谷及邻近的低山丘陵地带。土体构型为A-B-C。该土壤表层灰褐色，腐殖质积聚较弱，厚度在50cm左右，土壤钙积层不明显，通层弱石灰反应。

山地草甸土是海东市第三大土壤类型，占本市地域面积的18%，分布在海拔3300m的高山带以下，在达拉、共和、引胜、寿乐、中岭、李家、芦花、马营、亲仁、中坝、桃红营等乡镇均有分布。土体构型为As-A-C-D。土壤有机质累积量大，腐殖质层厚，可达1m以上。

草毡土占海东市地域面积的11%。草毡土是发生于高寒区（青藏高原）平缓高原面上，具强度生草腐殖质积累与弱度氧化还原特征的高山土壤。由于寒冻，蒿草根累积并弱度分解，该土壤呈草毡状。土体滞水，冻融交替，弱度氧化还原交替进行，造成该土壤氧化铁微弱游离。土体构型为As-A_1-（AB）BC-C（D）。

黑钙土占海东市地域面积的7%，主要分布在海拔2500—3100m的脑山地区的达拉、共和、马营、桃红营、峰堆、下营、城台、马厂、亲仁、中坝等乡镇。土体构型为A-AB-C。该土壤土层较深厚，有明显的腐殖质黑土层，厚度为40—80cm。

灰褐土占海东市地域面积的4%，主要分布在海拔2500—3800m的上、下北山林场和药草台林场。土体构型为Ao-A-AB-C。

小于本市地域面积3%的土壤类型还有潮土、漠境盐土、新积土等。

本区域中心区气候特征

本区域中心区气候特征值
Regional climate characteristics in central area of the region

气候带：高原亚寒带亚湿润气候 Climate region: Plateau sub frigid sub humid climate	
年平均气温 /℃ Annual average temperature /℃	4.5
年平均最高气温 /℃ Annual average maximum temperature /℃	11.9
年平均最低气温 /℃ Annual average minimum temperature /℃	−1.0
年降水量 /mm Annual precipitation /mm	398
≥10℃的积温 /℃ Daily temperature accumulated in a year（≥10℃）/℃	1662
年日照时数 /h Annual sunshine /h	2574
年平均相对湿度 /% Annual average relative humidity /%	57
干燥度 Dryness	0.69

本区域中心区月平均气温与月平均降水量
Monthly temperature and precipitation in central area of the region

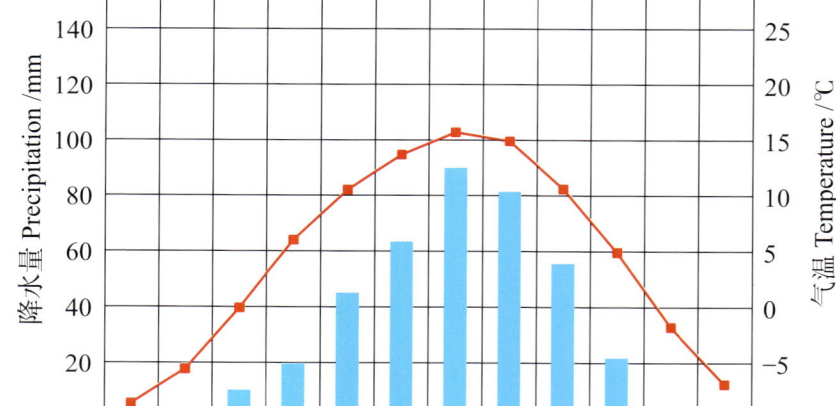

海东市市辖区（部分）主要土壤类型与土壤剖面点分布图
1:280 000

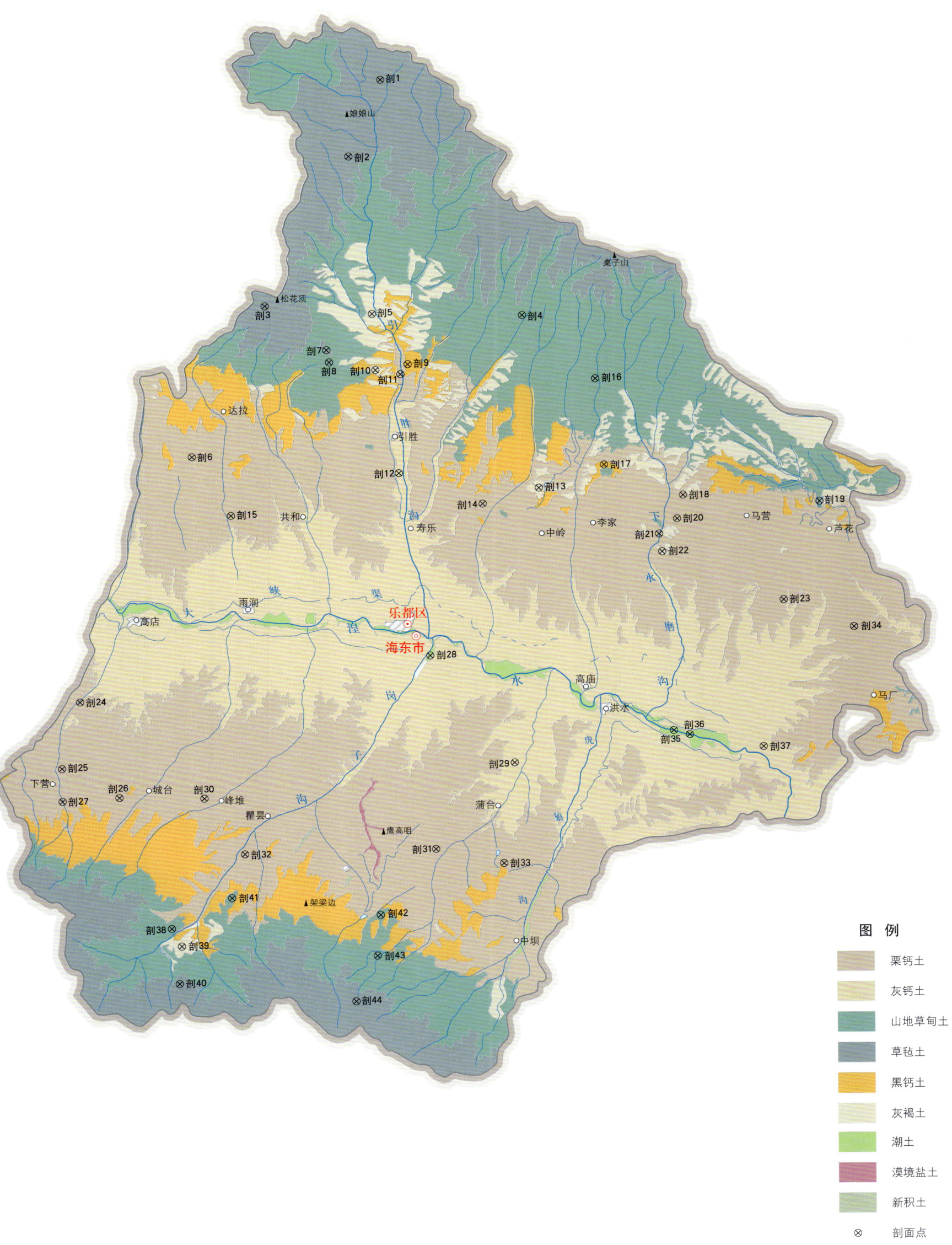

海东市土壤剖面理化性状表

剖面号 Soil profile	土纲 Soil order	亚类 Soil subgroup	土属 Soil genus	土种 Soil species	土层码 Layer code	土层厚度 Depth/cm	颜色 Soil color	质地 Soil texture	土壤结构 Soil structure	pH	有机质 OM/(g/kg)	全氮 TN/(g/kg)	全磷 TP/(g/kg)	全钾 TK/(g/kg)	碱解氮 AN/(mg/kg)	有效磷 AP/(mg/kg)	速效钾 AK/(mg/kg)	阳离子交换量CEC/(cmol/kg)	土壤母质 Parent material	剖面点坐标 Profile coordinate	匹配指数 Matching index/%
剖1	高山土	草毡土	普通草毡土	薄层草毡土	1	0—7	深栗色	中壤土	粒状	7.5	103.4	4.47	0.98	19.9	246	3.0	182	35.2		E 102°22′21.7″ N 36°49′24.2″	86
					2	7—15	栗色	中壤土	粒状	7.7	75.9	3.60	1.01	16.6	266	2.0	133	31.2			
					3	15—															
剖2	高山土	棕草毡土	石灰性棕草毡土	薄层石灰性棕草毡土	1	0—5	栗色	轻壤土	团粒状	8.1	157.4	9.34	1.93	16.8	344	3.0	194	57.4		E 102°20′60.0″ N 36°46′29.3″	84
					2	5—25	栗色	中壤土	粒状	8.1	128.1	8.96	1.76	20.1	318	6.0	124	71.7			
					3	25—40	栗色	中壤土	小块状	8.0	148.9	8.66	1.59	16.0	343	6.0	64	71.4			
					4	40—70	黄褐色	砂壤土	粒状	7.9	25.6	1.57	1.73	24.9	84	2.0	70	35.3			
					5	70—															
剖3	高山土	普通草毡土	普通草毡土	厚层草毡土	1	0—5	褐色	壤土	粒状	7.9	61.1	4.03	1.00	20.1	225	3.0	327			E 102°17′21.5″ N 36°40′46.6″	78
					2	5—50	栗色	壤土	粒状	7.7	63.1	3.46	1.01	19.3	255	3.0	175	5.1			
					3	50—65	棕色	壤土	块状	8.0	47.6	2.77	0.97	21.0			100				
					4	65—	棕色	砂土	块状												
剖4	半水成土	山地灌丛草甸土	石灰性山地灌丛草甸土	薄层石灰性山地灌丛草甸土	1	0—7	暗黄色	中壤土	粒状	8.4	144.3	5.77	0.64	23.5	251	5.0	374	41.9		E 102°28′58.8″ N 36°40′40.1″	89
					2	7—18	灰黄棕色	重壤土	粒状	8.4	105.3	4.54	0.74	16.8	190	3.0	180	28.5			
					3	18—48	暗棕色	重壤土	片状	8.3	44.5	2.14	0.71	18.6	95	2.0	144				
剖5	半淋溶土	淋溶灰褐土	老灰褐黄土	淡灰褐黄土	0	0—7	棕黑色	黏壤土	团块状	7.9	177.0	6.14	1.04	17.8	309	2.0	124			E 102°22′12.4″ N 36°40′35.0″	100
					Ai	7—23	暗棕色	壤质黏土	小块状	7.9	157.2	5.22	0.96	19.1	162	1.0	136	31.4	黄土状坡积物		
					Ah	23—55	灰棕色	壤质黏土	小块状	8.0	113.0	4.29	0.94	19.9	200	3.0	118				
					AB	55—63	灰棕色	壤质黏土	块状	8.2	72.9	3.04	0.95	21.6	150	2.0	130				
					B	63—80	深栗色	粉砂壤土	粒状	8.2	101.5	6.42	1.05	19.3	112	7.0	318				
剖6	钙层土	暗栗钙土	砂质栗钙土	厚层砂质暗栗钙土	1	0—18	栗色	粉砂壤土	粒状	8.2	47.6	2.88	0.95	18.2	73	4.0	88	39.8		E 102°14′13.9″ N 36°35′02.8″	97
					2	18—48	栗色	粉砂质壤土	块状	8.5	38.9	2.44	0.93	19.3	72	3.0	76				
					3	48—118	褐色	中壤土	粒状	6.7	65.9	4.73	1.59	19.4	256	6.0	174				
剖7	高山土	普通草毡土	潴育草毡土	薄层潴育草毡土	1	0—3	灰棕色	中壤土	小块状	6.6	50.4	3.13	1.61	18.8	182	4.0	70	28.2		E 102°20′11.4″ N 36°39′10.4″	90
					2	3—25	灰棕色	轻壤土	块状	8.0	42.9	2.76	1.40	17.8	173	3.0	76	24.2			
					3	25—46	灰棕色	壤质黏土	块状	8.2	27.0	1.74	1.58	17.8	80	4.0	64	17.1			
					4	46—77	黑色	粉砂质壤土	粒状	8.7	162.0	7.88	1.20	20.2	187	5.0	364	48.7			
剖8	半水成土	山地灌丛草甸土	山地灌丛草甸土	厚层山地灌丛草甸土	1	0—6	深栗色	重壤土	团块状	8.3	127.1	5.63	1.14	20.7	246	3.0	216			E 102°20′19.7″ N 36°38′43.4″	92
					2	6—28	栗色	重壤土	团块状	7.4	57.9	3.24	1.07	19.5	69	3.0	82				
					3	28—114	深栗色	粉砂质壤土	块状	7.7	13.6	1.22	0.54	18.3	39	3.0	82	23.1			
					4	114—150	深栗色	粉砂质壤土	粒状	7.9	12.4	0.87	0.90	18.8	55	3.0	112	42.0			
剖9	钙层土	黑钙土	山地黑钙土	厚层山地黑钙土	1	0—18	深栗色	重壤土	粒状	8.3	91.5	5.18	0.70	19.6	177	5.0	144	3.8		E 102°23′52.4″ N 36°38′43.4″	72
					2	18—50	栗色	重壤土	粒状	8.4	46.8	2.67	0.67	18.3	109	4.0	82	26.8			
					3	50—77	棕色	重壤土	块状	8.3	26.6	1.68	0.43	18.8	111	3.0	58	2.1			
					4	77—120	白色	中壤土	块状	8.6	22.6	1.36	0.48	17.1	65	2.0	58	1.2			
					5	120—150	栗色	中壤土	粒状	8.1	97.5	5.46	0.99	19.6	117	7.0	274	42.3			
剖10	半淋溶土	灰褐土	石灰性灰褐土	中层石灰性灰褐土	1	0—6	紫深色	重壤土	粒状	8.5	69.4	3.78	0.93	20.3	100	4.0	130	36.9		E 102°22′25.3″ N 36°38′28.3″	88
					2	6—12	棕色	重壤土	碎粒状	8.3	17.7	0.90	0.56	19.8	44	2.0	70	22.7			
					3	12—50	棕色	轻壤土	碎粒状	8.3	11.5	0.94	0.63	18.1	69	4.0	168	16.9			
剖11	钙层土	灌淤型栗钙土	灌淤型黄土	黑麻砂土	1	0—18	栗色	轻壤土	粒状	8.3	31.1	1.59	0.93	17.2	115	4.0	69	16.1		E 102°23′33.7″ N 36°38′20.4″	78
					2	18—100	深栗色	轻壤土	块状	8.2	22.1	1.35	1.05	20.6	100	7.0	144	11.4			
					3	100—															

续表 Continued

剖面号 Soil profile	土纲 Soil order	土类 Soil great group	亚类 Soil subgroup	土属 Soil genus	土种 Soil species	土层码 Layer code	土层厚度 Depth/cm	颜色 Soil color	质地 Soil texture	土壤结构 Soil structure	pH	有机质 OM/(g/kg)	全氮 TN/(g/kg)	全磷 TP/(g/kg)	全钾 TK/(g/kg)	碱解氮 AN/(mg/kg)	有效磷 AP/(mg/kg)	速效钾 AK/(mg/kg)	阳离子交换量CEC/(cmol/kg)	土壤母质 Parent material	剖面点坐标 Profile coordinate	匹配指数 Matching index/%
剖12	干旱土	灰钙土	灌淤型灰钙土	川地灌淤型灰钙土	灌淤型灰钙砂土	A₁₁	0—20	栗色	中壤土	团粒状	8.4	14.8	1.26	1.10	17.9	46	41.0	293	12.0		E 102°23′34.8″ N 36°34′37.6″	79
						A/(B)	20—93	褐色	中壤土	块状	8.4	14.3	1.11	0.81	20.9	52	4.0	234	12.0			
						C	93—150	褐色	中壤土	粒状	8.4	13.1	0.87	0.83	22.1	17	1.0	246	12.9			
剖13	半淋溶土	灰褐土	石灰性灰褐土	石灰性灰褐土	厚层石灰性灰褐土	1	0—13	黑褐色	壤土	粒状	8.0	135.8	6.50	0.63	20.0	245	7.0	358	43.5		E 102°29′54.2″ N 36°34′11.6″	70
						2	13—48	深栗色	壤土	粒状	8.2	92.6	4.48	0.62	20.8	119	4.0	194	38.9			
						3	48—126	栗色	壤土	核状	8.1	39.3	4.15	0.87	21.8	139	6.0	112	43.2			
						4	126—150	棕红色	黏土	核状	7.9	14.1	0.37	0.59	19.0	34	4.0	106	19.9			
剖14	钙层土	栗钙土	暗栗钙土	黄土性暗栗钙土	厚层黄土性暗栗钙土	1	0—17	黑色	中壤土	粒状	8.4	47.8	3.30	0.93	23.0	113	5.0	400	18.2		E 102°27′22.7″ N 36°33′32.8″	93
						2	17—50	黑色	中壤土	粒状	8.3	34.9	2.21	0.90	20.9	109	6.0	138	16.8			
						3	50—83	栗色	中壤土	块状	8.3	24.8	1.42	0.66	21.8	65	3.0	126	13.9			
						4	83—	褐色	中壤土	块状	8.3	13.0	0.76	0.62	17.5	36	3.0	113	1.5			
剖15	钙层土	栗钙土	淡栗钙土	耕种淡栗钙土	红麻砂土	A₁₁	0—16	浊红棕色	砂壤土	粒状	8.4	17.2	1.58	0.86	18.8	54	9.0	274	12.8	红砂岩风化洪冲积物	E 102°16′03.4″ N 36°32′51.8″	71
						A₁₂	16—68	浊红棕色	砂壤土	粒状	8.4	12.6	0.84	0.83	18.5	40	2.0	158	14.8			
						Bk	68—104	浊红棕色	砂质黏壤土	小块状	8.4	6.5	0.56	0.75	18.1	39	2.0	150	9.7			
						C	104—															
剖16	半水成土	山地草甸土	山地灌丛草甸土	石灰性山地灌丛草甸土	厚层石灰性山地灌丛草甸土	1	0—10	栗色	砂土	团粒状	7.8	120.2	5.45	0.86	21.1	369	11.0	432	44.4		E 102°32′20.0″ N 36°38′20.8″	73
						2	10—23	深栗色	重壤土	团粒状	8.1	54.4	2.37	0.65	23.0	139	3.0	78	33.4			
						3	23—66	褐色	砂壤土	块状	8.2	38.0	1.59	0.50	23.2	57	1.0	76	29.9			
						4	66—92	褐色	砂壤土	块状	8.4	25.2	1.18	0.64	18.8	35	2.0	88	25.9			
						5	92—	淡红棕色	砂壤土	块状	8.5	9.4	0.31	0.79	9.1	23	5.0	32	19.9			
剖17	钙层土	黑钙土	暗栗钙土	黄土性黑钙土	红黑土	1	0—17	紫棕色	重壤土	块状	8.4	22.0	1.97	0.66	18.4	85	4.0	100	25.1		E 102°32′48.8″ N 36°35′07.4″	82
						2	17—32	紫棕色	重壤土	块状	8.4	28.0	1.83	0.55	17.3	56	2.0	88	24.4			
						3	32—64	红棕色	重壤土	块状	8.5	10.4	0.89	0.73	17.1	34	2.0	58	16.7			
剖18	钙层土	栗钙土	暗栗钙土	耕种暗栗钙土	薄层暗栗钙土	1	0—10	栗色	轻壤土	块状	8.4	15.4	1.09	0.68	16.3	58	7.0	150	—			
剖19	钙层土	栗钙土	暗栗钙土	山地草甸暗栗钙土	中层山地暗栗钙土	1	0—20	褐棕色	中壤土	粒状	8.4	54.3	3.96	1.18	19.0	139	3.0	144	27.9		E 102°42′33.1″ N 36°33′54.7″	99
						2	20—60	棕色	中壤土	块状	8.5	22.3	3.01	0.94	18.2	130	2.0	100	24.3			
剖20	半水成土	山地草甸土	山地灌丛草甸土	石灰性山地灌丛草甸土	薄层石灰性山地灌丛草甸土	1	0—6	褐棕色	砂壤土	团粒状	8.5	39.9	2.63	0.77	22.2	81	3.0	76	—		E 102°36′09.4″ N 36°33′08.6″	95
						2	6—25	栗色	砂壤土	粒状	8.5	41.9	3.15	0.75	22.2	85	3.0	46	—			
剖21	钙层土	栗钙土	暗栗钙土	砂质栗钙土	薄层砂质栗钙土	1	0—14	紫棕色	砂壤土	粒状	8.6	174.0	7.65	0.73	22.7	233	8.0	300	61.6		E 102°35′21.1″ N 36°32′33.0″	74
						2	14—25	棕色	轻壤土	块状	8.5	82.9	3.89	0.61	20.5	183	5.0	130	34.5			
						3	25—	紫棕色	轻壤土	粒状	8.5	87.0	1.71	0.35	21.3	62	6.0	106	26.7			
剖22	半淋溶土	灰褐土	石灰性灰褐土	石灰性灰褐土	薄层石灰性灰褐土	1	0—6	黑色	轻壤土	粒状	8.6	174.0	—	—	—	—	—	—	—		E 102°35′30.8″ N 36°31′53.4″	96
						2	6—19	灰黑色	轻壤土	粒状												
						3	19—	栗色	壤土	小块状												
剖23	钙层土	栗钙土	栗黄土	栗黄土	白栗黄土	A₁₁	0—18	灰黄色	砂壤土	块状	8.4	5.1	0.44	0.64	16.8	30	4.0	131	14.3	黄土	E 102°41′01.7″ N 36°30′09.4″	91
						A₁₂	18—37	灰黄色	砂壤土	块状	8.5	4.5	0.36	0.66	16.8	18	3.0	107	15.9			
						Bk	37—100	浊黄棕色	壤土	块状	8.5	2.8	0.35	0.65	16.7	16	2.0	80	—			
						Ck	100—150	灰棕色	砂壤土	块状												
剖24	钙层土	栗钙土	灌灌型栗钙土	灌淤型栗红土	灌淤型黄麻土	1	0—15	浊红棕色	重壤土	粒状	8.6	12.8	0.97	0.90	20.7	84	14.0	540	—	红土	E 102°09′28.0″ N 36°25′42.8″	71
						2	15—31	紫棕色	重壤土	粒状	8.5	10.9	0.83	0.79	19.8	44	3.0	281	15.9			
						3	31—75	紫棕色	重壤土	块状	8.3	15.1	0.84	0.80	21.8	44	4.0	200	15.4			
						4	75—150	紫棕色	轻壤土	块状	8.4	13.8	0.96	0.96	22.0	44	5.0	372	19.2			

续表 Continued

剖面号 Soil profile	土纲 Soil order	土类 Soil great group	亚类 Soil subgroup	土属 Soil genus	土种 Soil species	土层码 Layer code	土层厚度 Depth/cm	颜色 Soil color	质地 Soil texture	土壤结构 Soil structure	pH	有机质 OM/(g/kg)	全氮 TN/(g/kg)	全磷 TP/(g/kg)	全钾 TK/(g/kg)	碱解氮 AN/(mg/kg)	有效磷 AP/(mg/kg)	速效钾 AK/(mg/kg)	阳离子交换量CEC/(cmol/kg)	土壤母质 Parent material	剖面点坐标 Profile coordinate	匹配指数 Matching index/%
剖25	钙层土	栗钙土	灌淤型栗钙土	灌淤型黄土	黄麻土	1	0—22	灰棕色	轻壤土	团粒状	8.1	8.1	0.48	0.89	14.1	41	25.0	140	6.6		E 102°08′42.7″ N 36°23′11.0″	98
						2	22—64	灰棕色	轻壤土	块状	8.1	5.9		0.72	18.3	26	4.0	254	0.6			
						3	64—120	褐色	轻壤土	块状	8.1	7.5		0.78	15.3	80	3.0	254	7.1			
						4	120—150	灰棕色	轻壤土	块状	8.1			0.79	14.3	85	5.0	414	5.6			
剖26	钙层土	栗钙土	淡栗钙土	红黄土	红鸡粪土	1	0—20	黏棕色	黏壤土	粒状	8.4	9.4	0.72	0.77	20.3	88	10.0	206	16.6	红土	E 102°11′19.7″ N 36°22′07.7″	72
						2	20—34	紫棕色	黏壤土	小片状	8.6	4.3	0.87	0.51	18.3	17		100	18.5			
						3	34—48	白色	中壤土	团块状	8.5	4.2	0.57	0.50	18.1	9	1.0	76	12.3			
						4	48—68	棕色	中壤土	块状	8.8	3.0	0.49	0.57	17.3	13		73	19.6			
						5	68—150	淡红棕色	中壤土	块状	8.8	3.5	0.53	0.70	20.3	13	1.0	94	13.7			
剖27	钙层土	栗钙土	灌淤型红土	灌淤型红土	红麻砂土	1	0—15	淡红棕色	砂壤土	粒状	8.6	17.2	1.68	0.95	17.0	54	9.0	274	12.8	红砂岩风化洪冲积物	E 102°08′46.7″ N 36°21′55.8″	86
						2	15—68	棕红色	砂壤土	块状	8.7	12.6	0.84	0.82	16.9	31	2.0	124	14.8			
						3	68—140	紫红棕色	砂壤土	块状	8.5	16.5	1.34	0.79	16.4	58	2.0	136	14.9			
剖28	半水成土	潮土	泥潞土		红潮土	A_{11}	0—13	浊红棕色	砂黏土	粒状	8.2	17.4	0.98	0.93	19.8	77	13.0	227	11.8	洪冲积物	E 102°25′10.2″ N 36°27′47.2″	96
						A_{12}	13—20	暗红棕色	砂黏土	片状	8.2	14.6	0.93	0.85	19.5	70	3.0	180	9.0			
						AC	20—32	棕红色	砂黏土	片状	8.2	14.5	0.87	0.74	19.3	55	3.0	155	11.7			
						A/Cu	32—68	油红棕色	砂质黏壤土	块状	8.2	12.1	0.66	0.71	19.0	44	1.0	80	9.5			
						Cu	68—90	红棕色	砂质黏壤土	单粒状	8.2	6.7	0.58	0.66	18.8	29	1.0	62	6.8			
剖29	干旱土	灰钙土			山地灌淤型灰白土	1	0—30	棕色	中壤土	粒状	8.5	5.1	0.54	0.82	20.2	25	10.0	224	6.1		E 102°29′03.8″ N 36°27′48.8″	91
						2	30—68	紫棕色	中壤土	块状	8.6	3.9	0.45	0.64	20.1	21	2.0	90	5.8			
						3	68—100	棕黄色	轻壤土	块状	8.6	2.8	0.28	0.58	18.5	15	1.0	68	5.3			
						4	100—150	灰黄色	轻壤土	块状	8.5	3.9	0.20	0.81	19.0	13	1.0	78	5.3			
剖30	钙层土	栗钙土	灰钙土	淡栗钙土	白黄土	A_{11}	0—22	灰黄棕色	壤土	团块状	8.5	8.1	0.78	0.89	17.9	41	10.0	200	8.7	黄土	E 102°15′09.0″ N 36°22′10.6″	84
						A_{12}t	22—42	灰黄棕色	黏壤土	小块状	8.5	7.5	0.77	0.72	22.1	30	4.0	154	6.6			
						Bk	42—120	灰黄色	黏壤土	块状	8.5	6.9	0.76	0.78	18.4	26	3.0	150	16.7			
						Ck	120—150	灰黄色	黏壤土	块状	8.5	6.3	0.72	0.79	17.2	25	2.0	172	8.2			
剖31	钙层土	栗钙土	淡栗钙土	白黄土	白黄土	1	0—18	褐色	中壤土	粒状	8.7	15.4	1.69	0.70	19.5	33	4.0	150	15.0		E 102°25′36.5″ N 36°20′28.7″	79
						2	18—40	黄褐色	轻壤土	块状	8.8	5.1	0.43	0.65	20.1	23	4.0	242	9.2			
						3	40—100	灰白色	轻壤土	块状	9.1	4.5	0.36	0.68	20.1	16	2.0	195	6.6			
						4	100—150	灰白色	轻壤土	块状	9.1	2.8	0.34	0.67	20.0	16	3.0	116	5.8			
剖32	钙层土	栗钙土	灌淤型栗钙土	灌淤型黄土	黑黄土	1	0—22	棕灰色	黏壤土	团粒状	8.4	13.7	1.09	0.52	18.0	28	5.0	188	5.8		E 102°17′02.0″ N 36°20′07.4″	75
						2	22—43	灰棕色	粉砂质黏壤土	块状	8.4	13.1	1.18	0.80	20.5	84	3.0	335	8.7			
						3	43—83	灰棕色	粉砂质黏壤土	块状	8.4	13.7	1.13	0.80	23.7	15	11.0	358	6.6			
						4	83—150	灰白色	壤土	块状	9.0	5.7	0.58	0.58	21.0	182	3.0	346	16.7			
剖33	钙层土	栗钙土	耕种栗钙土	耕种灌淤白黄土	砂质白黄土	1	0—21	浊黄棕色	砂质黏壤土	粒状、小块状	8.4	14.3	0.85	0.89	18.0	55	4.9	198	8.2	洪积性黄土	E 102°28′40.8″ N 36°20′00.6″	77
						2	21—35	浊黄棕色	黏壤土	小团块状	8.4	10.9	0.70	0.83	18.2	50	3.0	149	15.0			
						Bk	35—68	浊黄橙色	黏壤土	块状	8.5	7.2	0.47	0.77	20.3	21	1.0	134	14.7			
						C	68—105	浊红棕色	黏壤土	粒状、团块状	8.4	4.0	0.24	0.63	16.4	14	1.0	110	13.5			
剖34	钙层土	栗钙土	淡栗钙土	耕种淡栗钙土	红棕土	A_{11}	0—19	浊红棕色	粉砂质黏壤土	粒状、小块状	8.4	18.8	0.99	0.90	18.7	84	14.0	340	14.8	红土	E 102°44′13.0″ N 36°29′12.4″	86
						Bt	19—31	浊红棕色	粉砂质黏壤土	块状	8.4	12.8	0.97	0.83	19.4	44	4.0	280	14.3			
							31—75	浊红棕色	粉砂质黏壤土	块状	8.3	10.9	0.83	0.81	20.0	40	3.0	200	15.9			
						C	75—150	亮红棕色	粉砂质黏壤土	块状	8.0	10.2	0.81	0.78	19.6	38	2.0	197	15.4			
剖35	半水成土	潮土		泥潞土	白泥潞土	1	0—24	栗色	轻壤土	粒状									15.2	洪冲积物	E 102°36′11.9″ N 36°25′09.8″	88
						2	24—56	棕色	轻壤土	块状												
						3	56—104	灰色	粉砂质壤土	块状												
						4	104—150	黄棕色	粉砂质壤土	片状												

续表 Continued

剖面号 Soil profile	土纲 Soil order	土类 Soil great group	亚类 Soil subgroup	土属 Soil genus	土种 Soil species	土层码 Layer code	土层厚度 Depth/cm	颜色 Soil color	质地 Soil texture	土壤结构 Soil structure	pH	有机质 OM/(g/kg)	全氮 TN/(g/kg)	全磷 TP/(g/kg)	全钾 TK/(g/kg)	碱解氮 AN/(mg/kg)	有效磷 AP/(mg/kg)	速效钾 AK/(mg/kg)	阳离子交换量 CEC/(cmol/kg)	土壤母质 Parent material	剖面点坐标 Profile coordinate	匹配指数 Matching index/%
剖36	半水成土	潮土	潮土	泥溶砂土	红砂潮土	A₁₁	0~22	浊红棕色	砂质黏壤土	块状	8.4	13.9	0.78	0.89	17.0	37	11.0	167	8.1	洪冲积物	E 102°36′55.4″ N 36°25′01.2″	83
						A₁₂	22~48	亮红棕色	砂壤土	块状	8.4	13.4	0.65	0.83	17.4	35	3.0	118	7.4			
						A/Cu	48~73	红棕色	砂壤土	块状	8.4	12.8	0.51	0.81	16.8	33	1.0	95	6.7			
						Cu	73~150	亮红棕色	砂土	单粒状	8.5	5.4	0.39	0.75	16.6	17	1.0	66	5.5			
剖37	干旱土	灰钙土	灰钙土	山地灰钙土	厚层山地灰钙土	A	0~18	棕灰色	轻壤土	块状	8.2	9.8	0.75	0.62	18.4	35	3.0	170	7.1		E 102°40′14.9″ N 36°24′37.1″	98
						ABk	18~70	棕灰色	中壤土	块状	8.4	12.3	1.09	0.74	16.5	34	3.0	94	1.8			
						Bk	70~124	褐色	中壤土	块状	8.2	8.2	0.72	0.67	15.5	41	2.0	72	9.2			
						C	124~150	棕褐色	中壤土	块状	8.6	5.2	0.43	0.63	17.5	26	1.0	63	6.6			
剖38	半水成土	山地草甸土	山地灌丛草甸土	石灰性山地灌丛草甸土	中层石灰性山地灌丛草甸土	1	0~12	深栗色	重壤土	团粒状	8.4	146.1	7.62	0.94	18.6	267	6.0	250	44.8		E 102°13′48.7″ N 36°17′16.1″	91
						2	12~36	深栗色	重壤土	团粒状	8.0	120.2	5.65	0.72	19.5	123	6.0	144	44.9			
						3	36~73	褐色	重黏土	块状	8.1	46.1	2.36	0.69	17.3	105	1.0	71	3.4			
						4	73~99	黄棕色	中黏土	块状	8.1	17.4	0.98	0.43	16.1	36	4.0	58	19.3			
						5	99—		砂壤土														
剖39	半淋溶土	灰褐土	淋溶灰褐土	淋溶灰褐土	中层淋溶灰褐土	1	0~10	褐色	中壤土	团粒状	8.5	77.1	3.13	0.62	23.2	183	6.0	207	35.6		E 102°14′16.8″ N 36°16′37.2″	72
						2	10~32	褐色	中壤土	团粒状	8.5	77.1	3.13	0.62	23.2	183	6.0	207	35.6			
						3	32~67	褐色	重壤土	块状	8.5	57.4	2.91	0.65	22.1	119	4.0	126	34.1			
						4	67~110	褐色	中壤土	块状	8.6	42.2	1.79	0.59	20.9	102	5.0	126	29.4			
						5	110—															
剖40	高山土	草毡土	棕草毡土	棕草毡土	厚层棕毡土	1	0~9	深栗色	中壤土	粒状	8.0	72.4	3.82	1.06	22.5	224	3.0	113	36.5		E 102°14′13.2″ N 36°15′12.6″	81
						2	9~65	深栗色	重壤土	块状	8.0	13.2	0.90	0.45	21.0	70	3.0	85	14.0			
						3	65~92	黄褐色	中壤土	块状	8.3											
						4	92~100		砂土	粒状												
剖41	半水成土	山地草甸土	石灰性山地草甸土	中层石灰性山地草甸土		1	0~21	栗色	粉砂壤土	核状											E 102°16′29.6″ N 36°18′27.7″	96
						2	21~47	紫棕灰色	粉砂壤土	核状												
						3	47~100	深红色	砂壤土	粒状												
剖42	半水成土	山地草甸土	石灰性山地草甸土	薄层石灰性山地草甸土		1	0~10	栗色	壤土	块状											E 102°23′11.0″ N 36°17′57.5″	79
						2	10~29	紫棕色	黏土	块状												
						3	29~102	灰白色	砂壤土	块状												
						4	102~130	黑色	砂质黏土	团粒状	8.1	106.0	5.19	0.78	17.6	153	3.0	206	45.3			
剖43	半水成土	山地草甸土	石灰性山地草甸土	厚层石灰性山地草甸土		1	0~12	深栗色	壤质黏土	粒状	8.1	89.6	4.53	0.75	17.5	158	1.0	94	46.4		E 102°23′05.3″ N 36°16′26.4″	82
						2	12~43	栗色	壤质黏土	片状	8.6	39.5	1.97	0.66	19.3	41	2.0	130	38.1			
						3	43~69	灰白色	壤土	片状	8.4	7.4	0.54	0.35	20.1	18	1.0	97	22.0			
						4	69~102	栗色	中壤土	粒状	7.7	101.8	4.85	0.10	16.8	261	3.0	106	36.8			
剖44	高山土	草毡土	普通草毡土	普通草毡土	中层草毡土	As	0~9	栗色	中壤土	粒状	7.7	101.8	4.83	1.07	16.8	341	1.0	85	4.1		E 102°22′09.8″ N 36°14′42.0″	83
						Ah	9~25	栗色	中壤土	粒状	7.7	94.8	4.61	1.08	17.8	252	1.0	327	35.5			
						C	25~50	栗色	中壤土	块状												
							50—															

平 安 区

主要土类说明

栗钙土是平安区主要土壤类型，占本区地域面积的39%，是主要的农用土壤之一，广泛分布于海拔2400—2700m的浅山和半浅山地区。土体构型为Ah-Bk-Ck。该土壤表层为栗色腐殖质层，呈粒状结构，疏松、质地均一，厚度一般为20—45cm。成土母质为黄土及次生黄土，少部分发育于红土母质。该土类分布区年降水量少，季节性淋溶作用弱，造成土壤碳酸钙含量高，石灰新生体及钙积层出露高，一般呈根管状、斑点状、粉末状等。土体通层强石灰反应。其植被为干旱、半干旱的草原类型，主要有针茅、芨芨草、骆驼蓬、早熟禾、冰草、白蒿等。

黑钙土是平安区第二大土壤类型，占本区地域面积的23%，主要分布在海拔2700—3100m的石灰窑、寺台、沙沟、巴藏沟等乡镇的脑山。黑钙土上接山地草甸土和灰褐土，下接栗钙土。在不少地区，由于地形坡向的不同，黑钙土和暗栗钙土亚类呈复区分布。黑钙土分布地区的气候特点是温凉、湿润，年均降水量较大。土体构型为A-AB-C。黑钙土腐殖质层深厚、松软，呈黑褐色或暗灰棕色，其下常见到舌状过渡层，剖面厚度为50—100cm。成土母质以黄土为主，其次为坡积物。该土壤土层深厚，有明显的黑色腐殖质层，厚为20—60cm。

灰钙土是平安区第三大土壤类型，占本区地域面积的16%，主要分布在海拔2050—2400m的湟水河谷及邻近中低山地带的小峡、平安、三合等乡镇。本区域属干旱半干旱的暖温带气候，降雨多集中在7—9月。土体构型为A-B-C，腐殖质层薄而不明显。成土母质以黄土或黄土状物质为主，也有洪冲积物。土壤质地多为粉砂壤，整个土体富含碳酸钙，通层有强石灰反应。主要植被有针茅、芨芨草、冰草、骆驼蓬、白蒿等，覆盖度在10%左右。

山地草甸土占平安区地域面积的14%，分布在海拔2700—3400m的石灰窑、寺台、古城、沙沟、巴藏沟乡镇。土体构型为As-A-C-D。土壤有机质累积量大，腐殖质层厚，厚的在1m以上。成土母质为残积物、坡积物和次生黄土。植被覆盖度在80%左右。

草毡土占平安区地域面积的8%。草毡土是发生于高寒区（青藏高原）平缓高原面上，具强度生草腐殖质积累与弱度氧化还原特征的高山土壤。由于寒冻，蒿草根累积并弱度分解，该土壤呈草毡状。土体滞水、冻融交替，弱度氧化还原交替进行，造成该土壤氧化铁微弱游离。土体构型为As-A_1-（AB）BC-C（D），剖面厚度为50—80cm。成土母质为坡积物、残积物或冰碛物。

本区域中心区气候特征

本区域中心区气候特征值
Regional climate characteristics in central area of the region

气候带：高原亚寒带亚湿润气候 Climate region: Plateau sub frigid sub humid climate	
年平均气温 /℃ Annual average temperature /℃	5.0
年平均最高气温 /℃ Annual average maximum temperature /℃	12.9
年平均最低气温 /℃ Annual average minimum temperature /℃	−0.8
年降水量 /mm Annual precipitation /mm	395
≥10℃的积温 /℃ Daily temperature accumulated in a year (≥10℃) /℃	1704
年日照时数 /h Annual sunshine /h	2646
年平均相对湿度 /% Annual average relative humidity /%	56
干燥度 Dryness	0.73

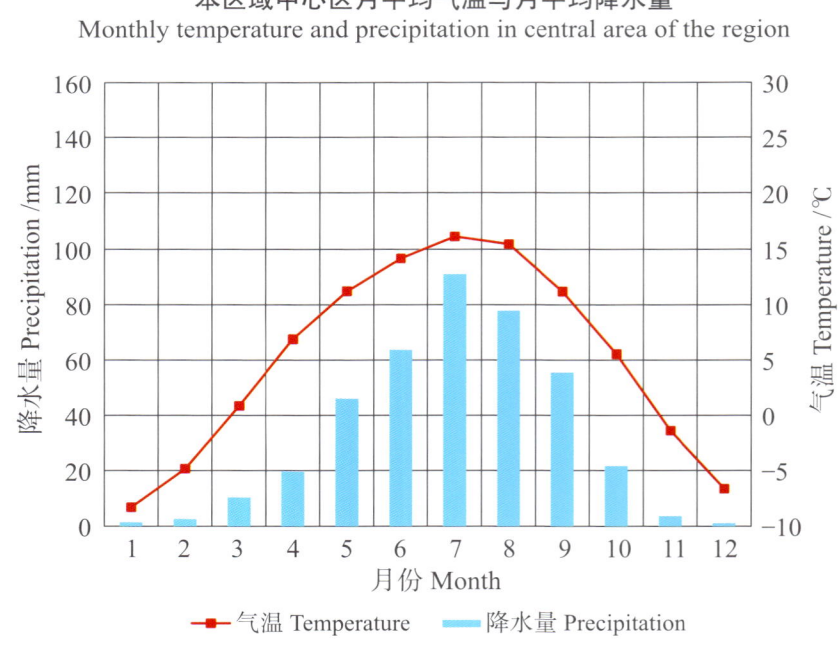

本区域中心区月平均气温与月平均降水量
Monthly temperature and precipitation in central area of the region

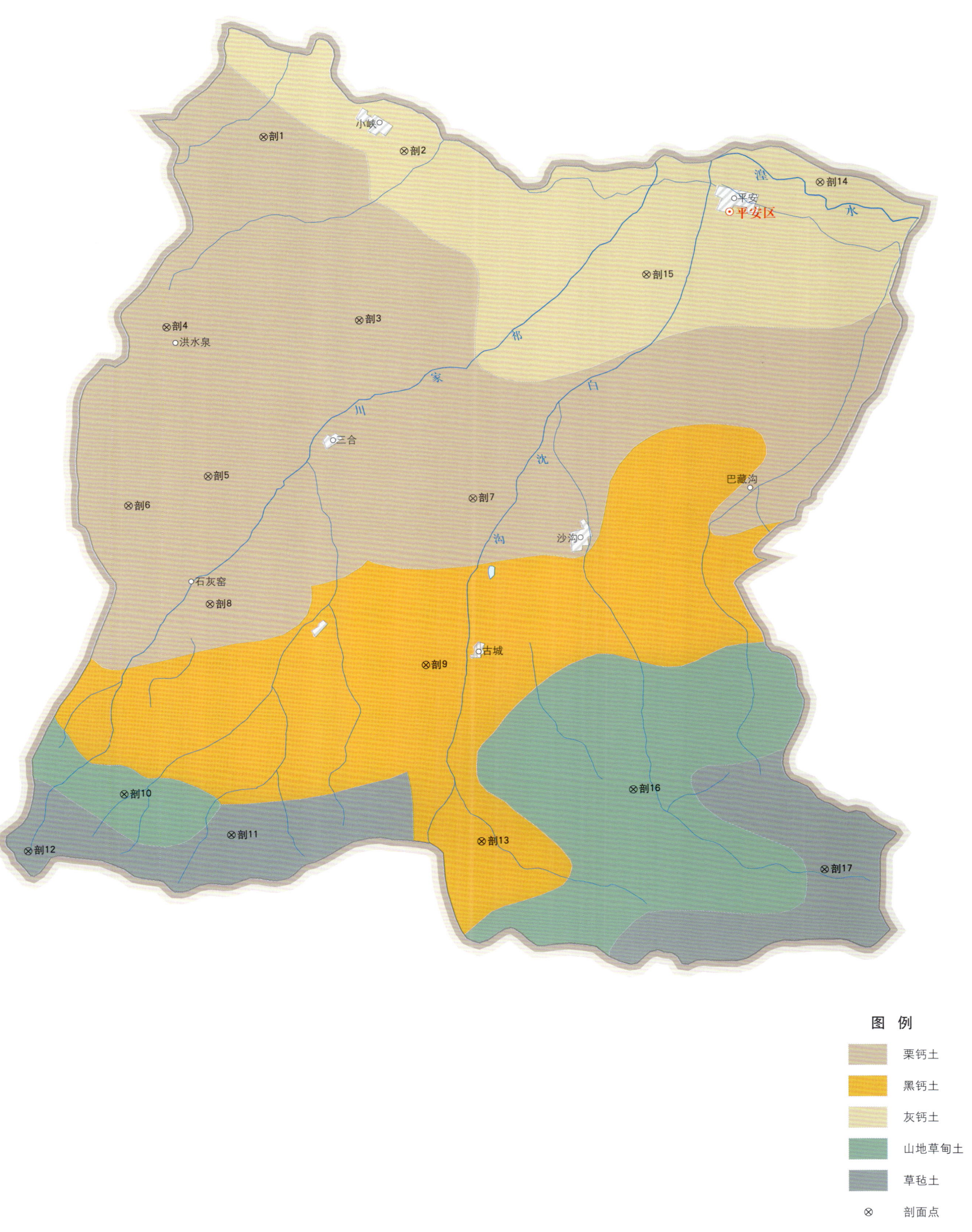

平安区土壤剖面理化性状表

剖面号 Soil profile	土纲 Soil order	土类 Soil great group	亚类 Soil subgroup	土属 Soil genus	土种 Soil species	土层码 Layer code	土层厚度 Depth/cm	颜色 Soil color	质地 Soil texture	土壤结构 Soil structure	pH	有机质 OM/(g/kg)	全氮 TN/(g/kg)	全磷 TP/(g/kg)	全钾 TK/(g/kg)	碱解氮 AN/(mg/kg)	有效磷 AP/(mg/kg)	速效钾 AK/(mg/kg)	阳离子交换量CEC/(cmol/kg)	土壤母质 Parent material	剖面点坐标 Profile coordinate	匹配指数 Matching index/%
剖1	钙层土	栗钙土	淡栗钙土	灌淤型红土	红麻砂土	1	0—19	红棕色	轻黏土	粒状	7.9	11.2	0.78	1.02	19.5	69	9.0	33	27.0	红砂岩风化洪冲积物	E 101°55′21.7″ N 36°31′37.6″	99
						2	19—75	红棕色	重黏土	团块状	8.2	11.8	1.30	1.01	22.2	52	1.0	210	18.0			
						3	75—130	红棕色	中黏土	小块状	8.2	11.4	0.94	1.16	22.2	42	3.0	320	2.0			
剖2	干旱土	灰钙土	灌淤型灰钙土	川地灌淤型灰钙土	灌淤型暨砂土	1	0—20	棕色	重黏土	团块状	8.0	15.5	0.91	1.37	18.6	35	5.0	200	12.7		E 101°58′37.6″ N 36°31′16.2″	99
						2	20—41	灰棕色	重黏土	块状	8.0	2.4	0.31	1.03	16.7	17	4.0	35	5.6			
						3	41—72	淡灰棕色	轻黏土	块状	8.0	2.9	0.34	1.00	19.9	23	4.0	58	6.6			
						4	72—90	淡红灰色	重黏土		8.1	4.5	0.17	1.03	19.7	17	2.0	38	5.0			
						5	90—112	淡红灰色	轻黏土	小块状	8.0	4.5	0.88	0.83	16.5	21	11.0	42	5.5			
剖3	钙层土	栗钙土	淡栗钙土		厚层淡栗钙土	1	0—23	棕灰色	粉砂质壤土	块状	8.2	9.6	0.68	0.83	18.5	34	2.0	155			E 101°57′27.0″ N 36°28′00.8″	81
						2	23—43	棕灰色	粉砂质壤土	块状	7.7	3.3	0.33	0.83	21.8	12	痕迹	85				
						3	43—122	棕灰色	粉砂质壤土	块状	7.8	2.2	0.18	0.94	21.0	12	痕迹	80				
						4	122—150	棕灰色	粉砂质壤土	块状	8.5	3.2	0.40	0.92	23.0	14	痕迹	101				
剖4	钙层土	栗钙土	暗栗钙土	耕种暗栗钙土	黑黄土	1	0—17	棕色	中壤土	粒状	8.2	22.2	1.10	1.06	21.6	71	6.0	96	1.3		E 101°52′57.7″ N 36°27′59.0″	75
						2	17—50	棕色	轻壤土	团块状	8.4	16.8	1.10	0.84	21.8	60	2.0	285	11.1			
						3	50—74	灰棕色	中壤土	块状	8.5	20.9	1.41	1.03	17.0	60	1.0	220	11.9			
						4	74—150	灰棕色	中壤土	块状	8.4	12.8	1.12	0.74	18.5	36	2.0	103	8.0			
剖5	钙层土	栗钙土	栗钙土	耕种栗钙土	白黄土	1	0—17	棕色	轻壤土	粒状	7.9	9.7	0.72	0.88	21.1	62	6.0	255	7.8		E 101°53′48.8″ N 36°25′03.7″	83
						2	20—110	灰黄棕色	中壤土	小块状	7.6	8.3	0.58	0.98	20.3	44	5.0	100	8.8			
						3	110—150	灰黄棕色	中壤土	块状	7.9	5.1	0.36	0.96	19.4	34	5.0	122	6.7			
						4	166—	黄棕色	重壤土	块状	8.2	23.4	1.91	0.96	19.5	79	痕迹	170	12.3			
剖6	钙层土	栗钙土	暗栗钙土	黄土性暗栗钙土	厚层黄土性暗栗钙土	1	0—18	褐色	轻壤土	块状	8.2	28.0	1.54	1.01	15.4	73	2.0	125	11.3		E 101°51′56.3″ N 36°24′32.2″	91
						2	18—29	褐色	轻壤土	块状	8.5	26.1	2.16	0.93	18.8	73	1.0	130	12.9			
						3	29—166	淡红棕色	重壤土	块状	7.8	8.9	0.60	0.85	19.3	74	痕迹	70	12.9			
剖7	钙层土	栗钙土	暗栗钙土	灌淤型栗钙土	灌淤型黄绵土	1	0—13	黄棕色	轻黏土	粒状	7.9	11.9	1.55	1.01	21.9	125	37.0	660	12.7		E 101°59′56.8″ N 36°24′28.8″	90
						2	13—30	灰黄棕色	重壤土	块状	8.2	21.4	1.43	0.27	20.8	94	7.0	370	13.4			
						3	30—85	灰黄棕色	轻黏土	块状	8.2	15.3	1.22	1.08	23.3	69	痕迹	220	12.4			
						4	85—150	黄棕色	重壤土	块状	8.3	15.6	0.97	1.14	23.1	68	10.0	270	13.4			
剖8	钙层土	栗钙土	栗钙土	耕种栗钙土	黑红土	1	0—15	红棕色	中壤土	粒状	7.9	23.5	1.37	0.78	19.5	87	19.0	225	13.8	红土	E 101°53′45.2″ N 36°22′34.3″	73
						2	15—31	暗红棕色	中壤土	块状	8.1	24.9	1.77	0.86	21.1	72	9.0	88	13.8			
						3	31—56	暗红棕色	中壤土	粒状	8.3	28.9	1.51	0.96	19.6	83	4.0	60	18.0			
						4	56—70	淡红棕色	中石质中壤土	粒状	7.5	11.9	1.75	1.25	26.3	75	24.0	205	17.4			
剖9	钙层土	黑钙土	暗栗钙土	耕种黑钙土	黑鸡粪土	1	0—4	褐色	重黏土	粒状	7.7	47.1	2.40	1.27	24.1	7	7.0	65	29.1		E 101°51′56.3″ N 36°24′15.5″	100
						2	22—54	深栗色	轻黏土	粒状	8.0	42.0	2.22	1.27	24.9	10	10.0	70	25.9			
						3	54—95	栗色	轻黏土	块状	8.1	15.0	0.90	1.01	22.1	2	2.0	60	15.9			
						4	95—	黄棕色	重黏土	块状	7.7	45.7	4.58	1.30	24.3	146	5.0	320	36.2			
剖10	半水成土	山地草甸土	山地灌丛草甸土	山地灌丛草甸土	薄层山地草甸土	1	0—4	深栗色	壤土	粒状	7.7	82.3	4.14	1.27	23.7	145	2.0	105	35.2		E 101°58′43.0″ N 36°18′55.1″	84
						2	4—20	栗色	壤土	粒状	8.0	29.3	1.99	1.19	22.2	98	11.0	170	19.6			
						3	20—50	黄褐色	粉砂质壤土	鳞片状	8.1	13.2	0.93	0.96	19.3	36	1.0	55	2.0			
						4	50—75	褐色	粉砂质壤土	块状	7.7	17.6	1.26	0.94	23.0	63	1.0	80	19.1			
						5	75—100	黑棕色	中壤土	团块状	7.4	116.0	5.35	1.58	16.9	227	5.0	215	44.4			
剖11	高山土	草毡土	普通草毡土	普通草毡土	中层普通草毡土	1	0—6	暗黑色	中壤土	团块状	6.9	82.0	3.54	1.55	22.4	133	2.0	100	38.8		E 101°54′04.0″ N 36°18′03.6″	77
						2	6—50	棕黄色	中壤土	团块状	8.0	13.5	0.84	1.17	24.3	73	20.0	330	7.6			
						3	50—															

续表 Continued

剖面号 Soil profile	土纲 Soil order	土类 Soil great group	亚类 Soil subgroup	土属 Soil genus	土种 Soil species	土层码 Layer code	土层厚度 Depth/cm	颜色 Soil color	质地 Soil texture	土壤结构 Soil structure	pH	有机质 OM/(g/kg)	全氮 TN/(g/kg)	全磷 TP/(g/kg)	全钾 TK/(g/kg)	碱解氮 AN/(mg/kg)	有效磷 AP/(mg/kg)	速效钾 AK/(mg/kg)	阳离子交换量CEC/(cmol/kg)	土壤母质 Parent material	剖面点坐标 Profile coordinate	匹配指数 Matching index/%
剖12	高山土	草毡土	棕草毡土	棕草毡土	中层棕草毡土	1	0—5	深栗色	壤土	粒状											E 101°49′20.3″ N 36°17′51.4″	70
						2	5—36	褐色	壤土	粒状												
						3	36—44	褐色	壤土	块状												
						4	44—55															
剖13	钙层土	黑钙土	黑钙土	耕种黑钙土	耕种黑钙土	1	0—20	棕色	轻黏土	粒状	8.0	17.6	0.98	0.87	25.5	62	13.0	370	31.8		E 101°59′52.1″ N 36°17′47.0″	75
						2	20—35	暗灰色	轻黏土	核状	8.0	13.2	0.95	1.06	25.1	56	5.0	320	32.3			
						3	35—90	暗灰色	轻黏土	核状												
剖14	干旱土	灰钙土	淡灰钙土	耕灌淡灰钙土	灰红砂土	A_{11}	0—19	泥红棕色	砂壤土	粒状	7.8	17.2	0.54	1.20	23.7	57	6.0	200	12.8	洪积物	E 102°08′16.4″ N 36°30′25.2″	91
						A_{12}	19—37	泥红棕色	壤土	小块状	7.8	8.9	0.64	0.98	26.4	48	3.0	210	13.9			
						B	37—80	油棕色	壤土	块状	7.9	8.4	0.58	0.95	22.0	46	6.0	160	11.2			
						C	80—150	灰黄棕色	粉砂质壤土	块状	7.9	8.4	0.55	0.95	22.7	36	4.0	145	11.8			
剖15	干旱土	灰钙土	灰钙土	山地灰钙土	薄层山地灰钙土	1	0—17	灰棕色	砂壤土	粒状	7.6	5.3	0.32	0.21	18.1	33	3.0	105			E 102°04′09.8″ N 36°28′44.4″	76
						2	17—44	淡红棕色	松砂土	块状	7.7	2.2	0.13	0.13	13.8	19	3.0	85				
						3	44—80	淡红棕色	砂壤土	块状	8.2	4.2	0.43	0.32	34.0	17	4.0	300				
剖16	半水成土	山地草甸土	石灰性山地草甸土	薄层石灰性山地草甸土		1	0—8	暗棕色	中壤土	粒状											E 102°03′25.9″ N 36°18′42.8″	88
						2	8—26	暗棕色	中壤土	块状												
						3	26—44	棕色	轻壤土	块状												
						4	44—58	淡黄棕色	轻壤土	块状												
						5	58—80															
剖17	高山土	草毡土	普通草毡土	普通草毡土	薄层普通草毡土	1	0—5	暗灰色	中壤土	粒状	7.5	271.6	7.30	0.96	19.3	116	6.0	330	49.7		E 102°07′48.0″ N 36°17′01.3″	95
						2	5—18	黑红色	中壤土	粒状	7.5	271.6	7.30	0.96	19.3	116	6.0	330				
						3	18—	黑棕色	中壤土	块状	7.5											

民和回族土族自治县

主要土类说明

栗钙土是民和回族土族自治县（下文简称民和县）主要土壤类型，占本县地域面积的60%，分布于海拔2100—2450m的浅山和半浅山半脑山地区。土体构型为Ah–Bk–Ck。栗钙土表层为栗色腐殖质层，呈粒状结构，疏松、质地均一，厚度为20—45cm。成土母质主要是黄土及次生黄土，少部分发育于红土母质。栗钙土以腐殖质累积和钙积化为主要成土过程，土壤淋溶作用较弱，腐殖质累积、钙积化作用较黑钙土强，有机质含量在20g/kg左右，钙积层多出现在30—60cm处。新生体多呈粉末状、假菌丝状、斑点状、根管状等。土体通层呈强石灰反应，多为弱碱性。植被为草原类型，呈半干旱和干旱草原景观，主要有针茅、早熟禾、芨芨草、骆驼蓬等群落，间有锦鸡儿、白刺等零星灌丛。

灰钙土是民和县第二大土壤类型，占本县地域面积的19%，分布在海拔1650—2200m的黄河、湟水河谷及邻近的中低山地带，集中于松树、核桃庄、巴州、川口、马场垣、中川、官亭等乡镇的川水地及浅山。本区域属干旱、半干旱的暖温地带气候。土体构型为A–B–C。有机质属弱季节性累积，含量低于1.50g/kg。成土母质以黄土或黄土状物质为主，也有洪冲积物。土壤质地多为粉砂壤，整个土体富含碳酸钙，通层石灰反应强烈。主要植被有针茅、芨芨草、冰草、骆驼蓬、白蒿等，覆盖度在10%左右。

黑钙土是民和县第三大土壤类型，占本县地域面积的10%，主要分布在海拔2400—2700m的硖门、塘尔垣、西沟、东沟、古鄯、满坪、甘沟等乡镇的脑山地带。在土壤垂直带谱中，黑钙土上接山地草甸土和灰褐土，下接栗钙土，在栗钙土地带中的阴坡也有零星分布。土体构型为A–AB–C。腐殖质层深厚、松软，呈黑褐色或暗灰棕色。本县黑钙土主要发生在黄土上，也有的发生在红土和砂岩风化物母质上。黑钙土成土过程主要受到腐殖质积累与淋溶共同作用。原始植被以灌丛草甸类型为主，腐殖质含量高，结构良好。

山地草甸土占民和县地域面积的9%，分布于海拔2700—3300m的县境拉脊山中下部和坡麓地带，峡门、塘尔垣、东沟、西沟、古善、满坪、甘沟等乡镇均有分布，所处热量条件略高于草毡土分布层带。土体构型为As–A–C–D。土壤有机质积累量大，腐殖质层厚，厚的在1m以上。成土母质为残积物、坡积物、冰碛物及黄土等。植被为草甸和灌丛草甸。

小于本县地域面积3%的土壤类型还有灰褐土、草毡土等。

本区域中心区气候特征

本区域中心区气候特征值
Regional climate characteristics in central area of the region

气候带：中温带亚干旱气候 Climate region: Mid temperate sub arid climate	
年平均气温 /℃ Annual average temperature /℃	5.5
年平均最高气温 /℃ Annual average maximum temperature /℃	12.9
年平均最低气温 /℃ Annual average minimum temperature /℃	−0.1
年降水量 /mm Annual precipitation /mm	397
≥10℃的积温 /℃ Daily temperature accumulated in a year（≥10℃）/℃	1998
年日照时数 /h Annual sunshine /h	2488
年平均相对湿度 /% Annual average relative humidity /%	58
干燥度 Dryness	0.91

本区域中心区月平均气温与月平均降水量
Monthly temperature and precipitation in central area of the region

民和回族土族自治县主要土壤类型与土壤剖面点分布图
1:250 000

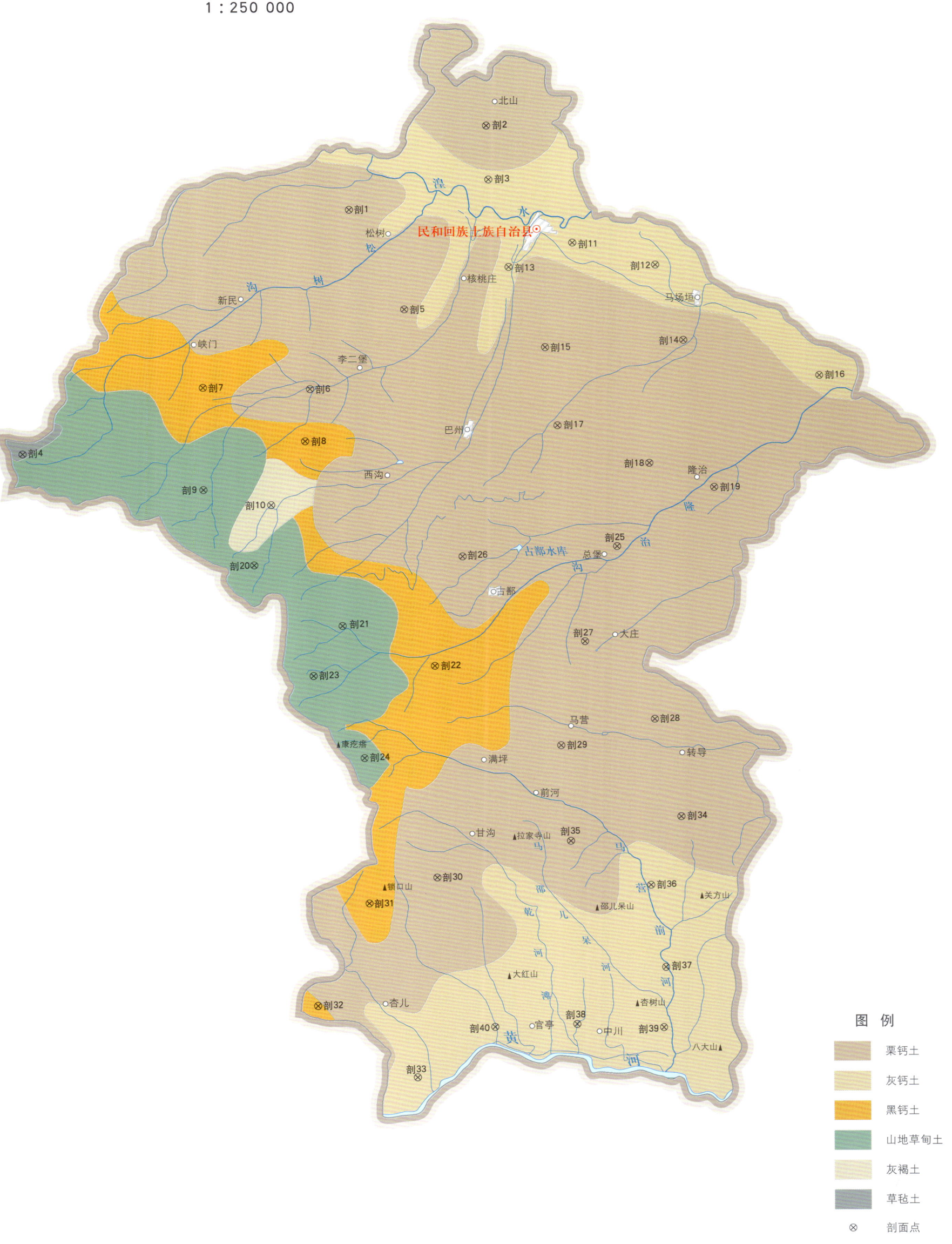

民和回族土族自治县土壤剖面理化性状表

剖面号	土纲	土类	亚类	土属	土种	土层码	土层厚度/cm	颜色	质地	土壤结构	pH	有机质/(g/kg)	全氮/(g/kg)	全磷/(g/kg)	全钾/(g/kg)	碱解氮/(mg/kg)	有效磷/(mg/kg)	速效钾/(mg/kg)	阳离子交换量CEC/(cmol/kg)	土壤母质	剖面点坐标	匹配指数/%
剖1	钙层土	栗钙土	淡栗钙土	黄土性淡栗钙土	厚层黄土性淡栗钙土	1	0—20	淡棕黄色	中壤土	团粒状	8.3	4.8	0.62	0.41	19.0	50	2.0	45	6.3		E 102°40′24.5″ N 36°20′17.6″	87
						2	20—50	淡棕黄色	中壤土	块状	8.0	3.4	0.34	0.38	18.2	39	痕迹	41	5.8			
						3	50—120	淡棕黄色	中壤土	块状	8.1	3.6	0.33	0.54	19.9	33	1.0	84	5.1			
						4	120—150	淡棕黄色	中壤土	块状	8.4	7.0	0.89	0.62	17.3	29	3.0	150	6.2			
剖2	钙层土	栗钙土	灌淤型栗钙土	灌淤型红土	灌淤型红麻砂土	1	0—15	淡红色	轻壤土	粒状	8.6	14.3	1.19	0.55	23.7	78	16.0	300	17.8		E 102°45′56.9″ N 36°23′17.9″	76
						2	15—35	淡红色	重壤土	团粒状	8.4	13.8	1.13	0.63	24.0	91	4.0	238	13.2			
						3	35—150	红棕色	重壤土	团粒状	8.8	8.0	0.65	0.56	24.4	52	痕迹	140	16.6			
剖3	干旱土	灰钙土	灰钙土	山地耕种灰钙土	灰钙土	1	0—25	紫棕色	中壤土	块状	8.7	10.5	0.81	0.63	18.5	46	4.0	84	8.8		E 102°46′05.2″ N 36°21′26.6″	74
						2	25—80	紫棕色	中壤土	块状	8.9	6.1	0.61	0.46	17.4	39	1.0	73	12.1			
						3	80—120	紫棕色	重壤土	块状	9.2	11.1	0.92	0.55	17.4	35	痕迹	73	14.0			
剖4	高山土	草毡土	普通草毡土	普通草毡土	薄层普通草毡土	1	0—8	黑棕色	轻壤土	毡状	8.0	118.0	5.82	0.67	22.0	512	5.0	137	39.9		E 102°27′17.1″ N 36°11′37.9″	84
						2	8—27	棕褐色	轻壤土	粒状	7.9	76.0	4.44	0.67	19.1	415	5.0	110	34.3			
						3	27—	灰褐色	砂壤土	块状	7.9	75.5	1.93	0.84	19.1	333	3.0	95	27.7			
剖5	钙层土	栗钙土	淡栗钙土	黄土性淡栗钙土	中层黄土性淡栗钙土	1	0—17	栗色	中壤土	粒状	8.2										E 102°42′45.4″ N 36°16′54.8″	81
						2	17—45	灰黄色	中壤土	块状	8.2											
						3	45—60	灰黄色	重壤土	块状	8.3											
						4	60—75	暗灰黄色	砂砾壤土	粒状	8.3											
剖6	钙层土	栗钙土	山地耕种栗钙土	白黄土	白黄土	1	0—17	淡栗色	粉砂质壤土	团粒状	7.1										E 102°38′58.6″ N 36°14′06.9″	90
						2	17—24	暗栗色	粉砂质壤土	块状	7.4											
						3	24—117	灰褐色	粉砂质壤土	块状	7.3											
剖7	钙层土	黑钙土	黑钙土	耕种黑钙土	砂质黑土	1	0—20	暗棕色	砂质壤土	粒状、团粒状	8.2	32.6	1.94	0.82	23.2	130	9.5	135	22.6	坡积物，洪积物	E 102°34′35.4″ N 36°14′04.6″	98
	A/Bk						20—57	暗棕色	壤土	团粒状	8.2	26.1	1.48	0.53	19.1	115	3.5	78	21.9			
	C						57—															
剖8	钙层土	黑钙土	石灰性黑钙土	耕种石灰性黑钙土	黑砂土	1	0—20	暗棕色	轻壤土	粒状	8.2	34.3	2.11	0.81	23.0	167	16.0	140	18.9		E 102°38′49.2″ N 36°12′18.5″	91
						2	20—87	暗棕色	轻壤土	块状	8.3	56.1	3.09	0.83	20.5	203	4.0	34	27.5			
						3	87—150	青灰色	中壤土	块状	8.5	39.5	2.50	0.82	21.7	167	3.0	31	24.2			
剖9	半水成土	山地草甸土	山地草原草甸土	山地草原草甸土	薄层山地草原草甸土	1	0—8	栗棕色	中壤土	团粒状	6.8										E 102°34′42.2″ N 36°10′32.9″	73
						2	8—27	深棕色	砂砾土	团粒状	7.1											
						3	27—															
剖10	半淋溶土	灰褐土	淋溶灰褐土	淋溶灰褐土	厚层淋溶灰褐土	1	0—30	黑棕色	重壤土	团粒状	7.5	123.9	4.76	0.65	15.6	451	7.0	178	41.5		E 102°37′29.3″ N 36°10′04.8″	71
						2	30—46	暗棕色	重壤土	块状	7.5	67.9	2.95	0.53	16.4	281	2.0	90	35.5			
						3	46—62	栗色	重壤土	片状	7.6	25.3	1.32	0.68	18.2	137	1.0	50	18.1			
剖11	干旱土	灰钙土	灌淤型灰钙土	川地灌淤型灰黄土	川地灌淤型灰黄土	1	0—20	棕색	中壤土	块状	8.5	8.5	0.66	0.67	18.2	39	6.0	100	6.5		E 102°49′34.4″ N 36°19′19.9″	74
						2	20—75	棕灰色	中壤土	块状	8.4	6.8	0.46	0.53	18.2	42	6.0	78	7.4			
						3	75—130	灰色	重壤土	块状	8.5	4.8	0.47	0.64	19.0	31	2.0	73	6.5			
						4	130—150	灰色	中壤土	块状	8.5	3.4	0.31	0.60	17.3	24	2.0	78	5.1			
剖12	干旱土	灰钙土	淡灰钙土	山地淡灰钙土	厚层山地淡灰钙土	1	0—3	褐色	中壤土	块状	8.5										E 102°52′58.9″ N 36°18′37.7″	82
						2	3—48	棕灰色	中壤土	块状	8.5											
						3	48—84	棕灰色	中壤土	块状	8.6											
						4	84—150	棕灰色	中壤土	块状	8.5											

续表 Continued

剖面号 Soil profile	土纲 Soil order	土类 Soil great group	亚类 Soil subgroup	土属 Soil genus	土种 Soil species	土层码 Layer code	土层厚度 Depth/cm	颜色 Soil color	质地 Soil texture	土壤结构 Soil structure	pH	有机质 OM/(g/kg)	全氮 TN/(g/kg)	全磷 TP/(g/kg)	全钾 TK/(g/kg)	碱解氮 AN/(mg/kg)	有效磷 AP/(mg/kg)	速效钾 AK/(mg/kg)	阳离子交换量CEC/(cmol/kg)	土壤母质 Parent material	剖面点坐标 Profile cordinate	匹配指数 Matching index/%
剖13	干旱土	灰钙土	灌淤型灰钙土	川地灌淤型灰钙土	川地灌淤型灰黄土	1	0—18	褐色	中壤土	团粒状	8.3	10.7	0.55	0.73	21.5	55	30.0	304	5.8		E 102°46′59.4″ N 36°18′26.4″	74
						2	18—28	褐色	中壤土	块状	8.6	9.3	0.43	0.63	18.5	21	3.0	203	6.0			
						3	28—59	灰黄色	中壤土	块状	8.8	6.2	0.34	0.56	18.9	28	3.0	175	5.3			
						4	59—150	灰黄色	中壤土	块状	8.6	5.9	0.25	0.69	18.1	14	7.0	63	5.5			
剖14	钙层土	栗钙土	淡栗钙土	红黄土	砂质红黏土	1	0—21	棕红色	重壤土	团块状	8.5	8.1	0.63	0.59	24.0	59	2.0	208	6.9		E 102°54′11.8″ N 36°16′04.4″	75
						2	21—69	深红色	重壤土	核状	8.5	5.0	0.32	0.59	18.5	46	4.0	90	1.6			
						3	69—110	棕红色	中壤土	片状	8.6	3.7	0.33	0.31	17.3	33	2.0	35	6.5			
						4	110—124	灰色	中壤土	块状	8.6	3.3	0.20	0.31	18.1	26	1.0	41	6.9			
						5	124—150	棕红色	中壤土	块状	8.6	3.9	0.38	0.48	19.1	33	痕迹	111	16.6			
剖15	钙层土	栗钙土	黄土性栗钙土	中层黄土性栗钙土	1	0—24	棕色	中壤土	粒状	8.3	24.4	1.47	0.64	23.8	80	3.0	50	15.5		E 102°48′33.1″ N 36°15′43.6″	81
						2	24—36	黑棕色	轻壤土	块状	8.6	8.1	0.44	0.59	21.7	44	2.0	37	12.6			
						3	36—72	暗红棕色	轻壤土	块状	8.9	5.2	0.32	0.59	24.4	29	痕迹	41	11.8			
剖16	干旱土	灰钙土	淡灰钙土	淡灰钙泥砂土	淡灰红土	1	0—18	浊黄棕色	壤土	团粒状	8.2	16.4	1.22	0.64	19.5	140	5.0	308	12.3		E 102°59′46.7″ N 36°14′57.6″	80
						Bk	18—95	浊黄棕色	黏壤土	块状	8.7	11.9	0.93	0.75	21.5	85	2.0	238	11.4			
						Ck	95—120	浊黄棕色	壤质黏土	块状	8.7	9.5	0.82	0.67	21.4	55	3.0	269	12.1			
剖17	钙层土	栗钙土	栗钙土	栗钙土	栗钙土	A_{11}	0—20	灰黄棕色	壤土	粒状	8.3	13.9	0.83	0.84	19.7	70	10.0	210		冲积物	E 102°19′06.9″ N 36°13′03.2″	76
						A_{12}	20—66	浊黄橙色	壤土	小块状	8.3	11.7	0.75	0.80	20.5	62	3.0	148				
						Bk	66—89	浊黄橙色	黏壤土	块状	8.4	11.0	0.73	0.79	19.8	55	2.0	155				
						Ck	89—150	浊黄橙色	黏壤土	块状	8.4	9.4	0.58	0.78	20.0	49	2.0	150				
剖18	钙层土	栗钙土	灌淤型栗钙土	灌淤型红黏土	灌淤型红麻砂	1	0—19	褐色	中壤土	粒状	8.5									次生黄土	E 102°52′53.8″ N 36°11′49.1″	94
						2	19—65	灰黄色	中壤土	粒状	8.5											
						3	65—110	褐色	中壤土	粒状	8.6											
剖19	钙层土	栗钙土	山地耕种栗钙土	白黄土	大白土	1	0—23	灰黄色	轻壤土	块状	8.6	8.5	0.54	0.67	20.2	66	12.0	200	6.2		E 102°55′34.0″ N 36°11′01.6″	85
						2	23—48	灰黄色	中壤土	块状	8.7	10.7	0.49	0.67	19.8	40	4.0	167	5.7			
						3	48—150	灰黄色	中壤土	块状	8.7	4.5	0.23	0.71	18.1	26	2.0	184	5.7			
剖20	半水成土	山地草甸土	淋溶山地灌丛草甸土	厚层淋溶山地灌丛草甸土	1	0—15	暗黄棕色	重壤土	粒状	7.0										E 102°36′50.8″ N 36°08′00.9″	90
						2	15—40	暗黄棕色	重壤土	块状	7.0											
						3	40—				7.0											
剖21	半水成土	山地草甸土	山地草甸原草甸土	厚层山地草原草甸土	1	0—14	深栗色	重壤土	团块状	7.3										E 102°40′30.4″ N 36°05′60.0″	85
						2	14—40	栗色	重壤土	团粒状	7.2											
						3	40—75	褐色	中壤土	粒状	7.1											
剖22	钙层土	黑钙土	淋溶黑钙土	山地淋溶黑钙土	厚层山地淋溶黑钙土	1	0—21	栗色	中壤土	块状	7.6	125.4	5.04	0.70	21.5	387	4.0	111	41.1		E 102°44′18.2″ N 36°04′41.2″	74
						2	21—38	褐色	中壤土	粒状	7.7	62.0	2.37	0.37	26.5	19	2.0	30	27.9			
						3	38—				7.4	74.0	2.43	0.34	24.8	50	3.0	45	39.7			
剖23	半水成土	山地草甸土	淋溶山地灌丛草甸土	中层山地淋溶灌丛草甸土	1	0—15	暗棕色	重壤土	粒状	6.7										E 102°39′22.0″ N 36°04′14.9″	98
						2	15—45	暗棕灰色	重壤土	粒状	7.0											
						3	45—50	暗灰色	重壤土	团粒状	7.0											
剖24	半水成土	山地草甸土	山地草原草甸土	中层山地草原草甸土	1	0—20	棕色	中壤土	团粒状	8.4	8.6	0.58	0.69	20.3	58	8.0	31	15.4		E 102°41′30.5″ N 36°01′27.8″	77
						2	20—50	暗红棕色	重壤土	块状	8.7	3.4	0.21	0.58	24.6	44	4.0	68	17.6			
						3	50—	棕色				1.2				36		73				
剖25	钙层土	栗钙土	栗钙土	红黄土	红鸡粪土	1	0—17	棕红色	轻壤土	粒状	8.6									红土	E 102°51′38.9″ N 36°08′55.6″	88
						2	17—60	深红色	中黏土	小块状	8.8											
						3	60—125	深红色	轻黏土	小块状	8.7											

剖面号 Soil profile	土纲 Soil order	土类 Soil great group	亚类 Soil subgroup	土属 Soil genus	土种 Soil species	土层码 Layer code	土层厚度 Depth/cm	颜色 Soil color	质地 Soil texture	土壤结构 Soil structure	pH	有机质 OM/(g/kg)	全氮 TN/(g/kg)	全磷 TP/(g/kg)	全钾 TK/(g/kg)	碱解氮 AN/(mg/kg)	有效磷 AP/(mg/kg)	速效钾 AK/(mg/kg)	阳离子交换量CEC/(cmol/kg)	土壤母质 Parent material	剖面点坐标 Profile coordinate	匹配指数 Matching index/%
剖26	钙层土	栗钙土	灌淤型栗钙土	灌淤型红土	灌淤型红黏土	1	0~20	深栗色	重壤土	粒状	9.0	7.8	0.60	0.53	17.3	61	6.0	123	9.9		E 102°45′20.9″ N 36°08′28.3″	93
						2	20~30	深栗色	轻黏土	块状	8.9	17.1	0.88	0.56	16.0	72	6.0	179	11.6			
						3	30~70	深栗色	轻黏土	块状	8.9	10.0	0.85	0.59	17.7	52	5.0	188	9.7			
						4	70~90	黄棕色	中黏土	块状	8.8	5.0	0.43	0.57	19.0	44	4.0	106	8.1			
						5	90~150	红棕色	中黏土	块状	8.7	5.0	0.61	0.47	19.4	44	4.0	95	8.8			
剖27	钙层土	栗钙土	栗钙土	黄土性栗钙土	厚层黄土性栗钙土	1	0~14	褐色	中壤土	团粒状	8.5	34.5	1.74	0.64	18.3	124	4.0	226	17.8		E 102°50′24.3″ N 36°05′38.9″	70
						2	14~26	棕灰色	中壤土	团粒状	8.6	22.6	1.33	0.57	19.3	79	3.0	162	11.8			
						3	26~97	棕灰色	重壤土	块状	8.5	8.3	0.58	0.54	18.3	33	1.0	45	9.2			
						4	97~150	褐白色	重壤土	片状	8.6	4.4	0.26	0.57	23.9	20	1.0	45	1.3			
剖28	钙层土	栗钙土	灌淤型栗钙土	灌淤型黄土	灌淤黄棉土	1	0~20	褐色	中壤土	片状	8.5	9.0	0.58	0.64	18.3	51	10.0	150	8.3		E 102°53′18.7″ N 36°03′00.5″	95
						2	20~78	灰黄色	中壤土		8.5	10.7	0.81	0.68	19.0	59	3.0	145	8.3			
						3	78~88	褐色	中壤土	粒状	8.6	10.7	0.81	0.68	17.4	50	2.0	123	8.4			
						4	88~															
剖29	钙层土	栗钙土	山地耕种栗钙土	白黄土	黄土装土	1	0~21	褐色	中壤土	粒状	8.6	12.9	1.03	0.79	22.6	84	7.0	180	18.1		E 102°49′30.8″ N 36°02′02.3″	91
						2	21~68	褐色	重壤土	块状	8.8	10.4	0.85	0.65	23.4	39	2.0	130	15.7			
						3	68~124	深灰色	中壤土	粒状	8.7	8.0	0.57	0.62	24.6	35	1.0	117	14.3			
剖30	钙层土	栗钙土	栗钙土	耕种栗钙土	红胶土	A_{11}	0~20	油红棕色	黏土	粒状	8.3									红土	E 102°44′33.4″ N 35°57′24.1″	96
						A_{12}k	20~41	油红棕色	粉砂质黏壤土	片状	8.4	10.4							12.8			
						Bk	41~106	油红棕色	粉砂质黏壤土	板状	8.4	8.0										
						Ck	106~150	红棕色	壤质黏土	大块状	8.4	6.2	0.47	0.68	23.8	32	1.0	98				
剖31	钙层土	黑钙土	淋溶黑钙土	耕种淋溶黑钙土	油红土	1	0~25	淡棕色	重壤土	粒状	8.1	30.4	1.68	0.61	21.5	132	14.0	95	2.7		E 102°41′49.2″ N 35°56′27.2″	71
						2	25~51	暗黄棕色	重壤土	块状	8.2	42.7	2.09	0.59	19.0	194	5.0	68	24.9			
						3	51~93	淡黄棕色	中壤土	块状	8.1	11.3	0.36	0.41	18.9	159	2.0	84	15.0			
						4	93~150	暗黄棕色	中壤土	块状	8.0	14.5	0.76	0.41	18.8	97	3.0	95	15.1			
剖32	钙层土	黑钙土	石灰性黑钙土	耕种石灰性黑钙土	黑鸡粪土	1	0~17	深栗色	轻壤土	团粒状	8.3	21.9	1.73	0.75	18.3	144	14.0	123	23.2		E 102°39′48.4″ N 35°52′56.4″	97
						2	17~46	栗色	中壤土	核状	8.4	24.5	1.59	0.65	19.9	107	4.0	56	26.2			
						3	46~136	栗色	中壤土	核状	8.5	23.6	1.47	0.57	19.9	92	2.0	38	22.0			
						4	136~160	棕红色	重壤土	块状	8.6	10.0	0.58	0.61	21.6	59	2.0	38	18.3			
剖33	干旱土	灰钙土	灌淤型灰钙土	川地灌淤型灰钙土	川地灌淤型灰红土	1	0~17	淡红棕色	重壤土	块状	8.7	11.9	0.88	0.68	21.2	57	18.0	257	11.1		E 102°43′54.5″ N 35°50′34.8″	81
						2	17~40	红棕色	重壤土	团粒状	8.6	7.6	0.67	0.66	19.8	53	3.0	220	12.0			
						3	40~80	棕红色	重壤土	团粒状	8.4	4.5	0.43	0.67	19.4	44	4.0	190	1.2			
						4	80~150	棕红色	中壤土	团粒状	8.3	4.0	0.50	0.62	20.3	26	3.0	106	11.1			
剖34	钙层土	栗钙土	山地耕种栗钙土	白黄土	白黄土	1	0~19	褐色	中壤土	粒状	8.2	8.4	0.56	0.80	18.9	99	18.0	166	5.4		E 102°51′27.9″ N 35°59′41.0″	92
						2	19~31	灰黄色	中壤土	块状	8.7	5.6	0.25	0.64	20.9	66	1.0	56	4.3			
						3	32~82	灰黄色	中壤土	块状	8.8	3.3	0.17	0.55	20.2	42	1.0	78	5.0			
						4	82~150	灰黄色	中壤土	块状	8.8	2.2	0.14	0.63	17.6	21	5.0	78	3.9			
剖35	钙层土	栗钙土	山地耕种栗钙土	白黄土	黄鸡粪土	1	0~19	褐色	重壤土	粒状	8.5	15.1	0.86	0.68	19.9	72	5.0	62	1.9		E 102°49′58.6″ N 35°58′45.6″	71
						2	19~76	褐色	中壤土	块状	8.8	4.5	0.22	0.62	21.5	26	1.0	35	6.7			
						3	76~86	深灰色	中壤土	粒状	8.9	3.4	0.12	0.54	14.5	26	痕迹	34	6.8			
						4	86~150	褐色	轻壤土	粒状	8.7	2.6	0.16	0.68	14.5	13	1.0	68	4.2			
剖36	干旱土	灰钙土		山地耕种灰钙土	灰白土	1	0~20	灰黄色	轻壤土	块状	8.6										E 102°53′16.4″ N 35°57′17.3″	95
						2	20~31	褐色	轻壤土	块状	8.6											
						3	31~104	褐色	轻壤土	块状	8.5											

续表 Continued

剖面号 Soil profile	土纲 Soil order	土类 Soil great group	亚类 Soil subgroup	土属 Soil genus	土种 Soil species	土层码 Layer code	土层厚度/cm Depth/cm	颜色 Soil color	质地 Soil texture	土壤结构 Soil structure	pH	有机质 OM/(g/kg)	全氮 TN/(g/kg)	全磷 TP/(g/kg)	全钾 TK/(g/kg)	碱解氮 AN/(mg/kg)	有效磷 AP/(mg/kg)	速效钾 AK/(mg/kg)	阳离子交换量 CEC/(cmol/kg)	土壤母质 Parent material	剖面点坐标 Profile coordinate	匹配指数 Matching index/%
剖37	干旱土	灰钙土	淡灰钙土	山地淡灰钙土	厚层山地淡灰钙土	1	0—18	褐色	中壤土	块状	8.6	15.3	1.04	0.68	20.7	79	3.0	90	8.3		E 102°53′56.5″ N 35°54′28.8″	80
						2	18—75	棕灰色	中壤土	块状	8.6	13.0	0.88	0.70	20.7	55	痕迹	90	7.9			
						3	75—114	棕灰色	中壤土	块状	8.6	6.8	0.48	0.70	20.3	33	痕迹	78	6.0			
						4	114—150	灰黄色	中壤土	粒状	8.5	4.2	0.40	0.66	18.7	41	痕迹	35	5.1			
剖38	干旱土	灰钙土	灰钙土	山地耕种灰钙土	灰白土	1	0—21	灰黄色	中壤土	块状	8.3	2.8	0.29	0.72	18.6	31	3.0	100	4.7		E 102°50′21.5″ N 35°52′30.0″	80
						2	21—65	褐色	轻壤土	块状	8.6	1.7	0.23	0.63	18.4	29	3.0	38	5.2			
						3	65—150	褐色	轻壤土	块状	8.5	1.1	0.26	0.68	22.1	25	痕迹	45	4.7			
剖39	干旱土	灰钙土	灌淤型灰钙土	川地灌淤型灰钙土	川地灌淤型灰黑土	A₁₁	0—20	棕灰色	中壤土	粒状	8.1	8.4	0.81	0.67	19.7	59	19.0	287	8.6		E 102°53′53.6″ N 35°52′27.0″	98
						A/B	20—78	灰棕色	中壤土	块状	8.0	9.5	0.82	0.45	14.8	65	4.0	62	12.5			
						Bk	78—115	紫棕色	中壤土	块状	8.3	5.3	1.02	0.32	15.6	39	4.0	90	12.0			
						BCb	115—150	灰棕色	重壤土	核状	8.3	11.6	1.47	0.10	19.0	33	4.0	78	17.1			
剖40	干旱土	灰钙土	灌淤型灰钙土	川地灌淤型灰钙土	川地灌淤型灰红土	1	0—18	紫棕色	中壤土	团粒状	8.2	16.4	1.22	0.64	19.5	140	5.0	308	12.3		E 102°47′01.3″ N 35°52′21.0″	89
						2	18—95	紫棕色	重壤土	块状	8.7	11.9	0.93	0.75	21.6	85	2.0	238	11.4			
						3	95—120	紫棕色	重壤土	团粒状	8.7	9.5	0.80	0.67	21.4	55	3.0	269	12.1			

互助土族自治县

主要土类说明

栗钙土是互助土族自治县（下文简称互助县）主要土壤类型，占本县地域面积的30%，分布于海拔2409—2950m的浅山和部分川水地区，大通河谷地也有分布。该区域属干旱、半干旱草原气候带，年均降水量为400—480mm。土体构型为Ah-Bk-Ck。栗钙土表层为腐殖质层，呈粒状结构，疏松、质地均一。该土壤钙积层较厚，出现于25—55cm，碳酸钙呈菌丝体或白斑点分布，碳酸钙含量为14%—18%。栗钙土质地为中壤至重壤土。成土母质为黄土和次生黄土。自然植被主要是草本和小灌木。

山地草甸土是互助县第二大土壤类型，占本县地域面积的25%，分布在中山地带，五峰、南门峡、边滩、林川、东和、东沟、丹麻、五十、松多等乡镇及北山林区。土体构型为As-A-BC-C。有机质层厚为20—40cm，有机质含量在100g/kg左右。成土母质为黄土、岩石风化物。阳坡生长发草、早熟禾、薹草、委陵菜等，覆盖度在70%左右。阴坡以喜湿冷性植物早熟禾、凤尾草、嵩草为主，覆盖度为90%。

灰褐土是互助县第三大土壤类型，占本县地域面积的17%。灰褐土发生于温带干旱、半干旱山地云杉、冷杉下，腐殖质累积与积钙作用明显，pH为7.0—8.0。该土壤表层有机质含量可达100g/kg，表层下见暗色腐殖质层，有弱黏淀特征。具Ao-A-B-C剖面构型，B层呈棕褐色，钙积层在40cm以下出现，铁铝氧化物无移动。成土母质主要有黄土、黄土性物质及多种岩石风化坡积物、残积物等。

黑钙土占互助县地域面积的17%，分布于海拔2750—3300m的山地草甸土地带下沿，大面积分布在龙王山的西南，西北起于五峰、南门峡乡镇，东南至松多乡镇，中间经台子、边滩、林川、东和、城关、东沟、丹麻、五十等乡镇。土体构型为A-AB-C型。黑钙土呈黑褐色或暗灰棕色，腐殖质层深厚、松软，厚度为50—100cm。成土母质以黄土为主，也有部分坡积物。

灌淤土占互助县地域面积的5%。灌淤土是长期引用高泥沙含量灌溉水淤灌，在落淤后，即行翻耕，土层逐渐加厚超过50cm的土壤。灌淤土从根本上改变了原来土壤的层次，包括表土及其他土层，均作为埋藏层，从而形成土体深厚，色泽、质地均一，土壤水分物理性状良好的土壤类型。土体构型为Ap-AB-BC-C，熟化土层厚度为20—100cm。成土母质多为冲积物、洪积物。

小于本县地域面积3%的土壤类型还有潮土、石质土、沼泽土、寒漠土、草毡土、灰钙土、草甸盐土、漠境盐土、新积土等。

本区域中心区气候特征

本区域中心区气候特征值
Regional climate characteristics in central area of the region

气候带：高原亚寒带亚湿润气候 Climate region: Plateau sub frigid sub humid climate	
年平均气温 /℃ Annual average temperature /℃	4.4
年平均最高气温 /℃ Annual average maximum temperature /℃	11.6
年平均最低气温 /℃ Annual average minimum temperature /℃	−1.0
年降水量 /mm Annual precipitation /mm	389
≥10℃的积温 /℃ Daily temperature accumulated in a year (≥10℃) /℃	1588
年日照时数 /h Annual sunshine /h	2620
年平均相对湿度 /% Annual average relative humidity /%	56
干燥度 Dryness	0.71

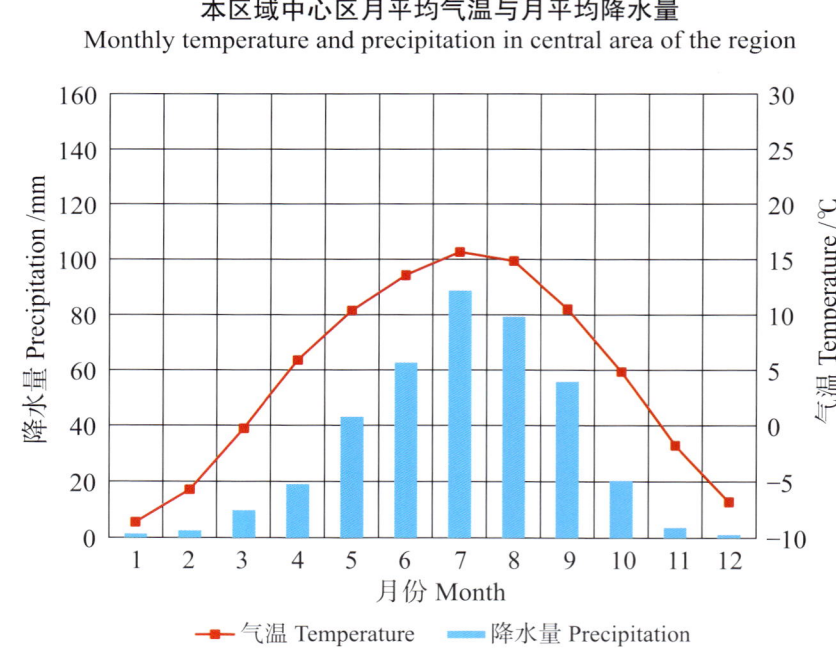

本区域中心区月平均气温与月平均降水量
Monthly temperature and precipitation in central area of the region

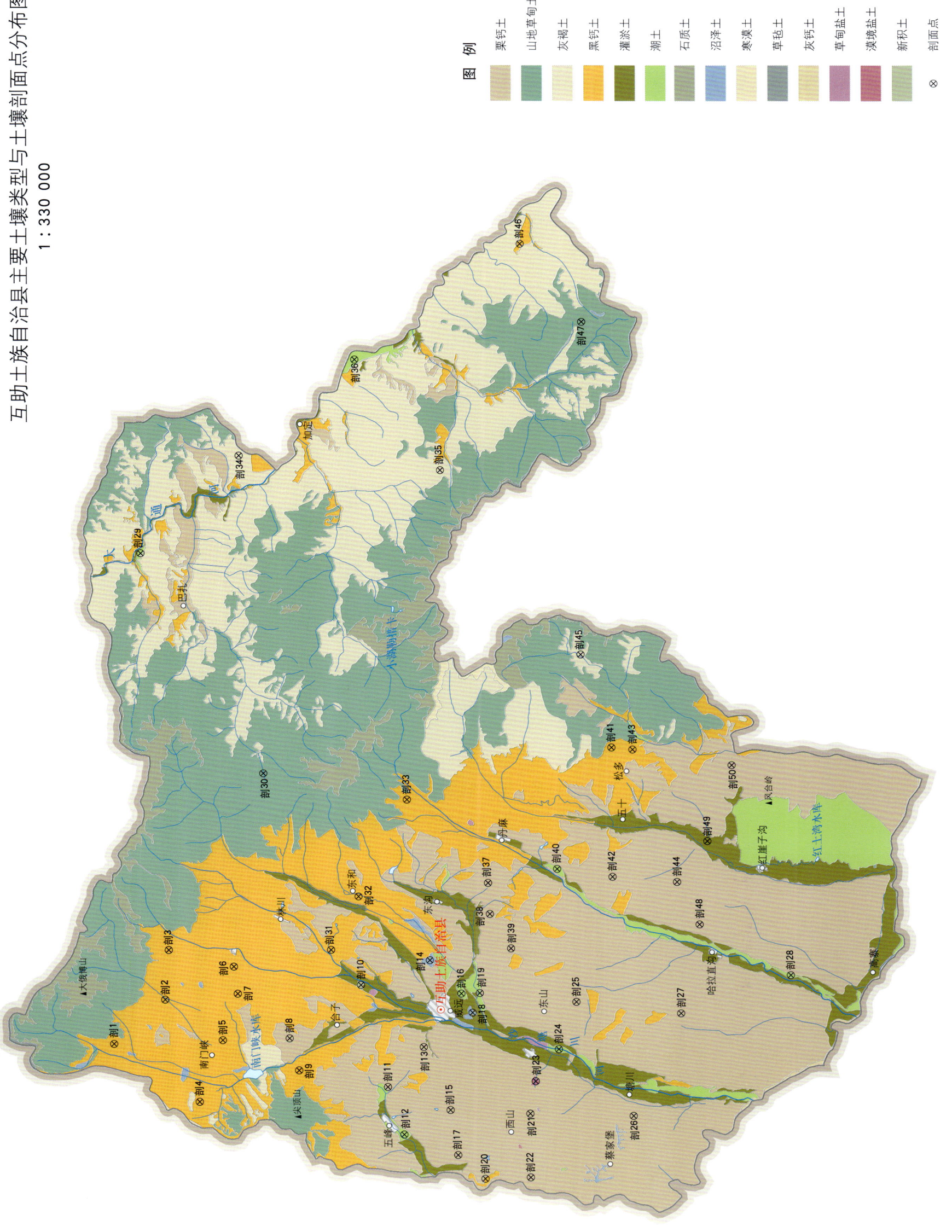

互助土族自治县土壤剖面理化性状表

剖面号 Soil profile	土纲 Soil order	土类 Soil great group	亚类 Soil subgroup	土属 Soil genus	土种 Soil species	土层码 Layer code	土层厚度 Depth/cm	颜色 Soil color	质地 Soil texture	土壤结构 Soil structure	pH	有机质 OM/(g/kg)	全氮 TN/(g/kg)	全磷 TP/(g/kg)	全钾 TK/(g/kg)	碱解氮 AN/(mg/kg)	有效磷 AP/(mg/kg)	速效钾 AK/(mg/kg)	阳离子交换量CEC/(cmol/kg)	土壤母质 Parent material	剖面点坐标 Profile coordinate	匹配指数 Matching index/%
剖1	钙层土	黑钙土	淋溶黑钙土	山地耕种淋溶黑钙土	油黑土	1	0—20	灰黑色	重壤土													E 101°51′36.0″ N 37°04′23.5″	93
						2	20—75		中壤土	粒状	8.4	41.4	2.22	0.70	23.0	159	5.0	74	18.0			
						3	75—140		中壤土													
剖2	钙层土	黑钙土	山地黑钙土	山地耕种和淋溶黑钙土	黑鸢粪土	1	0—28	黑色	中壤土	块状	8.4	52.8	2.40	0.99	25.0	199	3.0	56	28.0		E 101°57′08.6″ N 37°02′15.0″	89
						2	28—43	灰黑色	中壤土	块状	8.4	48.0	2.22	1.03	24.0	206	6.0	80	26.0			
						3	43—130	草黄色	中壤土	块状	8.7	12.0	0.87	0.84	22.0	69	6.0	70	86.0			
						4	130—															
剖3	钙层土	黑钙土	淋溶黑钙土	山地耕种和淋溶黑钙土	油黑土	1	0—19	深栗色	轻黏土	粒状	7.3	31.9	2.03	0.74	23.3	165	11.0	74	19.0		E 101°59′54.6″ N 37°02′09.6″	77
						2	19—70	黑色	轻黏土	粒状	6.7	35.6	1.75	0.81	22.7	178	2.0	59	18.0			
						3	70—150	草黄棕色	重壤土	块状	7.6	6.9	0.50	0.77	25.0	55	2.0	62	1.0			
剖4	钙层土	黑钙土	淋溶黑钙土	草甸淋溶黑钙土	厚层草山淋溶黑钙土	1	0—40	灰黑色	中壤土	粒状	7.9	56.0	3.04	1.01	20.1	357	3.0	136	24.0		E 101°51′34.6″ N 37°00′37.8″	91
						2	40—100	灰黑色	重壤土	小块状	8.0	50.0	2.35	0.90	22.7	233	3.0	56	25.0			
						3	100—	草黄色	重壤土	无明显结构	8.3	8.8	0.40	0.87	19.0	69	2.0	56	15.0			
剖5	钙层土	黑钙土	滩地黑钙土	耕种滩地黑钙土	厚层滩地黑钙土	1	0—19	黑灰色	中壤土	粒状	8.4	30.2	1.78	0.91	22.6	192	6.0	114	16.0		E 101°54′59.8″ N 36°59′42.4″	86
						2	19—82	灰黑色	中壤土	块状	8.4	33.0	1.90	0.87	23.0	192	6.0	74	2.0			
						3	82—	灰色	重壤土		8.6	18.2	1.36	0.73	19.0	137	4.0	74	15.0			
剖6	钙层土	黑钙土	山地黑钙土	山地耕种黑钙土	黑垆土	1	0—15	栗色	中壤土	小团粒状		16.5	1.11	0.87	23.0	123	2.0	103	1.0		E 101°59′06.0″ N 36°59′19.7″	90
						2	15—22	棕灰色	中壤土	块状	8.5	13.0	1.03	0.64	19.7	110	1.0	65	86.0			
						3	22—58	棕灰色	中壤土	块状		18.8	1.08	0.64	20.9	69	2.0	65	13.0			
						4	58—150	白黄色	中壤土	小块状		8.0	0.53	0.77	22.0	128	1.0	47	71.0			
剖7	钙层土	黑钙土	山地黑钙土	山地耕种黑钙土	红黑土	1	0—22	栗色	轻黏土	团粒状		25.9	1.70	0.70	22.5	134	7.0	161	16.0		E 101°57′36.0″ N 36°59′07.4″	100
						2	22—30	淡栗色	轻黏土	片状	8.3	23.6	1.73	0.68	21.9	156	3.0	82	15.0			
						3	30—100	黑灰色	中壤土	块状		34.0	2.20	0.88	21.9	110	5.0	255	15.0			
						4	100—157	淡棕红色	中壤土	团粒状		15.4	1.03	0.70	22.2	39	6.0	269	12.0			
剖8	钙层土	栗钙土	淡栗钙土	红黄土	山地砂质红黏土	1	0—20	棕红色	中壤土	团粒状	8.8	7.5	0.60	0.75	24.6	39	6.0	141	15.0		E 101°55′12.7″ N 36°56′49.6″	90
						2	20—60	棕红色	轻黏土	粒状	8.7	5.2	0.38	0.71	23.0	33	痕迹	103				
						3	60—150	橙红色	中壤土	片状	8.7	3.5	0.42	0.68	21.3	22	痕迹	107	17.0			
剖9	钙层土	黑钙土	淋溶黑钙土	草山淋溶黑钙土	山地石渣土	1	0—13	深棕色	砂砾土	粒状	8.5	64.3	3.39	1.28	25.7	274	4.0	9	15.0		E 101°53′28.0″ N 36°56′22.6″	71
						2	13—45	褐色		块状、粒状	8.3	60.7	3.23	1.10	27.6	231	4.0	53	17.0			
						R	45—															
剖10	初育土	新积土	人工引洪淤积土	人工引洪淤积土	中层人工引洪淤积土	A_{11}	0—20	淡黄灰色	中壤土	小块状	8.2	7.0	0.61	0.80	24.6	58	5.0	94	14.1		E 101°58′17.4″ N 36°53′49.2″	84
						A_{12}	20—30	淡黄灰色	中壤土	块状	8.7	5.9	0.62	0.69	23.0	50	1.0	77	12.7			
						Bk	30—60	淡黄灰色	中壤土		8.7	5.9	0.50	0.80	21.3	50	2.0	94	12.7			
						Ck	60—	淡黄灰色	砂砾土		8.7	10.0	0.77	0.73	26.0	58	2.0	108	12.7			
剖11	钙层土	栗钙土	暗栗钙土	暗栗泥土	黑红土	1	0—16	暗棕色	黏土	团粒状	8.2	23.5	1.75	0.86	23.8	66	10.0	190	15.7	红色泥岩风化坡积物	E 101°52′42.6″ N 36°52′31.4″	81
						16—37		淀红棕色	壤质黏土	小团粒状	8.3	17.6	1.04	0.77	19.3	60	2.0	90	16.2				
						37—94		淀红棕色	壤质黏土	块状	8.3	8.8	0.49	0.75	19.3	43	1.0	87	14.7				
						94—157		亮红棕色	黏质土	块状	8.4	5.6	0.39	0.59	19.9	25		70	12.5				
剖12	半水成土	潮土	潮土	泥潜土	黑泥潜土	1	0—12		中石质重壤土											洪冲积物	E 101°50′08.5″ N 36°51′45.4″	70
						2	12—30		中石质重壤土													
						3	30—47		中石质重壤土													

续表 Continued

剖面号 Soil profile	土纲 Soil order	土类 Soil great group	亚类 Soil subgroup	土属 Soil genus	土种 Soil species	土层码 Layer code	土层厚度 Depth/cm	颜色 Soil color	质地 Soil texture	土壤结构 Soil structure	pH	有机质 OM/(g/kg)	全氮 TN/(g/kg)	全磷 TP/(g/kg)	全钾 TK/(g/kg)	碱解氮 AN/(mg/kg)	有效磷 AP/(mg/kg)	速效钾 AK/(mg/kg)	阳离子交换量CEC/(cmol/kg)	土壤母质 Parent material	剖面点坐标 Profile coordinate	匹配指数 Matching index/%
剖13	钙层土	栗钙土	淡栗钙土	红黄土	山地红鸡粪土	1	0—16	褐红色	重壤土	团粒状	8.5	8.3	0.35	0.69	35.2	33	3.0	74	11.0	红土	E 101°54′57.6″ N 36°51′02.2″	100
						2	16—53	灰棕色	轻壤土	块状	9.0	8.9	0.17	0.69	28.9	22	痕迹	59	4.6			
						3	53—100	淡红棕色	中壤土	块状	9.1	2.5	0.14	0.67	32.2	5	痕迹	119	14.0			
						4	100—150	棕红色	中黏土	块状	9.1	1.3	0.28	0.59	28.9	5	痕迹	97	13.0			
剖14	水成土	沼泽土	草甸沼泽土	洼甸	青泥土	A_{11}	0—16	灰红色	黏壤土	屑状	8.1	28.2	1.68	0.67	15.8	90	5.0	128	14.0	洪冲积物	E 101°59′16.3″ N 36°50′53.2″	90
						A_{12}	16—31	灰棕色	壤质黏土	团块状	8.1	24.8	1.52	0.65	15.5	88	1.0	77	13.0			
						G	31—92	青灰色		块状	8.1	25.4	1.36	0.63	16.5	72	1.0	71	12.0			
剖15	钙层土	栗钙土	山地耕种暗栗钙土	黑黄土	黑黄土	1	0—21					18.2	1.27	0.69	18.5	89	4.0	150	12.4		E 101°51′33.8″ N 36°49′47.6″	83
						2	21—31					15.1	1.16	0.84	16.2	101	2.0	81	1.9			
						3	31—59					14.7	0.94	0.74	16.8	33	2.0	78	9.4			
						4	59—150		粉砂质黏壤土			5.3	0.36	0.67	16.7	11	2.0	78	5.1			
剖16	半水成土	潮土	潮土	泥澄砂土	黑泥澄砂土	1	0—19		细砂质壤土	团粒状		12.2	0.39	0.89		43	1.0	56	13.0	洪冲积物	E 101°57′58.8″ N 36°49′29.1″	96
						2	19—30	黄灰色	中石质黏土	片状		21.6	1.35	1.82		116	2.0	56	1.0			
						3	30—					35.7	1.64	1.04		159	3.0	127	16.0			
剖17	钙层土	栗钙土	淡栗钙土	红黄土	山地红黄土	1	0—20	黄灰色				10.7	0.73	0.73	26.6	34	2.0	156	13.0		E 101°49′06.6″ N 36°49′24.2″	79
						2	20—46					6.5	0.44	0.67	18.7	34	1.0	133	1.0			
						3	46—150					4.9	0.34	0.67	19.3	34	痕迹	146	16.0			
剖18	水成土	沼泽土	泥炭腐殖质沼泽土	青泥土	青泥土	1	0—25		中壤土											洪冲积物	E 101°56′56.4″ N 36°48′58.7″	96
						2	25—65		中黏土													
						3	65—95		黏土													
剖19	半水成土	潮土	滩地黑钙土	泥澄土	白泥澄土	1	0—20	黄灰色	中壤土	团粒状	8.2	6.4	0.42	0.76	23.6	50	3.0	182	2.0		E 101°58′02.3″ N 36°48′41.4″	78
						2	20—30	灰灰色	中壤土	小粒状	8.3	6.4	0.50	0.66	24.0	43	2.0	136	2.5			
						3	30—70	灰青蓝色	重壤土	片状	8.4	6.4	0.30	0.73	33.0	43	1.0	74	4.6			
						4	70—100	淡黄灰色	细砂壤土	粒状	8.5	4.7	0.36	0.62	27.3	24	2.0	97	5.6			
						5	100—150															
剖20	黑钙土	黑钙土	耕种滩地黑钙土	耕种滩地黑钙土	薄层滩地黑钙土	1	0—16	栗色	重壤土	粒状	8.2	24.5	1.50	0.87	23.8	145	14.0	189	14.0		E 101°47′50.8″ N 36°48′11.7″	97
						2	16—35	栗色	中壤土	粒状	8.4	25.7	1.62	0.77	24.3	156	6.0	91	15.0			
剖21	钙层土	栗钙土	山地耕种栗钙土	黑黄土	黑红土	1	0—20	红黑色	中黏土	块状	8.3	19.2	1.21	0.78	32.4	82	1.0	65	15.0		E 101°51′30.2″ N 36°46′21.0″	88
						2	20—26	栗色	轻黏土	块状	8.4	21.0	1.15	0.78	29.2	76	痕迹	153	6.0			
						3	26—60	灰栗色	中黏土	粒状	8.8	22.1	0.81	0.68	29.2	66	痕迹	88	23.0			
						4	60—100	棕红色	重黏土	粒状		10.8	0.56	0.68	40.4	33	痕迹	88	17.0			
剖22	钙层土	栗钙土	淡栗钙土	红黄土	山地红黄土	1	0—20	黄棕色	重壤土	粒状											E 101°47′60.0″ N 36°46′14.5″	75
						2	20—65	棕灰色	轻壤土	团粒状		6.6	0.14	0.68	22.9	22	4.0	165	14.0			
						3	65—150	淡灰棕色	轻壤土	团粒状		2.4	0.14	0.66	29.3	22	3.0	200	15.0			
剖23	盐碱土	漠境盐土	残积盐土	山地盐碱土	山地白盐土	1	0—20	灰白色	中壤土	块状		6.6	0.14	0.66	29.3	22	7.0	230	6.0	洪冲积物	E 101°53′16.4″ N 36°46′09.8″	87
						2	20—44	灰黄色	重黏土	块状		4.8	0.07	0.66	31.9	22	2.0	189	4.6			
						3	44—110	灰黄色	轻壤土	团粒状												
						4	110—	黄灰色	中壤土	块状												
剖24	半水成土	潮土		泥澄	黑泥澄土	2	24—48		重壤土												E 101°55′04.4″ N 36°45′12.6″	82
						3	48—99		重壤土													
						4	99—150		重壤土													
						5	150—		轻壤土													
剖25	钙层土	栗钙土	山地耕种栗钙土	黑黄土	黑黄土	1	0—18		中壤土												E 101°57′43.2″ N 36°44′30.8″	80
						2	18—41		重壤土													
						3	41—150		重壤土													

续表 Continued

剖面号 Soil profile	土纲 Soil order	土类 Soil great group	亚类 Soil subgroup	土属 Soil genus	土种 Soil species	土层码 Layer code	土层厚度 Depth/cm	颜色 Soil color	质地 Soil texture	土壤结构 Soil structure	pH	有机质 OM/(g/kg)	全氮 TN/(g/kg)	全磷 TP/(g/kg)	全钾 TK/(g/kg)	碱解氮 AN/(mg/kg)	有效磷 AP/(mg/kg)	速效钾 AK/(mg/kg)	阳离子交换量CEC/(cmol/kg)	土壤母质 Parent material	剖面点坐标 Profile coordinate	匹配指数 Matching index/%
剖26	钙层土	栗钙土	淡栗钙土	白黄土	白黄土	1	0—20		轻黏土												E 101°51′33.8″ N 36°41′53.5″	95
						2	20—40		轻黏土													
						3	40—150		中壤土													
剖27	钙层土	栗钙土	淡栗钙土	白黄土	大白土	1	0—20	淡栗色	轻壤土	小团粒状	8.6										E 101°57′15.5″ N 36°39′58.7″	87
						2	20—61	白黄色	轻黏土	块状	9.0											
						3	61—150	草黄色	中壤土	块状	8.9											
剖28	半水成土	潮土	潮土	泥浴砂土	白泥澄砂土	1	0—23	黄灰色	中石质中壤土	小团粒状	8.8	7.7	0.57	0.80	21.2	50	痕迹	195	14.5	洪冲积物	E 101°59′33.0″ N 36°35′18.2″	92
						2	23—30	油黄棕色	中石质中壤土	块状	9.0	6.0	0.34	0.80	21.2	72	痕迹	16	1.1			
						3	30—60	黄黄灰色	中壤土	块状	8.6	8.3	0.52	0.76	21.9	36	痕迹	148	14.3			
						4	60—	灰黄色	砂砾土													
剖29	半水成土	潮土	潮土	潮泥砂土	潮乌土	A_{11}	0—20	灰黄棕色	壤质中壤土	屑粒状	8.3	18.5	1.00	0.83	18.5	97	3.0	205	12.1	洪冲积物	E 102°21′58.7″ N 37°03′52.2″	96
						AC	20—39	油黄棕色	砂质黏壤土	粒状	8.3	14.3	0.60	0.74	18.6	81	1.0	195	9.3			
						Cu_1	39—62	油黄棕色	黏质壤土	块状	8.4	19.0	1.05	0.69	18.4	59	痕迹	135	13.0			
						Cu_2	62—100	油黄褐色	砂质壤土	小块状	8.4	7.3	0.34	0.75	18.5	15	痕迹	105	8.6			
剖30	半水成土	山地草甸土	山地草甸土	山地草甸土	山地草甸土	1	0—15	深栗色	轻黏土	臽状	7.2	90.7	4.61	0.87	23.6	404	2.0	138	33.0		E 102°09′54.4″ N 36°58′18.5″	99
						2	15—43	栗色	轻黏土	团粒状	7.0	75.9	3.70	0.83	23.6	371	痕迹	82	3.0			
						3	43—73	栗色	轻黏土	片状	7.0	47.9	2.45	0.50	24.8	191	1.0	88	19.0			
						4	73—87	淡栗色	石质中壤土	片状	7.0	21.5	1.47	0.36	24.8	76	痕迹	77	19.0			
剖31	黑钙土	黑钙土	山地黑钙土	山地耕种黑钙土	黑砂土	1	0—17	暗栗色	中壤土	团粒状	8.3	17.7	0.98	0.68	17.9	79	1.0	82	19.0		E 102°00′11.5″ N 36°55′09.5″	70
						2	17—70	红红棕色	中石质中壤土	团块状	8.3	4.1	0.18	0.53	32.1	76	痕迹	106	13.0			
						3	70—130	红棕色	中石质中壤土	块状	8.3	7.1	0.08	0.50	19.9	11	1.0	77	11.0			
						4	130—150		中壤土	块状	8.4			0.50	23.1			171				
剖32	黑钙土	黑钙土	滩地黑钙土	耕种滩地黑钙土	滩地黄黑土	1	0—18	栗色	中壤土	团粒状		22.8	1.45	0.91	32.8	137	4.0	147	13.0		E 102°03′11.9″ N 36°54′02.5″	89
						2	18—30	棕褐色	中壤土	块状	8.1	21.1	1.26	0.67	23.0	137	7.0	103	16.0			
						3	30—88	棕褐色	中壤土	小块状	8.4	23.4	1.50	0.67	20.7	137	3.0	68	18.0			
						4	88—130	灰黄色	中壤土	块状		12.5	0.86	0.72	20.9	82	2.0	62	9.7			
剖33	半水成土	黑钙土	淋溶黑钙土	山地淋溶黑钙土	油黑土	1	0—20		重壤土												E 102°08′40.2″ N 36°52′05.2″	82
						2	20—40		重壤土													
						3	40—80		重壤土													
剖34	半淋溶土	灰褐土	灰褐土	山地灰褐土	厚层山地灰褐土	1	0—20	棕褐色	重壤土	粒状	8.1	115.8	5.79	0.82	25.1	332	7.0	167	36.0		E 102°27′35.3″ N 36°59′44.9″	71
						2	20—30	棕褐色	重壤土	粒状	8.4	72.4	3.40	1.07	30.3	154	3.0	136	31.0			
						3	30—															
剖35	半淋溶土	灰褐土	淋溶灰褐土	山地淋溶灰褐土	厚层山地淋溶灰褐土	1	0—40	棕褐色	轻黏土	团粒状	7.8	97.5	8.15	0.38	21.2	620	11.0	291	55.0		E 102°27′04.7″ N 36°51′02.5″	87
						2	40—58	棕褐色	轻黏土	块状	7.9	19.6	3.00	0.47	19.4	253	4.0	106	12.0			
						3	58—100	褐色	轻黏土	小块状	8.1	28.2	0.95	0.81	22.9	79	3.0	53	22.0			
						R	100—															
剖36	半水成土	潮土	潮土	泥浴砂土	黑泥澄砂土	1	0—20		重壤土											洪冲积物	E 102°33′05.2″ N 36°54′51.6″	89
						2	20—46		重壤土													
						3	46—54		重壤土													
剖37	钙层土	栗钙土	淡栗钙土	红黄土	山地砂质黏土	1	0—18	黄棕色	重壤土	碎粒状	8.3	15.6	0.80	0.75	31.3	78	4.0	219	12.0		E 102°04′09.8″ N 36°48′28.8″	86
						2	18—56	黄棕色	重壤土	粒状	8.4	13.3	1.08	0.60	34.3	67	1.0	117	11.0			
						3	56—90	棕红色	轻石质轻黏土	小粒状	8.1	4.8	0.33	0.55	53.3	22	1.0	150	18.0			
						4	90—150	淡红棕色	重壤土	块状	8.5	3.1	0.30	0.61	30.7	22	2.0	162	12.0			
剖38	钙层土	栗钙土	淡栗钙土	红黄土	山地红土	1	0—18	红棕色	轻黏土	小粒状		17.1	0.78	0.80	31.5	84	6.0	184	12.0		E 102°02′26.2″ N 36°48′21.6″	97
						2	18—55	棕红色	中黏土	粒状		3.5	0.28	0.60	38.6	22	1.0	88	11.0			
						3	55—150	黄红色	中黏土	块状		4.7	0.44	0.60	29.3		2.0	125	12.0			

续表 Continued

剖面号 Soil profile	土纲 Soil order	土类 Soil great group	亚类 Soil subgroup	土属 Soil genus	土种 Soil species	土层码 Layer code	土层厚度 Depth/cm	颜色 Soil color	质地 Soil texture	土壤结构 Soil structure	pH	有机质 OM/(g/kg)	全氮 TN/(g/kg)	全磷 TP/(g/kg)	全钾 TK/(g/kg)	碱解氮 AN/(mg/kg)	有效磷 AP/(mg/kg)	速效钾 AK/(mg/kg)	阳离子交换量CEC/(cmol/kg)	土壤母质 Parent material	剖面点坐标 Profile coordinate	匹配指数 Matching index/%
剖39	钙层土	栗钙土	山地耕种暗栗钙土	黑黄土	黑黄土	1	0—15	栗色	重壤土	粒状	8.8										E 102°00′34.2″ N 36°41′23.6″	80
						2	15—27	栗色	重壤土	小块状	8.6											
						3	27—115	淡栗色	重壤土	块状	8.6											
						4	115—150	草黄色	重壤土	块状	8.4											
剖40	半水成土	潮土	潮土	泥澄土	黑泥澄土	1	0—19	淡黄灰色	轻壤土	团粒状	8.8	19.0	1.00	0.84	25.8	81	2.0	30	13.0	洪冲积物	E 102°05′02.8″ N 36°45′31.0″	82
						2	19—28	淡黄灰色	轻壤土	块状	8.6	14.3	0.86	0.80	22.8	144	痕迹	82	9.1			
						3	28—90	黑黄灰色	轻壤土	块状	8.6	19.0	1.00	0.73	22.8	55	痕迹	106	11.0			
						4	90—102	灰红色	中黏土	块状	8.6	3.3	0.14	0.73	22.8	5	痕迹	71	6.6			
						5	102—150	棕红色	轻壤土	片状												
剖41	钙层土	黑钙土	山地黑钙土	草山黑钙土	薄层草山黑钙土	1	0—16	深栗色	重壤土	团粒状	8.2	78.6	4.50	0.65	24.0	491	4.0	98	29.2		E 102°11′55.3″ N 36°43′19.6″	80
						2	16—30	淡栗色	石质重壤土	块状	8.7	19.8	1.22	0.33	19.2	130	2.0	75	14.6			
剖42	钙层土	栗钙土	淡栗钙土	白黄土	山地黄鸡粪土	1	0—17					10.1	0.58	0.68	19.9	66	5.0	144	6.1		E 102°04′42.2″ N 36°43′06.6″	98
						2	17—65					9.6	0.56	0.69	32.1	38	痕迹	65	5.6			
						3	65—150					4.6	0.17	0.67	29.0	11	3.0	59	5.1			
剖43	钙层土	黑钙土	山地黑钙土	白黄土	黑鸡粪土	1	0—25		重壤土												E 102°11′50.3″ N 36°42′24.8″	83
						2	25—60		重壤土													
						3	60—110		中壤土													
						4	110—150		轻壤土													
剖44	半淋溶土	灰褐土	淋溶灰褐土	山地淋溶灰褐土	中层山地淋溶灰褐土	1	0—13		轻壤土												E 102°04′31.4″ N 36°40′19.6″	70
						2	13—18		轻壤土													
						3	18—34		轻壤土													
						4	34—100		轻壤土													
剖45	钙层土	栗钙土	淡栗钙土	草山淋溶钙土	薄层草山淋溶黑钙土	1	0—12	棕栗色	重壤土	块状	7.9	102.8	4.98	0.76	19.4	485	3.0	216	36.7		E 102°17′02.0″ N 36°44′46.3″	82
						2	12—45	褐色	重壤土	浆状	8.2	113.9	4.70	0.72	23.0	415	3.0	121	39.0			
剖46	钙层土	黑钙土	淋溶黑钙土	草山淋溶黑钙土	薄层草山淋溶黑钙土	1	0—17	深栗色	轻黏土	粒状		75.0	3.84	0.61		259	7.0	189			E 102°39′46.6″ N 36°47′50.6″	79
						2	17—30	褐栗色	重黏土	块状		38.7	2.59	0.51		318	痕迹	139				
						R	30—															
剖47	半水成土	山地草甸土	山地草甸土	山间谷地草甸土	山间谷地草甸土	1	0—23	栗色	轻黏土	小块状	7.0	56.1	3.01	1.09	22.8	297	1.0	167	24.0		E 102°35′31.2″ N 36°45′06.8″	93
						2	23—54	栗色	轻黏土	块状	6.7	42.0	2.44	1.05	29.4	235	痕迹	150	25.0			
						3	54—81	黑灰色	轻黏土	片状	6.8	47.6	2.47	1.12	26.4	197	痕迹	73	28.0			
							81—108	中石质轻黏土		片状	7.0	13.5	1.20	0.87	29.4	93	痕迹	97	2.0				
剖48	钙层土	栗钙土	淡栗钙土	大泥白土	大泥白土	A_{11}	0—16	黄灰棕色	壤土	小块状	8.6	7.9	0.63	0.68	18.0	47	1.0	170			E 102°02′12.5″ N 36°39′18.0″	82
						A_{12}	16—25	油黄橙色	壤土	块状	8.6	7.1	0.25	0.64	29.4	34	痕迹	142				
						Ab	25—81	油黄橙色	轻黏土	小块状	8.7	5.9	0.16	0.67	18.3	22	3.0	113				
						Bk	81—150	油黄橙色	粉砂质壤土	棱块状	8.7	5.9	0.14	0.66	13.8	20	1.0	107				
剖49	人为土	灌淤土	潮灌淤土	潮淤黄淤土	锈厚黄淤土	A_{11}	0—19	灰黄棕色	黏土	块状	8.2	14.6	1.07	0.71	17.2	46	8.0	130	1.9	黄土	E 102°06′50.0″ N 36°39′04.3″	95
						Ab	19—31	黏黄棕色	黏土	块状	8.2	11.2	0.67	0.51	16.9	30	5.0	75	8.1			
						Cu	31—86	灰棕色	黏土	块状	8.3	14.2	0.75	0.97	18.1	36	4.0	142	11.3			
剖50	钙层土	栗钙土	山地耕种暗栗钙土	黑黄土	黄壤土	1	0—20	灰黄棕色	中黏土	粒状		11.8	0.83	0.95		143	12.0	150		冲积物、淤积物	E 102°11′07.4″ N 36°38′07.4″	91
						2	20—80	灰黄色	中黏土	块状		4.5	0.61	0.85		43	3.0	117				
						3	80—150	灰黄色	重黏土	小块状		3.9	0.55	0.88		29	3.0	105				

化隆回族自治县

主要土类说明

栗钙土是化隆回族自治县（以下简称化隆县）主要土壤类型，占本县地域面积的49%。栗钙土是温带干旱与半干旱地区的地带性土壤，广泛分布在海拔2400—3000m的浅山和半脑山地区，所分布地区地形多为山坡地、山间谷地，年均降水量为350—400mm。土体构型为Ah-Bk-Ck。成土母质为黄土、次生黄土。钙积层出现部位高，土体内有大量的碳酸钙淀积，呈白色粉末状、套管状、结核状等。土体通层强石灰反应。土壤多呈中性或碱性。植被为干旱型草原类型，如针叶茅、芨芨草、猫儿刺、白刺等，覆盖度为30%—50%。

黑钙土是化隆县第二大土壤类型，占本县地域面积的25%，分布于海拔2900—3400m的湿润草原垂直地带区，所处地区年均降水量为450—600mm。土体构型为A-AB-C，腐殖质层深厚、松软，呈黑褐色或暗灰棕色。成土母质多为黄土物质和坡积物、残积物。植被以禾本科和多种杂草为主，如针茅、三叶草等。

山地草甸土是化隆县第三大土壤类型，占本县地域面积的15%，主要分布在海拔2900m以上的中高山地带，查甫、二塘、雄先、扎巴、沙连堡、金源、初麻、塔加、石大仓等乡镇均有分布。该土与灰褐土交错分布，所分布地区年均降水量约为600mm。成土母质为残积物、坡积物。成土过程以有机质累积和淋溶为主。土体构型为As-A_1-B-C。草皮层厚度为5—10cm，呈灰色或灰黑色，根系多以新根系为主。有机质层厚为10—30cm，有机质含量达130g/kg。主要植被为草甸和灌丛，覆盖度在90%以上。

灰钙土占化隆县地域面积的5%。灰钙土是温带干旱地区荒漠草原植被类型下的地带性土壤，也是本县垂直带谱中的基带土壤，广泛分布在海拔2400m以下的甘都、群科、牙什尕等地的黄河沿岸，河谷两侧的低山阳坡地带。所分布地区光照充足，热量丰富，夏季温暖而较干燥，冬季寒冷而湿润，年降水量为230—350mm。土体构型为A-B-C。土壤表层为灰褐色，腐殖质积聚较弱，钙积层不明显，多为轻壤或中壤土。成土母质为黄土或次生黄土。成土过程以腐殖质累积、碳酸钙移动和黏化过程为主。土壤pH为8.5—9.0。植被为荒漠型草原植被，以耐旱小针茅、骆驼蓬、白蒿、红沙等为主，覆盖度在10%左右。

草毡土占化隆县地域面积的3%。草毡土是发生于高寒区（青藏高原）平缓高原面上，具强度生草腐殖质积累与弱度氧化还原特征的高山土壤。由于寒冻，蒿草根累积并弱度分解，该土壤呈草毡状。土体滞水，冻融交替，弱度氧化还原交替进行，造成该土壤氧化铁微弱游离。土体构型为As-A_1-（AB）BC-C（D），剖面厚度为50—80cm。成土母质为坡积物、残积物或冰碛物。

小于本县地域面积3%的土壤类型还有灌淤土等。

本区域中心区气候特征

本区域中心区气候特征值
Regional climate characteristics in central area of the region

气候带：高原亚温带亚湿润气候 Climate region: Plateau sub temperate sub humid climate	
年平均气温 /℃ Annual average temperature /℃	4.3
年平均最高气温 /℃ Annual average maximum temperature /℃	12.3
年平均最低气温 /℃ Annual average minimum temperature /℃	−1.7
年降水量 /mm Annual precipitation /mm	415
≥10℃的积温 /℃ Daily temperature accumulated in a year (≥10℃) /℃	1590
年日照时数 /h Annual sunshine /h	2609
年平均相对湿度 /% Annual average relative humidity /%	57
干燥度 Dryness	0.65

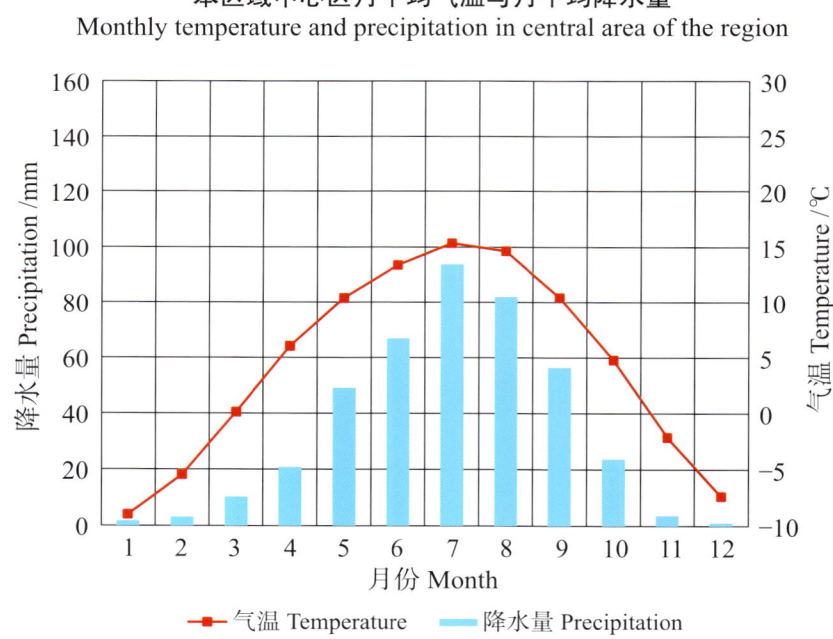

本区域中心区月平均气温与月平均降水量
Monthly temperature and precipitation in central area of the region

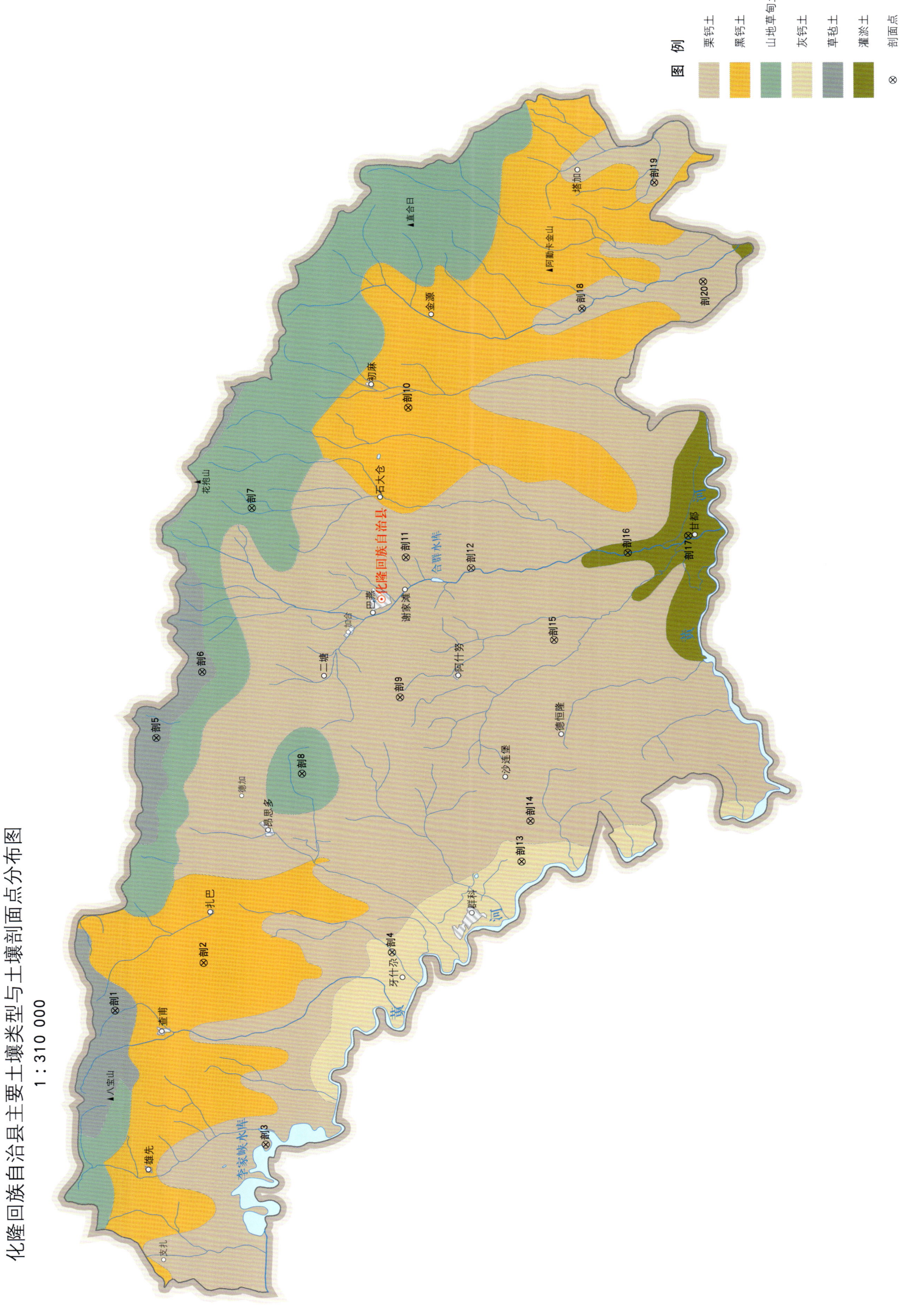

化隆回族自治县主要土壤类型与土壤剖面点分布图

化隆回族自治县土壤剖面理化性状表

剖面号	土纲	土类	亚类	土属	土种	土层码	土层厚度/cm	颜色	质地	土壤结构	pH	有机质OM/(g/kg)	全氮TN/(g/kg)	全磷TP/(g/kg)	全钾TK/(g/kg)	碱解氮AN/(mg/kg)	有效磷AP/(mg/kg)	速效钾AK/(mg/kg)	阳离子交换量CEC/(cmol/kg)	土壤母质	剖面点坐标	匹配指数/%
剖1	高山土	草毡土	石灰性草毡土			1	0—4	栗色	重壤土	毡状	8.1	86.2	4.56	0.83	16.4	223	6.0	152	41.8		E 101°54′05.4″ N 36°16′12.7″	88
						2	4—30	黄棕色	重壤土	块状	8.4	34.1	1.70	0.61	15.4	128	2.0	56	22.5			
						R	30—	棕黄色														
剖2	钙层土	黑钙土		耕种黑钙土	黄黑土	1	0—18	棕色	重壤土	团块状	8.5	20.8	1.49	0.69	14.5	63	7.0	136	10.8		E 101°56′40.2″ N 36°12′40.0″	83
						2	18—37	栗色	重壤土	团团状	8.5	31.2	1.03	0.63	16.6	66	2.0	131	13.8			
						3	37—106	褐色	重壤土	块状	8.5	21.7	3.88	0.76	14.8	40	1.0	60	10.7			
						4	106—150	白色	中壤土	块状	8.5	6.0	1.73	1.16	14.3	20	1.0	100	7.0			
剖3	钙层土	栗钙土		白黄土	白黄土	1	0—19	棕色	中壤土	粒状	8.2	14.4	0.93	0.82	17.3	58	16.0	424	6.5		E 101°47′18.2″ N 36°09′26.6″	77
						2	19—37	棕色	中壤土	块状	8.3	21.2	0.91	0.80	16.8	63	2.0	348	7.9			
						3	37—59	黄棕色	中壤土	块状	8.6	9.5	0.71	0.87	14.9	54	1.0	373	5.9			
						4	59—150	棕黄色	中壤土	块状	8.9	3.3	0.23	0.65	16.4	20	痕迹	242	43.0			
剖4	干旱土	灰钙土	淡灰钙土		化隆灰白土	A_{11}	0—20	灰黄棕色	壤土	团粒状	8.5	9.5	0.63	0.61	18.6	33	8.0	131		次生黄土	E 101°57′26.6″ N 36°05′01.7″	87
						A_{12}	20—43	灰黄棕色	砂壤土	小块状	8.5	2.3	0.17	0.45	18.4	35	4.0	126				
						Bk	43—124	油黄橙色	砂壤土	小块状	8.5	2.8	0.23	0.84	18.3	30	4.0	126				
						Ck	124—150	灰黄棕色	砂壤土	小块状	8.5	4.8	0.23	0.80	18.3	36	6.0	121				
剖5	高山土	草毡土				1	0—5	黑色	重壤土	毡状	7.8	190.2	8.24	0.98	16.2	416	10.0	373	51.8		E 102°08′17.0″ N 36°14′48.9″	82
						2	5—43	深栗色	重壤土	粒状	7.9	106.9	4.66	0.97	13.9	220	3.0	86	48.2			
						3	43—80	深栗色	重壤土	粒状	7.9	89.6	2.30	1.12	16.6	195	1.0	70	34.6			
剖6	高山土	棕草毡土				1	0—5	深栗色	中壤土	毡状	7.9	211.2	7.47	0.71	11.0	314	6.0	242	72.0		E 102°11′45.7″ N 36°13′00.9″	80
						2	5—20	青色	中壤土	粒状	8.0	199.8	7.17	0.80	13.0	366	4.0	156	70.7			
						R	20—				7.9											
剖7	半水成土	山地草甸土				1	0—10	黑色	轻壤土	粒状	7.8	151.5	6.77	0.90	17.9	442	4.0	277	64.1		E 102°20′20.0″ N 36°11′10.0″	77
						2	10—30	黄褐色	砂壤土	粒状	7.9	130.2	6.04	0.85	16.0	355	2.0	141	44.0			
						R	30—															
剖8	半水成土	山地草甸草原土				1	0—10	黑棕色	中壤土	粒状	8.2	135.6	6.38	0.83	19.8	358	8.0	212	51.1		E 102°06′36.7″ N 36°08′52.1″	80
						2	10—25	暗棕色	重壤土	棱状	7.9	81.2	3.64	0.83	19.6	256	3.0	96	43.0			
						3	25—70	深棕色	重壤土	棱状	7.6	49.6	2.11	0.71	20.3	190	3.0	106	32.6			
						4	70—130	深栗色	中壤土	棱状	7.6	49.6	2.11	0.71	20.3	190	3.0	106	32.6			
剖9	钙层土	栗钙土		耕灌栗钙土	黑壚土	1	0—19	黑色	重壤土	团粒状	8.3	23.0	1.27	0.92	17.9	88	3.0	318	11.7		E 102°10′42.2″ N 36°04′57.7″	82
						2	19—48	灰棕色	中壤土	团粒状	8.6	21.8	1.22	0.79	20.6	82	2.0	257	12.8			
						3	48—83	褐棕色	中壤土	块状	8.7	20.2	1.28	0.75	26.4	76	4.0	333	13.6			
						4	83—122	黄棕色	中壤土	块状	8.6	21.5	1.21	0.59	24.1	74	3.0	343	13.3			
						5	122—150	棕色	中壤土	块状	8.7	16.6	0.95	0.61	19.2	56	2.0	222	10.0			
剖10	黑钙土	黑钙土		耕种黑钙土	红黑土	1	0—15	棕红色	重壤土	粒状	8.1	27.2	1.72	0.66	23.4	178	15.0	162	24.8		E 102°25′41.5″ N 36°04′54.1″	88
						2	15—40	紫红色	重壤土	团粒状	8.0	27.8	1.63	0.79	20.2	180	4.0	80	19.1			
						3	40—60	紫红色	重壤土	块状	8.2	13.2	0.68	0.43	18.4	176	3.0	60	11.8			
						4	60—140	棕色	重壤土	块状	8.3	6.1	0.54	0.04	20.8	140	4.0	70	7.4			
剖11	钙层土	栗钙土	暗栗钙土	耕种暗栗钙土	黑红黑土	A_{11}	0—20	暗棕色	粉砂质黏壤土	团块状	8.2	26.0	1.67	0.89	20.0	68	9.0	297	16.0	红泥岩坡积物、洪冲积物	E 102°17′57.1″ N 36°04′51.6″	88
						A_{12}	20—38	灰棕色	粉砂质黏壤土	小块状	8.3	23.6	1.49	0.80	20.0	65	3.0	280	15.7			
						C1	38—82	油黄棕色	粉砂质黏土	块状	8.3	12.5	0.69	0.61	17.9	38	2.0	283	16.6			
						C2	82—150	红棕色	粉砂质黏土	大块状	8.3	9.6	0.56	0.60	16.5	30	1.0	267	13.9			

续表 Continued

剖面号 Soil profile	土纲 Soil order	土类 Soil great group	亚类 Soil subgroup	土属 Soil genus	土种 Soil species	土层码 Layer code	土层厚度 Depth/cm	颜色 Soil color	质地 Soil texture	土壤结构 Soil structure	pH	有机质 OM/(g/kg)	全氮 TN/(g/kg)	全磷 TP/(g/kg)	全钾 TK/(g/kg)	碱解氮 AN/(mg/kg)	有效磷 AP/(mg/kg)	速效钾 AK/(mg/kg)	阳离子交换量 CEC/(cmol/kg)	土壤母质 Parent material	剖面点坐标 Profile coordinate	匹配指数 Matching index/%
剖12	钙层土	栗钙土	暗栗钙土	耕种暗栗钙土	黑红麻土	1	0~20	紫色	重壤土	团块状	8.3	31.8	1.91	1.25	25.1	126	12.0	604	5.5	红泥岩坡积物、洪冲积物	E 102°17′28.3″ N 36°02′12.1″	97
						2	20~82	紫棕色	重壤土	块状	8.5	16.0	0.96	1.14	28.9	77	4.0	287	15.6			
						3	82~150	紫棕色	轻黏土	块状	8.6	22.5	1.52	0.83	27.7	90	4.0	267	18.4			
剖13	丁旱土	灰钙土	淡灰钙土			A	0~20	淡红棕色	砂质黏壤土	块状	8.4	8.3	0.53	0.92	21.0	38	3.0	56	12.2	红土	E 102°02′18.1″ N 35°59′51.4″	77
						Bk	20~70	浅红橙色	砂质黏壤土	块状	9.2	4.5	0.31	0.79	20.6	20	痕迹	50	8.1			
						C	70~150	浅红棕色	砂质黏壤土	块状	8.8	3.1	0.20	0.71	20.9	16	痕迹	44	8.5			
剖14	钙层土	栗钙土	栗钙土			1	0~6	棕色	中壤土	鳞片状	8.4	26.4	1.44	0.73	19.8	80	6.0	237	10.4		E 102°04′26.4″ N 35°59′32.6″	70
						2	6~64	黄棕色	中壤土	块状	8.7	5.3	0.37	0.71	16.4	24	3.0	80	71.0			
						3	64~114	黄褐色	中壤土	团块状	8.6	2.2	0.19	0.59	20.4	16	1.0	212	16.1			
						4	114~130	淡红棕色	中壤土	粒状												
剖15	钙层土	栗钙土	栗钙土	白黄土	大白土	1	0~20	灰棕色	中壤土	粒状	8.5	7.5	0.44	0.93	20.9	42	10.0	172	4.4		E 102°13′50.5″ N 35°58′45.9″	73
						2	20~56	灰棕色	轻壤土	块状	8.6	2.6	0.24	0.94	21.3	23	1.0	80	4.2			
						3	56~92	灰棕色	中壤土	块状	8.6	2.6	0.18	0.85	22.9	28	1.0	86	3.6			
						4	92~150	白色	中壤土	块状	8.6	2.3	0.24	0.76	23.9	18	2.0	90	4.5			
剖16	人为土	灌淤土	灌淤土	薄层灌淤土	薄层黑垆淤土	A11	0~20	深栗色	轻黏土	团粒状	8.8	29.6	1.58	1.22	20.4	124	4.0	348	17.1	冲积物、洪积物	E 102°18′28.1″ N 35°55′51.2″	95
						A12	20~32	深栗色	重壤土	片状	8.5	20.0	1.16	1.10	15.4	82	5.0	389	13.0			
						A/C	32~60	深栗色	重壤土	块状	8.6	18.6	1.10	1.14	15.8	75	3.0	50	13.4			
						Cb	60~150	深栗色	重壤土	块状	8.5	22.8	1.25	0.82	15.8	83	1.0	60	15.6			
剖17	人为土	灌淤土	潮灌淤土	薄层潮灌淤土	黄漏潮淤土	1	0~18	棕红色	重壤土	粒状	8.2	8.2	0.75	0.86	18.4	66	16.0	187	14.2	冲积物、洪积物	E 102°19′25.0″ N 35°53′24.7″	87
						2	18~34	棕灰色	重壤土	块状	8.1	9.7	0.80	0.84	20.6	77	2.0	233	13.8			
						3	34—	棕灰色	重壤土													
剖18	钙层土	栗钙土	栗钙土	耕灌栗钙土	黄麻砂土	1	0~18	灰棕色	中壤土	粒状	8.5	14.8	0.88	1.06	19.6	64	3.0	167	12.0		E 102°31′03.0″ N 35°57′56.2″	85
						2	18~39	灰棕色	中壤土	块状	8.5	6.2	0.40	1.01	17.4	31	2.0	80	11.6			
						3	39~53	灰棕色	中壤土	块状	8.6	6.5	0.41	0.90	17.1	32	1.0	70	10.6			
						4	53~74	棕色	中壤土	块状	8.6	7.6	0.49	0.96	16.4	38	1.0	86	9.4			
						5	74~115	棕色	中壤土	碎块状	8.6	5.5	0.30	0.89	16.2	30	1.0	86	8.9			
						6	115~150	褐色	中壤土	碎块状	8.7	4.1	0.29	0.97	13.9	28	痕迹	70	8.7			
剖19	钙层土	栗钙土	栗钙土	耕灌栗钙土	黄麻土	1	0~23	棕黄色	中壤土	团粒状	8.6	9.7	0.77	0.94	17.9	36	8.0	399	6.9		E 102°37′37.6″ N 35°55′06.6″	76
						2	23~74	棕黄色	中壤土	块状	8.6	7.5	0.48	0.96	16.4	26	4.0	328	6.7			
						3	74~150	棕黄色	中壤土	块状	8.5	8.0	0.50	0.86	14.4	34	9.0	378	6.5			
剖20	钙层土	栗钙土	淡栗钙土			1	0~30	棕色	中壤土	块状	8.5	22.9	1.24	0.84	10.6	103	5.0	60	10.1		E 102°32′35.5″ N 35°53′02.4″	88

循化撒拉族自治县

主要土类说明

山地草甸土是循化撒拉族自治县（以下简称循化县）主要土壤类型，占本县地域面积的23%，分布在海拔2600—3300m的高山以下，岗察、尕楞、道帏、白庄、孟达等地均有分布，热量等气候条件好于草毡土区。土体构型为As-A-BC-C。土壤有机质累积量大，腐殖质层厚，可在1m以上。成土母质为坡积物、残积物和次生黄土。成土过程为生草化和腐殖质化过程，有机质累积量大于分解量，土壤养分含量丰富。植被以草甸和灌丛草甸为主，阴坡覆盖度高于阳坡，平均覆盖度为80%。

栗钙土是循化县第二大土壤类型，占本县地域面积的20%。栗钙土是半浅山、半脑山和沟岔地区的主要土壤，由于降水量少，蒸发量大，植被稀疏、短小。土体构型为Ah-Bk-Ck。土壤表层为栗色腐殖质层，呈粒状结构，疏松、质地均一。成土母质为黄土物质。土壤淋溶作用弱，蒸发强烈，钙积层出露比黑钙土高，呈斑点状、粉末状和假菌丝状等。土壤碳酸钙含量较高，通层为强石灰反应。植被以干旱草原类型为主，主要有芨芨草、针茅、骆驼蓬、冰草、狼毒等，覆盖度为15%。

草毡土是循化县第三大土壤类型，占本县地域面积的20%。草毡土是发生于高寒区（青藏高原）平缓高原面上，具强度生草腐殖质积累与弱度氧化还原特征的高山土壤。由于寒冻，蒿草根累积并弱度分解，该土壤呈草毡状。土体滞水，冻融交替，弱度氧化还原交替进行，造成其氧化铁微弱游离。土体构型为As-A$_1$-（AB）BC-C（D），剖面厚度为50—80cm。成土母质为坡积物、残积物或冰碛物。

黑钙土占循化县地域面积的19%，仅在道帏、尕楞和文都有分布。由于其分布地区气温较低，而且土壤结冻时间长，冻土层深厚，有利于土壤水分和养分贮存，有机质累积量大于分解量，所以形成了明显的腐殖质黑土层。土壤呈黑棕色，厚度在40cm左右。土体构型为A-AB-C。成土母质主要为黄土。

灰褐土占循化县地域面积的8%，主要分布在尕楞、文都和孟达林场，白庄、道帏也有零星分布。土体构型为Ao-A-AB-C。成土母质为残积物、坡积物和次生黄土。

灌淤土占循化县地域面积的7%。灌淤土是长期引用高泥沙含量灌溉水淤灌，在落淤后，即行翻耕，土层逐渐加厚超过50cm的土壤。灌淤土从根本上改变了原来土壤的层次，包括表土及其他土层均作为埋藏层，从而形成了土体深厚、色泽、质地均一，土壤水分物理性状良好的土壤类型。土体构型为Ap-AB-BC-C。灌淤熟化土层的厚度为20—100cm。成土母质多为冲积物、洪积物。

小于本县地域面积3%的土壤类型还有灰钙土、黑毡土等。

本区域中心区气候特征

本区域中心区气候特征值
Regional climate characteristics in central area of the region

气候带：高原亚温带亚湿润气候 Climate region: Plateau sub temperate sub humid climate	
年平均气温 /℃ Annual average temperature /℃	3.9
年平均最高气温 /℃ Annual average maximum temperature /℃	12.0
年平均最低气温 /℃ Annual average minimum temperature /℃	-2.2
年降水量 /mm Annual precipitation /mm	440
≥10℃的积温 /℃ Daily temperature accumulated in a year (≥10℃) /℃	1524
年日照时数 /h Annual sunshine /h	2525
年平均相对湿度 /% Annual average relative humidity /%	59
干燥度 Dryness	0.58

本区域中心区月平均气温与月平均降水量
Monthly temperature and precipitation in central area of the region

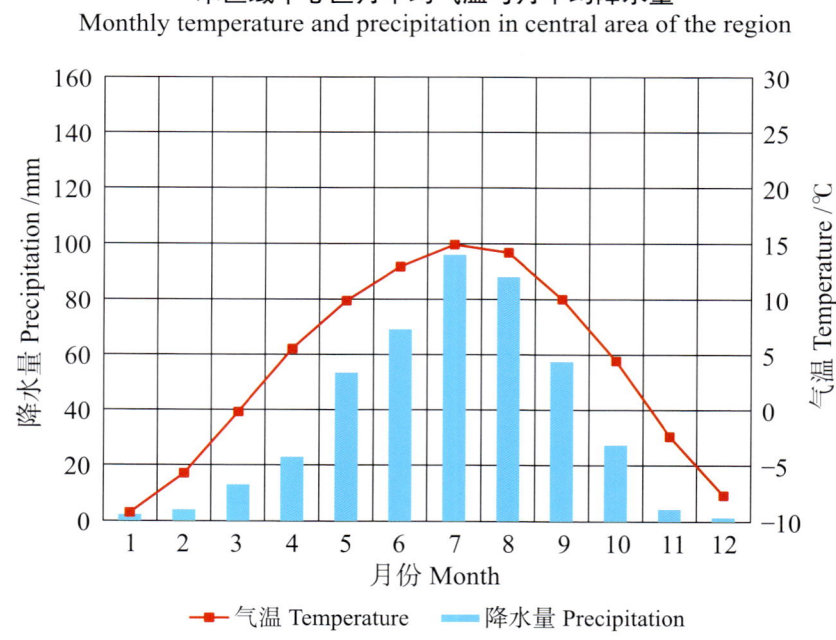

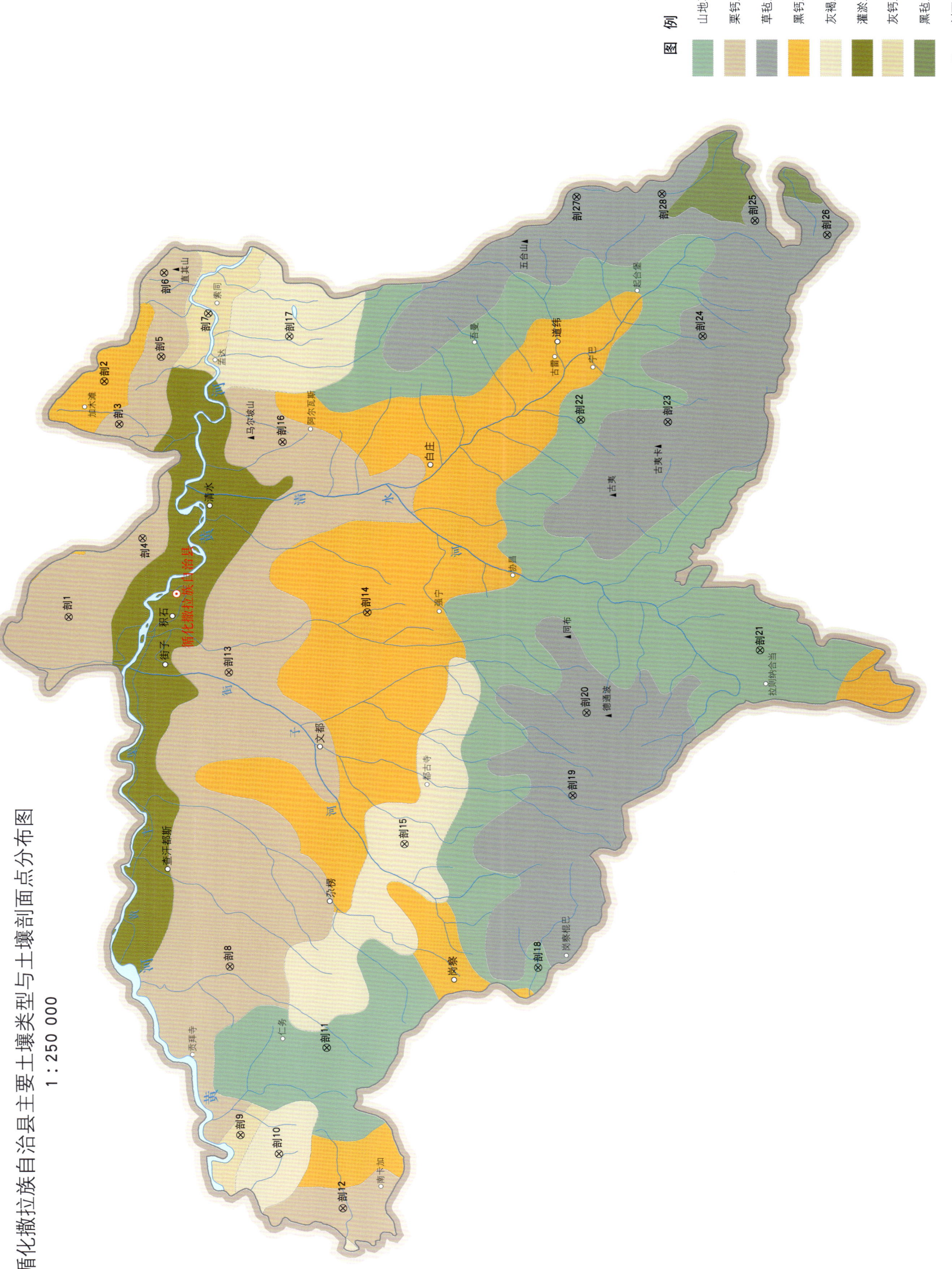

循化撒拉族自治县土壤剖面理化性状表

剖面号 Soil profile	土纲 Soil order	土类 Soil great group	亚类 Soil subgroup	土属 Soil genus	土种 Soil species	土层码 Layer code	土层厚度 Depth/cm	颜色 Soil color	质地 Soil texture	土壤结构 Soil structure	pH	有机质 OM/(g/kg)	全氮 TN/(g/kg)	全磷 TP/(g/kg)	全钾 TK/(g/kg)	碱解氮 AN/(mg/kg)	有效磷 AP/(mg/kg)	速效钾 AK/(mg/kg)	阳离子交换量CEC/(cmol/kg)	土壤母质 Parent material	剖面点坐标 Profile coordinate	匹配指数 Matching index/%
剖1	钙层土	栗钙土	栗钙土	黄土性栗钙土	厚层黄土性栗钙土	1	0—20	棕色	轻壤土	粒状	8.3	23.8	1.84	0.75	13.7	50	3.0	223	1.1		E 102°27′47.9″ N 35°54′28.1″	95
						2	20—40	黄棕色	中壤土	粒状	8.8	15.0	1.79	0.50	13.7	29	2.0	100	9.6			
						3	40—110	淡黄棕色	轻壤土	块状	8.4	4.4	0.61	0.53	17.5	10	2.0	80	6.1			
						4	110—150	淡黄棕色	轻壤土	块状	9.0	2.9	0.48	0.58	18.2	21	3.0	128	6.6			
剖2	钙层土	黑钙土	黑钙土	耕种黑钙土	黄黑土	1	0—20	棕色	重壤土	粒状	8.9	26.2	1.28	0.86	18.8	99	23.0	300	17.5		E 102°37′19.9″ N 35°53′30.8″	86
						2	20—60	暗棕色	重壤土	团块状	8.2	32.8	2.26	0.68	16.4	128	6.0	93	26.4			
						3	60—120	黄棕色	重壤土	团块状	8.6	17.6	1.47	0.58	18.8	85	5.0	112	25.3			
						4	120—150	黄棕色	重壤土	小块状	8.3	7.0	0.71	0.56	18.8	56	5.0	115	18.9			
剖3	钙层土	栗钙土	灌淤型栗钙土	灌淤型黄土	黑麻土	1	0—21	棕色	中壤土	粒状	8.3	11.9	0.82	0.86	19.6	8	8.0	430	6.2		E 102°35′36.6″ N 35°53′00.6″	92
						2	21—38	黄棕色	中壤土	块状	8.5	5.9	0.83	0.72	17.3	14	2.0	418	6.5			
						3	38—90	棕色	中壤土	块状	8.3	10.8	0.83	0.80	19.8	36	3.0	463	8.5			
						4	90—150	暗黄棕色	中壤土		8.4	6.8	0.71	0.67	17.8	16	2.0	380	7.3			
剖4	钙层土	栗钙土	淡栗钙土	红土性淡栗钙土	薄层红土性淡栗钙土	1	0—14	黄棕色	轻壤土	粒状											E 102°31′03.0″ N 35°52′10.9″	98
						2	14—31	紫棕色	中壤土	碎块状												
						3	31—45	紫棕色	中壤土	碎块状												
						R	46—															
剖5	钙层土	栗钙土	淡栗钙土	红黄土	砂质红黏土	1	0—18	淡棕色	轻黏土	粒状	8.4	6.5	0.76	0.80	19.5	42	4.0	370	24.8		E 102°38′22.9″ N 35°51′43.6″	92
						2	18—40	棕色	轻黏土	块状	8.5	9.7	1.14	0.74	15.3	65	2.0	370	21.8			
						3	60—65	红棕色	中黏土	块状	8.6	6.3	0.67	0.68	22.1	48	6.0	328	19.4			
						4	65—120	棕色	中壤土	块状	8.6	4.7	0.68	0.69	19.3	40	5.0	279	17.8			
剖6	钙层土	栗钙土	灌淤型栗钙土	灌淤型黄土	黑麻砂土	1	0—20	暗棕色	中壤土	团块状	8.3	26.5	1.69	1.14	20.2	99	20.0	488	23.4		E 102°41′47.4″ N 35°51′41.8″	98
						2	20—42	暗棕色	中壤土	团块状	8.3	20.8	1.46	1.16	19.1	70	4.0	368	14.5			
						3	42—63	棕色	中壤土	块状	8.4	15.4	1.03	0.64	18.5	55	4.0	134	1.7			
						4	63—77	灰黄棕色	中壤土	块状	8.4	13.8	0.90	1.07	16.7	85	4.0	74	1.4			
剖7	钙层土	灰钙土	灰钙土	山地灰钙土	薄层山地灰钙土	1	0—6	暗黄棕色	砂质壤土	粒状											E 102°40′10.9″ N 35°50′16.4″	87
						2	6—18	灰黄棕色	砂质壤土	粒状												
剖8	钙层土	栗钙土	栗钙土	黄土性栗钙土	薄层黄土性栗钙土	1	0—10	灰棕色	砂质壤土	粒状											E 102°13′52.9″ N 35°49′05.9″	78
						2	10—															
剖9	钙层土	灰钙土	淡灰钙土	耕灌淡灰钙土	灰红壤土	A₁₁	0—23	油棕色	壤质壤土	小块状	8.4	3.3	1.03	1.25	13.0	76	37.0	220	23.3	洪冲积物	E 102°07′08.2″ N 35°48′38.1″	100
						Bk	23—75	油棕色	黏质壤土	块状	8.0	9.3	1.05	0.88	13.8	76	1.0	157	22.8			
						Ck	75—150	暗棕色	黏质壤土	大块状	8.1	7.7	0.62	0.63	13.0	69	痕迹	163	25.1			
剖10	半淋溶土	灰褐土	淋溶灰褐土	淋溶灰褐土	中层淋溶灰褐土	2	10—20	棕色	中壤土	粒状											E 102°06′25.6″ N 35°47′24.4″	87
						3	20—35	黄棕色	中壤土	粒状												
						4	35—															
剖11	半水成土	山地草甸土	山地草甸土	山地草甸土	厚层山地草甸土	1	0—13	暗棕色	轻壤土	小块状											E 102°10′42.6″ N 35°45′58.0″	91
						2	13—31	淡黄棕色	轻壤土	小块状												
						3	31—66	黄棕色	砂质壤土	小块状												
						4	66—82	灰白棕色	砂质壤土	块状												
						5	82—120	淡黄棕色	中壤土	块状												
剖12	钙层土	栗钙土	栗钙土	黄土性栗钙土	中层黄土性栗钙土	1	0—21	棕色	轻壤土	粒状	8.8	16.9	1.71	0.55		68	3.0	142	1.4		E 102°04′19.9″ N 35°45′20.2″	99
						2	21—42	黄棕色	轻壤土	块状	9.4	9.5	0.93	0.52		39	2.0	68	7.8			
						3	42—															

续表 Continued

剖面号 Soil profile	土纲 Soil order	土类 Soil great group	亚类 Soil subgroup	土属 Soil genus	土种 Soil species	土层码 Layer code	土层厚度 Depth/cm	颜色 Soil color	质地 Soil texture	土壤结构 Soil structure	pH	有机质 OM/(g/kg)	全氮 TN/(g/kg)	全磷 TP/(g/kg)	全钾 TK/(g/kg)	碱解氮 AN/(mg/kg)	有效磷 AP/(mg/kg)	速效钾 AK/(mg/kg)	阳离子交换量 CEC/(cmol/kg)	土壤母质 Parent material	剖面点坐标 Profile coordinate	匹配指数 Matching index/%
剖13	钙层土	栗钙土	灌淤型栗钙土	灌淤型红土	灌淤型黄绵土	1	0—20	暗红棕色	重壤土	粒状	8.0	10.9	1.15	1.17	13.7	84	5.0	480	13.7		E 102°25′42.6″ N 35°49′21.0″	81
						2	20—33	红棕色	重壤土	小块状	8.3	11.4	0.95	0.83	20.3	69	3.0	325	21.4			
						3	33—89	红棕色	重壤土	块状	8.5	8.0	0.75	0.79	21.3	56	4.0	290	13.9			
						4	89—150	红棕色	轻壤土	块状	8.4	7.5	0.73	0.75	21.2	56	3.0	290	17.0	红土		
剖14	钙层土	黑钙土	黑钙土	耕种黑钙土	砂质黑土	1	0—15	栗色	中壤土	粒状	8.3	48.2	3.30	1.04	16.3	179	15.0	305	2.3		E 102°28′16.3″ N 35°45′00.4″	95
						2	15—28	深栗色	中壤土	粒状	8.3	48.2	3.52	1.04	16.1	180	14.0	355	19.4			
						3	28—35	暗棕色	砂质粿土	小块状												
						4	35—															
剖15	半淋溶土	灰褐土	淋溶灰褐土	淋溶灰褐土	薄层淋溶灰褐土	1	0—5	棕红色	轻壤土	粒状											E 102°18′56.5″ N 35°43′39.4″	98
						2	5—26	暗棕色	轻壤土	粒状												
						R	26—															
剖16	钙层土	栗钙土	淡栗钙土	灌淤型黄红土	红棉砂土	1	0—20	红棕色	重壤土		8.3	14.4	1.32	0.95	19.3	124	45.0	117	17.2	红砂岩风化洪冲积物	E 102°35′03.1″ N 35°47′49.2″	77
						2	20—38	暗灰棕色	轻黏土		8.5	11.4	0.98	0.83	19.5	70	14.0	283	17.6			
						3	38—101	暗黄棕色	重壤土		8.2	4.4	0.58	0.63	20.4	24	4.0	293	14.6			
						4	101—150	棕色	重壤土		8.6	1.7	0.61	0.69	20.4	60	4.0	166	13.3			
剖17	半淋溶土	灰褐土	淋溶灰褐土	淋溶灰褐土	厚层淋溶灰褐土	1	0—34	黑棕色	重壤土	粒状	8.0	128.2	4.78	0.64	19.8	339	2.0	189	51.7		E 102°39′20.2″ N 35°47′40.9″	70
						2	34—74	暗棕色	重壤土	粒状	8.4	64.5	2.39	0.63	14.6	124	4.0	119	28.8			
						3	74—86	淡棕色	轻壤土	小块状	8.3	25.6	1.38	0.60	20.3	69	4.0	123	3.3			
						4	86—106	棕色	轻壤土	粒状	8.4	43.9	1.36	0.62	21.2	87	3.0	133	12.5			
剖18	半水成土	山地草甸土	石灰性山地草甸土	薄层石灰性山地草甸土		1	0—7	暗棕色	轻壤土	团粒状	8.5	65.5	3.60	0.71	16.4	208	4.0	113	24.5		E 102°14′07.4″ N 35°39′19.8″	97
						2	7—20	棕色	轻壤土	块状	8.5	65.5	3.60	0.71	16.4	208	4.0	113	24.5			
						3	20—28	棕色	轻壤土	块状	8.8	20.1	1.61	0.54	14.9	73	2.0	60	15.0			
						4	28—87	黄黄棕色	轻壤土	块状	9.0	10.4	0.90	0.52	16.9	42	1.0	45	1.8			
						5	87—150	淡黄棕色	轻壤土		9.1	2.9	0.09	0.49	16.2	36	2.0	48	5.2			
剖19	高山土	草毡土	普通草毡土		薄层普通草毡土	1	0—6				7.3	128.3	7.42	1.19	16.4	520	1.0	280	43.6		E 102°21′04.7″ N 35°38′21.8″	79
						2	6—9				5.8	58.2	3.09	1.14	17.5	231	3.0	335	36.8			
						3	9—				7.8	32.6	2.03	0.66	17.1	157	3.0	358	35.0			
剖20	高山土	草毡土	棕草毡土	棕草毡土	中层薄草毡土	1	0—8	黑棕色	轻壤土	团粒状	7.4	183.2	9.40	0.76	14.4	356	8.0	290	45.3		E 102°24′25.9″ N 35°37′59.2″	79
						2	8—21	黑棕色	中壤土	团粒状	7.2	192.5	8.87	1.00	15.9	331	6.0	190	67.3			
						3	21—46	暗棕色	重壤土	小块状	8.3	153.0	6.58	0.96	17.4	391	6.0	355	6.8			
						4	46—71	棕色	重壤土	粒状	7.7	109.4	5.44	0.80	14.7	444	4.0	115	45.7			
剖21	半水成土	山地草甸土	山地草甸土	中层山地草甸土		1	0—6	黑棕色	中壤土	粒状	8.3	147.7	7.89	0.77	19.6	452	10.0	355	5.7		E 102°27′05.8″ N 35°32′31.9″	74
						2	6—29	黑棕色	中石质中壤土	碎片状	8.3	147.7	7.89	0.77	19.6	452	10.0	355	5.7			
						3	29—53	黑棕色	中壤土		8.3	64.2	3.72	0.71	15.9	192	3.0	83	41.5			
剖22	高山土	山地草甸土	山地草甸土	薄层山地草甸土		4	53—79	淡黄棕色	中壤土	草粒状											E 102°36′13.3″ N 35°38′22.6″	90
						1	0—18	黑棕色	轻壤土	粒状												
						2	18—26	暗棕色	轻壤土	粒状												
剖23	高山土	草毡土	石灰性草毡土	薄层石灰性草毡土		3	26—48	黄黄棕色	砂质中壤土	小块状											E 102°36′12.9″ N 35°35′37.2″	80
						1	0—6	暗棕色	轻壤土	粒状												
						2	6—17	暗棕色	轻壤土	粒状												
剖24	高山土	草毡土	棕草毡土	棕草毡土	薄层棕草毡土	3	17—32	暗棕色	中壤土	团块状											E 102°39′43.6″ N 35°34′34.3″	90
						1	0—7	棕色	中壤土	粒状												
						2	7—28															
						R	28—															

续表 Continued

剖面号 Soil profile	土纲 Soil order	土类 Soil great group	亚类 Soil subgroup	土属 Soil genus	土种 Soil species	土层码 Layer code	土层厚度 Depth/cm	颜色 Soil color	质地 Soil texture	土壤结构 Soil structure	pH	有机质 OM/(g/kg)	全氮 TN/(g/kg)	全磷 TP/(g/kg)	全钾 TK/(g/kg)	碱解氮 AN/(mg/kg)	有效磷 AP/(mg/kg)	速效钾 AK/(mg/kg)	阳离子交换量 CEC/(cmol/kg)	土壤母质 Parent material	剖面点坐标 Profile coordinate	匹配指数 Matching index/%
剖25	高山土	草毡土	普通草毡土	潴育普通草毡土	厚育潴育草毡土	1	0—8	暗棕色	中壤土	粒状	7.5	262.6	11.71	0.74	12.7	457	3.0	59	48.8		E 102°44′24.4″ N 35°33′00.0″	99
						2	8—44	暗棕色	中壤土	团块状	7.5	262.6	11.71	0.74	12.7	457	3.0	59	48.8			
						3	44—71	黑棕色	中壤土	团块状	8.0	235.0	10.40	0.80	11.4	504	1.0	60	39.7			
剖26	高山土	草毡土	普通草毡土	普通草毡土	薄层普通草毡土	1	0—6	棕色	轻壤土	粒状											E 102°43′53.8″ N 35°30′41.8″	94
						2	6—19	暗棕色	中壤土	小块状												
						3	19—32	棕色	中壤土	小块状												
						4	32—60	棕色	中壤土	鳞片状												
剖27	高山土	草毡土	普通草毡土	潴育普通草毡土	薄层潴育草毡土	1	0—7	暗棕色	轻壤土	粒状											E 102°45′11.9″ N 35°38′40.2″	75
						2	7—19	暗棕色	轻壤土	粒状												
						3	19—24	暗棕色	砂质壤土	粒状												
剖28	高山土	草毡土	普通草毡土	普通草毡土	中层普通草毡土	1	0—9	黑棕色	中壤土	粒状	7.3	205.5	9.00	0.76	17.5	602	4.0	202	44.6		E 102°45′24.1″ N 35°35′58.2″	70
						2	9—32	暗棕色	重壤土	粒状		74.7	4.37	0.88	17.4	388	4.0	84	35.4			
						3	32—64	暗棕色	轻黏土	鳞片状	7.5	78.4	3.96	0.91	13.5	460	4.0	69	34.9			

海北藏族自治州

门源回族自治县

主要土类说明

草毡土是门源回族自治县（下文简称门源县）主要土壤类型，占本县地域面积的52%。草毡土是发生于高寒区（青藏高原）平缓高原面上，具强度生草腐殖质积累与弱度氧化还原特征的高山土壤。由于寒冻，蒿草根累积并弱度分解，该土壤呈草毡状。土体滞水，冻融交替，弱度氧化还原交替进行，造成氧化铁微弱游离。土体构型为 As–A$_1$–（AB）BC–C（D），剖面厚度为50—80cm。成土母质为坡积物、残积物或冰碛物。

山地草甸土是门源县第二大土壤类型，占本县地域面积的16%，主要分布在中山地带，苏吉滩、皇城、大滩、青石咀、种马场、北山、西滩、东川、仙米等乡镇，海拔3250—3500m的祁连山和达坂山北坡的鱼鳍山坡上均有此土分布。土体构型为 As–A–C–D。土壤有机质累积量大，腐殖质层厚，厚的在1m以上。成土母质为紫红色砂岩风化物、其他杂岩风化物及黄土性土。植被为灌丛草甸和草原化草甸。

黑钙土是门源县第三大土壤类型，占本县地域面积的13%，是门源县的主要农业土壤。土体构型为A–AB–C。土壤腐殖质层深厚、松软，呈黑褐色或暗灰棕色，剖面厚度在50cm左右。其成土过程主要是腐殖质累积和钙积化。剖面表层一般无盐酸反应，从上向下碳酸钙含量逐渐增加，表层在1%左右，下层为8%—15%。钙积层明显，出现在40—100cm处，呈假菌丝状、套管状和粉末状。

灰褐土占门源县地域面积的8%，是湿润或半湿润地区森林覆被下发育的土壤。土体构型为 Ao–A–AB–C。成土母质主要有黄土、黄土性母质及多种岩石风化坡积物、残积物等。

寒冻土占门源县地域面积的6%，发生于高山冰雪带下缘。其成土过程以寒冻物理风化为主，弱生物累积，土层薄，含石砾多，仅在岩屑中见少量细土物质堆积。土壤pH为7.0—8.5。

小于本县地域面积3%的土壤类型还有黑毡土、栗钙土、沼泽土、泥炭土、寒钙土等。

本区域中心区气候特征

本区域中心区气候特征值
Regional climate characteristics in central area of the region

气候带：高原亚寒带亚干旱气候 Climate region: Plateau sub frigid sub arid climate	
年平均气温 /℃ Annual average temperature /℃	3.3
年平均最高气温 /℃ Annual average maximum temperature /℃	10.4
年平均最低气温 /℃ Annual average minimum temperature /℃	−2.3
年降水量 /mm Annual precipitation /mm	345
≥10℃的积温 /℃ Daily temperature accumulated in a year (≥10℃) /℃	1366
年日照时数 /h Annual sunshine /h	2811
年平均相对湿度 /% Annual average relative humidity /%	54
干燥度 Dryness	1.04

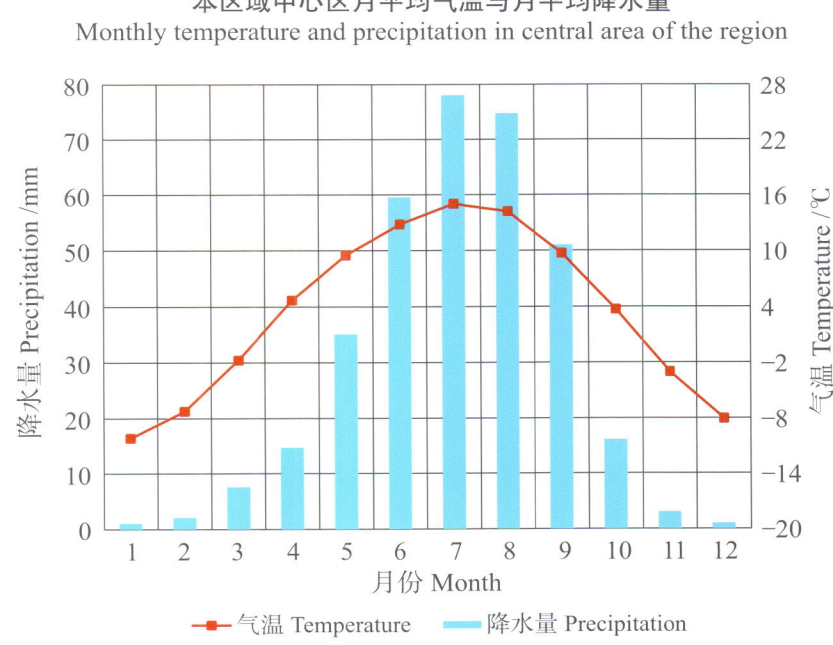

本区域中心区月平均气温与月平均降水量
Monthly temperature and precipitation in central area of the region

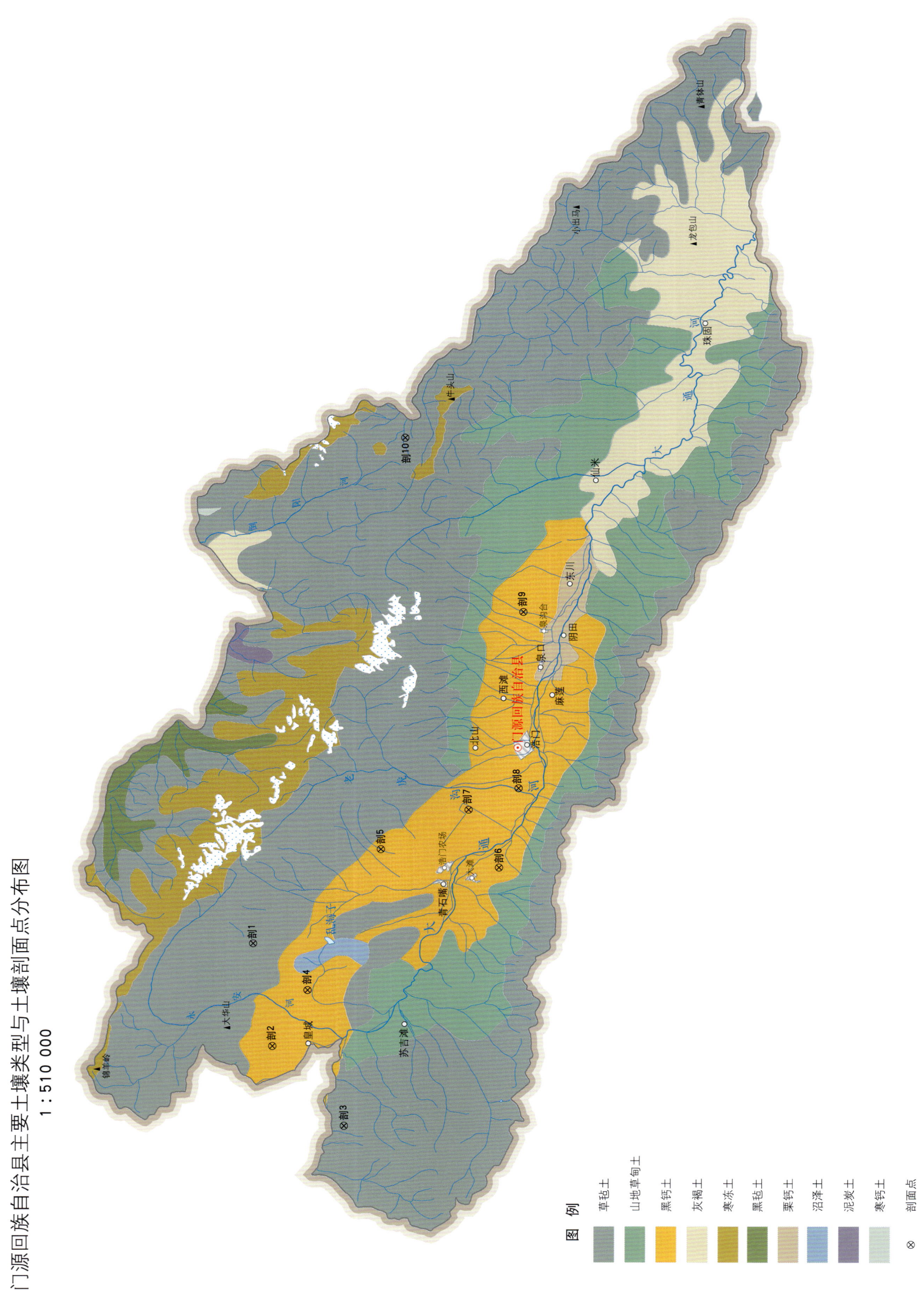

门源回族自治县土壤剖面理化性状表

剖面号 Soil profile	土纲 Soil order	土类 Soil great group	亚类 Soil subgroup	土属 Soil genus	土种 Soil species	土层码 Layer code	土层厚度 Depth/cm	颜色 Soil color	质地 Soil texture	土壤结构 Soil structure	pH	有机质 OM/(g/kg)	全氮 TN/(g/kg)	全磷 TP/(g/kg)	全钾 TK/(g/kg)	碱解氮 AN/(mg/kg)	有效磷 AP/(mg/kg)	速效钾 AK/(mg/kg)	阳离子交换量 CEC/(cmol/kg)	剖面点坐标 Profile coordinate	匹配指数 Matching index/%
剖1	高山土	草毡土	原始草毡土			1	0—7	黑灰色	砂壤土	粒状	7.2	233.1	9.72	0.44	15.0	627	11.0	306	56.6	E 101°20′32.6″ N 37°40′55.9″	92
						2	7—20	灰黑色	砂壤土	小粒状	6.4	177.4	8.24		12.7	736	3.0	140	52.2		
剖2	钙层土	黑钙土	草甸黑钙土	滩地耕种黑钙土	滩地黑砂土	1	0—10													E 101°11′32.3″ N 37°39′48.9″	85
						2	10—31					26.1	1.49	0.82	16.4	80	26.0	138	1.3		
						3	20— 31—50					24.3	1.53	0.73	10.9	94	6.0	154	1.8		
												11.3	0.74	0.55	13.4	40	7.0	43	6.0		
剖3	高山土	草毡土	棕草毡土			1	0—5	灰黑色	石质轻壤土	粒状				0.81	13.3			152		E 101°04′32.9″ N 37°35′09.6″	84
						2	5—19	灰黑色	石质轻壤土	粒状	6.7	189.3	7.87	0.92	16.7	688	4.0	221	57.0		
						3	19—32	蓝灰黑色	中壤土	小粒状	6.5	156.0	6.83	0.88	13.9	644	2.0	204	42.3		
						4	32—45	蓝灰色	中壤土	块状	6.4	175.3	7.01	0.84	14.7	666	4.0	193	44.9		
剖4	钙层土	黑钙土	草甸黑钙土	滩地耕种黑钙土	滩地黑砂土	1	0—7	暗棕黑色	砂壤土	团粒状	8.3									E 101°16′21.4″ N 37°37′23.5″	73
						2	7—	灰棕黄色			8.4										
剖5	钙层土	黑钙土	淋溶黑钙土	耕种淋溶黑钙土	滩地油黑土	1	0—20	棕黑色	轻黏土	团块状	7.5	51.2	2.30	0.79	17.6	180	9.0	262	16.6	E 101°28′25.7″ N 37°32′16.1″	78
						2	20—60	黑灰色	轻黏土	块状	7.0	52.2	2.09	0.68	20.7	184	6.0	110	22.2		
						3	60—	黑灰色	轻黏土	块状	6.5	57.6	2.28	0.76	18.7	158	2.0	71	2.8		
剖6	钙层土	黑钙土	淋溶黑钙土	草原黑钙土	中层草原黑土	1	0—15	灰黑色	石质中壤土	小粒状	7.3	107.0	6.17	0.68	18.0	461	2.0	108	39.2	E 101°26′35.2″ N 37°24′26.6″	92
						2	15—23	淡黑黑色	石质中壤土	碎片状	7.3	91.5	5.43	0.80	21.5	369	痕迹	89	36.1		
						3	23—33	黄灰色	轻壤土	碎片状	7.3	86.8	5.23	0.74	15.9	382	15.0	94	35.6		
						4	33—			块状											
剖7	钙层土	黑钙土	黑钙土	山地耕种黑钙土	红砂土	1	0—25	紫色	轻壤土	团块状	8.4	24.3	1.56	1.80	26.5	123	9.0	193	13.2	E 101°31′40.8″ N 37°26′21.8″	81
						2	25—46	紫灰色	重壤土	块状	8.7	20.5	1.81	0.46	13.0	110	3.0	94	14.1		
						3	46—80	紫红色	重壤土	块状	8.2	4.3	0.38	0.42	13.0	27	3.0	41	6.4		
剖8	钙层土	黑钙土	淋溶黑钙土	耕种淋溶黑钙土	山地油黑土	1	0—24	灰棕黑色	中壤土	粒状	7.0	55.0	1.93	0.80	21.3	169	10.0	90	22.3	E 101°33′25.2″ N 37°22′59.9″	95
						2	24—50	黑色	中壤土	粒状	7.2	59.5	2.21	0.93	19.1	211	24.0	153	2.4		
						3	50—87	黄棕黄色	中壤土	块状	7.2	39.0	1.18	0.83	20.0	106	7.0	95	19.4		
						4	87—150	棕灰黄色	轻壤土	块状	7.1	12.4	0.46	0.74	17.9	7		44	9.4		
剖9	钙层土	黑钙土	草甸黑钙土	滩地耕种黑钙土	薄层滩地黑土	1	0—15	暗棕黑色	中壤土	团粒状										E 101°48′37.8″ N 37°22′19.6″	97
						2	15—24	棕黑色	中壤土	碎片状											
						3	24—	蓝灰白色													
剖10	高山土	草毡土	草毡土			1	0—4	灰灰色	轻壤土	团粒状	7.1	102.9	5.25	0.74	21.3	388	2.0	57	32.0	E 102°04′01.2″ N 37°29′47.0″	72
						2	4—35	淡灰棕色	石质中壤土	块状	7.1	102.9	5.25	0.74	21.3	388	2.0	57	32.0		
						3	35—			块状											

祁 连 县

主要土类说明

草毡土是祁连县主要土壤类型，占本县地域面积的 66%。草毡土是发生于高寒区（青藏高原）平缓高原面上，具强度生草腐殖质积累与弱度氧化还原特征的高山土壤。由于寒冻，蒿草根累积并弱度分解，该土壤呈草毡状。土体滞水，冻融交替，弱度氧化还原交替进行，造成该土壤氧化铁微弱游离。土体构型为 As–A_1–（AB）BC–C（D），剖面厚度为 50—80cm。成土母质为坡积物、残积物或冰碛物。

寒钙土是祁连县第二大土壤类型，占本县地域面积的 15%，是位于青藏高原高寒半干旱区，弱度腐殖质累积、底层积钙的土壤。土体构型为 A–B–C，有机质层厚 15cm，有机质含量为 10—30g/kg。碳酸钙含量为 50—120g/kg，土壤 pH 为 7.5—8.5。成土母质有洪冲积物、湖积物、冰水沉积物及残积物、坡积物等。土壤呈强碱性，质地轻粗含砾多，有强石灰反应。

沼泽土是祁连县第三大土壤类型，占本县地域面积的 9%，主要集中在默勒乡、野牛沟乡、峨堡镇、托勒牧场，其他乡镇也有分布。所处地区地势高寒，土壤冻结时间长，土层下部有永冻层或季节性冻土层，土块在暖季经常处于积水状态，冷季处于结冰状态。土壤常年处于嫌气状态，有机质不易分解。沼泽土处在平缓的分水岭区、碟形洼地、高平地、河道两边的低地以及其他排水不良的地区，是隐域性的水成土壤，主要受冻土层和过多地表水影响。土体构型为 As–（A）–Bg（锈斑层）–G（潜育层）。腐殖质层或泥炭层的有机质含量为 116—373g/kg，此层有锈纹、锈斑。腐殖质或泥炭层下部则为蓝灰色的潜育层。

黑钙土占祁连县地域面积的 3%，主要分布在阿柔乡、多隆乡、峨堡镇、八宝乡、扎麻什乡以及默勒等地山前倾斜平原地带、河谷阶地。土体构型为 A–AB–C。该土壤腐殖质层深厚、松软，呈黑褐色或暗灰棕色。成土母质多为黄土、冲积物、坡积物等。心土层有明显的钙积层，呈假菌丝状、眼状、环斑状。

小于本县地域面积 3% 的土壤类型还有山地草甸土、灰褐土、寒冻土、黑毡土等。

本区域中心区气候特征

本区域中心区气候特征值
Regional climate characteristics in central area of the region

气候带：高原亚寒带亚干旱气候 Climate region: Plateau sub frigid sub arid climate	
年平均气温 /℃ Annual average temperature /℃	2.5
年平均最高气温 /℃ Annual average maximum temperature /℃	9.7
年平均最低气温 /℃ Annual average minimum temperature /℃	−3.4
年降水量 /mm Annual precipitation /mm	283
≥10℃的积温 /℃ Daily temperature accumulated in a year（≥10℃）/℃	1225
年日照时数 /h Annual sunshine /h	3022
年平均相对湿度 /% Annual average relative humidity /%	51
干燥度 Dryness	1.60

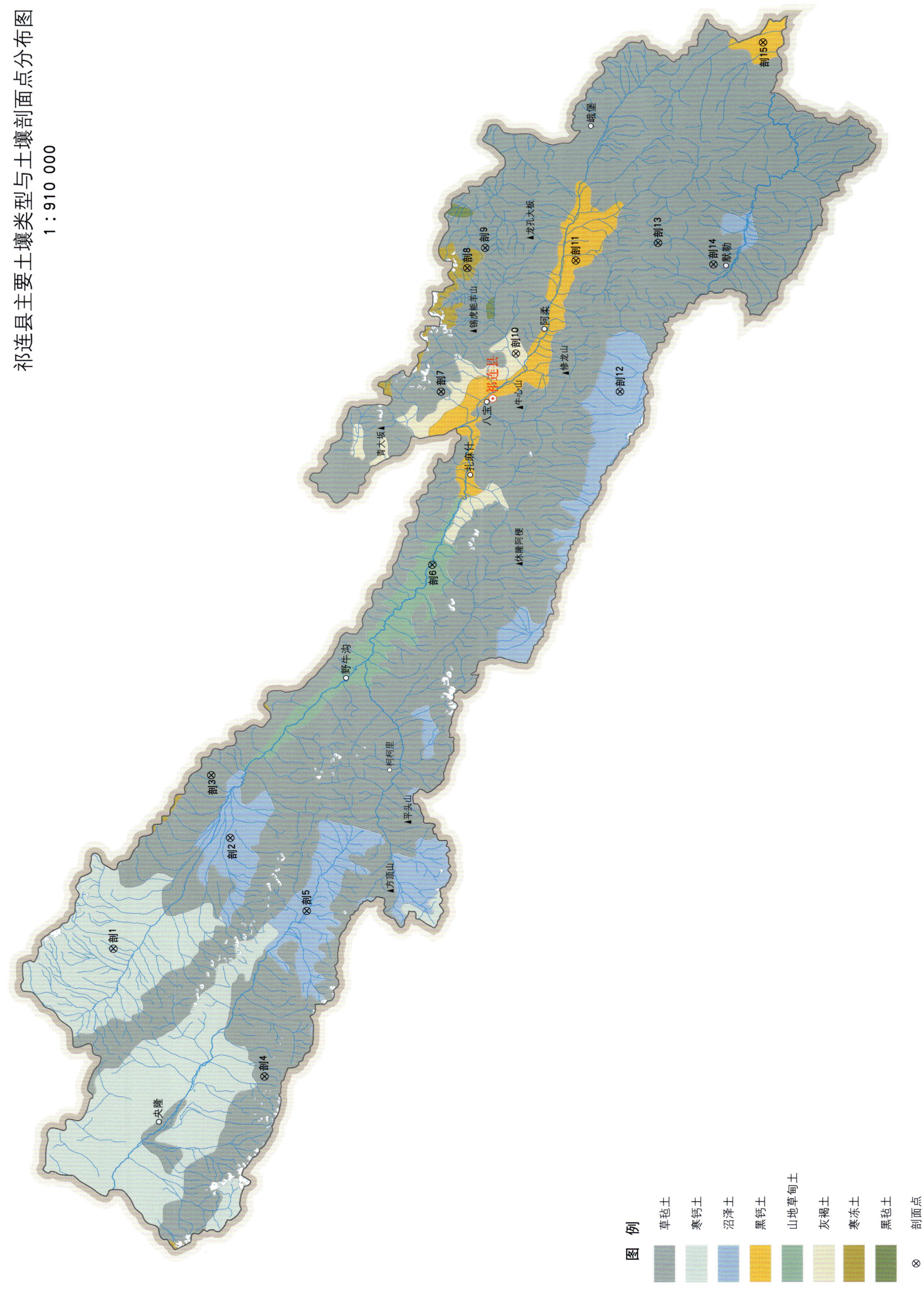

祁连县土壤剖面理化性状表

剖面号 Soil profile	土纲 Soil order	土类 Soil great group	亚类 Soil subgroup	土属 Soil genus	土种 Soil species	土层码 Layer code	土层厚度 Depth/cm	颜色 Soil color	质地 Soil texture	土壤结构 Soil structure	pH	有机质 OM/(g/kg)	全氮 TN/(g/kg)	全磷 TP/(g/kg)	全钾 TK/(g/kg)	碱解氮 AN/(mg/kg)	有效磷 AP/(mg/kg)	速效钾 AK/(mg/kg)	阳离子交换量CEC/(cmol/kg)	土壤母质 Parent material	剖面点坐标 Profile coordinate	匹配指数 Matching index/%
剖1	高山土	寒钙土	寒钙土			1	0–15	灰棕色	中壤土	粒状、块状	8.3	20.5	1.40	0.70	29.2	162	19.0	202	6.7		E 98°51′04.3″ N 38°54′32.8″	82
						2	15–22	灰黄色	中壤土	粒状、块状	8.4	15.2	1.00	0.60	25.4	142	13.0	102	5.3			
剖2	水成土	沼泽土	腐殖质沼泽土			1	0–20	暗棕色	轻壤土	粒状	6.9	280.5	13.20	1.20	21.6	1237	7.0	195	7.4		E 99°07′59.7″ N 38°40′58.2″	93
						2	20–40	棕褐色	重壤土	粒状	6.8	233.4	8.90	0.70	22.1	1126	8.0	84	5.0			
剖3	高山土	草毡土	石灰性草毡土			1	0–5				8.1	45.9	2.20	1.80	28.4	186	8.0	81	17.6		E 99°17′39.8″ N 38°43′08.0″	77
						2	5–21				8.0	46.4	2.20	0.90	26.6		20.0	92	19.1			
						3	21–32				8.1	38.2	1.90	0.70	30.9	173	8.0	72	18.2			
剖4	高山土	草毡土	石灰性草毡土			1	0–6	淡黑色	轻壤土	粒状	6.4	201.9	9.40	1.20	24.6	286	28.0	175	45.3		E 98°31′43.0″ N 38°37′01.9″	76
						2	6–20	暗棕色	中壤土	团块状	6.8	108.9	5.50	1.40	25.9	554	7.0	62	29.2			
						3	20–38	棕褐色	重黏土	鳞片状	6.4	103.8	4.80	1.40	29.0	490	14.0	104	35.9			
						4	38–57	棕灰色	中壤土	片状	6.7	51.0	2.50	1.70	27.4	273	15.0	126	26.1			
剖5	水成土	沼泽土	泥炭沼泽土			1	0–42	暗棕色	中壤土		6.5	305.2	12.30	1.10	23.3	997	5.0	152	65.0		E 98°56′52.1″ N 38°32′08.9″	98
						2	42–60	暗棕灰色	重黏土	片状、块状	6.7	233.0	9.20	7.20	27.7	1386	痕迹	213	48.3			
						3	60–66	黄褐色	砾质砂壤土													
剖6	半水成土	山地草甸土	淋溶山地草甸土			1	0–6	暗棕色	中壤土	粒状、团粒状	7.4	108.2	5.31	0.90	29.6	586	3.0	582	34.2		E 99°49′36.1″ N 38°17′23.6″	90
						2	6–26	棕色	中壤土	粒状、块状	7.6	64.3	3.69	0.80	30.5	315	1.0	126	31.8			
						3	26–45	淡棕色	重黏土	块状	8.1	49.9	2.02	0.70	29.3	197	1.0	107	24.0			
						4	45–68	灰棕色	轻壤土	块状	8.3	25.3	0.86	0.70	24.1	97	1.0	105	9.1			
						5	68–85	棕黄色	轻壤土	块状		14.9	0.70	0.60	20.7	15	3.0	103	3.6			
						6	85–	灰棕色	砂壤土													
剖7	高山土	草毡土	石灰性草毡土			1	0–5	深棕色	砂壤土	团粒状	7.7	118.5	3.30	0.70	25.7	315	17.0	329	19.5		E 100°15′56.9″ N 38°16′05.2″	75
						2	5–30	栗色	砂壤土	粒块状	7.9	21.5	2.10	0.90	27.5	202	痕迹	143	15.6			
						3	30–	棕黄色	砾质砂壤土	块状、团粒状	8.2	12.5	0.20	0.80	19.1	46	痕迹	81	7.6			
剖8	寒冻土	寒冻土	寒冻土			1	0–14				8.3	19.0	0.90	0.90	29.2	155	痕迹	91	11.9		E 100°34′43.0″ N 38°12′49.0″	93
剖9	高山土	草毡土	草毡土			1	0–5		砂壤土	粒状	7.5	181.8	6.80	1.10	21.5	607	痕迹	408	41.3		E 100°37′46.2″ N 38°10′43.0″	94
						2	5–17		砂壤土	小块状	7.8	155.4	5.30	1.00	21.3	471	9.0	298	41.1			
						3	17–28		砂质黏壤土	小块状	8.3	25.7	0.80	0.80	26.5	16	痕迹	214	12.6			
剖10	半淋溶土	灰褐土	淋溶灰褐土			1	0–7	黑棕色	砂壤土	粒状	6.9	236.7	6.90	0.90	26.3	798	2.0	406	61.3		E 99°21′35.3″ N 38°07′21.7″	79
						2	7–33	暗棕色			7.5	96.3	2.80	0.70	33.5	248	1.0	345	34.1			
剖11	钙层土	黑钙土	黑钙土	黑钙土		1	0–5	暗棕色			7.7	150.7	6.90	1.10	26.4	322	痕迹	523	34.0		E 100°35′38.8″ N 38°00′15.1″	97
						2	5–27	青棕色			8.3	58.5	2.60	0.80	30.9	236	痕迹	93	31.7			
						3	27–38	青青灰色			8.4	18.8	0.40	0.60	26.3	46	痕迹	61	7.0			
						4	38–80	暗青黄色			8.5	7.3		0.50	28.4	16	痕迹	71	3.6			
剖12	水成土	沼泽土	草甸沼泽土	洼甸土	草地青泥土	As	0–10		砂壤土	粒状	7.9	149.0	4.50	1.00	16.7	360	痕迹	177	17.8	冲积物	E 100°15′37.8″ N 37°55′23.9″	79
						Ai	10–26		砂壤土	小块状	7.9	103.9	3.90	0.61	19.0	312	痕迹	146	16.9			
						Ahg	26–40		砂质黏壤土	小块状	7.8	99.2	3.40	0.80	15.6	320	痕迹	177	14.7			
						ACu	40–		砂质黏壤土	片状	8.1	60.5	2.20	0.80	15.3	110	痕迹	149	7.9			
剖13	高山土	草毡土	石灰性草毡土			1	0–6	暗青灰色			7.4	151.4	6.10	1.00	25.5	584	9.0	276	37.6		E 100°38′07.8″ N 37°50′42.4″	85
						2	6–18				7.4	145.7	6.30	1.10	21.8	761	6.0	233	4.7			
						3	18–32				7.1	114.9	5.50	4.60	25.1	593	15.0	142	36.0			
						4	32–40				7.5	54.6	2.40	0.80	29.4	271	9.0	126	25.7			

续表 Continued

剖面号 Soil profile	土纲 Soil order	土类 Soil great group	亚类 Soil subgroup	土属 Soil genus	土种 Soil species	土层码 Layer code	土层厚度 Depth/cm	颜色 Soil color	质地 Soil texture	土壤结构 Soil structure	pH	有机质 OM/(g/kg)	全氮 TN/(g/kg)	全磷 TP/(g/kg)	全钾 TK/(g/kg)	碱解氮 AN/(mg/kg)	有效磷 AP/(mg/kg)	速效钾 AK/(mg/kg)	阳离子交换量CEC/(cmol/kg)	土壤母质 Parent material	剖面点坐标 Profile coordinate	匹配指数 Matching index/%
剖14	高山土	草毡土	草毡土	原始草毡土	薄皮土	As	0—5	油黄棕色	壤土	粒状	7.2	51.3	3.50	0.70	25.7	210	9.0	203	24.6	坡积物、残积物	E 100°34′44.8″ N 37°44′20.4″	76
						A	5—14	油黄棕色	黏壤土	粒状	7.7	26.5	1.72	0.60	24.0	86	5.0	144	23.5			
						C	14—27	油黄棕色	黏壤土	粒状	8.6	14.5	0.94	0.50	16.9	38	痕迹	95	14.9			
剖15	钙层土	黑钙土	石灰性黑钙土			1	0—8	暗棕色	轻壤土	粒状	7.8	59.1	2.60	0.80	30.6	343	痕迹	567	16.7		E 101°08′08.2″ N 37°38′04.2″	99
						2	8—29	棕褐色	轻壤土	粒状	8.0	26.3	0.90	0.70	28.5	256	痕迹	142	12.8			
						3	29—47	灰黑色	轻壤土	粒状、团块状	8.1		1.30	0.70	32.6	163	8.0	153	19.6			
						4	47—73	棕红色	黏壤土	粒状、块状	8.2	24.5	0.90	0.60	33.0	102	痕迹	129	1.3			

海晏县

主要土类说明

草毡土是海晏县主要土壤类型，占本县地域面积的38%。草毡土是发生于高寒区（青藏高原）平缓高原面上，具强度生草腐殖质积累与弱度氧化还原特征的高山土壤。由于寒冻，蒿草根累积并弱度分解，该土壤呈草毡状。土体滞水，冻融交替，弱度氧化还原交替进行，造成该土壤氧化铁微弱游离。

栗钙土是海晏县第二大土壤类型，占本县地域面积的18%。栗钙土是在温带半干旱草原下形成的具有栗色腐殖质层和灰白色钙积层的土壤。该土壤表层为栗色腐殖质层，厚20—30cm，有机质含量为15—45g/kg。其下，灰白色钙积层发育明显，钙积层见于20—30cm深处，厚20—40cm，呈斑点状或层状积钙。石膏及易溶盐局部聚积。

黑钙土是海晏县第三大土壤类型，占本县地域面积的15%。黑钙土是在温带半湿润草甸草原下形成的具深厚均腐殖质层和碳酸钙淋溶淀积层的土壤。该土壤均腐殖质层厚50cm左右，有机质含量为50—80g/kg。其下，钙积层明显。土壤表层pH为7.0，逐渐往下pH为8.0—8.5。冬季冻土层厚1.3—1.5m。

风沙土占海晏县地域面积的6%。风沙土发生于半干旱、干旱漠境地区及滨海地区，是风沙移动堆积形成的多种形态的风沙沉积。由于成土时间短暂，无剖面发育，具C、（A）-C或A-C剖面构型，反映了风沙流动堆积与固定的不同阶段。

沼泽土占海晏县地域面积的4%。沼泽土分布区地势低洼，长期地表积水，喜湿植被生长。该土壤有机质累积量大，还原作用强烈，具有潜育层。土体的泥炭层或腐泥层厚度小于50cm，剖面构型为泥炭状有机质层－潜育层。

小于本县地域面积3%的土壤类型还有山地草甸土等。

本区域中心区气候特征

本区域中心区气候特征值
Regional climate characteristics in central area of the region

气候带：高原亚寒带亚湿润气候 Climate region: Plateau sub frigid sub humid climate	
年平均气温 /℃ Annual average temperature /℃	2.4
年平均最高气温 /℃ Annual average maximum temperature /℃	9.9
年平均最低气温 /℃ Annual average minimum temperature /℃	−3.5
年降水量 /mm Annual precipitation /mm	371
≥10℃的积温 /℃ Daily temperature accumulated in a year（≥10℃）/℃	1098
年日照时数 /h Annual sunshine /h	2875
年平均相对湿度 /% Annual average relative humidity /%	54
干燥度 Dryness	0.52

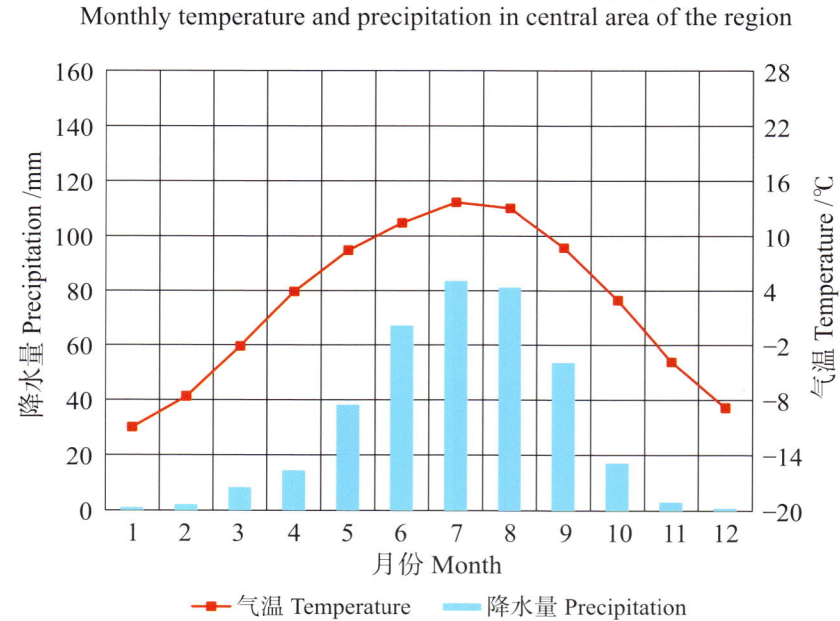

本区域中心区月平均气温与月平均降水量
Monthly temperature and precipitation in central area of the region

海晏县主要土壤类型与土壤剖面点分布图
1:400 000

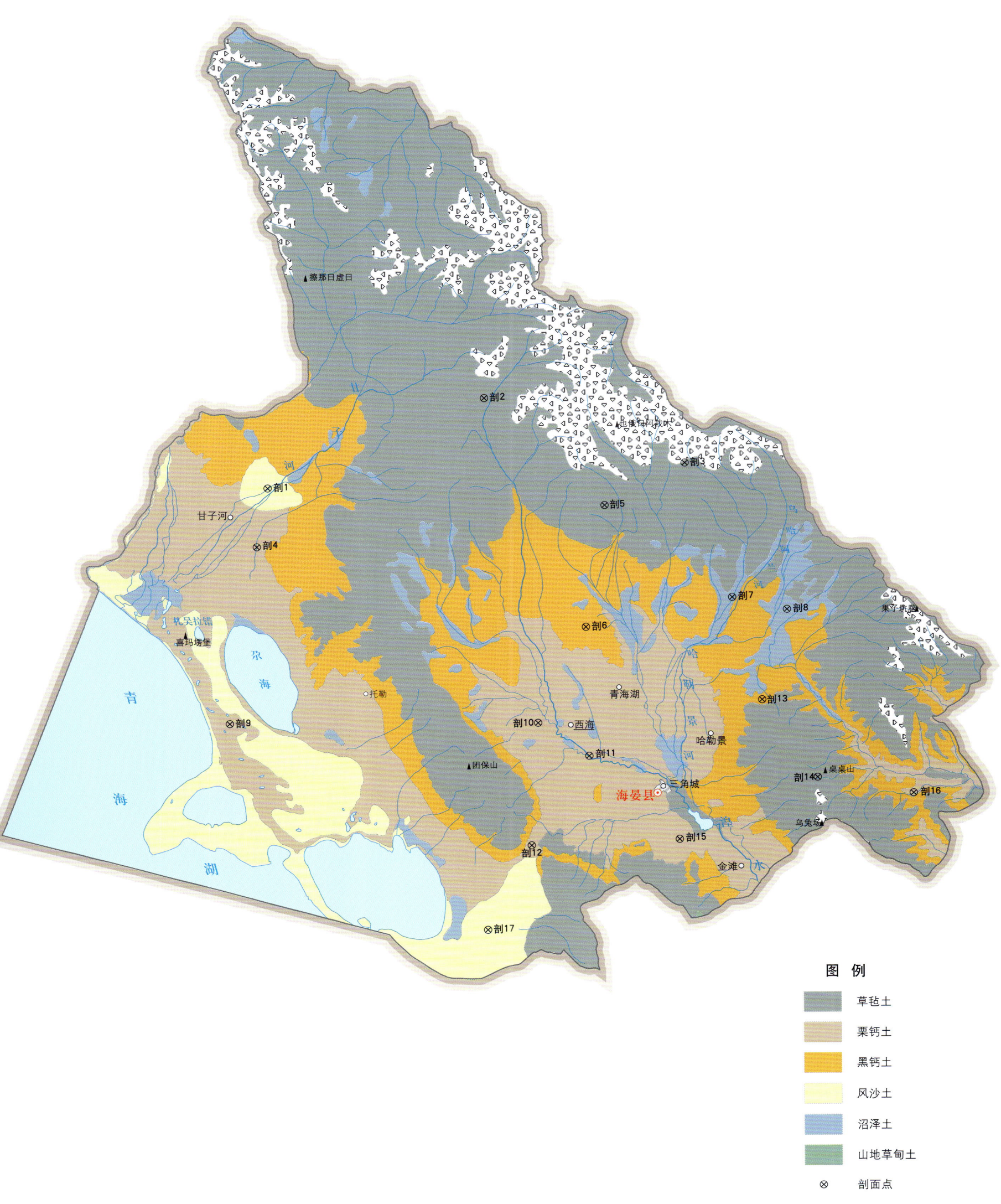

海晏县土壤剖面理化性状表

剖面号 Soil profile	土纲 Soil order	土类 Soil great group	亚类 Soil subgroup	土属 Soil genus	土层码 Layer code	土层厚度 Depth/cm	颜色 Soil color	质地 Soil texture	土壤结构 Soil structure	pH	有机质 OM/(g/kg)	全氮 TN/(g/kg)	全磷 TP/(g/kg)	全钾 TK/(g/kg)	阳离子交换量 CEC/(cmol/kg)	土壤母质 Parent material	剖面点坐标 Profile coordinate	匹配指数 Matching index/%
剖1	初育土	风沙土	风沙土		1	0—30		松砂土								风积物	E 100°34′31.4″ N 37°10′34.3″	81
					2	30—80		松砂土										
剖2	高山土	草毡土	棕草毡土		1	0—25	深褐色	轻壤土	粒状	8.2	93.5	5.15	0.71	17.3	41.1		E 100°48′39.8″ N 37°15′09.5″	76
					2	25—128	棕褐色	轻壤土	粒状	8.7	24.4	1.23	0.52	18.3	1.4			
					3	128—165	深褐色	中壤土	块状	8.4	51.0	2.58	0.54	18.1	29.7			
剖3	高山土	草毡土	棕草毡土		1	0—30		中壤土									E 101°01′31.6″ N 37°11′29.5″	100
					2	30—50		中壤土										
					3	50—75		轻壤土										
剖4	钙层土	栗钙土	栗钙土		1	0—18		中壤土									E 100°33′44.6″ N 37°07′25.3″	74
					2	18—62		重壤土										
					3	62—93		中壤土										
剖5	高山土	草毡土	草毡土		1	0—15	暗棕褐色	重壤土	小粒状	8.0	91.8	5.34	0.86	31.8	28.1	洪积石砾夹黄土	E 100°56′16.4″ N 37°09′18.0″	75
					2	15—77	棕褐色	重壤土	块状	8.3	55.8	3.12	0.64	23.9	19.3			
					3	77—95	黄褐色	重壤土	块状	8.4	12.3	0.95	0.64	25.2	9.4			
剖6	钙层土	黑钙土	黑钙土		1	0—22	暗棕褐色	中壤土	粒状	8.2	80.3	4.18	0.58	24.9	28.0	坡积物	E 100°54′52.2″ N 37°02′47.4″	71
					2	22—68	棕褐色	中壤土	粒状	8.7	63.3	3.33	0.58	24.9	25.0			
					3	68—150	淡栗色	中壤土	块状	8.7	7.9	0.36	0.58	19.1	9.4			
剖7	水成土	沼泽土	草甸沼泽土		1	0—25	暗棕褐色	轻壤土									E 101°04′21.7″ N 37°04′12.0″	82
					2	25—42		中壤土										
					3	42—65		中壤土										
剖8	水成土	沼泽土	草甸沼泽土		1	0—14	暗棕褐色		无明显结构	6.1	209.6	14.76	1.00	20.5	46.9		E 101°07′52.3″ N 37°03′28.8″	77
					2	14—50	棕褐色			6.0	301.1	14.17	0.88	27.0	38.9			
剖9	钙层土	栗钙土	淡栗钙土		1	0—20	黄褐色	砂壤土		8.4	19.8	1.25	0.56	16.0	7.7		E 100°31′44.5″ N 36°57′59.2″	88
					2	20—82	深黄褐色	砂壤土		8.7	9.7	0.58	0.49	16.0	5.6			
					3	82—105	棕黄色	砂壤土		8.9	6.7	0.40	0.49	21.4	4.6			
剖10	钙层土	栗钙土	栗钙土		1	0—26	暗棕褐色	中壤土	小粒状	8.6	37.7	2.28	0.70	21.7	13.3		E 100°51′36.7″ N 36°57′42.8″	72
					2	26—53	棕褐色	中壤土	块状	8.6	25.1	1.92	0.70	17.9	13.3			
					3	53—80	黄褐色	轻壤土	粒状	8.8	12.6	0.61	0.70	18.2	6.1			
剖11	钙层土	栗钙土	淡栗钙土		1	0—30		砂壤土									E 100°54′52.2″ N 36°55′52.3″	77
					2	30—85		砂壤土										
剖12	钙层土	栗钙土	暗栗钙土		1	0—31	棕褐色	中壤土	粒状块状	8.1	51.3	3.27	0.60	25.9	18.4		E 100°51′00.7″ N 36°51′06.5″	83
					2	31—55	暗棕褐色	重壤土	棱块状	8.5	24.3	1.89	0.60	24.3	11.7			
					3	55—100	黄褐色	轻壤土	块状	8.8	29.0	0.90	0.60	19.9	16.8			
剖13	钙层土	黑钙土	黑钙土		1	0—23		重壤土									E 101°06′06.5″ N 36°58′41.9″	91
					2	23—55		重壤土										
					3	55—185		重壤土										
剖14	高山土	草毡土	草毡土		1	0—12		中壤土									E 100°54′52.2″ N 36°55′25.2″	87
					2	12—32		中壤土										
					3	32—75		重壤土										
					4	75—180		中壤土										
剖15	钙层土	栗钙土	栗钙土	耕种栗钙土	1	0—24		中壤土									E 101°00′32.8″ N 36°51′16.6″	95
					2	24—60		重壤土										
					3	60—122		中壤土										

续表 Continued

剖面号 Soil profile	土纲 Soil order	土类 Soil great group	亚类 Soil subgroup	土属 Soil genus	土层码 Layer code	土层厚度 Depth/cm	颜色 Soil color	质地 Soil texture	土壤结构 Soil structure	pH	有机质 OM/(g/kg)	全氮 TN/(g/kg)	全磷 TP/(g/kg)	全钾 TK/(g/kg)	阳离子交换量CEC/(cmol/kg)	土壤母质 Parent material	剖面点坐标 Profile coordinate	匹配指数 Matching index/%
剖16	钙层土	栗钙土	暗栗钙土		1	0—10		中壤土									E 101°15′41.4″ N 36°53′26.9″	74
					2	10—80		重壤土										
					3	80—110		中壤土										
剖17	初育土	风沙土	风沙土		1	0—22				8.9	6.7	0.27	0.38	15.3	2.1	风积物	E 100°48′03.6″ N 36°46′40.8″	79
					2	22—116				8.9	5.7	0.29	0.40	11.7	2.5			
					3	116—151				8.7	8.6	0.48	0.42	14.7	4.5			
					4	151—220				8.8	1.7	0.25	0.38	15.3	3.2			

刚 察 县

主要土类说明

草毡土是刚察县主要土壤类型，占本县地域面积的34%。草毡土是发生于高寒区（青藏高原）平缓高原面上，具强度生草腐殖质积累与弱度氧化还原特征的高山土壤。由于寒冻，蒿草根累积并弱度分解，该土壤呈草毡状。土体滞水，冻融交替，弱度氧化还原交替进行，造成氧化铁微弱游离。土体构型为$As-A_1-（AB）BC-C（D）$，剖面厚度为50—80cm。成土母质为坡积物、残积物或冰碛物。

沼泽土是刚察县第二大土壤类型，占本县地域面积的28%，南起青海湖岸，北至大通河边，在山地、沟谷、湖滨平原的低洼地以及湖岸地区的低地均有分布，主要分布于各主要河流的发源地及青海湖岸低地等。该土壤分布于平缓的分水岭、碟形洼地、河道和泉水两边的低地及湖岸周围排水不良的地区，是隐域性的水成土壤，主要受冻土层和过多地表水影响。青海湖岸、滩地、低地及河谷地两岸，由于地形低洼，地表水多，地下水位高，生长湿生植物。在海拔3700m以上的山地、默勒地区，年均降水量为490—520mm，沼泽土是在地势高寒、降水充沛情况下形成的。土体构型为$As-（A）-Bg$（锈斑层）$-G$（潜育层）。草本植物覆盖度高，表层根系密布。潜育层剖面下部常年处于积水状态。土层的下部有永冻层，土层的上部有泥炭层，泥炭层厚度为30—60cm。

栗钙土是刚察县第三大土壤类型，占本县地域面积的21%，主要分布在湖滨平原以及丘陵地的前沿地带，属半干旱的大陆性气候，年均降水量为320—370mm。土体构型为$Ah-Bk-Ck$。土壤腐殖质层呈粒状结构，疏松、质地均一。通层有石灰反应，表层有强石灰反应。有机质层呈栗色或灰棕色，有机质含量不及草毡土、山地草甸土、黑钙土，整个土层呈碱性。成土母质为黄土物质。有些地区受地下水作用，脱离地下水影响时间短，在剖面内仍残留有潜育特征的锈纹、锈斑。栗钙土地区植被属草原植被类型，由旱生多年生植被组成，以丛生禾草为主，其次为根茎型草类，莎草科及其他杂类草植物也占一定的比例。除山地阳坡有少量的金露梅生长外，滩地和丘陵地不见灌丛和森林。

小于本县地域面积3%的土壤类型还有黑钙土等。

本区域中心区气候特征

本区域中心区气候特征值
Regional climate characteristics in central area of the region

气候带：高原亚寒带亚干旱气候 Climate region: Plateau sub frigid sub arid climate	
年平均气温 /℃ Annual average temperature /℃	0.9
年平均最高气温 /℃ Annual average maximum temperature /℃	8.1
年平均最低气温 /℃ Annual average minimum temperature /℃	−5.0
年降水量 /mm Annual precipitation /mm	330
≥10℃的积温 /℃ Daily temperature accumulated in a year（≥10℃）/℃	784
年日照时数 /h Annual sunshine /h	3032
年平均相对湿度 /% Annual average relative humidity /%	52
干燥度 Dryness	0.76

本区域中心区月平均气温与月平均降水量
Monthly temperature and precipitation in central area of the region

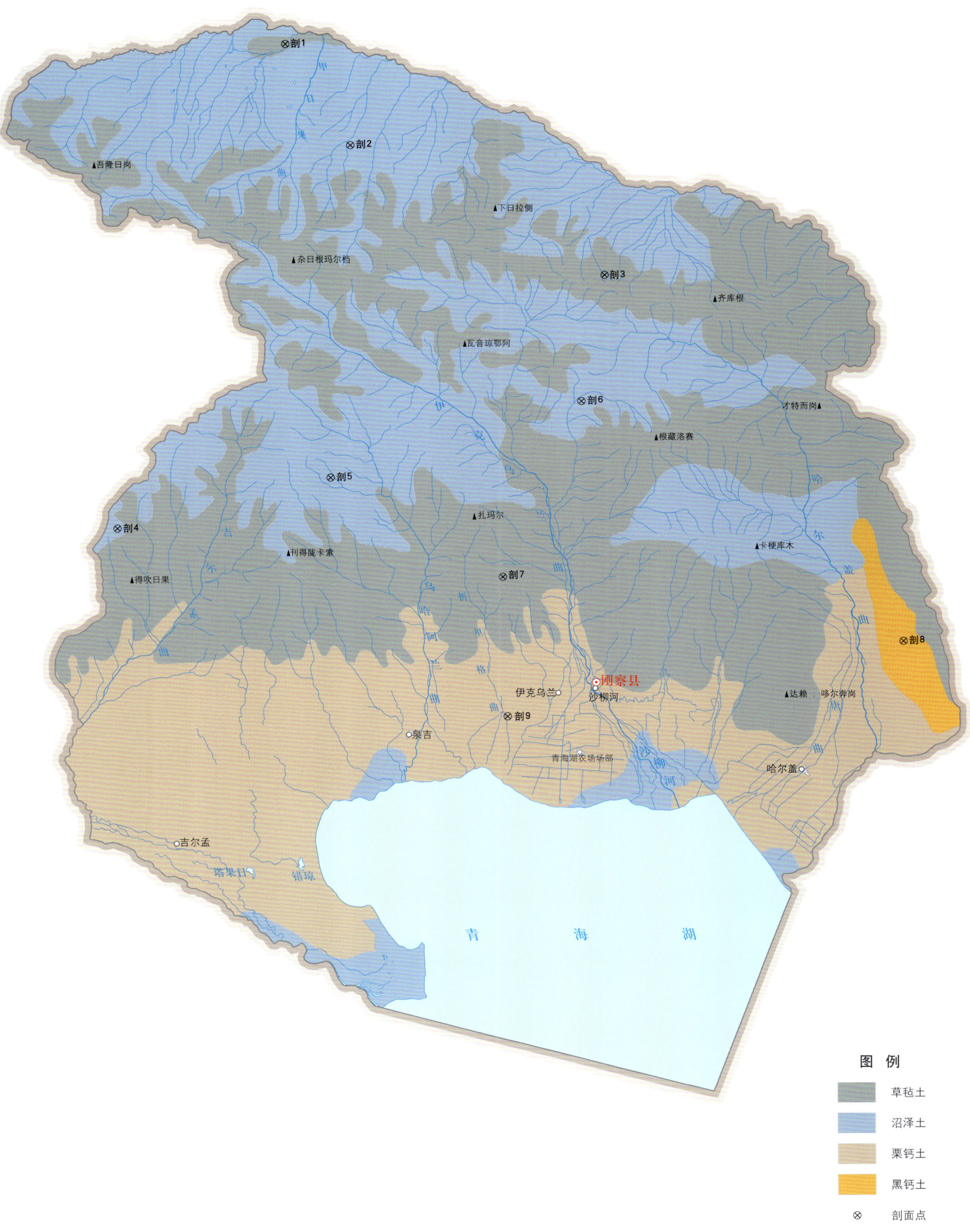

刚察县土壤剖面理化性状表

剖面号 Soil profile	土纲 Soil order	土类 Soil great group	亚类 Soil subgroup	土属 Soil genus	土种 Soil species	土层码 Layer code	土层厚度 Depth/cm	颜色 Soil color	质地 Soil texture	土壤结构 Soil structure	pH	有机质 OM/(g/kg)	全氮 TN/(g/kg)	全磷 TP/(g/kg)	全钾 TK/(g/kg)	碱解氮 AN/(mg/kg)	有效磷 AP/(mg/kg)	速效钾 AK/(mg/kg)	阳离子交换量 CEC/(cmol/kg)	土壤母质 Parent material	剖面点坐标 Profile coordinate	匹配指数 Matching index/%
剖1	高山土	草毡土	石灰性草毡土	石灰性草毡土		As	0—9	淡黑色	轻壤土	粒状	7.9	122.4	6.35	0.52	24.2	578	6.0	207	46.5		E 99°43′25.0″ N 38°02′27.2″	91
						Ai	9—34	黑灰色	轻壤土	粒状、块状	8.2	75.4	4.31	0.53	21.4	346	1.0	108	34.4			
						Ahk	34—58	暗棕灰色	砂壤土	块状	8.2	49.1	2.75	0.51	23.2	241	痕迹	104	28.0			
						A/Ck	58—82	棕灰色	中壤土	块状	9.5	13.9	1.29	0.47	21.1	84	痕迹	82	15.6			
						Ck	82—95	棕黄色	少砾轻砂壤土		8.7	5.4	0.66	0.41	20.9	30	痕迹	81	11.9			
剖2	水成土	沼泽土	草甸沼泽土	山地草甸沼泽土		1	0—13		紧砂壤土		6.2	267.9	9.74	0.80	19.6	829	4.0	185	56.2		E 99°48′38.9″ N 37°55′39.4″	86
						2	13—37		中壤土		7.5	40.4	0.86	0.52	26.0	48	1.0	136	17.7			
						3	37—															
剖3	高山土	草毡土	草毡土	蚀余草毡土		1	0—18	暗棕灰色	轻壤土	粒状	7.4	59.1	3.16	0.59	28.3	293	12.0	144	27.5		E 100°09′10.8″ N 37°46′51.2″	70
						2	18—35	暗棕灰色	中壤土	粒状、块状	7.5	52.4	2.52	0.55	25.9	250	14.0	92	26.5			
剖4	水成土	沼泽土	泥炭沼泽土			1	0—40	棕褐色	紧砂土		6.0	241.0	10.96	0.55	21.0	793	3.0	127	18.0		E 99°29′29.1″ N 37°30′08.7″	95
						2	40—	暗青灰色	中壤土	片状	6.3	60.3	1.91	0.50	24.0	205	1.0	182	25.0			
剖5	水成土	沼泽土	泥炭沼泽土			1	0—8		紧砂土		6.5	282.7	12.61	1.18	22.2	897	10.0	140	61.8		E 99°46′47.6″ N 37°33′26.6″	87
						2	8—25		紧砂土		3.9	238.9	11.43	0.93	19.3	847	1.0	165	5.4			
剖6	水成土	沼泽土	草甸沼泽土	滩地草甸沼泽土		1	0—7		砂壤土		8.6	138.5	8.57	1.10	16.9	570	1.0	383	48.2		E 100°07′09.8″ N 37°38′24.0″	86
						2	7—55		少砾中壤土		8.6	103.1	5.43	0.59	12.6	547	2.0	69	29.3			
						3	55—107		少砾重壤土		8.0	28.8	1.85	0.65	16.3	95	1.0	94	21.6			
剖7	高山土	草毡土	石灰性草毡土	淋淀石灰性草毡土		1	0—8	黑灰色	轻壤土	粒状	7.8	114.1	5.92	0.56	26.6	461	12.0	171	44.2		E 100°00′36.4″ N 37°26′42.7″	84
						2	8—44	棕灰色	中壤土	粒状、块状	8.4	46.0	3.18	0.54	26.6	263	12.0	103	28.1			
						3	44—60	棕黄色	砂壤土	粒状、块状	8.6	9.8	0.78	0.41	24.9	48	8.0	62	15.3			
剖8	钙层土	黑钙土	石灰性黑钙土	火黑泥砂土	刚察黄黑土	Ah	0—33	灰黄棕色	壤土	块状	8.1	62.0	3.62	0.27	18.4	246		506		洪冲积物	E 100°32′52.4″ N 37°22′03.0″	79
						AhBk	33—52	浊黄棕色	砂质黏壤土	块状	8.4	38.0	2.35	0.24	17.3	167		241				
						Bk	52—69	暗黄棕色	少砾轻壤土	团粒状	8.2	11.4	0.86	0.25	16.8	55		36				
剖9	钙层土	栗钙土	暗栗钙土	耕种暗栗钙土	薄层耕种暗栗钙土	1	0—20	栗色	砂壤土	块状	8.3	34.9	3.89	0.69	24.0	221	7.0	180	29.3		E 100°00′50.4″ N 37°17′22.2″	89
						2	20—30	棕色	少砾中壤土	粒状	8.4	35.8	2.41	0.46	22.7	201	1.0	95	24.5			
						3	30—	青灰色														

黄南藏族自治州

同 仁 市

主要土类说明

山地草甸土是同仁市主要土壤类型，占本市地域面积的37%，主要分布于海拔3400—3600m的中山、中高山的高山坡下部。土体构型为As-A-C-D。土壤腐殖质层厚，厚的在1m以上。有机质含量在110g/kg左右，草皮层薄而疏松，土层厚度为60—120cm。剖面呈中性至弱碱性，钙积层不太明显，土体具粗骨性。

草毡土是同仁市第二大土壤类型，占本市地域面积的32%。草毡土是发生于高寒区（青藏高原）平缓高原面上，具强度生草腐殖质积累与弱度氧化还原特征的高山土壤。由于寒冻，蒿草根累积并弱度分解，该土壤呈草毡状。土体滞水，冻融交替，弱度氧化还原交替进行，造成该土壤氧化铁微弱游离。土体构型为As-A₁-（AB）BC-C（D），剖面厚度为50—80cm。

黑钙土是同仁市第三大土壤类型，占本市地域面积的13%，分布于山地草甸土下沿的隆务河、浪加河两侧及尕日加曲、大南曼河中段、羊智河中。土体构型为A-AB-C。腐殖质层厚10—60cm，呈黑色或黑灰色，有机质含量为80—120g/kg。钙积层处于30—90cm处，有白色假菌丝新生体。土体表层无或弱石灰反应，中层碳酸钙含量为8%—20%。

栗钙土占同仁市地域面积的11%，主要分布于海拔2500—3000m的中山、低中山地带，其分布区属半干旱草原气候。土体构型为Ah-Bk-Ck。该土壤腐殖质层呈粒状结构，疏松、质地均一，厚20—45cm。钙积层处于20—55cm处，厚25—60cm，呈假菌丝或白斑点状，碳酸钙含量为10%—20%。质地以中壤为主。

灰褐土占同仁市地域面积的4%，主要分布于海拔2700—3600m的低中山、中山坡地区的兰采、西卜沙、双朋西林区，所处地区气候属湿润或半干旱。土体构型为Ao-A-AB-C。Ao层有机质含量可达100g/kg。下见暗色腐殖质层，有弱黏淀特征。pH为7.0—8.0。质地为石质性重壤土。

小于本市地域面积3%的土壤类型还有灌淤土、沼泽土、黑毡土。

本区域中心区气候特征

本区域中心区气候特征值
Regional climate characteristics in central area of the region

气候带：高原亚温带亚湿润气候 Climate region: Plateau sub temperate sub humid climate	
年平均气温 /℃ Annual average temperature /℃	2.8
年平均最高气温 /℃ Annual average maximum temperature /℃	11.5
年平均最低气温 /℃ Annual average minimum temperature /℃	-3.7
年降水量 /mm Annual precipitation /mm	466
≥10℃的积温 /℃ Daily temperature accumulated in a year (≥10℃) /℃	1232
年日照时数 /h Annual sunshine /h	2560
年平均相对湿度 /% Annual average relative humidity /%	60
干燥度 Dryness	0.39

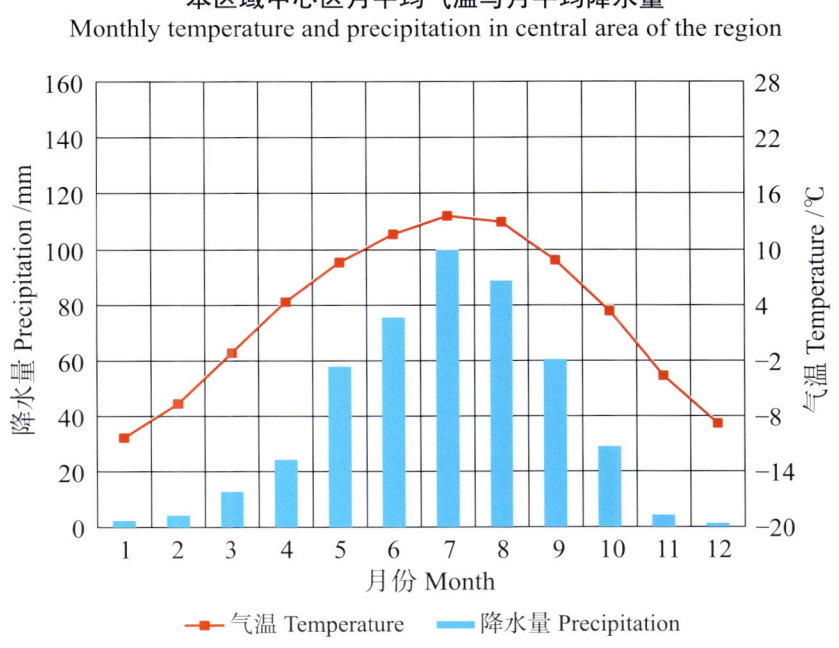

本区域中心区月平均气温与月平均降水量
Monthly temperature and precipitation in central area of the region

同仁县主要土壤类型与土壤剖面点分布图
1∶330 000

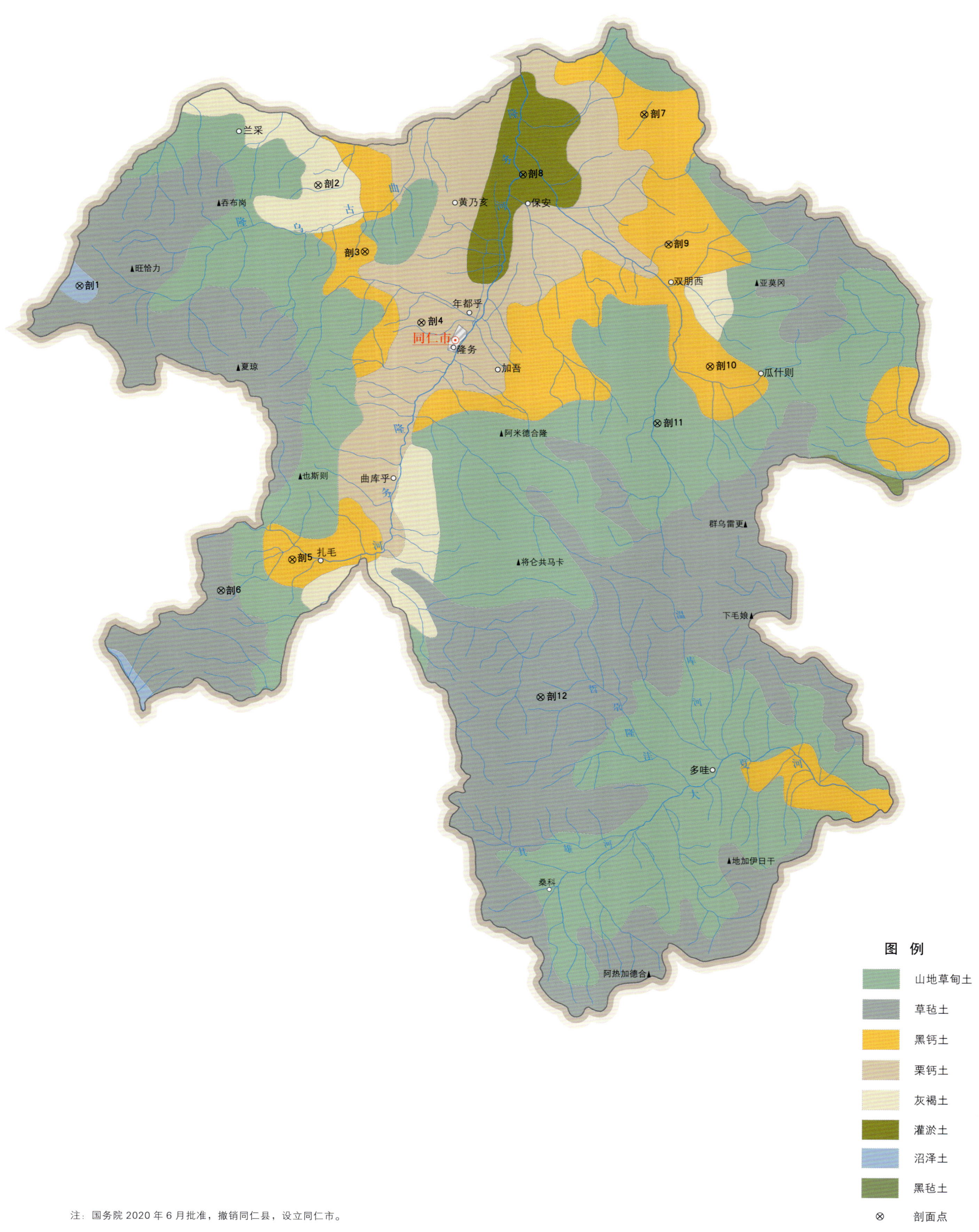

注：国务院 2020 年 6 月批准，撤销同仁县，设立同仁市。

图例：山地草甸土、草毡土、黑钙土、栗钙土、灰褐土、灌淤土、沼泽土、黑毡土、⊗ 剖面点

同仁市土壤剖面理化性状表

剖面号	土纲	土类	亚类	土属	土种	土层码	土层厚度/cm	颜色	质地	土壤结构	pH	有机质(g/kg)	全氮(g/kg)	全磷(g/kg)	全钾(g/kg)	碱解氮(mg/kg)	有效磷(mg/kg)	速效钾(mg/kg)	阳离子交换量CEC(cmol/kg)	土壤母质	剖面点坐标	匹配指数/%
剖1	水成土	沼泽土	腐泥沼泽土			1	0—7	淡灰色	重壤土	块状											E 101°40′32.5″ N 35°32′43.8″	89
						2	7—17	紫灰色	重壤土	块状	8.3	8.0	0.43	0.58	18.3	35	6.1	82	1.2			
						3	17—24	青灰色	黏土	片状	8.6	12.1	0.41	0.65	14.0	25	痕迹	91	9.2			
						4	24—53	紫灰色	砂壤土	块状	8.6	14.5	0.43	0.64	16.8	21	1.0	94	14.5			
						5	53—	青灰色	黏土													
剖2	半淋溶土	灰褐土	淋溶灰褐土			1	0—15	黑棕色	重壤土	团块状	7.5	193.1	7.45	0.92	25.5	354	18.7	390			E 101°53′01.0″ N 35°37′36.5″	87
						2	15—37	栗色	重壤土	粒状	7.7	79.2	2.23	0.54	28.2	154	1.8	164	25.3			
						3	37—	暗棕色	重壤土	粒状	7.8	99.2	3.67	0.76	24.9	57	3.6	95	27.2			
剖3	钙层土	黑钙土	黑钙土	耕种黑钙土	砂质黑土	1	0—19	暗棕色	中壤土	粒状	8.7	29.1	1.82	1.21	13.3	144	19.7	288	28.8		E 101°55′36.5″ N 35°34′40.1″	81
						2	19—32	棕灰色	中壤土	块状	8.6	29.6	1.73	1.21	12.9	124	1.1	245				
						3	32—	棕灰色	中壤土	块状	8.7	23.2	1.36	1.04	13.3	104	3.4	271				
剖4	钙层土	栗钙土	灌淤型栗钙土	灌淤型黄土	黄麻砂土	1	0—20	暗黄棕色	砂壤土	粒状	8.4	20.4	1.37	0.81	19.2	42	7.5	214	11.2		E 101°58′43.3″ N 35°31′32.2″	74
						2	20—60	紫棕色	砂土	粒状	8.7	6.0	0.91	0.71	20.6	35	0.5	172	13.3			
						3	60—90	淡棕色	砂土	粒状	8.3	23.0	1.33	0.83	20.7	53	0.5	347	17.5			
剖5	钙层土	黑钙土	黑钙土			1	0—12	暗棕色	重壤土	团粒状	8.4	102.4	5.68	0.79	18.8	366	7.3	158	37.6		E 101°52′18.8″ N 35°20′42.0″	76
						2	12—34	暗棕灰色	中壤土	粒状	8.7	76.4	4.62	0.85	19.2	308	3.6	70	29.5			
						3	34—76	紫色	中壤土	块状	8.8	19.9	1.96	0.59	17.0	147	1.3	70	19.6			
						4	76—	红棕色	轻壤土	块状	8.8	4.9	0.28	0.70	25.4	105	0.8	63	6.6			
剖6	高山土	草毡土	棕草毡土			1	0—12	暗棕色	中壤土	粒状	7.8	129.9	6.01	0.85	17.7	405	3.8	276	47.2		E 101°48′35.6″ N 35°19′12.7″	98
						2	12—16	暗黄棕色	中壤土	团粒状	7.2	115.6	2.66	0.85	21.7	181	6.0	127	46.0			
						3					7.9	62.8	3.61	0.92	19.3	305	7.8	206	3.7			
剖7	钙层土	黑钙土	淋溶黑钙土	耕种淋溶黑钙土	油黑土	1	0—15	深褐色	重壤土	片状	8.0	72.2	4.23	1.06	19.0	342	7.6	273	32.4		E 102°10′12.0″ N 35°41′11.0″	89
						2	15—25	褐色	中壤土	块状	8.3	34.2	1.80	0.69	19.0	139	痕迹	138	2.1			
						3	25—44		重壤土	块状	8.3	25.2	1.47	0.67	16.6	124	18.3	92	17.7			
						4	44—80	灰黄棕色	壤质黏土	团粒状	8.3	35.1	1.27	1.05	28.1	130		800	13.7			
剖8	灌淤土	灌淤土	灌淤土	薄层灌淤土	薄层黑黏淤土	A_{11}	0—18	灰黄棕色	壤质黏土	片状	8.4	31.4	0.93	0.82	17.9	133	2.5	407	11.9	冲积物、淤积物	E 102°03′51.8″ N 35°38′20.8″	100
						A_{12}k	18—30	灰黄棕色	壤质黏土	片状	8.5	27.1	0.88	0.83	18.6	81	4.2	285	1.7			
						ACk	30—90	灰黄棕色	中壤土	块状	8.5	32.8	1.00	0.74	17.8	119	0.8	275	12.7			
						Cb	90—150	栗色	重壤土	团粒状	8.0	31.8	1.75	0.70	19.5	90	5.6	68	22.2			
剖9	钙层土	黑钙土	黑钙土	耕种黑钙土	黄黑土	1	0—16	栗色	重壤土	片状	8.2	29.0	1.73	0.65	20.7	88	1.7	52	24.4		E 102°11′42.0″ N 35°35′22.6″	73
						2	16—23	暗棕色	中壤土	块状、粒状	8.2	33.4	1.58	0.61	21.1	88	1.7	67	21.9			
						3	23—50	暗棕色	中壤土	块状、粒状	8.2	7.9	0.76	0.62	16.4	81	0.8	48	21.7			
						4	50—80	暗黄棕色	重壤土	粒状	8.2	150.6	6.84	0.80	20.6	514	7.0	171	51.7			
剖10	钙层土	黑钙土	淋溶黑钙土	山地淋溶黑钙土	淋溶黑钙土	1	0—13	暗黄棕色	重壤土	粒状	8.2	79.1	3.65	0.54	19.9	179	1.3	48	33.7		E 102°14′06.0″ N 35°29′56.8″	73
						2	13—34	暗黄棕色	重壤土	块状、粒状	7.9	61.4	2.76	0.53	22.2	53	2.1	33	32.4			
						3	34—57	棕灰色	重壤土	粒状	8.2	139.5	6.08	0.96	17.7	410	1.5	215	36.2			
剖11	半水成土	山地草甸土	山地草甸土			1	0—10	棕灰色	重壤土	块状、粒状	7.0	69.9	3.85	0.83	17.9	265	痕迹	163	36.0		E 102°11′23.6″ N 35°27′20.5″	95
						2	10—20	棕灰色	重壤土	块状、粒状	7.1	47.5	2.52	0.71	18.8	207	痕迹	98	32.4			
						3	20—50	灰棕色	重壤土	粒状	6.6	137.0	5.87	1.38	21.8	299	4.4	189	42.3			
剖12	高山土	草毡土	草毡土			1	0—9	棕灰色	重壤土	块状	6.2	101.1	5.48	1.30	18.7	342	1.3	163	35.5		E 102°05′41.4″ N 35°14′51.9″	79
						2	9—27	棕灰色	重壤土	块状	6.0	99.6	3.92	1.08	18.9	268	4.2	119	32.6			
						3	27—47	紫棕色	重壤土	鳞片状												
						4	47—75	紫棕色	重壤土	片状	6.1	50.6		1.05	20.4	102	痕迹	96	23.3			

尖 扎 县

主要土类说明

山地草甸土是尖扎县主要土壤类型，占本县地域面积的31%。山地草甸土垂直带处于黑钙土和草毡土之间，土体构型为As-A-C-D。土壤腐殖质层厚的在1m以上。成土母质为残积物、坡积物、冰碛物及黄土等。

栗钙土是尖扎县第二大土壤类型，占本县地域面积的20%。土体构型为Ah-Bk-Ck。其表层栗色的腐殖质层呈粒状结构，疏松、质地均一，厚度在20—45cm。成土母质多为黄土、次生黄土。

草毡土是尖扎县第三大土壤类型，占本县地域面积的17%。草毡土是发生于高寒区（青藏高原）平缓高原面上，具强度生草腐殖质积累与弱度氧化还原特征的高山土壤。由于寒冻，蒿草根累积并弱度分解，该土壤呈草毡状。土体滞水，冻融交替，弱度氧化还原交替进行，造成该土壤氧化铁微弱游离。土体构型为$As-A_1-(AB)BC-C（D）$，剖面厚度为50—80cm。成土母质为坡积物、残积物或冰碛物。

灰褐土占尖扎县地域面积的13%，是森林植被下发育成的土壤。土体构型为Ao-A-AB-C。成土母质主要为黄土、黄土性物质及多种岩石风化坡积物、残积物等。

灰钙土占尖扎县地域面积的12%，是垂直地带中荒漠草原景观下的土类，主要分布在黄河谷地的山前洪积扇、阶地和丘陵。该土壤地表覆盖有粗细不一的石子或砂粒。低洼平坦或风蚀较弱的地方，地表有厚0.2—0.5cm的假结皮，地衣与藓类常着生。土体构型为A-B-C。腐殖质层薄而不明显。剖面发育微弱，有机质在剖面中扩散分布且含量低。成土母质为黄土状物质和洪冲积物，也有古红土和各种基岩风化物。黄土母质发育的灰钙土质地多为轻壤至中壤土。植被有骆驼蓬、枸杞、旱生小灌丛及耐旱蒿等，还有地衣、藓类、发菜等植物。

黑钙土占尖扎县地域面积的7%，主要分布在能科、措周、贾加、多加、直岗拉卡和坎布拉等乡镇。土体构型为A-AB-C。其腐殖质层深厚、松软，呈黑褐色或暗灰棕色。剖面厚度为50—100cm。成土母质多为黄土、坡积物等。

本区域中心区气候特征

本区域中心区气候特征值
Regional climate characteristics in central area of the region

气候带：高原亚温带亚湿润气候 Climate region: Plateau sub temperate sub humid climate	
年平均气温 /℃ Annual average temperature /℃	3.5
年平均最高气温 /℃ Annual average maximum temperature /℃	11.8
年平均最低气温 /℃ Annual average minimum temperature /℃	-2.9
年降水量 /mm Annual precipitation /mm	434
≥10℃的积温 /℃ Daily temperature accumulated in a year (≥10℃) /℃	1397
年日照时数 /h Annual sunshine /h	2619
年平均相对湿度 /% Annual average relative humidity /%	58
干燥度 Dryness	0.52

本区域中心区月平均气温与月平均降水量
Monthly temperature and precipitation in central area of the region

尖扎县主要土壤类型与土壤剖面点分布图
1 : 200 000

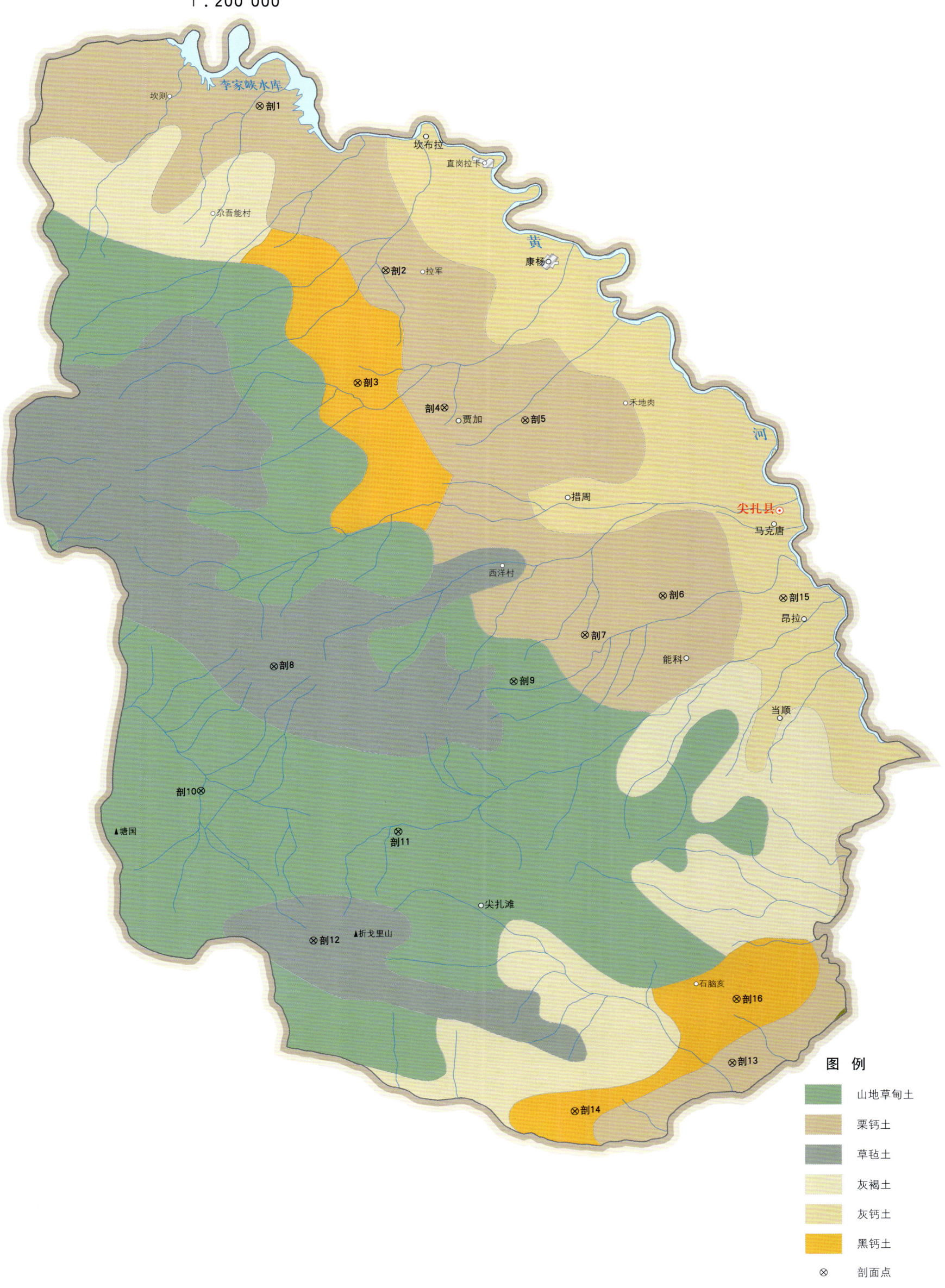

尖扎县土壤剖面理化性状表

剖面号	土纲	土类	亚类	土属	土种	土层码	土层厚度/cm	颜色	质地	土壤结构	pH	有机质/(g/kg)	全氮/(g/kg)	全磷/(g/kg)	全钾/(g/kg)	碱解氮/(mg/kg)	有效磷/(mg/kg)	速效钾/(mg/kg)	阳离子交换量CEC/(cmol/kg)	土壤母质	剖面点坐标	匹配指数/%
剖1	钙层土	栗钙土	栗钙土	白黄土	大白土	1	0–16	黄白色	轻壤土	团块状	8.4	4.5	0.35	0.59	19.8	30	9.0	195	5.7		E 101°45′31.7″ N 36°07′57.0″	71
						2	16–45	淡黄色	轻壤土	块状	8.7	2.2	0.57	0.66	11.3	29	9.0	180	5.4			
						3	45–150	淡黄色	轻壤土	块状	8.9	1.3	0.22	0.69	22.5	13	1.0	205	4.2			
剖2	钙层土	栗钙土	栗钙土	黑黄土	黑黄土	1	0–12	淡栗色	中壤土	团粒状	7.8	23.5	1.23	0.92	21.9	111	8.0	404	1.8		E 101°49′28.2″ N 36°03′23.8″	98
						2	12–24	灰黄色	中壤土	团块状	8.2	23.1	1.18	0.73	22.2	71	6.0	353	1.9			
						3	24–73	淡栗色	轻壤土	块状	8.3	4.4	0.36	0.70	20.3	27	1.0	166	6.0			
						4	73–150	淡黄色	轻壤土	块状	8.6	3.1	0.27	0.72	25.0	17	0.3	217	4.9			
剖3	钙层土	黑钙土	黑钙土	耕种山地黑钙土	黑土	1	0–18	灰黄黑色	中壤土	粒状	7.9	58.5	3.43	1.06	21.2	143	4.0	91	24.3		E 101°48′27.0″ N 36°00′20.9″	90
						2	18–45	暗棕色	中壤土	块状	8.3	36.7	2.05	0.65	17.7	127	4.0	58	16.2			
						3	45–82	灰黄色	中壤土	块状	8.4	13.2	0.69	0.77	16.0	55	2.0	60	8.8			
						4	82–	黄黄色														
剖4	钙层土	栗钙土	栗钙土	白黄土	白黄土	1	0–11	黄褐色	轻壤土	团粒状	8.4	17.1	0.72	0.84	18.5	99	25.0	540	7.7		E 101°51′14.3″ N 35°59′37.1″	98
						2	11–20	黄褐色	重壤土	块状	8.2	13.1	0.63	0.79	17.7	87	21.0	438	5.7			
						3	20–71	灰褐色	中壤土	块状	8.8	3.0	0.20	0.69	18.9	37	2.0	125	4.9			
						4	71–150	灰棕色	中壤土	块状	8.9	2.7	0.19	0.75	19.3	18	1.0	107	3.9			
剖5	钙层土	栗钙土	栗钙土	灌溉栗钙土	黑麻土	1	0–18	栗色	中壤土	粒状	8.2	47.7	2.12	0.91	18.8	157	5.0	97	22.2		E 101°53′50.6″ N 35°59′12.8″	74
						2	18–27	暗棕色	中壤土	块状	8.1	44.8	3.48	0.98	18.2	203	8.0	250	27.1			
						3	27–40	暗黄棕色	砂砾土	块状												
						4	40–	灰绿色														
剖6	钙层土	栗钙土	淡栗钙土			1	0–16	淡褐色	中壤土	块状	8.2	20.2	1.16	0.62	21.2	67	2.0	125	8.9		E 101°58′06.6″ N 35°54′19.1″	96
						2	16–47	灰褐色	轻壤土	小块状	8.3	13.3	0.95	0.59	21.6	44	2.0	65	7.5			
						3	47–95	灰黄色	轻壤土	块状	8.4	4.2	0.35	0.66	21.6	36	0.3	70	5.4			
						4	95–120	棕黄色	重壤土	块状	9.0	1.7	0.20	0.63	22.0	10	0.3	120	5.5			
						5	120–150	橙色	中壤土	块状	8.8	1.2	0.34	0.71	14.6	35	痕迹	215	6.2			
剖7	钙层土	栗钙土	栗钙土	白黄土	黄鸡黄土	1	0–21	灰黄棕色	轻壤土	粒状	8.2	15.4	0.71	0.72	17.6	56	17.0	340	1.2		E 101°55′32.5″ N 35°53′19.0″	73
						2	21–104	灰黄色	中壤土	块状	8.8	2.8	0.20	0.77	17.7	33	2.0	108	6.4			
						3	104–	深栗色	中壤土	块状	8.7	2.8	0.25	0.89	13.6	11	3.0	142	14.7			
剖8	草毡土	草毡土				1	0–4	深栗色	中壤土	团粒状	7.5	134.9	5.14	0.94	11.0	101	4.0	340	37.1		E 101°45′27.4″ N 35°52′41.2″	72
						2	4–25	黑褐色	中壤土	粒状	6.7	86.8	3.54	0.86	21.5	131	1.0	108	23.5			
						3	25–51	灰黄色	中壤土	片状	6.7	46.9	1.84	0.88	22.6	123	1.0	173	24.3			
						4	51–	灰黄色	中壤土	块状	7.0	13.7	0.60	7.95	19.4	35	3.0	70	14.3			
剖9	半水成土	山地草甸土		黄土性山地草甸土	丘坡黑土	As	0–5	坡黄棕色	砂壤土	粒状	7.8	148.8	6.46	0.36	17.2	595	6.0	670		坡积黄土状物质	E 101°53′11.8″ N 35°52′05.9″	92
						Ai	5–19	暗棕色	壤土	团粒状	7.4	130.7	5.85	0.34	16.5	366	1.0	225				
						A	19–44	棕色	壤土	团粒状	7.4	56.9	3.04	0.31	17.3	231	痕迹	70				
						A/Ct	44–60	棕色	壤石质重壤土	团质黏土	7.7	22.4	1.31	0.21	18.2	136	痕迹	75				
						C	60–95	浊黄棕色	黏重壤土	鳞片状	7.5	11.9	1.34	0.20	16.8	100	痕迹	60				
剖10	半水成土	山地草甸土	山地灌丛草甸土			1	0–3					130.4	4.35	0.74	22.9	91	3.0	285	34.5		E 101°42′58.4″ N 35°49′20.1″	83
						2	3–19					51.9	2.43	0.87	23.1	83	1.0	68	26.3			
						3	19–83					80.7	3.47	0.79	22.3	193	7.0	98	33.1			
						4	83–					18.0	0.49	0.44	22.2	37	2.0	55	13.4			

续表 Continued

剖面号 Soil profile	土纲 Soil order	土类 Soil great group	亚类 Soil subgroup	土属 Soil genus	土种 Soil species	土层码 Layer code	土层厚度 Depth/cm	颜色 Soil color	质地 Soil texture	土壤结构 Soil structure	pH	有机质 OM/(g/kg)	全氮 TN/(g/kg)	全磷 TP/(g/kg)	全钾 TK/(g/kg)	碱解氮 AN/(mg/kg)	有效磷 AP/(mg/kg)	速效钾 AK/(mg/kg)	阳离子交换量CEC/(cmol/kg)	土壤母质 Parent material	剖面点坐标 Profile coordinate	匹配指数 Matching index/%
剖11	半水成土	山地草甸土	山地灌丛草甸土			1	0—3	黑色	重壤土	微粒状	7.0										E 101°49′18.8″ N 35°48′04.0″	84
						2	3—42	黑灰色	轻石质轻黏土	团粒状	6.7											
						3	42—66	深栗色	中壤土	片状	6.8											
						4	66—77	灰棕色	中壤土	小块状	7.1											
						5	77—	灰黄色	中壤土	块状	8.4											
剖12	高山土	草毡土	原始草毡土			1	0—2	暗棕色	中壤土	粒状	7.2	37.8	3.75	0.87	18.1	307	3.0	159	28.7		E 101°46′27.5″ N 35°45′10.4″	85
						2	2—23	暗棕色		团粒状	7.2	13.3	0.72	0.66	13.4	57	1.0	91	1.5			
						3	23—30	淡棕色			7.4											
剖13	钙层土	栗钙土	栗钙土	黑黄土	黑红土	1	0—20	黄棕黄色	中壤土	团粒状	8.2	14.7	0.93	0.76	19.2	57	3.0	220	15.7		E 101°59′50.3″ N 35°41′31.9″	74
						2	20—107	淡棕黄色	重壤土	块状	8.4	2.4	0.25	0.65	18.3	13	1.0	133	16.6			
						3	107—150	淡红黄色	重壤土	块状	8.7	2.6	0.23	0.80	19.3	14	1.0	143	14.5			
剖14	钙层土	黑钙土	黑钙土	耕种山地黑钙土	黄黑土	1	0—19					21.7	1.51	0.67	19.6	115	5.0	345			E 101°54′42.5″ N 35°40′22.1″	80
						2	19—40					17.7	1.38	0.57	22.4	88	2.0	133				
						3	40—80					35.1	1.18	0.54	24.4	97	1.0	108				
						4	80—139					22.5	1.38	0.58	23.1	86	1.0	125				
						5	139—150					2.7	0.14	0.52	19.5	62	0.3	75				
剖15	干旱土	灰钙土	淡灰钙土	淡灰钙土	浅灰白土	J	0—20	灰白色	砂壤土	粒状	7.7	9.5	0.55	0.32	18.8	32	3.0	179	5.9	黄土	E 102°01′59.9″ N 35°54′09.0″	74
						A	20—30	灰黄色	砂壤土	块状	8.2	3.6	0.24	0.31	18.8	12	0.3	101	4.6			
						Bk	30—74	淡黄色	砂壤土	块状	8.1	3.0	0.12	0.28	17.9	5	1.0	91	3.2			
						BCk	74—114	淡黄色	砂壤土	块状	8.5	2.7	0.13	0.27	17.4	4	1.0	68	4.2			
						C	114—160	淡黄色	砂壤土	块状	8.8	2.4	0.12	0.25	17.6	4	1.0	40	3.8			
剖16	钙层土	黑钙土	黑钙土	耕种山地黑钙土	砂质黑土	1	0—15	黄棕色	中壤土	团粒状	8.0	48.6	2.00	0.89	19.1	189	25.0	900	19.3		E 102°00′02.9″ N 35°43′14.5″	89
						2	15—24	棕色	中壤土	团块状	8.2	50.4	2.46	0.69	21.7	188	12.0	770	19.3			
						3	24—55	紫色	中壤土	块状	8.4	24.4	1.48	0.90	22.1	96	3.0	360	2.3			
						4	55—87	淡黄棕色	中壤土	块状	8.5	6.8	0.61	0.45	14.9	21	痕迹	123	16.4			
						5	87—150	灰白色	中壤土	块状	8.4	11.8	0.62	0.75	20.0	37	痕迹	65	3.6			

泽 库 县

主要土类说明

草毡土是泽库县主要土壤类型，占本县地域面积的70%。草毡土是发生于高寒区（青藏高原）平缓高原面上，具强度生草腐殖质积累与弱度氧化还原特征的高山土壤。由于寒冻，蒿草根累积并弱度分解，该土壤呈草毡状。土体滞水，冻融交替，弱度氧化还原交替进行，造成该土壤氧化铁微弱游离。土体构型为As–A_1–（AB）BC–C（D），剖面厚度为50—80cm。成土母质为坡积物、残积物或冰碛物。

山地草甸土是泽库县第二大土壤类型，占本县地域面积的14%，分布在海拔3300—3650m的山地针叶林带，地形多为平缓山坡、开阔滩地，在东部峡谷地区则为陡坡。土体构型为As–A–C–D。土壤有机质累积量大，有机质层厚的在1 m以上。成土母质为残积物、坡积物、冰碛物及黄土等。

沼泽土是泽库县第三大土壤类型，占本县地域面积的6%，主要分布在中南、北部的狭长山原面低平洼地。其所处地区年均降水量约为470mm，夏秋季地面积水，冬季冰冻。由于嫌气环境，限制了微生物活动，有利于有机质累积，促成了沼泽土的发育生成。土体构型为As–（A）–Bg（锈斑层）–G（潜育层）。泥炭层普遍较薄，地表多呈草丘土头。靠近河流处形成的泥炭层或腐殖质层较深厚。其成土过程主要为上层土壤泥炭化或腐殖质化和下部土层的潜育化。植被以藏蒿草、粗喙薹草、黑褐薹草、双柱头鹿草为主，覆盖度为80%—90%。

小于本县地域面积3%的土壤类型还有寒漠土、栗钙土、寒钙土、黑钙土、灰褐土、风沙土等。

本区域中心区气候特征

本区域中心区气候特征值
Regional climate characteristics in central area of the region

气候带：高原亚寒带亚湿润气候 Climate region: Plateau sub frigid sub humid climate	
年平均气温 /℃ Annual average temperature /℃	1.4
年平均最高气温 /℃ Annual average maximum temperature /℃	10.5
年平均最低气温 /℃ Annual average minimum temperature /℃	−5.6
年降水量 /mm Annual precipitation /mm	477
≥10℃的积温 /℃ Daily temperature accumulated in a year (≥10℃) /℃	911
年日照时数 /h Annual sunshine /h	2637
年平均相对湿度 /% Annual average relative humidity /%	59
干燥度 Dryness	0.26

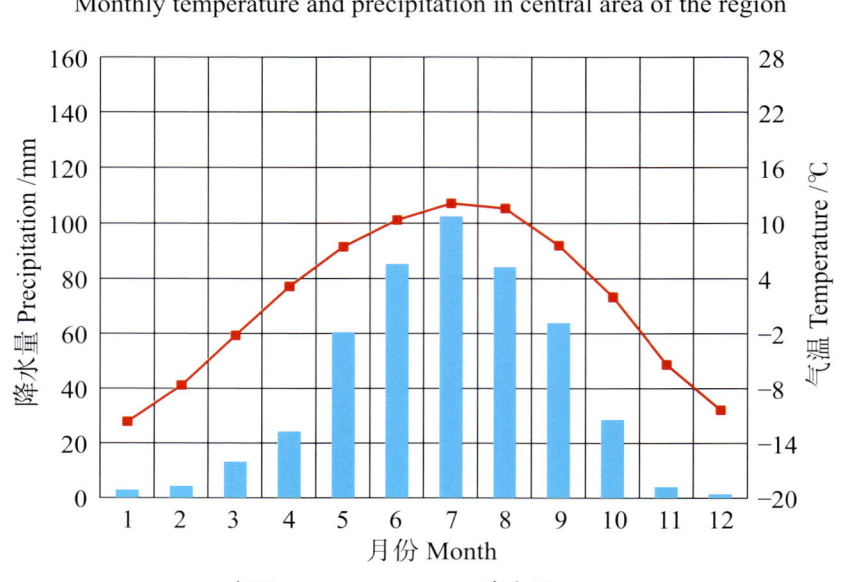

本区域中心区月平均气温与月平均降水量
Monthly temperature and precipitation in central area of the region

泽库县主要土壤类型与土壤剖面点分布图
1:440 000

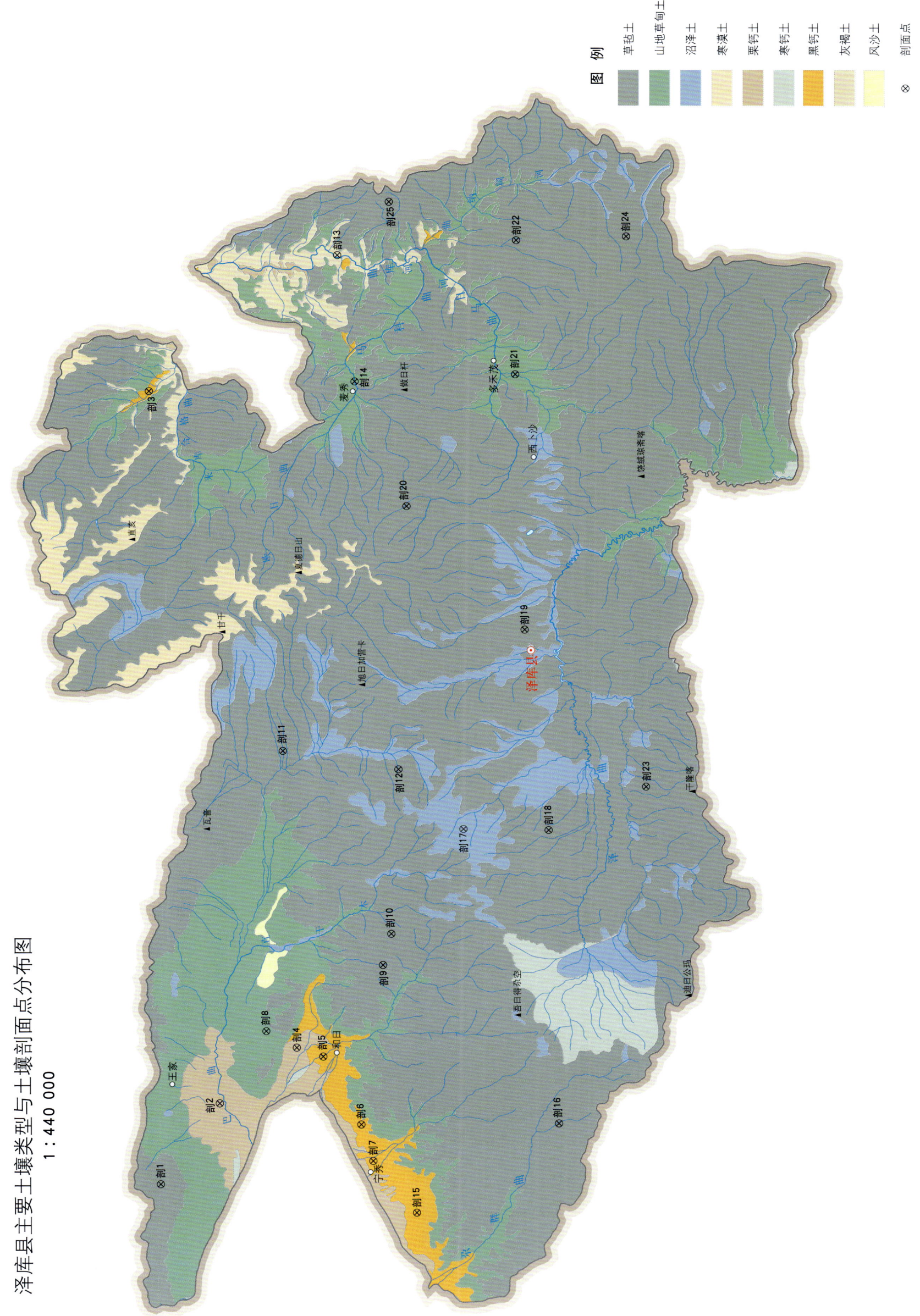

第二编 分县土壤图与土壤剖面数据 | 103

泽库县土壤剖面理化性状表

剖面号 Soil profile	土纲 Soil order	土类 Soil great group	亚类 Soil subgroup	土属 Soil genus	土种 Soil species	土层码 Layer code	土层厚度 Depth/cm	颜色 Soil color	质地 Soil texture	土壤结构 Soil structure	pH	有机质 OM/(g/kg)	全氮 TN/(g/kg)	全磷 TP/(g/kg)	全钾 TK/(g/kg)	碱解氮 AN/(mg/kg)	有效磷 AP/(mg/kg)	速效钾 AK/(mg/kg)	阳离子交换量CEC/(cmol/kg)	土壤母质 Parent material	剖面点坐标 Profile coordinate	匹配指数 Matching index/%
剖1	高山土	草毡土	石灰性草毡土	石灰性草毡土		1	0—19	暗棕色	轻壤土	块状、粒状	8.4	82.9	4.85	0.39	20.7	87	8.0	84	29.0		E 100°49′55.2″ N 35°24′13.0″	75
剖2	钙层土	栗钙土	栗钙土	砂质栗钙土		2	19—72	暗黄棕色	中壤土	粒状	8.3	52.2	2.77	0.40	20.7	58	5.0	45	21.0		E 100°55′37.9″ N 35°20′44.2″	78
						3	72—	淡黄棕色	中壤土	粒状	8.6	14.0	0.88	0.26	20.6	29	1.0	37	7.0			
剖3	钙层土	黑钙土	淋溶黑钙土	山地淋溶黑钙土		1	0—16	棕红色	中壤土	粒状、块状	8.3	29.0	1.70	0.62	15.8	86	5.0	180	21.0		E 101°47′11.8″ N 35°23′41.6″	74
						2	16—46	灰棕色	中壤土	粒状、小块状	8.5	21.1	1.12	0.57	15.0	73	痕迹	169	21.0			
						3	46—80	紫色	中壤土	块状	8.8	14.8	0.66	0.52	14.9	47	痕迹	100	16.0			
剖4	钙层土	栗钙土	暗栗钙土	滩地暗栗钙土		1	0—20	暗棕色	中壤土	团粒状、粒状	7.3	81.1	4.39	0.76	24.6	126	2.0	250	36.0		E 100°59′28.7″ N 35°16′14.9″	93
						2	20—67	暗黄棕色	中壤土	粒状、块状	7.3	50.1	2.48	0.60	22.8	86	痕迹	56	3.0			
						3	67—126	淡黄棕色	中壤土	块状	7.4	18.8	0.97	0.09	20.7	47	痕迹	40	17.0			
剖5	钙层土	黑钙土	暗栗钙土	耕种黑钙土		1	0—27	暗灰棕色	中壤土	粒状、块状	8.2	61.3	3.49	0.55	17.0	123	4.0	124	37.0		E 100°58′48.4″ N 35°14′45.2″	85
						2	27—56	灰棕色	中壤土	小块状	8.4	32.5	1.68	0.58	15.9	58	3.0	56	2.0			
						3	56—80	灰黄棕色	中壤土	小块状	8.5	11.4	0.73	0.38	15.3		2.0	45	12.0			
						4	80—110	紫棕色	轻壤土		8.7	6.9	0.44	0.27	14.3		2.0	45	12.0			
剖6	钙层土	黑钙土	黑钙土	山地黑钙土		1	0—22	暗黄棕色	中壤土	团粒状	8.0	70.6	4.04	0.76	20.2	108	6.0	168	35.0		E 100°53′54.6″ N 35°12′39.6″	92
						2	22—58	暗灰棕色	重壤土	块状	8.4	37.2	2.31	0.76	20.5	65	1.0	168	26.0			
						3	58—93	灰棕色	重壤土	粒状、块状	8.4	23.6	1.61	0.45	19.8	51	痕迹	50	25.0			
						4	93—	淡黄棕色	中壤土	块状	8.5	9.4	0.57	0.47	14.9	14	3.0	34	11.0			
剖7	钙层土	黑钙土	黑钙土	耕种黑钙土		1	0—27	灰棕色	中壤土	团粒状	7.8	92.1	5.34	0.76	18.8	260	痕迹	188	38.0		E 100°51′17.3″ N 35°12′01.1″	80
						2	27—67	暗黄棕色	中壤土	小块状	8.3	23.2	1.45	0.72	16.0	58	1.0	50	26.0			
						3	67—85	灰黄棕色	中壤土	小块状	8.3	27.6	1.25	0.59	15.5	39	痕迹	50	26.0			
						4	85—110	灰棕色	重壤土	块状	8.4	24.9	1.30	0.30	15.5	43	痕迹	42	26.0			
						5	110—	紫灰色	中壤土		8.4	15.5	0.63	0.22	13.8	14	痕迹	34	11.0			
剖8	半水成土	山地草甸土	山地草原草甸土	山地草原草甸土	黑土	1	0—19	暗棕色	中壤土	粒状、块状	8.0	51.9	3.14	0.89	23.2	152	6.0	228	23.0		E 100°53′54.6″ N 35°17′58.6″	85
						2	19—49	灰棕色	中壤土	块状	8.2	28.0	1.82	0.72	16.4	43	3.0	222	23.0			
						3	49—110	栗色	重壤土	块状	8.2	25.3	1.65	0.60	15.8	33	1.0	42	18.0			
						4	110—	灰黄色	重壤土		8.3	16.6	1.05	0.53	15.8	29	痕迹	40	15.0			
剖9	高山土	草毡土	石灰性草毡土	侵蚀石灰性草毡土	耕种侵蚀石灰性草毡土	1	0—10		中壤土			58.2	3.39	0.81	24.2	137	5.0	233	22.0		E 101°05′16.8″ N 35°11′11.8″	95
						2	10—27	暗棕色	中壤土	粒状	7.9	27.6	1.35	0.41	16.5	72	痕迹	74	16.0			
						3	27—56	黄灰棕色	轻壤土	块状	8.2	12.9	0.63	0.36	16.5	36	痕迹	45	9.0			
						4	56—87		中壤土			9.9	0.55	0.36	15.4	29	痕迹	45	8.0			
						5	87—		中壤土			7.1	0.39	0.22	13.8	29	痕迹	41	6.0			
剖10	高山土	草毡土	石灰性草毡土	侵蚀石灰性草毡土	轻秃斑草毡土	1	0—20	暗红棕色	轻壤土	粒状	8.0	113.2	5.73	0.65	19.0	146	4.0	96	45.0		E 101°07′31.4″ N 35°10′40.4″	80
						2	20—40	暗红棕色	轻壤土	块状	8.2	28.2	1.73	0.63	18.3	73	3.0	74	23.0			
剖11	高山土	草毡土	石灰性草毡土	侵蚀石灰性草毡土	秃斑草毡土	1	0—15	灰红棕色	中壤土	粒状	8.1	134.3	5.95	0.82	21.9	159	8.0	234	41.0		E 101°20′57.5″ N 35°16′36.8″	78
						2	15—40	暗红棕色	轻壤土	团粒状	8.3	49.8	2.70	0.64	21.1	152	5.0	100	24.0			
						3	40—82	灰黄棕色	中壤土	块状	8.3	25.8	1.66	0.34	17.0	43	痕迹	50	27.0			
剖12	高山土	草毡土	石灰性草毡土	侵蚀石灰性草毡土	蚀余黑土	1	0—16	暗红棕色	轻壤土	粒状	8.1	28.5	6.19	0.74	18.8	173	6.0	268	45.0		E 101°19′25.3″ N 35°10′01.6″	84
						2	16—30	暗红棕色	中壤土	块状	8.3	78.6	3.83	0.59	18.7	152	1.0	118	33.0			
						3	30—55	暗灰棕色	中壤土	块状	8.3	43.9	2.57	0.43	17.8	79	痕迹	62	24.0			
						1	0—12	棕色	中壤土	粒状	8.0	54.8	2.42	0.63	22.5	72	5.0	200	19.0			
						2	12—47	棕色	中壤土	小块状	8.1	49.7	2.39	0.67	22.5	94	1.0	185	19.0			
						3	47—55	淡黄棕色	轻壤土	小块状	8.7	10.8	0.44	0.47	20.8	29	痕迹	176	9.0			

续表 Continued

剖面号 Soil profile	土纲 Soil order	土类 Soil great group	亚类 Soil subgroup	土属 Soil genus	土种 Soil species	土层码 Layer code	土层厚度 Depth/cm	颜色 Soil color	质地 Soil texture	土壤结构 Soil structure	pH	有机质 OM/(g/kg)	全氮 TN/(g/kg)	全磷 TP/(g/kg)	全钾 TK/(g/kg)	碱解氮 AN/(mg/kg)	有效磷 AP/(mg/kg)	速效钾 AK/(mg/kg)	阳离子交换量CEC/(cmol/kg)	土壤母质 Parent material	剖面点坐标 Profile coordinate	匹配指数 Matching index/%
剖13	半淋溶土	灰褐土	淋溶灰褐土			1	0—5	暗棕色	中壤土	团粒状、粒状	7.5	93.4	5.09	0.52	12.5	125	1.0	110	57.0		E 101°56′42.0″ N 35°12′40.0″	89
						2	5—16	红棕色	中壤土	鳞片状、粒状	7.9	85.0	3.64	0.59	14.9	98	痕迹	80	52.0			
						3	16—46	暗灰棕色	轻壤土	粒状块状	7.3	133.0	8.44	0.93	21.9	303	9.0	180	48.0			
剖14	半水成土	山地草甸土	山地草甸土	耕种山地草甸土		1	0—12	棕色	轻壤土	块状	7.8	47.8	2.34	0.52	22.0	79	痕迹	112	22.0		E 101°47′30.8″ N 35°11′53.2″	74
						2	12—46	暗棕色	中壤土	粒状、块状	7.8	147.5	7.62	0.55	18.1	180	7.0	274	37.0			
剖15	钙层土	黑钙土	石灰性黑钙土	石灰性黑钙土		1	0—13	暗棕色	中壤土	粒状、块状	8.0	127.0	7.08	0.53	17.3	152	8.0	233	33.0		E 100°47′31.2″ N 35°09′35.3″	92
						3	13—35	暗黄棕色	中壤土	块状	8.4	39.3	1.97	0.45	15.1	58	2.0	205	25.0			
						3	35—85	黄棕色	中壤土	块状	8.4	18.1	0.77	0.20	13.9	29	2.0	74	13.0			
						4	85—															
剖16	高山土	草毡土	棕草毡土	假潜育棕草毡土		1	0—18	黑棕色	中壤土	粒状、块状	6.6	164.7	8.12	1.10	19.8	238	6.0	106	53.0		E 100°53′42.0″ N 35°01′21.0″	98
						2	18—36	暗棕色	中壤土	小块状	6.7	91.0	4.38	0.90	20.0	188	2.0	56	45.0			
						3	36—66	灰黄棕色	轻壤土	块状、片状	6.8	28.5	1.25	0.86	17.0	58	痕迹	56	25.0			
						4	66—82	黄棕色	重壤土	鳞片状	6.8	123.0	5.81	0.59	17.5	137	痕迹	74	23.0			
						5	82—	暗灰棕色	轻壤土	块状	7.5	63.5	2.59	0.59	17.3	87	痕迹	85	23.0			
剖17	水成土	沼泽土	泥炭沼泽土			1	0—10	暗灰棕色	中壤土	粒状块状	8.0	178.3	11.03	0.76	21.2	2	12.0	176	39.0		E 101°14′58.2″ N 35°06′23.8″	99
						2	10—62	暗棕红色	中壤土	粒状块状	8.0	101.4	4.37	0.56	21.2	139	4.0	78	4.0			
						3	62—82	灰棕色	中壤土	片状	6.8	149.8	6.90	0.55	16.6	112	4.0	90	4.0			
						4	82—138	红棕色	轻壤土	块状	6.8	58.5	2.03	0.43	16.6	80	1.0		22.0			
剖18	高山土	草毡土	石灰性草毡土	侵蚀石灰性草毡土	重充斑草毡土	1	0—14	暗棕色	中壤土	粒状块状	8.0	75.1	3.42	0.78	24.6	113	6.0	270	32.0		E 101°14′46.0″ N 35°01′31.4″	100
						2	14—45	暗棕色	中壤土	块状	8.4	35.2	2.23	0.65	22.1	60	痕迹	166	27.0			
						3	45—															
剖19	高山土	草毡土	石灰性草毡土	淋淀石灰性草毡土	耕种淋淀灰性草毡土	1	0—20	暗棕色	中壤土	粒状块状	7.9	56.7	3.21	0.60	11.4	80	8.0	150	29.0		E 101°29′17.9″ N 35°02′34.4″	99
						2	20—34	黄棕色	黏壤土	块状	8.3	22.9	1.28	0.47	10.8	40	痕迹	58	15.0			
						3	34—	淡黄棕色	黏壤土	块状	8.4	8.0	0.47	0.34	8.5	14	痕迹	56	16.0			
剖20	高山土	草毡土	草毡土	草毡土		1	0—12	棕黑色	中壤土	粒状	6.9	151.9	7.58	0.73	24.8	212	6.0	228	42.0		E 101°38′26.2″ N 35°09′08.6″	96
						2	12—20	暗棕色	轻壤土	团块状、粒状	7.2	129.4	6.34	0.72	21.8	173	3.0	81	42.0			
						As	0—15	暗棕色														
剖21	半水成土	山地草甸土	山地草原草甸土	山甸黄土	松毡土	A	15—65	浊棕色	砂质壤土	粒状、小块状	8.1	60.1	3.43	0.51	20.2	92	1.0	62	29.0	坡积黄土	E 101°47′44.2″ N 35°02′41.3″	99
						Ck₁	65—88	浊黄棕色	黏壤土	块状	8.3	28.5	1.31	0.49	19.6	58	痕迹	42	25.0			
						Ck₂	88—	淡黄棕色	黏壤土	块状	8.4	14.3	0.60	0.40	20.9	43	痕迹	42	16.0			
剖22	高山土	草毡土	棕草毡土	棕草毡土		1	0—12	黑棕色	中壤土	粒状	6.9	196.0	9.82	0.68	19.4	238	7.0	268	58.0		E 101°57′25.9″ N 35°02′23.6″	82
						2	12—56	暗棕色	中壤土	粒状、块状	7.2	97.2	4.52	0.67	18.8	188	4.0	53	45.0			
剖23	高山土	石灰性草毡土	石灰性草毡土	淋淀石灰性草毡土		1	0—17	暗红棕色	轻壤土	粒状、块状	7.5	99.3	4.25	0.42	14.5	100	5.0	162	31.0		E 101°17′45.2″ N 34°55′52.3″	89
						2	17—48	暗棕色	中壤土	小块状	8.2	64.3	2.77	0.31	13.2	40	痕迹	56	21.0			
						3	48—	黄棕色	中壤土	块状												
剖24	高山土	草毡土	草毡土	潜育草毡土		1	0—19	暗棕色	中壤土	粒状、块状	7.2	96.1	4.51	0.69	21.8	172	4.0	135	43.0		E 101°57′30.2″ N 34°56′06.4″	73
						2	19—33	暗黄棕色	中壤土	块状、片状	6.7	67.4	2.96	0.58	22.2	133	痕迹	71	43.0			
						3	33—90	暗黄棕色	重壤土	片状	6.8	44.2	2.04	0.50	22.1	80	痕迹	68	37.0			
剖25	高山土	草毡土	原始草毡土			1	0—16	棕色	轻壤土	粒状	7.6	65.5	3.20	0.95	23.7	144	4.0	128	24.0		E 102°00′26.1″ N 35°09′37.1″	75

河南蒙古族自治县

主要土类说明

草毡土是河南蒙古族自治县（下文简称河南县）主要土壤类型，占本县地域面积的51%。草毡土是发生于高寒区（青藏高原）平缓高原面上，具强度生草腐殖质积累与弱度氧化还原特征的高山土壤。由于寒冻，蒿草根累积并弱度分解，该土壤呈草毡状。土体滞水，冻融交替，弱度氧化还原交替进行，造成该土壤氧化铁微弱游离。土体构型为$As–A_1–(AB)BC–C(D)$，剖面厚度为50—80cm。成土母质为坡积物、残积物或冰碛物。

寒钙土是河南县第二大土壤类型，占本县地域面积的33%。寒钙土是发生于青藏高原高寒半干旱区，具弱度腐殖质累积、底层积钙的土壤。该土壤有机质层厚15cm，有机质含量为10—30g/kg；碳酸钙含量为50—120g/kg，上部低，下部高。土壤pH为7.5—8.5。土体构型为A–B–C。无草皮层。钙积层发育明显，有机质含量明显减少，而石灰含量明显增多。成土母质有洪冲积物、湖积物、冰水沉积物及残积物、坡积物等。剖面通体强碱性，质地轻粗含砾多，有强石灰反应。

沼泽土是河南县第三大土壤类型，占本县地域面积的8%，主要分布在县中部、北部地势低洼地或溪河源头。土体构型为$As–(A)–Bg$（锈斑层）$–G$（潜育层），Eh（氧化还原电位）值低。成土母质为冲积物、洪积物。沼泽土多连片集中，地表常多草丘土头，河流源头及靠近河流处形成的泥炭层、腐殖质层较深厚。土层上部有机质含量在20%左右，有锈纹、锈斑。沼泽土中下层多冻土层，潜育层呈棕灰白色或蓝灰色。植被以藏嵩草占优势，常见植物有大花嵩草、华扁穗草、二柱头藨草、薹草、发草、纯裂银莲花、线叶垂头菊、细柄茅、风毛菊、马先蒿、龙胆、驴蹄草等，覆盖度为85%—90%。

山地草甸土占河南县地域面积的7%，分布于本县海拔3300—3600m的北部和沃合德、泽曲河、兰木措、黄河、洮河、延曲等河流的河漫滩和河沿阶地，所处地区气候属冷温湿润型。土体构型为As–A–C–D。该土壤腐殖质层厚15—40cm，草皮层厚度为10—15cm，呈深棕色至灰棕色，有机质含量为80—170g/kg。土壤呈弱碱性或中性，碳酸钙有一定淋洗，阴湿的山地灌丛草甸土中常见有锈纹、锈斑。成土母质为长石、石英砂岩、灰岩、板岩、花岗岩坡积物、冲积物、洪积物。植被由以嵩草为主的多种草类组成，优势种有线叶嵩草、小嵩草、矮嵩草、光花鹅观草、早熟禾、薹草、披碱草等，阴坡分布有小片灌木金露梅、杜鹃、忍冬，灌丛下着生草本植物，覆盖度在70%以上。

小于本县地域面积3%的土壤类型还有黑毡土等。

本区域中心区气候特征

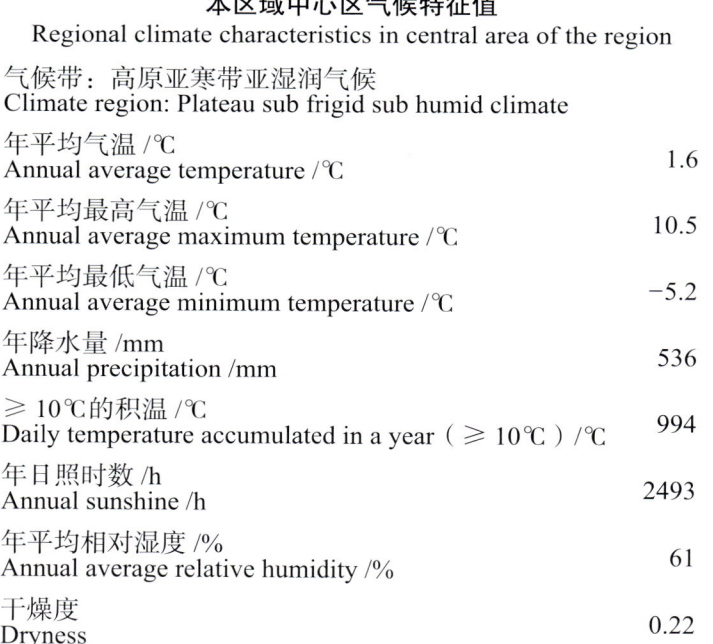

本区域中心区气候特征值
Regional climate characteristics in central area of the region

气候带：高原亚寒带亚湿润气候 Climate region: Plateau sub frigid sub humid climate	
年平均气温 /℃ Annual average temperature /℃	1.6
年平均最高气温 /℃ Annual average maximum temperature /℃	10.5
年平均最低气温 /℃ Annual average minimum temperature /℃	−5.2
年降水量 /mm Annual precipitation /mm	536
≥10℃的积温 /℃ Daily temperature accumulated in a year（≥10℃）/℃	994
年日照时数 /h Annual sunshine /h	2493
年平均相对湿度 /% Annual average relative humidity /%	61
干燥度 Dryness	0.22

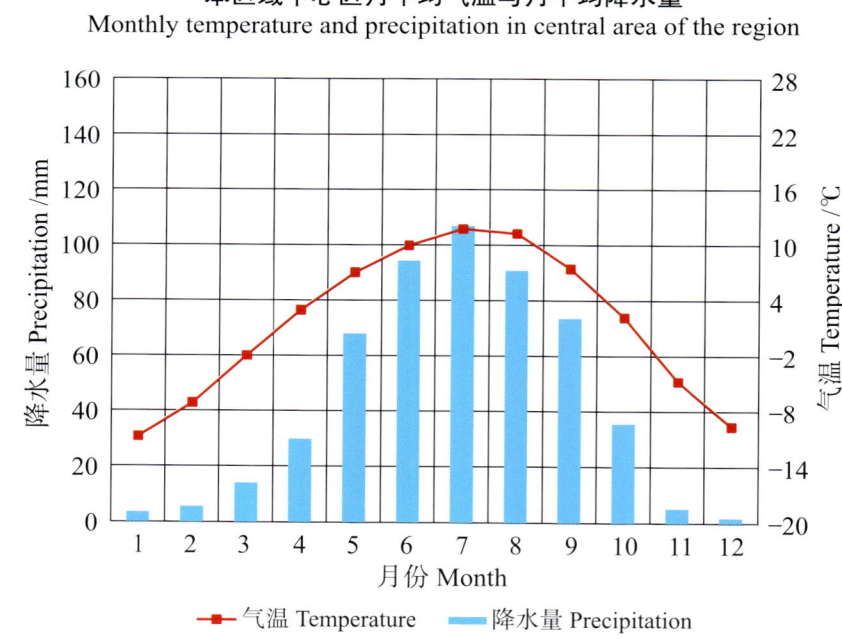

本区域中心区月平均气温与月平均降水量
Monthly temperature and precipitation in central area of the region

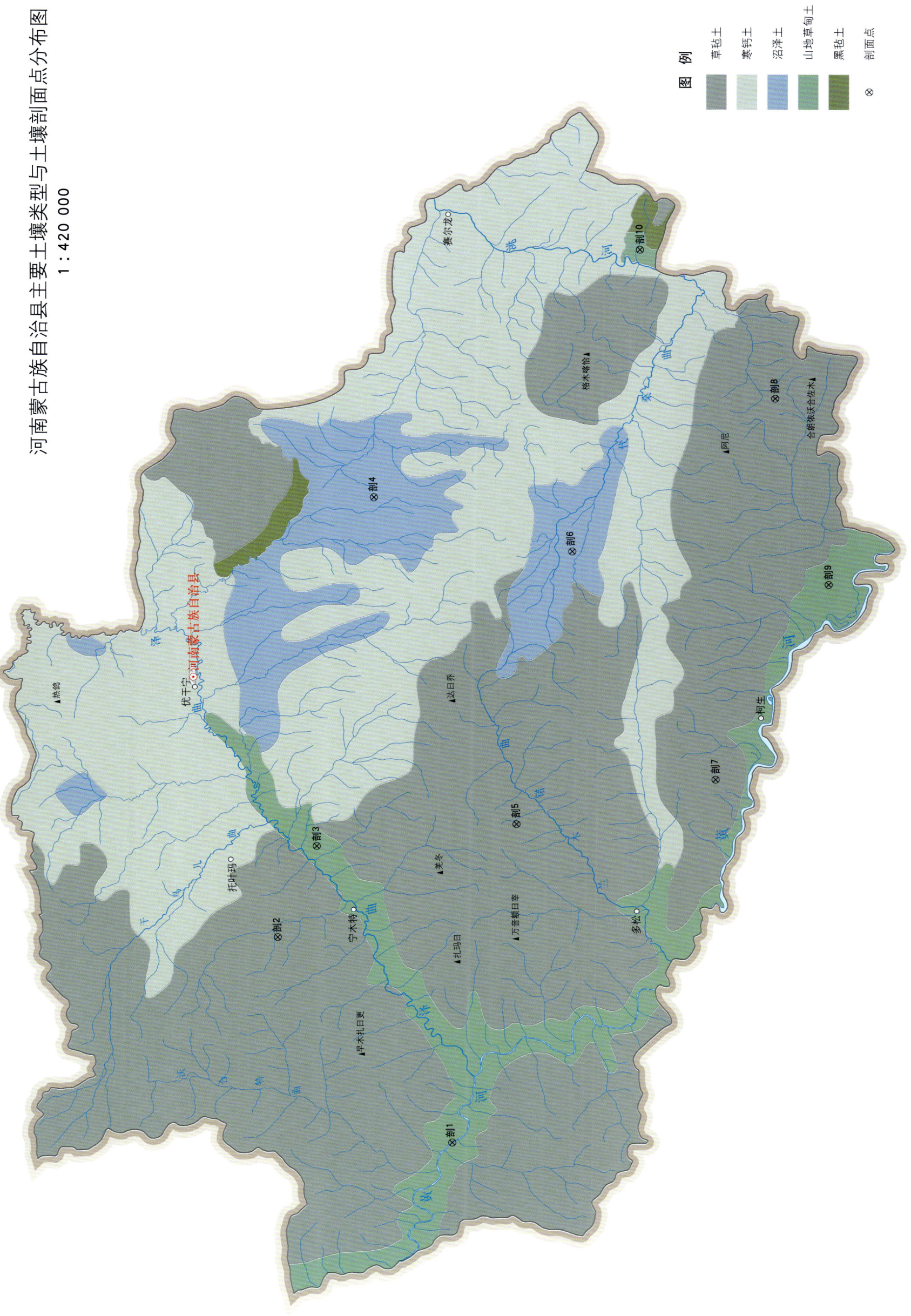

河南蒙古族自治县土壤剖面理化性状表

剖面号 Soil profile	土纲 Soil order	土类 Soil great group	亚类 Soil subgroup	土属 Soil genus	土层码 Layer code	土层厚度 Depth/cm	颜色 Soil color	质地 Soil texture	土壤结构 Soil structure	pH	有机质 OM/(g/kg)	全氮 TN/(g/kg)	全磷 TP/(g/kg)	全钾 TK/(g/kg)	碱解氮 AN/(mg/kg)	有效磷 AP/(mg/kg)	速效钾 AK/(mg/kg)	阳离子交换量CEC/(cmol/kg)	剖面点坐标 Profile coordinate	匹配指数 Matching index/%
剖1	半水成土	山地草甸土	山地草原草甸土	耕种山地草甸土	1	0—20	棕色	中壤土	粒状	8.0	45.3	2.09	1.70	18.6	72	1.0	150	18.0	E 101°03′34.9″ N 34°30′22.3″	83
					2	20—43	淡棕色	中壤土	粒状、块状	8.4	10.5	0.61	1.00	18.2	12	痕迹	90	1.0		
					3	43—65	淡棕黄色	中壤土	小块状	8.7	6.7	0.16	1.30	20.3	10	痕迹	100	8.0		
剖2	高山土	草毡土	石灰性草毡土	淋淀石灰性草毡土	1	0—15	黑棕色	轻壤土	粒状	7.4	153.7	6.65	1.70	20.6	420	3.0	245	36.0	E 101°18′03.6″ N 34°39′46.8″	85
					2	15—32	暗棕色	轻壤土	小块状	7.5	80.6	4.04	1.40	20.8	323	2.0	132	26.6		
					3	32—														
剖3	半水成土	山地草甸土	山地草甸土	山地草甸土	1	0—12	棕色	中壤土	粒状、块状	7.7	81.1	3.27	2.30	26.3	311	6.5	430	29.0	E 101°24′21.5″ N 34°37′28.6″	98
					2	12—45	淡灰黄色	中壤土	粒状、块状	8.0	54.4	2.93	2.10	22.4	238	4.0	244	23.0		
					3	45—65	淡灰黄色	轻壤土	粒状	8.0	23.2	1.19	1.80	13.4	96	7.0	144	15.0		
剖4	水成土	沼泽土	沼泽土		1	0—8	暗黄棕色	重黏土	粒状	6.6	197.1	5.74	2.20	25.8	408	5.0	169	44.0	E 101°48′36.7″ N 34°33′44.3″	100
					2	8—43	黑棕色	轻黏土	粒块状	6.8	110.4	1.95	1.30	22.2	181	2.0	43	32.0		
					3	43—	棕灰色	中壤土	块状	7.4	21.8	1.82	1.30	23.3	52	2.0	94	9.0		
剖5	高山土	草毡土	石灰性草毡土	侵蚀石灰性草毡土	1	0—9	暗灰棕色	中壤土	粒状	8.5	43.2	2.19	1.30	21.0	89	4.0	132	13.2	E 101°25′35.4″ N 34°26′19.7″	97
					2	9—32	暗黄棕色	中壤土	粒状、块状	8.5	35.9	1.94	1.20	24.1	76	7.0	70	11.8		
					3	32—48	暗棕黄色	中壤土	块状	8.5	31.8	1.87	1.50	21.0	67	3.0	66	7.4		
					4	48—														
剖6	水成土	沼泽土	泥炭沼泽土		1	0—10	暗红棕色	重黏土	粒状	7.3	249.8	10.23	1.50	19.7	676	4.0	172	54.0	E 101°44′30.1″ N 34°22′48.6″	91
					2	10—31	暗棕色	重黏土	块状	7.9	238.9	9.74	1.20	18.5	619	3.0	134	53.0		
剖7	高山土	草毡土	石灰性草毡土	石灰性草毡土	1	0—12	暗黄棕色	中壤土	粒状	8.2	67.7	3.33	1.40	18.0	262	4.0	160	23.4	E 101°28′22.8″ N 34°15′12.2″	78
					2	12—40	暗棕黄色	轻壤土	块状	8.6	22.6	1.25	1.20	18.4	105	2.0	70	11.6		
					3	40—														
剖8	高山土	草毡土	棕草毡土	棕草毡土	1	0—2													E 101°54′44.6″ N 34°11′16.4″	84
					2	2—8	黑棕色	重壤土	粒状	7.3	118.2	3.92	1.50	21.3	320	3.0	168	32.0		
					3	8—36	暗灰棕色	中壤土	片状	7.5	98.3	3.33	0.60	19.5	153	1.0	82	32.0		
剖9	半水成土	山地草甸土	山地草甸土	山地草甸土	1	0—10	暗棕色	中壤土	粒状	8.0	99.4	4.33	1.40	19.6	66	5.0	340	32.0	E 101°41′43.8″ N 34°08′35.9″	78
					2	10—40	暗黄棕色	中壤土	块状	8.3	33.4	1.57	1.10	18.5	23	2.0	168	17.0		
					3	40—70	棕色	大块状	大块状	8.6	10.4	0.36	0.90	20.4	16	痕迹	80	1.0		
					4	70—	棕灰色	中壤土	大块状	8.3	9.6	0.36	0.90	16.4	41	痕迹	80	1.0		
剖10	半水成土	山地草甸土	山地草甸土	耕种山地草甸土	1	0—18	暗黄棕色	中壤土	粒状	6.9	83.2	4.29	2.50	21.7	122	18.0	350	27.0	E 102°05′20.4″ N 34°18′32.8″	88
					2	18—35	紫棕色	中壤土	粒状、块状	7.1	23.2	0.89	1.60	20.5	48	4.0	315	17.0		
					3	35—65	暗黄色	中壤土	块状、棱状	7.2	16.6	0.81	1.70	20.3	28	2.0	305	12.0		
					4	65—72	淡棕黄色	中壤土	鳞片状	8.1	15.5	0.69	1.50	20.2	28	3.0	340	11.0		

海南藏族自治州

共 和 县

主要土类说明

栗钙土是共和县主要土壤类型，占本县地域面积的24%，其所处地区属干旱、半干旱草原气候带。土体构型为 Ah–Bk–Ck。栗钙土表层为栗色腐殖质层，呈粒状结构，疏松、质地均一。钙积层比较明显，出现于25—55cm 处。

草毡土是共和县第二大土壤类型，占本县地域面积的19%。草毡土是发生于高寒区（青藏高原）平缓高原面上，具强度生草腐殖质积累与弱度氧化还原特征的高山土壤。由于寒冻，蒿草根累积并弱度分解，该土壤呈草毡状。土体滞水，冻融交替，弱度氧化还原交替进行，造成该土壤氧化铁微弱游离。

棕钙土是共和县第三大土壤类型，占本县地域面积的16%。土体构型为 A–B–BC–C。地表常具砾质化、沙化和荒漠化假结皮。土壤有机质层厚度为10—30 cm，通体具石灰反应，钙积层出现部位较栗钙土高。

寒钙土占共和县地域面积的9%。寒钙土是发生于青藏高原高寒半干旱区，具弱度腐殖质累积、底层积钙的土壤。该土壤有机质层厚15cm，有机质含量为10—30g/kg；碳酸钙含量为50—120g/kg，上部低，下部高。土壤 pH 为7.5—8.5。土体构型为 A–B–C。无草皮层。钙积层发育明显，有机质含量明显减少，而石灰含量明显增多。

风沙土占共和县地域面积的7%。土体构型为 A–C。土体上下基本变化不大，形同母质。土壤质地为砂土，呈黄褐色，通体具强石灰反应。成土过程为风蚀、压砂、淋溶、生物固定和养分积聚。

沼泽土占共和县地域面积的5%。土体构型为 As–（A）–Bg（锈斑层）–G（潜育层），Eh 值低。在海拔较高的地区，土体 100cm 以下出现冰冻层。植被以薹草和藏嵩草为主。

小于本县地域面积3% 的土壤类型还有黑钙土、山地草甸土等。

本区域中心区气候特征

本区域中心区气候特征值
Regional climate characteristics in central area of the region

气候带：高原亚寒带亚湿润气候 Climate region: Plateau sub frigid sub humid climate	
年平均气温 /℃ Annual average temperature /℃	1.2
年平均最高气温 /℃ Annual average maximum temperature /℃	8.9
年平均最低气温 /℃ Annual average minimum temperature /℃	−4.9
年降水量 /mm Annual precipitation /mm	371
≥10℃的积温 /℃ Daily temperature accumulated in a year（≥10℃）/℃	808
年日照时数 /h Annual sunshine /h	2931
年平均相对湿度 /% Annual average relative humidity /%	53
干燥度 Dryness	0.11

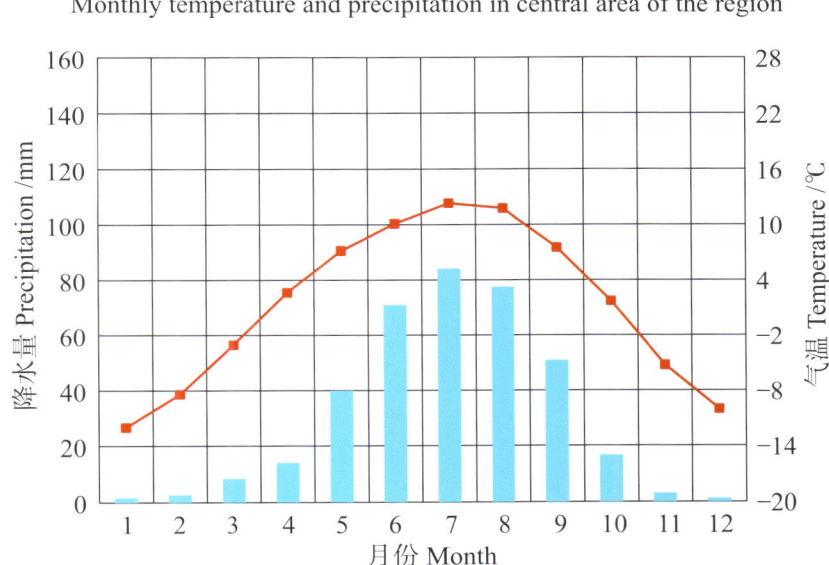

本区域中心区月平均气温与月平均降水量
Monthly temperature and precipitation in central area of the region

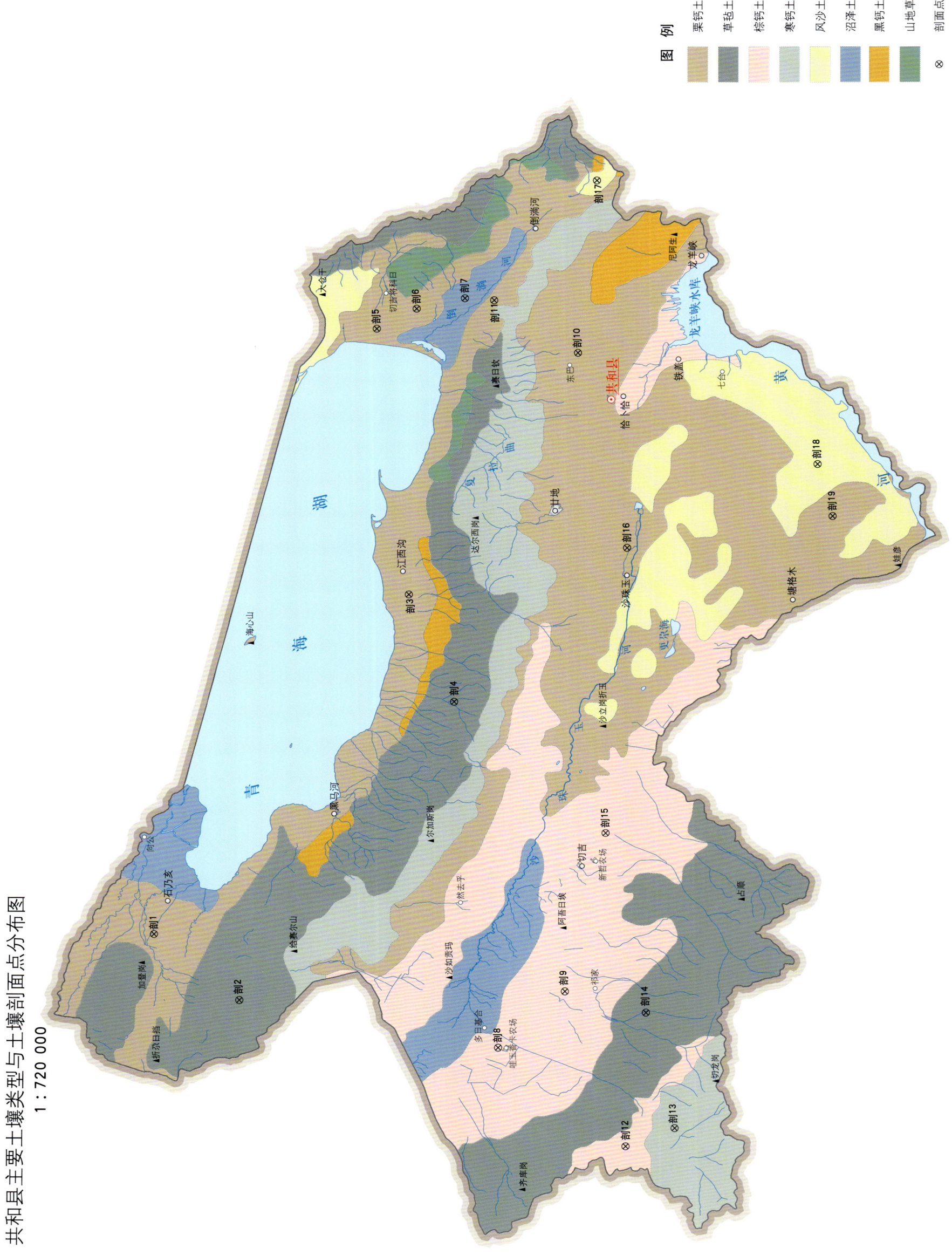

共和县土壤剖面理化性状表

剖面号 Soil profile	土纲 Soil order	土类 Soil great group	亚类 Soil subgroup	土属 Soil genus	土种 Soil species	土层码 Layer code	土层厚度 Depth/cm	颜色 Soil color	质地 Soil texture	土壤结构 Soil structure	pH	有机质 OM/(g/kg)	全氮 TN/(g/kg)	全磷 TP/(g/kg)	全钾 TK/(g/kg)	碱解氮 AN/(mg/kg)	有效磷 AP/(mg/kg)	速效钾 AK/(mg/kg)	阳离子交换量CEC/(cmol/kg)	土壤母质 Parent material	剖面点坐标 Profile coordinate	匹配指数 Matching index/%
剖1	钙层土	栗钙土	暗栗钙土			1	0—39	栗色	中壤土	块状	8.4	48.7	2.50	0.83	10.2	134	1.3	238	1.2		E 99°31′40.8″ N 37°00′59.8″	99
						2	39—68	褐色	中壤土	块状	8.6	12.4	0.54	0.57	10.8	124	1.1	110	4.6			
						6	68—150	灰黄色	中壤土	块状	9.0	6.8	0.40	0.48	7.5	55	0.8	97	3.2			
剖2	高山土	草毡土	棕毡土	黏质灌溉栗钙土	黏质灌溉白麻土	1	0—9	黑棕色	粉砂土	团粒状	7.5	84.0	4.20	0.61	15.1	317	19.7	198	22.5		E 99°23′33.7″ N 36°52′50.5″	72
						2	9—34	暗棕色	粉砂土	团粒状	7.9	65.0	2.80	0.57	15.8	231	17.5	110	25.3			
						3	34—54	暗棕色	粉砂土	鳞片状	8.2	53.0	2.00	0.57	17.4	187	12.3	152	18.5			
						4	54—	暗棕色														
剖3	钙层土	栗钙土	栗钙土			1	0—20	褐色	轻黏土	粉状	8.3	11.0	0.50	0.70	1.3	49	5.8	138	2.7		E 100°13′29.3″ N 36°36′28.8″	90
						2	20—96	褐色	重黏土	块状	8.5	8.5	0.40	0.57	16.6	37	2.3	145	2.1			
						3	96—150	灰黄色	中黏土	片状	8.7	8.0	0.50	0.44	9.1	28	6.7	19	4.0			
剖4	高山土	草毡土	原始草毡土			1	0—21	暗棕色	砂土	小团粒状	8.0	760.0	4.00	0.87	16.6	270	2.0	108	23.7		E 100°00′11.9″ N 36°32′14.3″	71
						2	21—32	灰棕色	轻壤土	块状	8.6	490.0	2.00	0.83	13.3	190	2.6	11	2.5			
剖5	钙层土	栗钙土	栗钙土	麻土	黄麻土	1	0—17	黄棕色	砂壤土	团粒状	8.4	27.0	1.30	0.61	12.5	112	9.0	512	4.5		E 100°46′10.2″ N 36°39′09.0″	79
						2	17—23	黄棕色	中壤土	片状	8.2	24.0	1.20	0.74	14.9	84	8.2	319	3.1			
						3	23—64	灰棕色	轻黏土	小块状	8.4	11.0	0.60	0.52	14.1	33	11.1	152	2.8			
						4	64—150	灰黄色	黏土	小块状	8.5	4.2	0.20	0.57	71.4	14	3.3	105	1.4			
剖6	钙层土	栗钙土	栗钙土	壤质灌溉栗钙土	壤质灌溉白麻土	1	0—25	暗黄棕色	轻壤土	小块状	8.9	6.0	0.30	0.52	13.3	24	1.6	74	2.2		E 100°48′30.6″ N 36°35′20.0″	99
						2	25—90	褐色	中壤土	块状	8.6	5.0	0.20	0.52	16.6	29	3.8	67	2.8			
						3	90—150	褐色	砂壤土	块状	8.5	7.0	0.30	0.48	16.6	26	4.7	105	5.1			
剖7	水成土	沼泽土	泥炭沼泽土			1	0—6	栗色	轻壤土	小团粒状	8.0	88.7	3.40	0.50	20.4	177	5.9	205	1.2		E 100°49′40.4″ N 36°30′41.8″	84
						2	6—38	深栗色	中壤土	小团粒状	8.0	79.6	3.98	0.49	19.6	197	6.0	140	11.3			
						3	38—75	暗栗色	中壤土	小块状	7.8	93.7	3.98	0.44	20.7	133	2.1	123	1.1			
						4	75—	黑色	中壤土	小块状	6.9	266.7	11.04	0.54	18.3	315	7.5	140	38.7			
剖8	干旱土	棕钙土	耕种棕钙土	耕灌棕钙土	薄层耕灌棕钙土	1	0—28	暗棕色	轻壤土	粒状	8.7	9.0	0.50	0.22	14.9	34	2.4	148	3.0		E 99°17′47.8″ N 36°28′08.8″	81
						2	28—51	棕灰色	中壤土	无明显结构	8.7	3.0	0.20	0.57	14.1	32	2.2	50	0.6			
						3	51—150	棕灰色	砂壤土	无明显结构	8.0	3.0	0.20	0.13	11.6	18	1.3	84	0.2			
剖9	干旱土	棕钙土	棕钙土			1	0—20	棕灰色	轻壤土	小团粒状	8.6	17.0	0.90	0.44	14.9	50	5.5	136	3.3		E 99°24′36.4″ N 36°21′16.8″	94
						2	20—95	褐黄色	中壤土	块状	8.1	14.0	0.70	0.57	19.1	38	4.0	136	5.0			
						3	95—	暗黄色	中壤土	无明显结构	8.4	4.0	0.20	0.44	14.9	26	3.6	103	2.6			
剖10	钙层土	栗钙土	栗钙土	麻土		1	0—18	栗色	中壤土	小块状	8.6	25.0	1.60	0.48	17.4	101	4.0	131	5.2		E 100°42′47.5″ N 36°20′00.6″	80
						2	18—70	灰黄色	中壤土	块状	8.6	7.0	0.40	0.39	18.3	39	0.5	168	3.8			
						3	70—	棕色	重壤土	块状	8.4	7.0	0.40	0.39	17.4	29	0.5	338	3.4			
剖11	干旱土	栗钙土	栗钙土		黑麻土	1	0—21	栗色	中壤土	团粒状	8.9	48.0	2.40	0.87	15.8	161	5.0	420	13.7		E 100°49′21.4″ N 36°27′55.1″	77
						2	21—64	淡栗色	砂壤土	块状	8.6	30.0	1.60	0.83	14.1	103	0.4	166	8.8			
						3	64—150	黄棕色	轻壤土	粒状	7.2	10.0	0.50	0.44	17.4	64	19.5	64	4.5			
剖12	干旱土	棕钙土	盐化棕钙土			1	0—20	灰棕色	砂壤土	块状	7.9	4.0	0.20	0.52	12.5	29	5.6	85	2.7		E 100°05′51.4″ N 36°15′55.8″	80
						2	20—59	灰棕色	轻壤土	块状	8.7	8.0	0.50	0.48	17.4	8	5.0	67	1.0			
						3	59—98	灰黄色	轻壤土	块状	8.7	4.0	0.20	0.57	11.6	41	4.2	148	0.3			
						4	98—150	褐色	中壤土	块状	8.3	4.0	0.20	0.39	14.9	22	3.2	120	3.7			
剖13	高山土	寒钙土				1	0—30	暗棕灰色	粒状	粒状	8.3	43.0	2.20	0.52	39.3	151	16.6	13	11.2		E 99°08′03.5″ N 36°11′15.0″	79
						2	30—75	暗棕灰色	中壤土	块状	8.2	47.0	2.40	0.57	20.0	158	14.9	15	16.2			
						3	75—105	灰黄色	轻壤土	块状	8.5	50.0	2.30	0.39	16.0	14	痕迹	14	4.5			

续表 Continued

剖面号 Soil profile	土纲 Soil order	土类 Soil great group	亚类 Soil subgroup	土属 Soil genus	土种 Soil species	土层码 Layer code	土层厚度 Depth/cm	颜色 Soil color	质地 Soil texture	土壤结构 Soil structure	pH	有机质 OM/(g/kg)	全氮 TN/(g/kg)	全磷 TP/(g/kg)	全钾 TK/(g/kg)	碱解氮 AN/(mg/kg)	有效磷 AP/(mg/kg)	速效钾 AK/(mg/kg)	阳离子交换量CEC/(cmol/kg)	土壤母质 Parent material	剖面点坐标 Profile coordinate	匹配指数 Matching index/%
剖14	高山土	草毡土	石灰性草毡土			1	0–33	黑棕色	中壤土	团粒状	8.2	72.0	4.00	0.87	20.7	194	6.5	158	21.0		E 99°22′04.1″ N 36°14′02.4″	89
						2	33–43	栗色	砂壤土	小块状	8.2	27.0	1.40	0.44	16.6	64	1.4	180	18.0			
						3	43—				8.6											
剖15	干旱土	棕钙土	耕种棕钙土	耕种灌棕钙土	厚层耕灌棕钙土	1	0–30	暗黄棕色	轻壤土	小粒状	7.9	18.0	0.90	0.61	14.1	23	0.8	296	2.3		E 99°44′01.7″ N 36°17′51.7″	95
						2	30–71	褐色	轻壤土	块状	8.1	13.0	0.70	0.39	15.8	57	1.7	90	3.3			
						3	71–90	灰黄色	中壤土	块状	8.0	10.0	0.60	0.61	19.1	50	1.6	92	3.1			
						4	90–150	灰棕黄色	中壤土	块状	8.2	10.0	0.40	0.52	15.8	32	0.9	74	3.0			
剖16	钙层土	栗钙土	栗钙土	壤质灌栗钙土	壤质灌溉黄麻土	1	0–23	栗色	中壤土	小粒状	9.0	17.0	1.00	0.57	14.9	88	5.1	268	5.1		E 100°18′53.0″ N 36°15′36.5″	78
						2	23–69	褐色	中壤土	块状	8.7	18.0	1.00	0.52	15.8	70	2.1	210	4.4			
						3	69–150	灰黄色	中壤土	小块状	8.6	15.0	5.00	0.48	14.1	34	1.8	116	4.2			
剖17	初育土	风沙土	半固定风沙土			1	0–23		砂壤土		8.9	7.5	0.40	0.39	14.9	26	4.2	64	4.0	风积物	E 101°03′48.2″ N 36°17′52.8″	81
						2	23–70		紧砂土		9.2	5.0	0.20	0.48	18.3	26	4.1	52	1.0			
						3	70—		紧砂土		8.8	5.0	0.20	0.39	19.1	10	2.5	74	1.3			
剖18	初育土	风沙土				1	0–15				8.8	1.9	0.39	0.52	14.9	39	7.3	126	2.2	风积物	E 100°28′43.7″ N 35°57′17.6″	74
						2	15–96				9.0	7.8	0.36	0.44	13.1	21	2.7	64	2.1			
						3	96–110				8.9	1.4	0.06	0.22	12.4	13	3.8	46	1.2			
剖19	钙层土	栗钙土	淡栗钙土	滩地淡栗钙土	厚层淡栗钙土	A	0–27	浊黄棕色	砂质黏壤土	小块状	8.6	15.0	0.70	0.48	16.6	71	2.5	74	4.3	洪冲积性黄土	E 100°22′23.9″ N 35°55′57.0″	85
						Bk	27–67	灰棕色	砂壤土	小块状	9.0	13.0	0.20	0.39	14.9	7	2.0	54	3.0			
						Bk/C	67–130	灰黄色	砂壤土	小块状	8.9	2.0	0.10	0.44	13.3	5	2.0	46	2.0			
						C	130—	灰白色														

同 德 县

主要土类说明

草毡土是同德县主要土壤类型，占本县地域面积的59%。草毡土是发生于高寒区（青藏高原）平缓高原面上，具强度生草腐殖质积累与弱度氧化还原特征的高山土壤。由于寒冻，蒿草根累积并弱度分解，该土壤呈草毡状。土体滞水，冻融交替，弱度氧化还原交替进行，造成该土壤氧化铁微弱游离。土体构型为 $As-A_1-BC-C$，剖面厚度为50—80cm。土体下部因冻融作用，常见鳞片状结构，颜色呈黑褐色，质地松散，有机质含量为100—200g/kg。成土母质为坡积物、残积物或冰碛物。植被以莎草科的蒿草、薹草为优势物种。

栗钙土是同德县第二大土壤类型，占本县地域面积的21%，发育在海拔3300m以下的山地和滩地。土体构型为 $Ah-Bk-Ck$。土壤腐殖质层呈粒状结构，疏松、质地均一。土层较厚，土性绵散，呈灰黄色或淡黄色。成土母质主要是黄土及次生黄土。土体通层有强石灰反应，呈中性或弱碱性。

寒钙土是同德县第三大土壤类型，占本县地域面积的15%。寒钙土是发生于青藏高原高寒半干旱区，具弱度腐殖质累积、底层积钙的土壤。该土壤有机质层厚15cm，有机质含量为10—30g/kg；碳酸钙含量为50—120g/kg，上部低，下部高。土壤 pH 为7.5—8.5。土体构型为 A-B-C。成土母质有洪积物、冲积物、湖积物、冰水沉积物及残积物、坡积物等。质地较粗含砾多，有强石灰反应。植被以冰草、紫花针茅为主，覆盖度为20%—30%。

小于本县地域面积3%的土壤类型还有山地草甸土、灰褐土等。

本区域中心区气候特征

本区域中心区气候特征值
Regional climate characteristics in central area of the region

气候带：高原亚寒带亚湿润气候 Climate region: Plateau sub frigid sub humid climate	
年平均气温 /℃ Annual average temperature /℃	0.3
年平均最高气温 /℃ Annual average maximum temperature /℃	9.5
年平均最低气温 /℃ Annual average minimum temperature /℃	−7.1
年降水量 /mm Annual precipitation /mm	447
≥10℃的积温 /℃ Daily temperature accumulated in a year（≥10℃）/℃	819
年日照时数 /h Annual sunshine /h	2757
年平均相对湿度 /% Annual average relative humidity /%	57
干燥度 Dryness	0.05

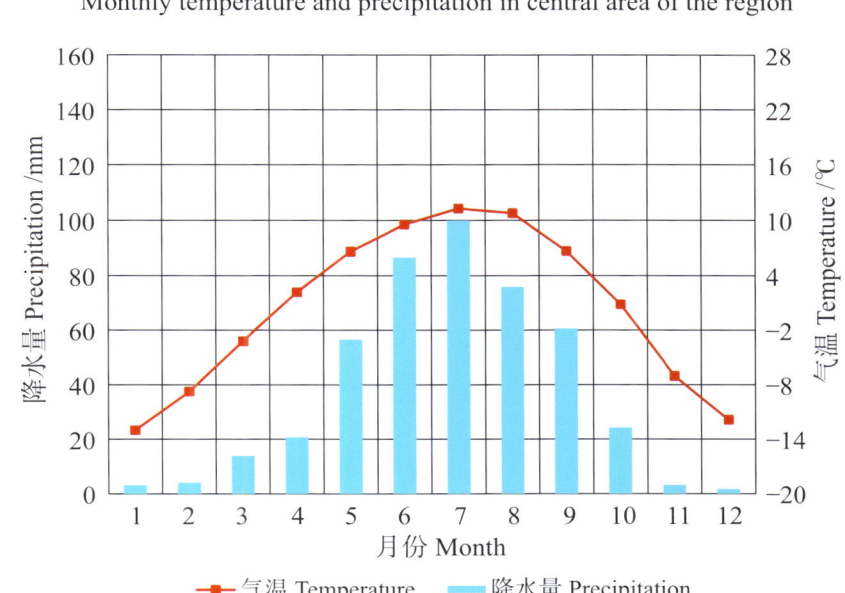

本区域中心区月平均气温与月平均降水量
Monthly temperature and precipitation in central area of the region

同德县主要土壤类型与土壤剖面点分布图
1 : 400 000

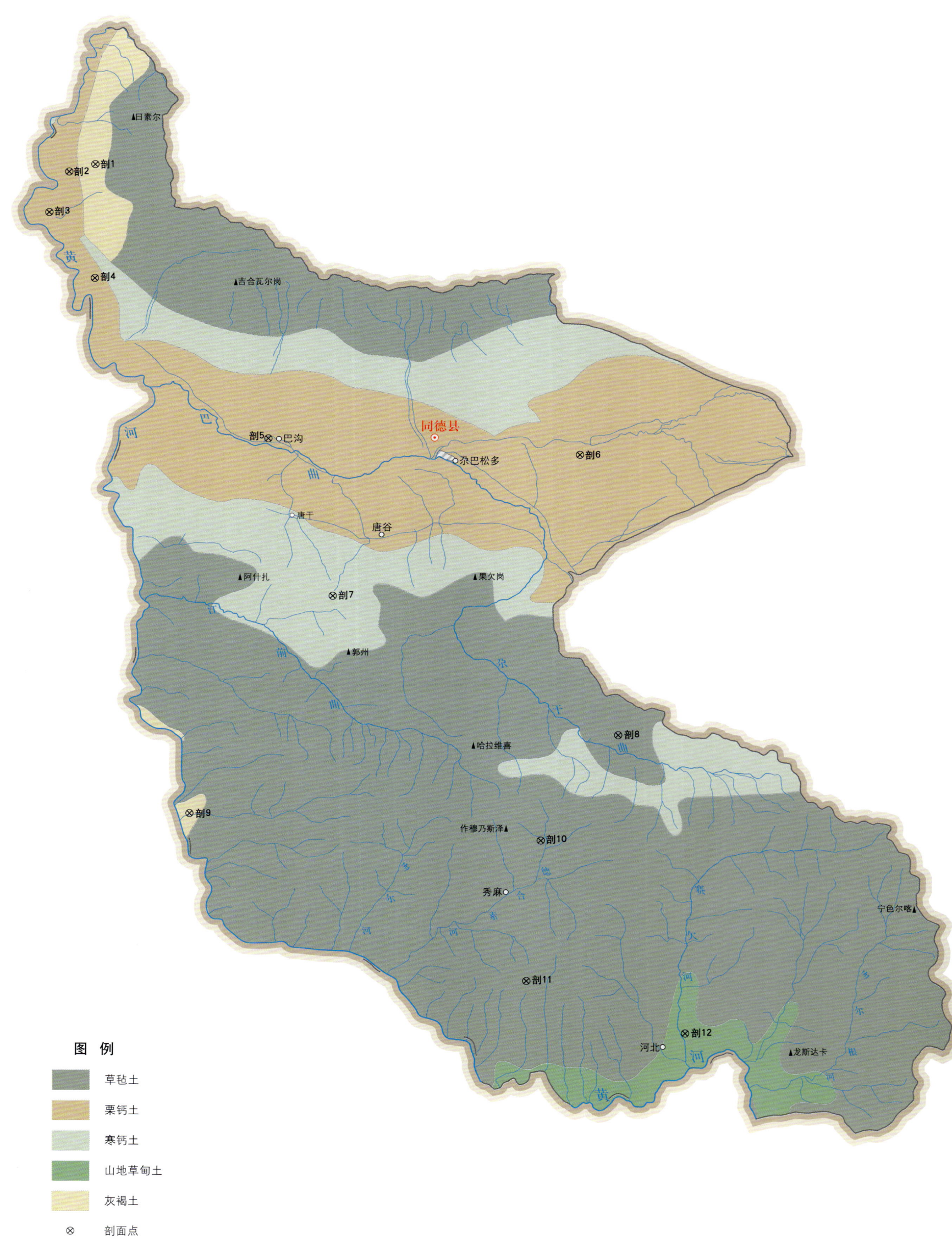

同德县土壤剖面理化性状表

剖面号 Soil profile	土纲 Soil order	土类 Soil great group	亚类 Soil subgroup	土属 Soil genus	土种 Soil species	土层码 Layer code	土层厚度 Depth/cm	颜色 Soil color	质地 Soil texture	土壤结构 Soil structure	pH	有机质 OM/(g/kg)	全氮 TN/(g/kg)	全磷 TP/(g/kg)	全钾 TK/(g/kg)	碱解氮 AN/(mg/kg)	有效磷 AP/(mg/kg)	速效钾 AK/(mg/kg)	阳离子交换量CEC/(cmol/kg)	剖面点坐标 Profile coordinate	匹配指数 Matching index/%
剖1	半淋溶土	灰褐土	石灰性灰褐土			1	0—1	灰褐色	中壤土	团粒状	8.2	60.8	3.20	1.16	18.8	163	1.0	125	16.6	E 100°12′19.4″ N 35°31′20.6″	99
						2	1—20	暗黄棕色	轻壤土	小块状	8.1	46.2	2.80	1.14	18.8	151	1.0	60	16.0		
						3	20—30	红色			8.4										
剖2	钙层土	栗钙土	栗钙土	白黄土	砂质黑黄土	1	0—23	栗色	中壤土	团块状	7.9	29.9	1.74	1.46	22.9	76	10.0	400	11.0	E 100°10′39.7″ N 35°30′57.6″	94
						2	23—52	淡栗色	重壤土	块状	8.1	17.0	1.01	1.15	22.6	37	1.0	220	1.1		
						3	52—75	淡黄棕色	中壤土	块状	8.2	9.5	0.64	0.88	24.6	19	1.0	290	9.5		
剖3	钙层土	栗钙土	栗钙土	白黄土	黑黄土	1	0—20	暗黄棕色	中壤土	团粒状	8.2	41.6	1.83	1.49	25.1	118	10.0	270	15.1	E 100°09′22.6″ N 35°28′47.4″	88
						2	20—74	灰灰棕色	重壤土	块状	8.2	22.3	0.90	1.23	17.4	30	1.0	50	11.4		
						3	74—150	黄棕色	中壤土	块状	8.6	8.6	0.28	0.88	19.1	18	1.0	65	5.2		
剖4	钙层土	栗钙土	栗钙土			1	0—5	栗色	轻壤土	小块状	8.0	54.2	3.42	1.52	25.8	191	1.0	225	2.6	E 100°12′13.4″ N 35°25′11.9″	74
						2	5—18	栗色	中壤土	块状	8.0	49.5	3.03	1.72	24.6	172	1.0	235	19.2		
						3	18—66	褐色	重壤土	块状	8.3	22.8	1.40	1.56	22.2	64	1.0	120	19.2		
						4	66—130	黄棕色	中壤土	小块状	8.3	6.4	0.38	1.36	22.8	12	1.0	62	3.9		
剖5	钙层土	栗钙土	栗钙土	白黄土		1	0—17	褐色	中壤土	团粒状	8.2	19.5	1.25	1.54	23.3	80	12.0	270	1.5	E 100°23′08.2″ N 35°16′27.5″	92
						2	17—51	褐棕色	中壤土	块状	8.3	14.5	0.83	1.61	23.6	33	2.0	70	11.8		
						3	51—90	褐色	中壤土	块状	8.3	18.8	0.92	1.59	25.0	29	2.0	60	9.9		
						4	90—150	淡黄棕色	中壤土	团粒状	8.3	10.2	0.41	1.54	24.4	18	1.0	60	6.3		
剖6	钙层土	栗钙土	栗钙土	麻土	黑麻土	1	0—17	褐色	中壤土	块状		28.3	1.65	1.78	23.7	93	2.0	270		E 100°42′52.6″ N 35°15′18.7″	77
						2	17—26	褐色	中壤土	块状											
						3	26—85	淡褐色	中壤土	块状											
						4	85—150		重壤土	块状									3.7		
剖7	高山土	寒钙土	寒钙土			1	0—10	棕褐色	轻壤土	块状	8.0	108.0	5.04	1.46	25.0	296	3.0	360	14.5	E 100°27′04.0″ N 34°54′54.5″	87
						2	10—50	灰棕色	中壤土	小块状	8.4	28.0	1.41	1.43	23.7	65	1.0	75	8.9		
						3	50—85	灰黄色	中石质中壤土	块状	8.4	15.2	0.74	1.39	23.3	36	1.0	48	6.2		
						4	85—150	淡黄黄色	中壤土	块状	8.5	9.3	0.46	1.73	21.8	18	1.0	35	11.3		
剖8	高山土	草毡土	棕毡土			1	0—13	暗灰色	中壤土	团粒状	7.8	135.6	5.86	1.63	24.0	362	1.0	225	39.0	E 100°45′00.4″ N 35°00′08.3″	87
						2	13—65	棕灰色	中壤土	鳞片状	7.7	111.0	4.90	1.70	25.2	318	1.0	100	36.0		
						3	65—150	暗棕灰色	中壤土	团粒状	7.3	86.4	3.96	1.68	24.8	234	1.0	75	39.7		
剖9	半淋溶土	灰褐土	淋溶灰褐土			1	0—10	暗棕色	轻壤土	团粒状	7.5	153.1	2.20	1.55	26.8	282	4.0	200	35.2	E 100°17′51.7″ N 34°56′16.1″	73
						2	10—34	暗棕色	中壤土	块状	7.6	101.2	4.22	1.28	25.1	266	1.0	60			
						3	34—														
剖10	高山土	草毡土	石灰性草毡土			1	0—6	棕褐色	轻壤土	块状	7.4	187.2	8.44	1.94	22.4	528	6.0	400	17.1	E 100°40′01.2″ N 34°54′32.0″	95
						2	6—60	褐色	中壤土	小块状	7.8	38.4	2.15	1.50	24.0	119	1.0	125	16.6		
						3	60—110	淡黄棕色	石质中壤土	块状	8.1	6.7	0.37	1.26	20.8	28	1.0	105	1.7		
剖11	高山土	草甸土	原始草甸土			1	0—12	暗棕色	砂壤土	团粒状	7.6	167.9	6.07	2.56	25.3	212	7.0	200	51.8	E 100°38′59.6″ N 34°46′54.8″	87
						2	12—														
剖12	半水成土	山地草甸土	山地草甸土			1	0—4	灰黑色	中壤土	团粒状	7.4	124.9	5.59	1.93	24.2	392	1.0	290	42.7	E 100°48′56.7″ N 34°44′00.2″	83
						2	4—13	灰黑色	中壤土	团粒状	7.0	128.2	5.62	1.79	24.6	336	1.0	185	42.6		
						3	13—62	深灰色	中壤土	鳞片状	7.0	89.9	4.06	1.83	24.0	308	1.0	100	33.2		
						4	62—	深灰色	砂壤土	块状	7.3	61.2	2.33	1.57	26.7	146		122	27.1		

贵 德 县

主要土类说明

黑钙土是贵德县主要土壤类型，占本县地域面积的31%，主要分布在海拔2960—3250m的脑山地区，尕让乡大滩村的中南滩，加洛村的北山，夸乃海村的小台滩、拉尼口，亦扎石村的巴洛滩，三角浪村的前湾，罗汉堂乡的曲卜藏村，曲乃海的秀曲山，牧乡下岗查的马格堂上滩均有分布。该土类在垂直带谱中，上接山地草甸土、灰褐土，下接栗钙土，土层发育深厚。所处地区属温带半湿润气候带，年均降水量约450mm。土体构型为A-AB-C。土壤腐殖质层深厚、松软，呈黑褐色或暗灰棕色，剖面厚度为50—100cm。成土母质多为黄土、坡积物等。主要成土过程为腐殖质积累与钙积化过程。植被为草甸草原，以针茅为主，覆盖度为70%—90%。

草毡土是贵德县第二大土壤类型，占本县地域面积的19%。草毡土是发生于高寒区（青藏高原）平缓高原面上，具强度生草腐殖质积累与弱度氧化还原特征的高山土壤。由于寒冻，蒿草根累积并弱度分解，该土壤呈草毡状。土体滞水，冻融交替，弱度氧化还原交替进行，造成氧化铁微弱游离。土体构型为As-A_1-（AB）BC-C（D），剖面厚度为50—80cm。成土母质为坡积物、残积物或冰碛物。

山地草甸土是贵德县第三大土壤类型，占本县地域面积的19%，分布于海拔3270—3650m的常牧乡、罗汉堂乡、尕让乡、河东乡、东沟乡。土体构型为As-A-C-D。成土母质为黄土和坡积物。土壤有机质累积多，土体厚度为40—100cm。植被以蒿草、针茅为主，覆盖度为70%—90%。

栗钙土占贵德县地域面积的18%，除河阴镇以外的其余七个乡均有较大面积的分布，主要分布于海拔2400—3000m的中低山或滩地，属干旱、半干旱草原气候带。土体构型为Ah-Bk-Ck。土壤腐殖质层呈粒状结构，疏松、质地均一，厚度为20—45cm。成土母质为黄土或坡积物。植被以草原植被为主，主要有针茅、芨芨草、赖草等。

灌淤土占贵德县地域面积的8%，是经人为灌溉泥沙含量较多，并不断耕作培肥而形成的一种耕作土壤，主要分布于海拔2220—2280m的河阴镇、河西乡、河东乡。土体构型为Ap-AB-BC-C。其熟化层可达20—100cm。成土母质多为冲积物、洪积物。

小于本县地域面积3%的土壤类型还有灰钙土、灰褐土、沼泽土、寒钙土、风沙土等。

本区域中心区气候特征

本区域中心区气候特征值
Regional climate characteristics in central area of the region

气候带：高原亚温带亚湿润气候 Climate region:Plateau sub temperate sub humid climate	
年平均气温 /℃ Annual average temperature /℃	3.4
年平均最高气温 /℃ Annual average maximum temperature /℃	11.7
年平均最低气温 /℃ Annual average minimum temperature /℃	-3.0
年降水量 /mm Annual precipitation /mm	406
≥10℃的积温 /℃ Daily temperature accumulated in a year（≥10℃）/℃	1312
年日照时数 /h Annual sunshine /h	2728
年平均相对湿度 /% Annual average relative humidity /%	56
干燥度 Dryness	0.49

本区域中心区月平均气温与月平均降水量
Monthly temperature and precipitation in central area of the region

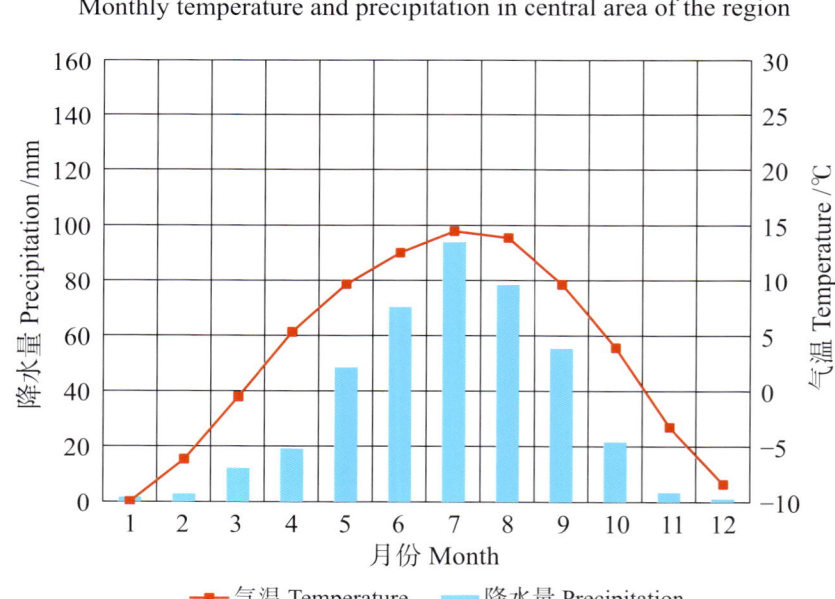

贵德县主要土壤类型与土壤剖面点分布图

1:340 000

图例

- 黑钙土
- 草毡土
- 山地草甸土
- 栗钙土
- 灌淤土
- 灰钙土
- 灰褐土
- 沼泽土
- 寒钙土
- 风沙土
- ⊗ 剖面点

贵德县土壤剖面理化性状表

剖面号	土纲	土类	亚类	土属	土种	土层码	土层厚度/cm	颜色	质地	土壤结构	pH	有机质OM/(g/kg)	全氮TN/(g/kg)	全磷TP/(g/kg)	全钾TK/(g/kg)	碱解氮AN/(mg/kg)	有效磷AP/(mg/kg)	速效钾AK/(mg/kg)	阳离子交换量CEC/(cmol/kg)	土壤母质	剖面点坐标	匹配指数/%
剖1	高山土	草毡土	石灰性草毡土			1	0—20	栗色	砂壤土	块状	7.6	121.4	5.00	1.20	25.6	118	5.5	190	28.9		E 101°11′30.8″ N 36°17′02.4″	70
剖2	钙层土	栗钙土	栗钙土	黑黄土		1	0—24	栗色	中壤土	粒状	8.3	29.9	1.50	1.40	21.9	119	10.0	200	1.6		E 101°01′31.8″ N 36°13′13.4″	92
						2	24—87	灰黄色	中壤土	块状	8.5	14.9	0.80	1.30	20.6	63	5.0	100	8.6			
						3	87—114	淡黄黄色	轻壤土	块状	8.6	5.6	0.30	1.10	17.0	35	3.5	85	4.0			
剖3	钙层土	黑钙土	黑钙土	耕种黑钙土	黄黄土	1	0—13	深栗色	中壤土	团粒状	8.3	35.6	1.80	1.30	22.8	100	13.0	135	19.7		E 101°06′36.4″ N 36°10′00.5″	72
						2	13—48	栗色	中壤土	粒状	8.3	36.3	1.90	1.30	25.7	109	5.0	130	17.9			
						3	48—105	褐色	中壤土	块状	8.4	33.6	1.60	1.30	20.8	145	4.0	110	17.7			
						4	105—150	黑色	中壤土	块状	8.3	42.5	1.90	1.30	22.6	119	4.0	95	2.9			
剖4	高山土	草毡土	原始草毡土			1	0—3	暗棕色	砂壤土	团粒状	7.7	120.6	5.20	1.40	27.3	188	8.0	175	30.0		E 101°20′44.2″ N 36°16′56.6″	100
剖5	钙层土	黑钙土	黑钙土	耕种黑钙土	砂质黑钙土	1	0—18	灰色	轻壤土	粒状	8.0	61.8	3.00	2.70	22.6	183	78.0	650	13.8		E 101°16′36.5″ N 36°10′32.2″	86
						2	18—40	深灰色	砂壤土	粒状	8.1	59.8	2.70	2.30	22.5	148	48.0	635	17.9			
						3	40—63	黑灰黄色	轻壤土	粒状	8.0	36.3	1.80	1.5	19.5	103	6.0	190	15.2			
						4	63—79	灰色		块状	8.4	13.3	0.60	4.60	18.2	45	3.0	85	6.5			
剖6	半淋溶土	灰褐土	淋溶灰褐土			1	0—7	深灰色	砂壤土	团粒状	7.4	244.2	9.20	1.40	20.0	382	16.0	235	58.8		E 101°36′35.6″ N 36°14′11.4″	91
剖7	钙层土	栗钙土	栗钙土			1	0—17	深红色	轻壤土	小块状	8.4	23.6	1.30	1.10	20.0	106	4.0	120	12.2		E 101°24′35.6″ N 36°07′58.1″	77
剖8	人为土	灌淤土	灌淤土	厚层耕灌淤土	厚层黄灌淤土	1	0—30	灰黄色	重壤土	粒状	8.3	18.1	1.00	1.20	74.5	116	24.0	452	12.5	冲积物、淤积物	E 101°25′01.2″ N 36°01′41.2″	99
						2	30—40	灰黄色	中壤土	块状	8.3	16.6	0.90	0.90	18.8	112	10.0	400	11.2			
						3	40—117	灰黄色	重壤土	核状	8.4	17.7	0.80	1.50	16.6	112	4.0	336	14.7			
剖9	钙层土	栗钙土	栗钙土			1	0—15	栗色	轻壤土	团粒状	7.9	90.0	4.00	1.10	24.0	165	9.0	160	31.5		E 101°36′53.3″ N 36°07′44.8″	75
剖10	钙层土	灰钙土	耕灌灰钙土	壤质灌灰钙土	壤质灰黄灰土	1	0—26	淡灰黄色	中壤土	团块状	8.4	11.8	0.60	1.20	14.0	68	7.0	263	1.4		E 101°26′05.6″ N 35°58′12.4″	92
						2	26—38	淡灰黄色	重壤土	块状	8.5	10.4	0.50	1.20	20.5	61	3.0	128	11.4			
						3	38—80	淡灰黄色	中壤土	核状	8.4	9.3	0.40	0.50	16.2	55	2.0	139	11.3			
						4	80—150	淡灰黄色	重壤土	核状	8.4	10.4	0.50	0.60	16.8	64	4.0	131	13.8			
剖11	干旱土	灰钙土	白黄土	白黄土		1	0—23	淡灰黄色	轻壤土	团粒状	8.6	8.5	0.50	1.40	15.9	55	6.0	257	4.3		E 101°20′31.9″ N 35°57′28.4″	97
						2	23—34	淡灰黄色	中壤土	块状	8.8	10.2	0.50	1.30	14.9	45	3.0	284	5.5			
						3	34—76	淡灰黄色	砂壤土	块状	9.1	5.1	0.30	1.20	16.7	32	2.0	228	4.1			
						4	76—150	淡灰黄色	轻壤土	块状	9.0	3.4	0.20	1.20	15.5	26	2.0	94	3.0			
剖12	钙层土	栗钙土	耕灌栗钙土			1	0—20	栗色	轻壤土	粒状	8.2	63.2	3.30	1.20	19.7	148	10.0	110	16.6		E 101°20′18.2″ N 35°55′58.1″	96
剖13	钙层土	栗钙土	暗栗钙土			1	0—23	褐色	中壤土	粒状	8.7	15.7	0.80	1.40	21.9	52	3.5	102	8.8		E 101°22′44.4″ N 35°52′49.4″	79
剖14	钙层土	栗钙土	淡栗钙土	耕灌栗钙土	黑麻砂土	1	0—20	暗棕色	轻壤土	粒状	8.2	46.9	2.40	1.90	18.0	118	30.0	460	12.2		E 101°33′50.4″ N 35°54′56.9″	87
						2	20—40	灰黄棕色	轻壤土	块状	8.4	24.3	1.30	1.40	15.9	71	4.0	300	9.4			
						3	40—120	灰黄棕色	砂壤土	块状	8.6	17.1	0.80	1.40	15.9	55	3.0	140	9.2			
						4	120—150	栗色	轻壤土	块状	8.5	15.3	0.70	1.30	16.6	47	3.0	115	7.3			
剖15	钙层土	黑钙土	淋溶黑钙土	耕种淋溶黑钙土	油黑土	1	0—20	栗色	中壤土	粒状	8.3	46.5	2.30	1.30	21.2	183	28.0	100	2.7		E 101°22′33.2″ N 35°43′52.0″	99
						2	20—51	深栗色	中壤土	团粒状	7.8	44.6	2.10	1.20	24.5	118	2.5	70	2.5			
						3	51—96	黄棕色	中壤土	块状	7.9	12.7	0.50	0.90	18.8	55	1.6	50	13.7			
						4	96—	黄棕色	砂壤土	块状	7.8	7.9	0.40	0.90	17.1	61	1.2	50	1.4			

续表 Continued

剖面号 Soil profile	土纲 Soil order	土类 Soil great group	亚类 Soil subgroup	土属 Soil genus	土种 Soil species	土层码 Layer code	土层厚度 Depth/cm	颜色 Soil color	质地 Soil texture	土壤结构 Soil structure	pH	有机质 OM/(g/kg)	全氮 TN/(g/kg)	全磷 TP/(g/kg)	全钾 TK/(g/kg)	碱解氮 AN/(mg/kg)	有效磷 AP/(mg/kg)	速效钾 AK/(mg/kg)	阳离子交换量CEC/(cmol/kg)	土壤母质 Parent material	剖面点坐标 Profile coordinate	匹配指数 Matching index/%
剖16	钙层土	栗钙土	栗钙土	耕种栗钙土	黑红土	1	0—15	暗红棕色	中壤土	团粒状	8.5	32.5	1.70	1.40	18.8	93	6.0	145	18.5		E 101°31′50.9″ N 35°48′51.5″	89
						2	15—29	暗红棕色	中壤土	团粒状	8.5	30.8	1.60	1.50	18.3	109	4.0	100	18.4			
						3	29—149	淡黄棕色	轻粘土	块状	8.7	3.9	0.20	1.80	15.3	35	3.0	80	15.6			
剖17	半水成土	山地草甸土	山地草原草甸土			1	0—20	栗色	中壤土	粒状	8.2	53.5	2.70	1.30	28.3	184	4.5	140	19.3		E 101°35′57.5″ N 35°48′34.6″	85
剖18	半水成土	山地草甸土	山地灌丛草甸土			1	0—10	棕灰色	轻壤土	微粒状	7.7	157.1	6.60	1.30	25.4	157	14.0	260	43.9		E 101°43′20.3″ N 35°39′36.4″	100
剖19	高山土	草毡土	普通草毡土			1	0—5	黑色	砂壤土	团粒状	7.5	220.5	6.90	1.80	22.5	280	19.7	290	25.4		E 101°31′07.7″ N 35°39′12.6″	76

兴 海 县

主要土类说明

草毡土是兴海县主要土壤类型，占本县地域面积的 57%。草毡土是发生于高寒区（青藏高原）平缓高原面上，具强度生草腐殖质积累与弱度氧化还原特征的高山土壤。由于寒冻，蒿草根累积并弱度分解，该土壤呈草毡状。土体滞水，冻融交替，弱度氧化还原交替进行，造成该土壤氧化铁微弱游离。土体构型为 As-A_1-（AB）BC-C（D），剖面厚度为 50—80cm。成土母质为坡积物、残积物或冰碛物。

栗钙土是兴海县第二大土壤类型，占本县地域面积的 15%，分布于海拔 2700—3700m 的兴海县境内黄河流域阶地、大河坝河、曲什安河河流阶地，及三塔拉、河卡滩、大河坝滩、子科滩、德日塘切、沙纳滩、马圈塘、野马台滩、吉浪滩、赛石塘滩一带。栗钙土是温带干旱、半干旱草原植被下发育形成的土壤，土体构型为 Ah-Bk-Ck。土壤腐殖质层呈栗色或暗栗色，粒状结构，疏松、质地均一。其钙积层出现于 25—60cm 处。土壤剖面发育较完整，具有栗色或淡栗色的淀积层及灰黄色的母质层。剖面通体有石灰反应，中部常可见假菌丝状或斑点状石灰新生，淋溶程度较弱。成土母质为沉积物、洪积物、河流冲积物和黄土状物质。植被以芨芨草、针茅为主，伴生有赖草、细叶薹草、独行菜、珠芽蓼、早熟禾、灰藜等。

寒钙土是兴海县第三大土壤类型，占本县地域面积的 12%。寒钙土是发生于青藏高原高寒半干旱区，具弱度腐殖质累积、底层积钙的土壤。该土壤有机质层厚 15cm，有机质含量为 10—30g/kg；碳酸钙含量为 50—120g/kg，上部低，下部高。土壤 pH 为 7.5—8.5。土体构型为 A-B-C。成土母质为洪积物、湖积物、冰水沉积物及残积物、坡积物等。

沼泽土占兴海县地域面积的 10%，主要分布于地下水位较高、地表有季节性积水或长年积水的河湖盆周围、两山山间洼地、洪积扇的交接处。沼泽土为水成非地带性土壤，剖面构型为泥炭状有机质层 - 潜育层。其表层为腐殖质层或泥炭层，草皮层厚为 6—19cm，灰色黏化层有锈纹、锈斑。土体厚度为 40—100cm，高海拔地区土体 50—100cm 深处常出现永冻层。植被以薹草、水蒿草、藏蒿草为主，常伴生成水麦冬、米兰、毛茛、星状风毛菊、垂头菊、长管马先蒿等，覆盖度在 80% 以上。

棕钙土占兴海县地域面积的 4%。其土壤表层风蚀严重，地表多石砾，个别地区可见盐霜或盐皮。土壤有机质层厚度为 10—30cm，有机质含量为 10—20g/kg。成土母质为沉积物、冲积物。通体有石灰反应，土体中层常有假菌丝石灰新生体出现。植被以针茅、芨芨草、固沙草等荒漠草原类型为主，覆盖度在 30% 左右。

小于本县地域面积 3% 的土壤类型还有灰褐土等。

本区域中心区气候特征

本区域中心区气候特征值
Regional climate characteristics in central area of the region

气候带：高原亚寒带亚湿润气候 Climate region: Plateau sub frigid sub humid climate	
年平均气温 /℃ Annual average temperature /℃	−0.1
年平均最高气温 /℃ Annual average maximum temperature /℃	8.0
年平均最低气温 /℃ Annual average minimum temperature /℃	−6.7
年降水量 /mm Annual precipitation /mm	354
≥10℃的积温 /℃ Daily temperature accumulated in a year（≥10℃）/℃	708
年日照时数 /h Annual sunshine /h	2902
年平均相对湿度 /% Annual average relative humidity /%	53
干燥度 Dryness	0.13

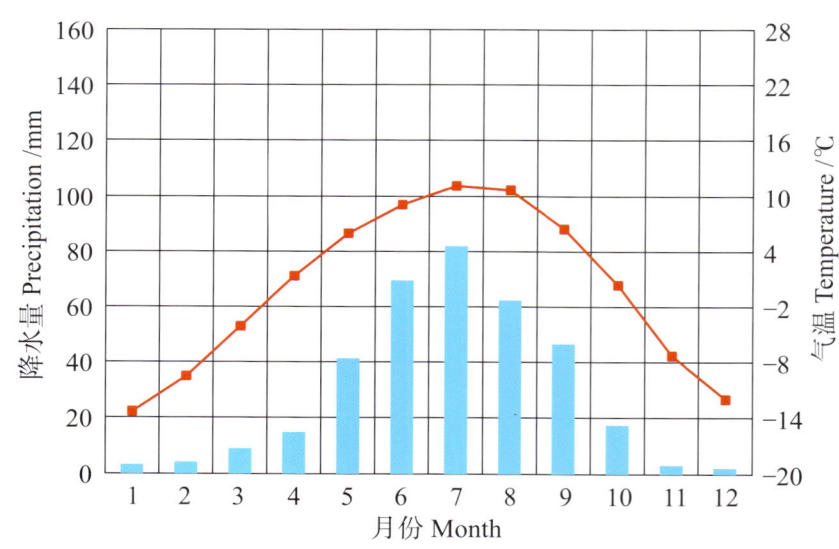

本区域中心区月平均气温与月平均降水量
Monthly temperature and precipitation in central area of the region

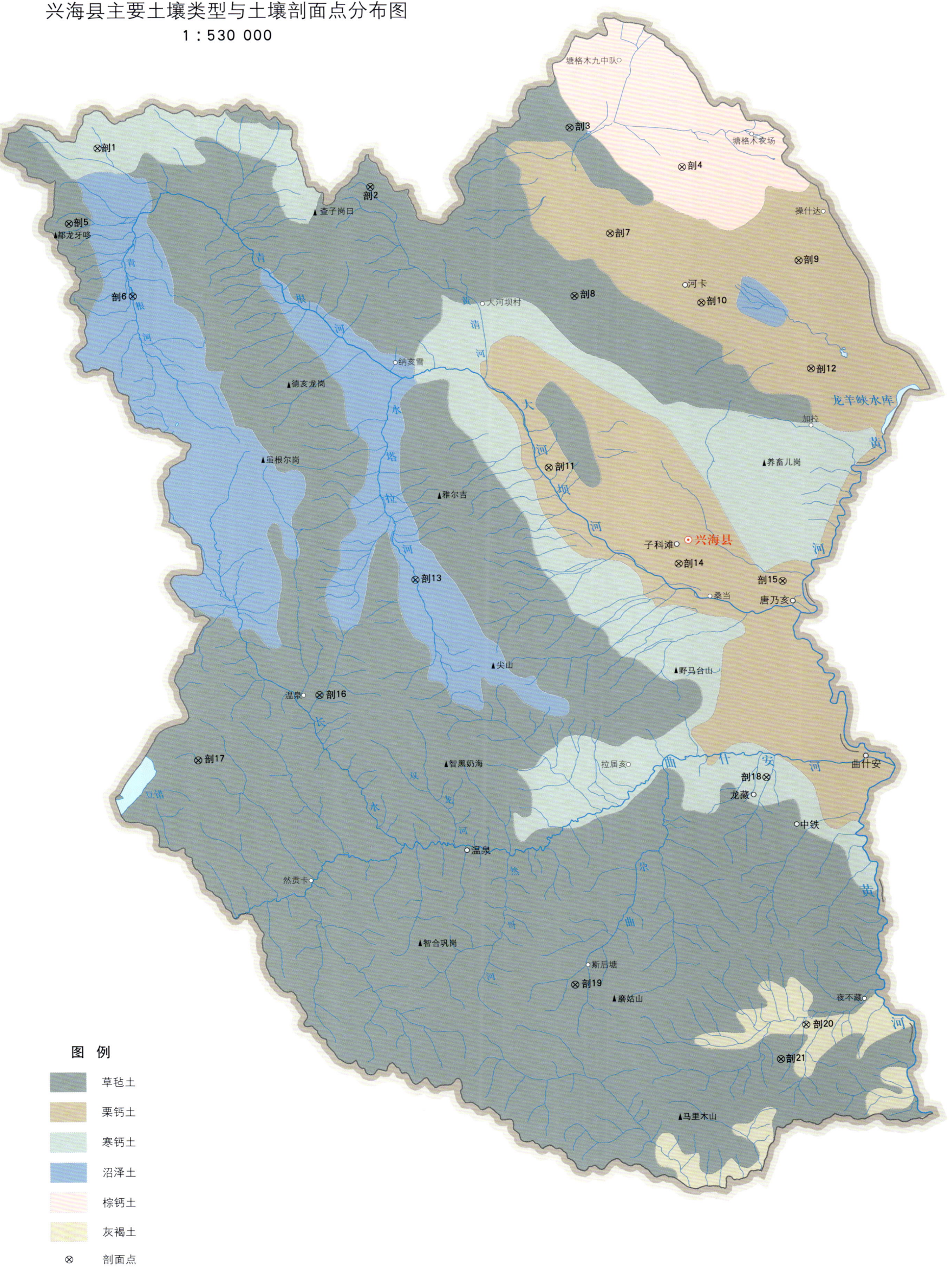

兴海县土壤剖面理化性状表

剖面号 Soil profile	土纲 Soil order	土类 Soil great group	亚类 Soil subgroup	土属 Soil genus	土种 Soil species	土层码 Layer code	土层厚度 Depth/cm	颜色 Soil color	质地 Soil texture	土壤结构 Soil structure	pH	有机质 OM/(g/kg)	全氮 TN/(g/kg)	全磷 TP/(g/kg)	全钾 TK/(g/kg)	碱解氮 AN/(mg/kg)	有效磷 AP/(mg/kg)	速效钾 AK/(mg/kg)	阳离子交换量CEC/(cmol/kg)	剖面点坐标 Profile coordinate	匹配指数 Matching index/%
剖1	高山土	寒钙土	寒钙土	寒钙土		1	0—16	棕灰色	中壤土	小块状	8.8	12.4	0.60	0.52	20.9	37	3.5	162	6.7	E 99°08′27.2″ N 36°04′06.6″	82
						2	16—	棕灰色	轻壤土	小块状	8.4	32.3	1.70	0.52	15.1	91	4.3	378	7.6		
剖2	高山土	草毡土	石灰性草毡土	石灰性草毡土		1	0—10	灰褐色	砾质土	粒状		111.0	5.40	0.79	16.9	222	5.2	210	22.6	E 99°31′58.0″ N 36°01′12.1″	82
						2	10—22	灰褐色	砾质土	粒状		48.1	2.40	0.61	19.2	161	4.2	162	13.4		
						3	22—	褐灰土	中壤土	粒状		9.0	0.40	0.31	19.8	51	4.2	136	5.8		
剖3	高山土	草毡土	石灰性草毡土	侵蚀石灰性草毡土		1	0—9	灰色	中壤土	粒状	8.5	45.3	2.10	0.79	17.4	120	6.3	140	9.9	E 99°49′15.2″ N 36°05′25.1″	75
						2	9—25	栗色	轻壤土	小粒状	8.8	25.5	1.30	0.65	18.3	74	5.0	124	7.0		
						3	25—40	褐灰色	轻壤土	小粒状	8.9	9.4	0.37	0.57	15.8	27	4.6	65	3.4		
剖4	干旱土	棕钙土	棕钙土	壤质棕钙土	厚层壤质棕钙土	1	0—20	棕色	轻壤土	块状	8.6	17.0	0.90	0.44	14.9	50	5.5	136	3.3	E 99°58′54.8″ N 36°02′28.3″	95
						2	20—95	棕色	轻壤土	小团粒状	8.8	14.0	0.70	0.57	19.1	38	4.0	136	5.0		
						3	95—	棕棕色	轻壤土		8.4	4.0	0.20	0.44	14.9	26	3.6	162	2.6		
剖5	高山土	草毡土	原始草毡土	原始草毡土		1	0—14	暗棕色	轻壤土	粒状	8.0	59.7	2.90	0.52	18.1	219	5.0	200	1.2	E 99°05′56.4″ N 35°58′37.6″	89
						2	14—														
剖6	水成土	沼泽土	泥炭沼泽土	寒冻泥炭沼泽土		1	0—10	棕灰色	轻壤土	微粒状	8.0	174.7	8.10	0.48	16.5	468	17.0	383	33.0	E 99°11′24.4″ N 35°53′22.6″	98
						2	10—40	暗棕灰色	轻壤土	小块状	7.9	196.9	8.50	0.48	16.1	388	7.0	140	37.9		
						3	40—60	灰棕色	轻壤土	片状	7.6	67.2	2.60	0.44	17.9	251	4.6	140	17.3		
						4	60—														
剖7	钙层土	栗钙土	暗栗钙土	壤质暗栗钙土	厚层壤质暗栗钙土	1	0—25	暗栗色	中壤土	团粒状	8.2	43.4	2.40	0.57	17.1	125	2.1	250	12.9	E 99°52′37.6″ N 35°57′41.8″	83
						2	25—80	栗色	重壤土	块状	8.5	17.0	0.70	0.52	15.2	37	2.4	124	6.8		
						3	80—150	灰黄色	中壤土	粒状	8.5	3.6	0.20	0.44	16.7	21	1.8	91	3.2		
剖8	高山土	草毡土	草毡土	底钙质普通草毡土		1	0—6	黑色	砂壤土	团粒状	7.9	252.8	9.00	0.52	22.0	579	9.0	197	35.5	E 99°49′28.2″ N 35°53′12.8″	76
						2	6—20	黑色	轻壤土	块状	8.5	131.4	2.00	0.42	20.0	499	4.7	94	25.5		
						3	20—														
剖9	钙层土	栗钙土	淡栗钙土	壤质淡栗钙土	厚层壤质淡栗钙土	1	0—16	淡栗色	中壤土	小块状	8.5	16.6	0.90	0.57	16.0	61	4.7	135	5.5	E 100°08′49.6″ N 35°55′35.0″	85
						2	16—26	黄棕色	中壤土	小块状	8.6	7.2	0.30	0.48	18.8	27	2.1	189	3.8		
						3	26—78	灰棕色	中壤土	块状	8.4	4.8	0.20	0.35	16.4	17	1.8	206	2.1		
						4	78—150	淡棕色	中壤土	块状	8.4	4.1	0.20	0.48	27.6	18	1.5	315	3.2		
剖10	钙层土	栗钙土	栗钙土	壤质耕灌栗钙土	壤质耕灌栗钙土	1	0—19	栗色	中壤土	小块状	8.2	43.0	2.30	0.61	20.6	125	7.0	189	13.0	E 100°00′23.0″ N 35°52′37.9″	84
						2	19—64	棕色	轻黏土	块状	8.8	19.8	0.98	0.57	20.2	63	5.0	64	9.7		
						3	64—140	灰棕色	中壤土	块状	8.3	6.7	0.29	0.48	19.5	37	4.0	94	4.8		
						4	140—	灰黄色	中壤土	块状	8.5	7.1	0.35	0.44	18.6	37	3.0	253	8.8		
剖11	钙层土	栗钙土	暗栗钙土	壤质暗栗钙土	中层壤质暗栗钙土	1	0—20	深棕色	轻壤土	粒状	8.2	63.5	3.10	0.57	17.7	283	4.0	172	11.4	E 99°47′03.9″ N 35°40′44.3″	76
						2	20—43	棕色	中壤土	块状	8.5	27.0	1.60	0.48	18.1	88	2.1	54	8.6		
						3	43—	褐色	中壤土		8.7	21.0	1.20	0.35	18.1	58	1.9	44	6.2		
剖12	钙层土	栗钙土	栗钙土	壤质耕灌栗钙土	壤质耕灌栗钙土	1	0—12	灰黄色	中壤土	粒状	8.3	16.3	0.80	0.61	14.7	82	6.6	174	4.6	E 100°09′43.5″ N 35°47′43.8″	96
						2	12—65	紫色	中壤土	块状	8.5	13.0	0.70	0.57	17.8	55	5.0	54	4.9		
						3	65—150	灰黄色	中壤土	粒状	8.6	10.2	0.70	0.48	18.7	37	4.7	86	4.9		
剖13	水成土	沼泽土	草甸沼泽土	壤质草甸沼泽土		1	0—35	灰色	中壤土	小粒状	8.7	20.9	1.00	0.48	16.4	92	1.2	86	6.0	E 99°35′29.8″ N 35°32′42.0″	83
						2	35—55	灰棕色	轻壤土	块状	8.4	17.0	0.80	0.52	16.6	72	0.6	97	4.6		
						3	55—	深棕色	轻壤土	块状		22.7	1.00	0.52	20.9	83	1.9	118	6.5		
剖14	钙层土	栗钙土	暗栗钙土	壤质暗栗钙土	薄层壤质暗栗钙土	1	0—4	栗色	轻壤土	粒状	8.3	43.3	2.00	0.65	18.5	124	1.8	221	9.8	E 99°58′06.2″ N 35°33′42.1″	79
						2	4—20	栗色	砂壤土	粒状	8.5	25.0	1.60	0.61	19.6	78	0.9	54	5.6		
						3	20—														

续表 Continued

剖面号 Soil profile	土纲 Soil order	土类 Soil great group	亚类 Soil subgroup	土属 Soil genus	土种 Soil species	土层码 Layer code	土层厚度 Depth/cm	颜色 Soil color	质地 Soil texture	土壤结构 Soil structure	pH	有机质 OM/(g/kg)	全氮 TN/(g/kg)	全磷 TP/(g/kg)	全钾 TK/(g/kg)	碱解氮 AN/(mg/kg)	有效磷 AP/(mg/kg)	速效钾 AK/(mg/kg)	阳离子交换量CEC/(cmol/kg)	剖面点坐标 Profile coordinate	匹配指数 Matching index/%
剖15	钙层土	栗钙土	栗钙土	耕灌栗钙土	壤质耕灌栗钙土	1	0—14	暗黄棕色	中壤土	小块状	8.0	33.8	1.80	0.61	17.8	126	6.0	412	9.5	E 100°06′58.6″ N 35°32′20.1″	79
						2	14—19	褐色	中壤土	片状	8.3	32.2	1.70	0.52	19.3	97	3.0	248	8.5		
						3	19—67	黄棕色	轻壤土	块状	8.3	22.3	1.30	0.48	20.7	97	2.1	162	7.4		
						4	67—	淡黄棕色	中壤土		8.3	25.5	1.50	0.39	20.7	94	1.9	169	7.6		
剖16	高山土	草毡土	普通草毡土	普通草毡土		1	0—9	黑灰色	轻壤土	粒状	7.7	104.6	4.90	0.57	18.5	269	5.1	108	0.6	E 99°27′09.7″ N 35°24′21.2″	100
						2	9—24	黑灰色	中壤土	块状	8.1	69.7	3.00	0.44	20.3	129	3.8	89	0.1		
						3	24—34	棕色	中壤土		7.8	22.2	0.90	0.39	17.5	67	2.1	76	0.3		
剖17	高山土	草毡土	石灰性草毡土	淋溶石灰性草毡土		1	0—10	暗棕色	轻壤土	团粒状	8.0	83.8	4.00	0.61	17.4	280	5.3	214	2.5	E 99°16′43.7″ N 35°19′41.9″	86
						2	10—60	暗棕色	轻壤土	粒状	8.3	43.4	2.20	0.57	17.3	173	3.7	67	1.5		
						3	60—80	褐色	轻壤土	小块状	8.9	7.1	0.40	0.57	16.0	49	3.4	64	5.4		
						4	80—	褐色	轻壤土		8.6	10.8	0.56	0.52	15.4	51	4.0	58	5.3		
剖18	高山土	寒钙土	暗寒钙土	暗寒钙土		1	0—9	灰棕色	中壤土	粒状	8.2	53.4	2.50	0.52	21.3	192	4.3	194	12.8	E 100°05′19.0″ N 35°18′05.4″	76
						2	9—32	暗灰棕色	重壤土	粒状	8.6	26.3	1.50	0.39	19.4	107	3.4	184	10.0		
						3	32—65	褐色	轻壤土	块状	8.5	18.4	1.00	0.57	20.8	702	9.1	118	8.3		
						4	65—	灰黄色	轻壤土	块状	8.2	13.2	0.70	0.31	19.5	45	2.9	108	6.0		
剖19	高山土	草毡土	棕草毡土	石灰性棕草毡土		1	0—6	暗棕色	轻壤土	团粒状	8.1	142.0	5.70	0.57		394	10.1	346	34.4	E 99°48′42.8″ N 35°03′10.8″	81
						2	6—50	暗棕色	轻壤土	块状	8.0	117.0	4.50	0.48	20.2	328	9.8	167	33.5		
						3	50—														
剖20	半淋溶土	灰褐土	淋溶灰褐土	淋溶瑰质灰褐土		1	0—10	黑棕色	轻壤土	团粒状	7.5	309.5	10.10	0.57	17.7	572	13.8	74	59.3	E 100°08′20.4″ N 35°00′04.3″	92
						2	10—50	暗棕色	轻壤土	粒状	7.6	254.0	9.10	0.48	16.2	469	4.0	418	65.3		
						3	50—80	暗棕色	中壤土	鳞片状	8.3	103.9	4.20	0.48	18.3	298	1.8	72	36.0		
						4	80—100	灰棕色	轻壤土	鳞片状	8.5	100.6	4.30	0.44	15.4	205	1.5	106	29.0		
						5	100—150	褐色	中壤土	块状	8.6	10.3	0.43	0.39	15.6	37	1.1	96	5.0		
剖21	高山土	草毡土	棕草毡土	棕草毡土		1	0—10	黑棕色	中壤土	粒状	7.6	100.8	8.50	0.57	17.2	239	6.4	246	23.9	E 100°06′08.3″ N 34°57′36.0″	96
						2	10—45	暗棕色		团块状	7.6	70.0	3.30	0.48	16.7	189	3.4	96	23.8		
						3	45—90	黄棕色		片状	7.7	29.0	1.30	0.44	17.0	85	3.0	74	15.7		
						4	90—150	暗黄棕色		片状	8.0	10.0	0.40	0.44	18.3	27	1.8	54	6.8		

贵 南 县

主要土类说明

栗钙土是贵南县主要土壤类型，占本县地域面积的47%，是山间盆地和山地带上干旱、半干旱草原植被下发育形成的土壤，分布在海拔2600—3250m的地格塘、巴格乎滩、哇什滩、木格滩、霞右锋滩。土体构型为Ah–Bk–Ck。钙积层出现在25—90cm处通体有石灰反应，中部常见菌丝状或斑纹状灰白色石灰新生体。成土母质为第四纪河流沉积物、洪积物、黄土和风沙土。土壤质地多为砂壤、轻壤和中壤。

草毡土是贵南县第二大土壤类型，占本县地域面积的19%。草毡土是发生于高寒区（青藏高原）平缓高原面上，具强度生草腐殖质积累与弱度氧化还原特征的高山土壤。由于寒冻，蒿草根累积并弱度分解，该土壤呈草毡状。土体滞水，冻融交替，弱度氧化还原交替进行，造成该土壤氧化铁微弱游离。土体构型为$As–A_1–(AB)BC–C(D)$。成土母质为坡积物、残积物或冰碛物。

风沙土是贵南县第三大土壤类型，占本县地域面积的10%。风沙土发生于半干旱、干旱漠境地区及滨海地区，是风沙移动堆积形成的多种形态的风沙沉积。由于成土时间短暂，风沙土无剖面发育，具C、(A)–C或A–C剖面构型，反映了风沙流动堆积与固定的不同阶段。

山地草甸土占贵南县地域面积的8%，分布于海拔3300—3800m的马营的恰仟山、龙格尔马、塔秀的西格日两侧及达耳隆滩的南面一带。土体构型为As–A–C–D，其成土过程为腐殖质累积和石灰淋溶淀积，土层厚88—150cm。腐殖质层呈暗棕灰色、暗棕色或褐色，厚度为50—117cm。成土母质为坡积物、残积物、冲积物。

黑钙土占贵南县地域面积的5%，是山地垂直带上靠近阴山滩地边沿地带的土壤，主要分布在海拔2900—3400m的森多乡、塔秀乡、过马营乡等。土体构型为A–AB–C。腐殖质层深厚、松软，呈黑褐色或暗灰棕色。上层有机质含量为47.0—93.5g/kg。碳酸钙淀积层厚度为35—80cm，可见到假菌丝状、斑点状石灰新生体。成土母质为黄土、冲积物、沉积物。

寒钙土占贵南县地域面积的5%。寒钙土是发生于青藏高原高寒半干旱区，具弱度腐殖质累积、底层积钙的土壤。该土壤有机质层厚15cm，有机质含量为10—30g/kg；碳酸钙含量为50—120g/kg，上部低，下部高。土壤pH为7.5—8.5。土体构型为A–B–C。成土母质为洪积物、湖积物、冰水沉积物及残积物、坡积物等。

沼泽土占贵南县地域面积的4%，见于河湖周围、分水岭上凹陷部位封闭的沟谷盆地、冲积扇前或扇后洼地，包括草根层和潜育层。分布区季节性或长期性积水，生长喜湿植物。土体构型为As–(A)–Bg（锈斑层）–G（潜育层），Eh值低。成土母质为冲积物、洪积物。

小于本县地域面积3%的土壤类型还有灰褐土等。

本区域中心区气候特征

本区域中心区气候特征值
Regional climate characteristics in central area of the region

气候带：高原亚温带亚湿润气候 Climate region: Plateau sub temperate subhumid climate	
年平均气温 /℃ Annual average temperature /℃	1.4
年平均最高气温 /℃ Annual average maximum temperature /℃	10.2
年平均最低气温 /℃ Annual average minimum temperature /℃	−5.6
年降水量 /mm Annual precipitation /mm	414
≥10℃的积温 /℃ Daily temperature accumulated in a year (≥10℃) /℃	927
年日照时数 /h Annual sunshine /h	2795
年平均相对湿度 /% Annual average relative humidity /%	56
干燥度 Dryness	0.22

本区域中心区月平均气温与月平均降水量
Monthly temperature and precipitation in central area of the region

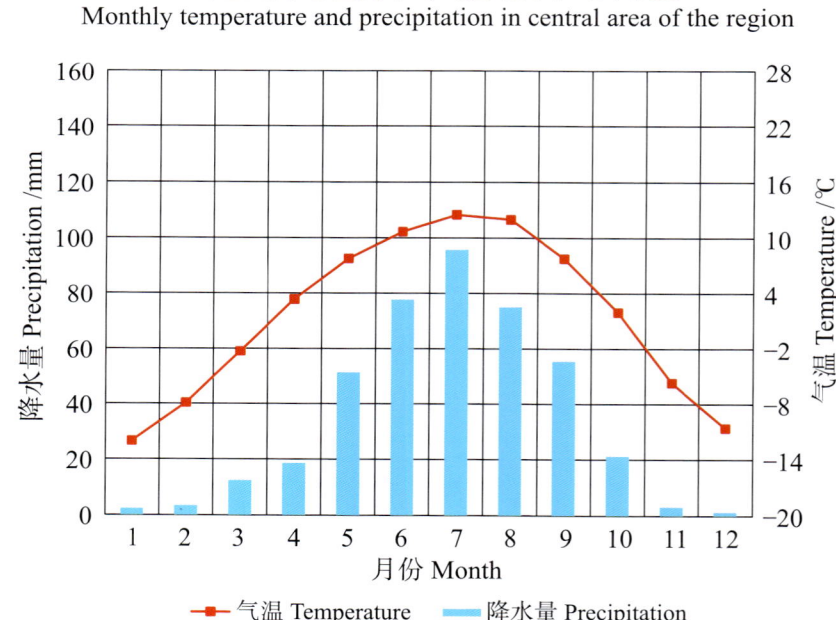

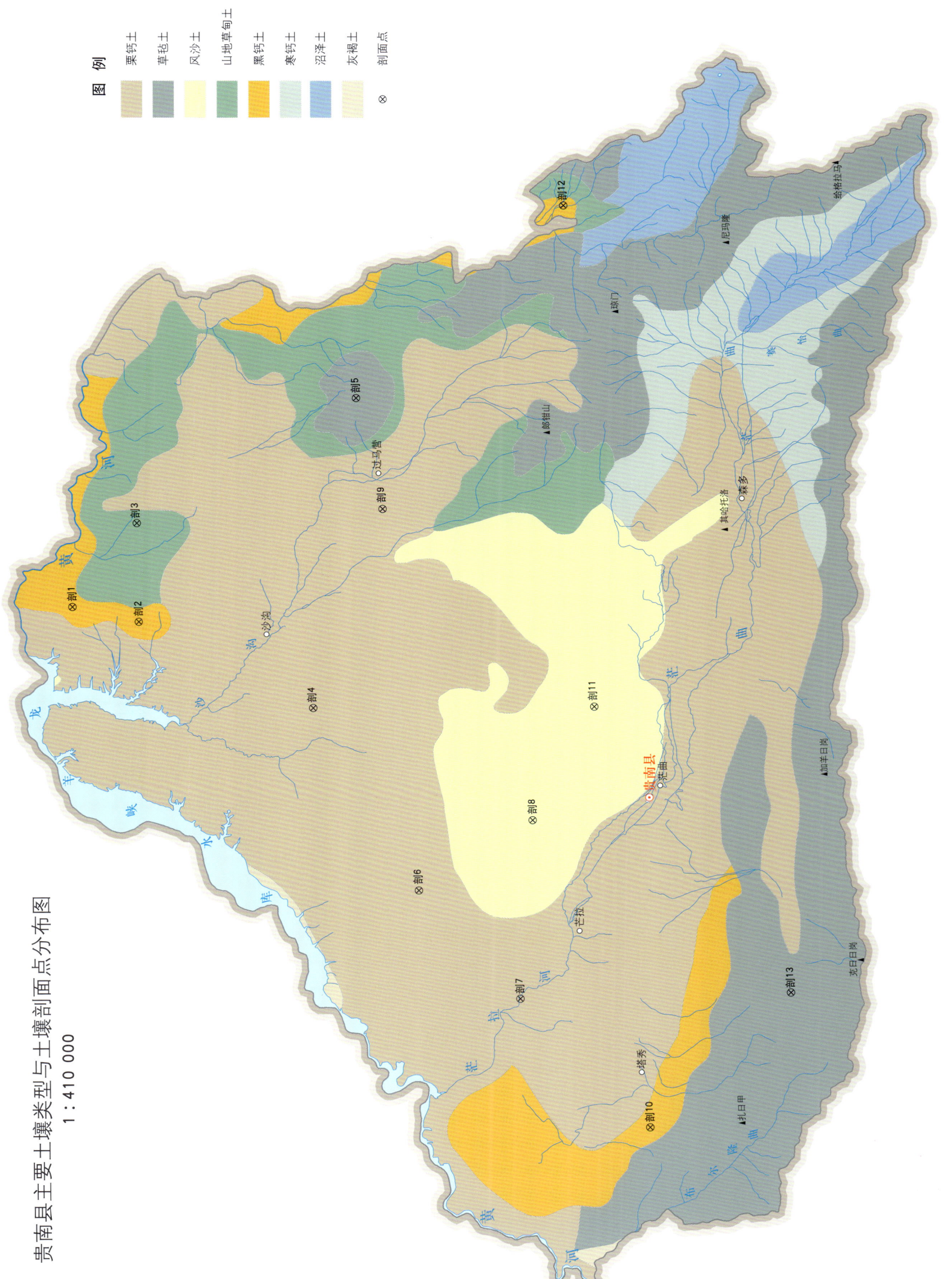

贵南县土壤剖面理化性状表

剖面号	土纲	土类	亚类	土属	土种	土层码	土层厚度/cm	颜色	质地	土壤结构	pH	有机质 OM/(g/kg)	全氮 TN/(g/kg)	全磷 TP/(g/kg)	全钾 TK/(g/kg)	碱解氮 AN/(mg/kg)	有效磷 AP/(mg/kg)	速效钾 AK/(mg/kg)	阳离子交换量 CEC/(cmol/kg)	土壤母质	剖面点坐标	匹配指数 Matching index/%
剖1	钙层土	黑钙土	黑钙土	耕种黑钙土	黑土	1	0—30	栗色	轻壤土	团块状	8.5	52.8	2.58	2.23	23.4	122	15.0	185	18.2		E 100°58′12.4″ N 36°05′04.9″	93
						2	30—61	褐色、栗色	轻壤土	团块状	9.0	41.0	2.03	2.17	25.6	86	3.0	80	16.8			
						3	61—85	暗棕、灰棕色	轻壤土	团块状	8.8	24.0	0.82	1.86	22.3	32	1.0	79	8.3			
						4	85—150	黄棕、灰黄色	轻壤土	团块状	8.9	18.8	0.46	1.52	24.9	16	1.0	85	3.5			
剖2	钙层土	黑钙土	黑钙土			1	0—7	暗黄棕色	轻壤土	小块状	8.1	48.2	2.78	2.26	24.9	114	3.0	210	17.0		E 100°57′08.0″ N 36°01′38.4″	94
						2	7—30	栗色	轻壤土	块状	8.4	44.4	2.66	2.54	23.2	105	3.0	140	18.2			
						3	30—93	黄棕色、褐色	轻壤土	块状	8.4	23.0	1.20	1.73	24.0	61	1.0	100	8.8			
						4	93—140	棕黄色、褐色	轻壤土	块状	8.7	11.6	0.42	1.54	23.6	22	1.0	115	4.8			
剖3	半水成土	山地草甸土	山地灌丛草甸土		砂页白黄土	1	0—10	暗黄棕色	轻壤土	团粒状	8.2	160.1	6.00	2.76	23.2	260	20.0	385	49.9		E 101°03′41.8″ N 36°01′36.8″	79
						2	10—20	暗黄棕色	轻壤土	团粒状	8.1	143.6	6.24	2.24	22.6	215	7.0	250	51.8			
						3	20—70	暗灰棕色	轻壤土	鳞片状	8.0	99.0	4.70	1.84	21.6	208	5.0	185	45.5			
						4	70—110	黑灰棕色	轻壤土	粒状	8.1	90.8	3.91	2.08	24.0	203	4.0	91	41.9			
剖4	钙层土	栗钙土	栗钙土	黑黄土		1	0—20	黄棕灰色	砂质壤土	小块状	8.5	26.8	1.20	2.40	19.7	62	8.0	215	7.2		E 100°51′08.4″ N 35°52′39.0″	86
						2	20—53	棕灰色	轻壤土	块状	8.6	21.1	0.77	1.53	20.0	32	1.0	230	6.0			
						3	53—95	灰黄棕色	轻壤土	块状	8.6	7.8	0.51	1.34	21.6	19	1.0	221	7.0			
						4	95—150	褐色	轻壤土	块状	8.7	7.0	0.59	1.60	22.3	17	1.0	225	8.0			
剖5	高山土	草毡土	石灰性草毡土			1	0—21	紫色、暗棕色	粉砂土	块状	8.0	48.5	3.17	1.62	22.4	138	8.0	210	17.2		E 101°11′39.8″ N 35°50′00.6″	95
						2	21—90	灰黄棕色	粉砂土	块状	8.5	54.7	3.12	1.70	24.0	179	7.0	114	25.7			
						3	90—150	暗棕色	粉砂土	团块状	8.6	4.5	0.31	1.72	22.2	26	4.0	38	4.0			
剖6	钙层土	栗钙土	栗钙土	耕灌栗钙土	绵砂土	1	0—20	暗棕色	砂质壤土	粒状	8.6	17.6	0.78	1.72	11.9	47	8.0	150	5.3		E 100°38′51.0″ N 35°47′22.4″	93
						2	20—54	黄棕色、褐色	砂质壤土	块状	8.9	12.9	0.59	1.47	19.8	28	1.0	180	4.8			
						3	54—150	灰黄棕色	砂质壤土	块状	9.0	10.6	0.44	1.90	18.8	18	1.0	140	6.2			
剖7	钙层土	栗钙土	栗钙土	耕灌栗钙土	黄棕土	1	0—10	栗色、黄棕色	轻壤土	团粒状	8.3	21.4	1.40	2.21	24.9	63	19.0	185	1.1		E 100°31′36.5″ N 35°42′13.0″	90
						2	10—18	栗色、黄棕色	轻壤土	团块状	8.5	18.6	1.41	2.02	22.9	48	5.0	100	9.2			
						3	18—42	黄棕色、褐色	轻壤土	块状	8.6	20.0	0.94	1.58	22.0	36	1.0	100	9.0			
						4	42—111	灰棕色	砂质壤土	块状	8.7	5.8	0.52	1.47	21.0	12	1.0	50	5.9			
						5	111—150	暗灰棕色	砂质壤土	块状	9.2	5.3	0.31	1.02	20.5	9	1.0	45	3.5			
剖8	初育土	风沙土	半固定风沙土			1	0—11	淡棕黄色	轻壤土	粒状	9.0	8.9	0.74	1.42	19.8	26	3.0	220	4.5	风积物	E 100°43′24.3″ N 35°41′21.1″	93
						2	11—50	栗棕色、灰黄色	轻壤土	块状	8.5	32.3	1.77	2.10	21.2	68	1.0	92	9.2			
						3	50—120	褐色、灰棕色	轻壤土	块状	8.6	27.3	1.18	1.96	21.3	40	1.0	82	7.9			
剖9	钙层土	栗钙土	栗钙土		黑黄土	1	0—23	褐色	轻壤土	团块状	8.7	38.0	2.23	1.86	25.0	101	12.0	120	14.8		E 101°04′16.2″ N 35°48′46.1″	80
						2	23—59	黄棕黄色	粉砂质壤土	块状	8.2	21.4	1.17	1.77	22.7	32	2.0	35	7.8			
						3	59—150	暗灰黄色	粉砂质壤土	块状	8.2	12.1	0.36	1.46	6.2	12	14.0	35	3.5			
剖10	钙层土	黑钙土	石灰性黑钙土			1	0—10	深栗色	轻壤土	小块状	8.0	139.3	5.60	2.30	24.3	268	10.0	425	29.6		E 100°23′00.2″ N 35°35′35.2″	81
						2	10—49	深栗色	轻壤土	块状	8.5	64.4	3.88	2.20	24.6	189	4.0	162	25.7			
						3	49—85	栗色、灰黄色	轻壤土	小块状	8.9	9.0	0.65	1.70	21.4	28	2.0	42	7.0			
						4	85—117	褐黄色	轻壤土	块状	8.6	12.0	0.92	1.66	22.6	31	2.0	54	9.9			
						5	117—150	棕灰黄色	轻壤土	块状	8.5	5.6	0.47	1.90	22.7	22	2.0	55	16.1			
剖11	初育土	风沙土	流动风沙土			1	0—20	棕黄色	砂土		9.6	1.7	0.26	1.60	19.0	13	6.0	68	2.7	风积物	E 100°50′51.0″ N 35°35′00.2″	94
						2	20—150	棕黄色	砂土		9.7	1.1	0.20	1.34	17.0	12	6.0	72	7.0			

续表 Continued

剖面号 Soil profile	土纲 Soil order	土类 Soil great group	亚类 Soil subgroup	土属 Soil genus	土种 Soil species	土层码 Layer code	土层厚度 Depth/cm	颜色 Soil color	质地 Soil texture	土壤结构 Soil structure	pH	有机质 OM/(g/kg)	全氮 TN/(g/kg)	全磷 TP/(g/kg)	全钾 TK/(g/kg)	碱解氮 AN/(mg/kg)	有效磷 AP/(mg/kg)	速效钾 AK/(mg/kg)	阳离子交换量CEC/(cmol/kg)	土壤母质 Parent material	剖面点坐标 Profile coordinate	匹配指数 Matching index/%
剖12	钙层土	黑钙土	淋溶黑钙土			1	0—8	栗色、灰棕色	粉砂土	小块状	8.0	93.5	4.88	1.97	23.4	265	12.0	390	36.8		E 101°24′06.3″ N 35°38′55.4″	72
						2	8—30	暗灰棕色	粉砂土	块状	7.9	187.0	7.84	2.37	20.7	258	12.0	175	63.1			
						3	30—110	灰黄棕色	粉砂质壤土	片状	8.2	47.5	2.66	1.75	24.2	134	6.0	75	24.4			
						4	110—150	灰黄棕色	粉砂质壤土	片状	7.9	61.6	2.73	1.68	24.1	130	6.0	64	32.3			
剖13	高山土	草毡土	草毡土			1	0—7	灰黄棕色	轻壤土	粒状	7.3	101.5	4.98	1.97	24.2	266	10.0	195	39.2		E 100°31′40.1″ N 35°28′05.2″	92
						2	7—28	黑色、灰棕色	轻壤土	片状	7.1	80.9	4.20	2.01	25.2	198	6.0	80	37.3			
						3	28—55	黑色、灰棕色	中壤土	片状	7.0	56.2	2.72	1.64	26.2	118	5.0	68	3.5			
						4	55—82	红黄色			7.0	6.2	0.38	1.60	28.8	26	4.0	50	17.7			

果洛藏族自治州

玛沁县

主要土类说明

草毡土是玛沁县主要土壤类型，占本县地域面积的88%。草毡土是发生于高寒区（青藏高原）平缓高原面上，具强度生草腐殖质积累与弱度氧化还原特征的高山土壤。由于寒冻，蒿草根累积并弱度分解，该土壤呈草毡状。土体滞水，冻融交替，弱度氧化还原交替进行，造成氧化铁微弱游离。剖面构型为 $As-A_1-BC-C$，剖面厚度为50—80cm。土体下部因冻融作用，常见鳞片状结构，黑褐色，土质松散，有机质含量为100—200g/kg。成土母质为坡积物、残积物或冰碛物。土壤质地为石质砂壤、中壤，pH 为 6—8。植被以密丛而根茎短的小嵩草、矮嵩草等为主，并常伴生多种苔草、圆穗蓼和杂类草。植被覆盖度为70%—90%。

寒钙土是玛沁县第二大土壤类型，占本县地域面积的6%。寒钙土是发生于青藏高原高寒半干旱区，具弱度腐殖质累积、底层积钙的土壤。该土壤有机质层厚15cm，有机质含量为10—30g/kg；碳酸钙含量为50—120g/kg，上部低，下部高。土体构型为 A-B-C。成土母质为洪积物、湖积物、冰水沉积物及残积物、坡积物等。植被主要为针茅、羊茅、青藏薹草等。

小于本县地域面积3%的土壤类型还有寒冻土、灰褐土、山地草甸土、沼泽土。

本区域中心区气候特征

本区域中心区气候特征值
Regional climate characteristics in central area of the region

气候带：高原亚寒带亚湿润气候 Climate region: Plateau sub frigid sub humid climate	
年平均气温 /℃ Annual average temperature /℃	−1.1
年平均最高气温 /℃ Annual average maximum temperature /℃	7.1
年平均最低气温 /℃ Annual average minimum temperature /℃	−7.7
年降水量 /mm Annual precipitation /mm	447
≥10℃的积温 /℃ Daily temperature accumulated in a year (≥10℃) /℃	572
年日照时数 /h Annual sunshine /h	2689
年平均相对湿度 /% Annual average relative humidity /%	59
干燥度 Dryness	0.03

本区域中心区月平均气温与月平均降水量
Monthly temperature and precipitation in central area of the region

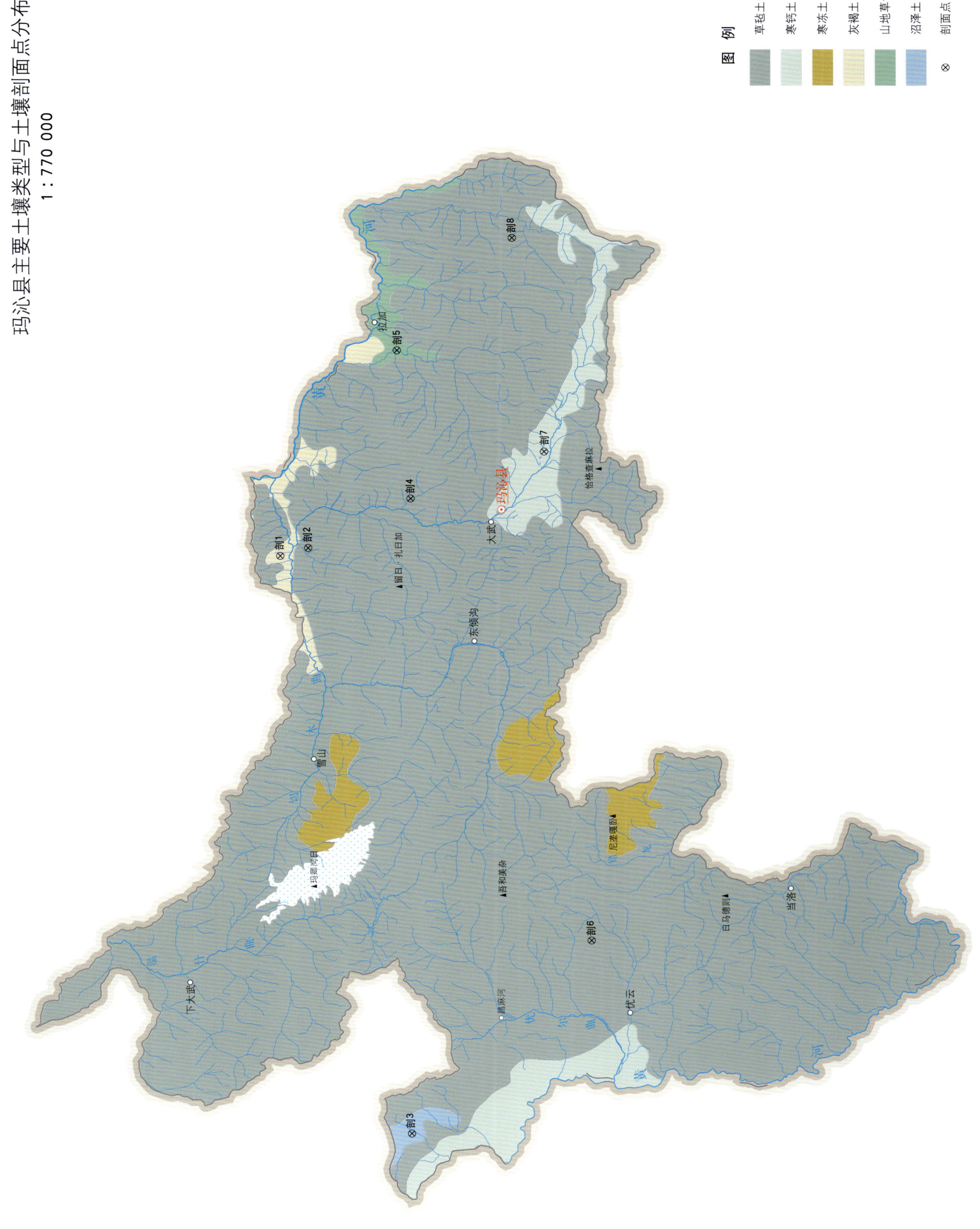

玛沁县土壤剖面理化性状表

剖面号 Soil profile	土纲 Soil order	土类 Soil great group	亚类 Soil subgroup	土层码 Layer code	土层厚度 Depth/cm	颜色 Soil color	质地 Soil texture	土壤结构 Soil structure	pH	有机质 OM/(g/kg)	全氮 TN/(g/kg)	全磷 TP/(g/kg)	全钾 TK/(g/kg)	碱解氮 AN/(mg/kg)	有效磷 AP/(mg/kg)	速效钾 AK/(mg/kg)	阳离子交换量 CEC/(cmol/kg)	土壤母质 Parent material	剖面点坐标 Profile coordinate	匹配指数 Matching index/%
剖1	半淋溶土	灰褐土	石灰性灰褐土	1	0—7	褐棕色	中壤土	块状	7.7	118.4	5.30	0.61	17.3	273	7.0	100	35.0	沉积岩、残积物、坡积物	E 100°09′02.2″ N 34°50′41.6″	96
				2	7—39	暗棕色	中壤土	粒状	7.8	44.8	3.00	0.48	17.1	203	6.0	83	21.2			
				3	39—64	黄棕色	砂壤土	粒状	8.1	35.3	1.90	0.48	14.7	70	4.0	75	15.4			
剖2	高山土	草毡土	棕草毡土	1	0—12	灰黑色	中壤土	粒状	5.8	160.2	7.60	0.74	15.4	546	7.0	50	48.3	坡积物	E 100°09′59.8″ N 34°47′52.4″	100
				2	12—36	棕灰色	中壤土	粒状	6.8	128.4	5.60	0.61	16.2	364	8.0	75	34.9			
				3	36—64	棕灰色	重壤土	片状	6.8	109.3	4.70	0.57	16.1	252	8.0	50	32.6			
				4	64—96	暗棕黄色	中壤土	块状	6.8	69.9	4.70	0.57	16.1	301	6.0	75	29.3			
剖3	水成土	沼泽土	泥炭沼泽土	1	0—9	黑棕褐色	砂壤土	无明显结构	9.9	220.2	10.80	0.83	15.3	518	7.0	133	36.6	冲积物	E 98°56′37.6″ N 34°38′11.1″	74
				2	9—62	黑棕褐色	砂壤土	无明显结构	7.7	237.4	10.90	0.61	13.8	434	3.0	83	36.6			
				3	62—71	深灰色	中壤土	无明显结构	7.8	51.3	2.60	0.31	14.1	105	4.0	83	19.7			
剖4	高山土	草毡土	普通草毡土	1	0—16	棕褐色	轻壤土	块状、粒状	6.5	116.8	6.40	0.87	21.2	420	7.0	100	34.6	坡积物	E 100°15′59.0″ N 34°37′34.3″	80
				2	16—34	黄褐色	中壤土	块状	6.5	70.8	4.00	0.87	17.9	315	3.0	67	29.9			
				3	34—68	灰褐色	中壤土	片状	6.6	44.2	2.30	0.83	16.0	112	0.5	54	22.4			
				4	68—87	黄棕色	中壤土	块状	6.8	13.4	0.50	0.31	15.8	14	0.5	44	1.2			
剖5	半水成土	山地草甸土	山地草原草甸土	1	0—25	黑棕色	重壤土	团粒状	7.0	199.4	9.80	0.74	17.4	560	7.0	83	53.6	坡积物	E 100°34′38.0″ N 34°38′40.1″	99
				2	25—45	黑马色	轻壤土	小块状	7.3	166.4	7.80	0.61	17.2	518	5.0	71	46.2			
				3	45—60	暗棕黄色	轻壤土	碎块状	7.8	46.5	2.60	0.44	16.6	133	0.5	67	21.5			
				4	60—85	灰黄色	中壤土	无明显结构	8.4	11.2	0.60	0.44	15.8	28	痕迹	67	8.4			
剖6	高山土	草毡土	石灰性草毡土	1	0—16	褐棕色	中壤土	粒状	7.3	53.7	3.10	0.48	15.9	140	3.0	108	18.2	板岩风化物	E 99°20′23.6″ N 34°20′04.6″	95
				2	16—44	灰黄色	中壤土	块状	8.2	21.2	1.30	0.39	12.0	56	0.5	75	9.2			
				3	44—78	黄棕色	轻壤土	块状	8.2	6.0	0.40	0.35	11.4	14	0.5	59	7.6			
剖7	高山土	寒钙土	寒钙土	1	0—10	灰色	轻壤土	块状	8.6	39.3	2.30	0.48	14.6	112	3.0	117	11.1	洪积物	E 100°21′39.2″ N 34°24′09.4″	70
				2	10—23	褐棕色	中壤土	块状	8.6	28.7	1.70	0.48	13.2	56	2.0	59	8.4			
				3	23—45	黄灰棕色	中壤土	片状	8.8	15.6	1.70	0.48	12.7	28	痕迹	50	6.3			
剖8	高山土	草毡土	原始草毡土	1	0—12	褐棕色	中壤土	粒状	6.0	61.9	3.60	0.52	16.1	196	2.0	75	19.0	冰碛物	E 100°48′27.3″ N 34°26′57.5″	97

班 玛 县

主要土类说明

草毡土是班玛县主要土壤类型,占本县地域面积的92%。草毡土是发生于高寒区(青藏高原)平缓高原面上,具强度生草腐殖质积累与弱度氧化还原特征的高山土壤。由于寒冻,蒿草根累积并弱度分解,该土壤呈草毡状。土体滞水,冻融交替,弱度氧化还原交替进行,造成该土壤氧化铁微弱游离。土体构型为As–A_1–(AB)BC–C(D),剖面厚度为50—80cm。成土母质为坡积物、残积物或冰碛物。

灰褐土是班玛县第二大土壤类型,占本县地域面积的8%,是分布于海拔3500—4100m的温带干旱、半干旱山地的土壤,腐殖质累积与积钙作用明显。土体构型为Ao–A–AB–C,Ao层有机质含量可达100g/kg,下见暗色腐殖质层,有弱黏淀特征,有棕褐色土层,钙积层在40—60cm以下出现,铁铝氧化物无移动。成土母质主要有黄土、黄土性物质及多种岩石风化坡积物、残积物等。植被以云杉、冷杉、圆柏为主。

小于本县地域面积3%的土壤类型还有沼泽土、黑毡土等。

本区域中心区气候特征

本区域中心区气候特征值
Regional climate characteristics in central area of the region

气候带:高原亚寒带亚湿润气候 Climate region: Plateau sub frigid sub humid climate	
年平均气温 /℃ Annual average temperature /℃	2.7
年平均最高气温 /℃ Annual average maximum temperature /℃	11.3
年平均最低气温 /℃ Annual average minimum temperature /℃	−3.6
年降水量 /mm Annual precipitation /mm	630
≥10℃的积温 /℃ Daily temperature accumulated in a year (≥10℃) /℃	1166
年日照时数 /h Annual sunshine /h	2446
年平均相对湿度 /% Annual average relative humidity /%	60
干燥度 Dryness	0.27

本区域中心区月平均气温与月平均降水量
Monthly temperature and precipitation in central area of the region

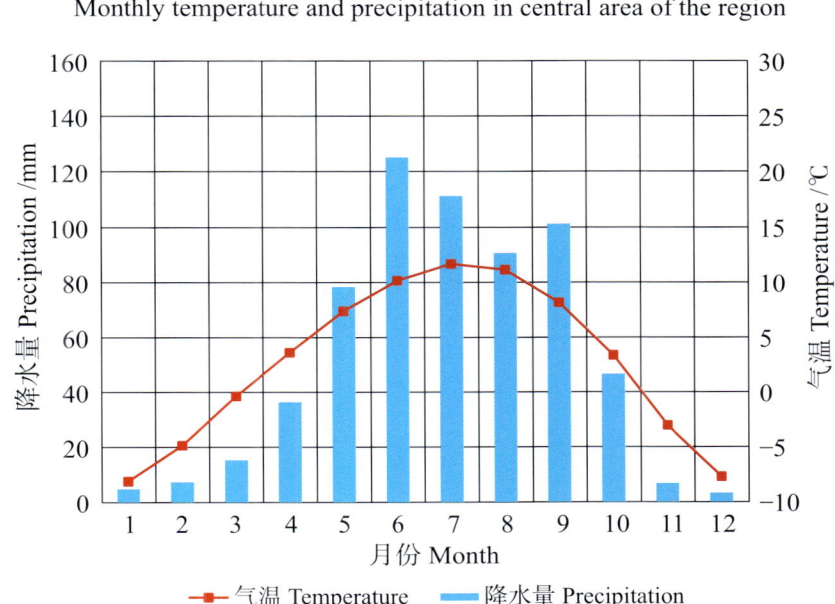

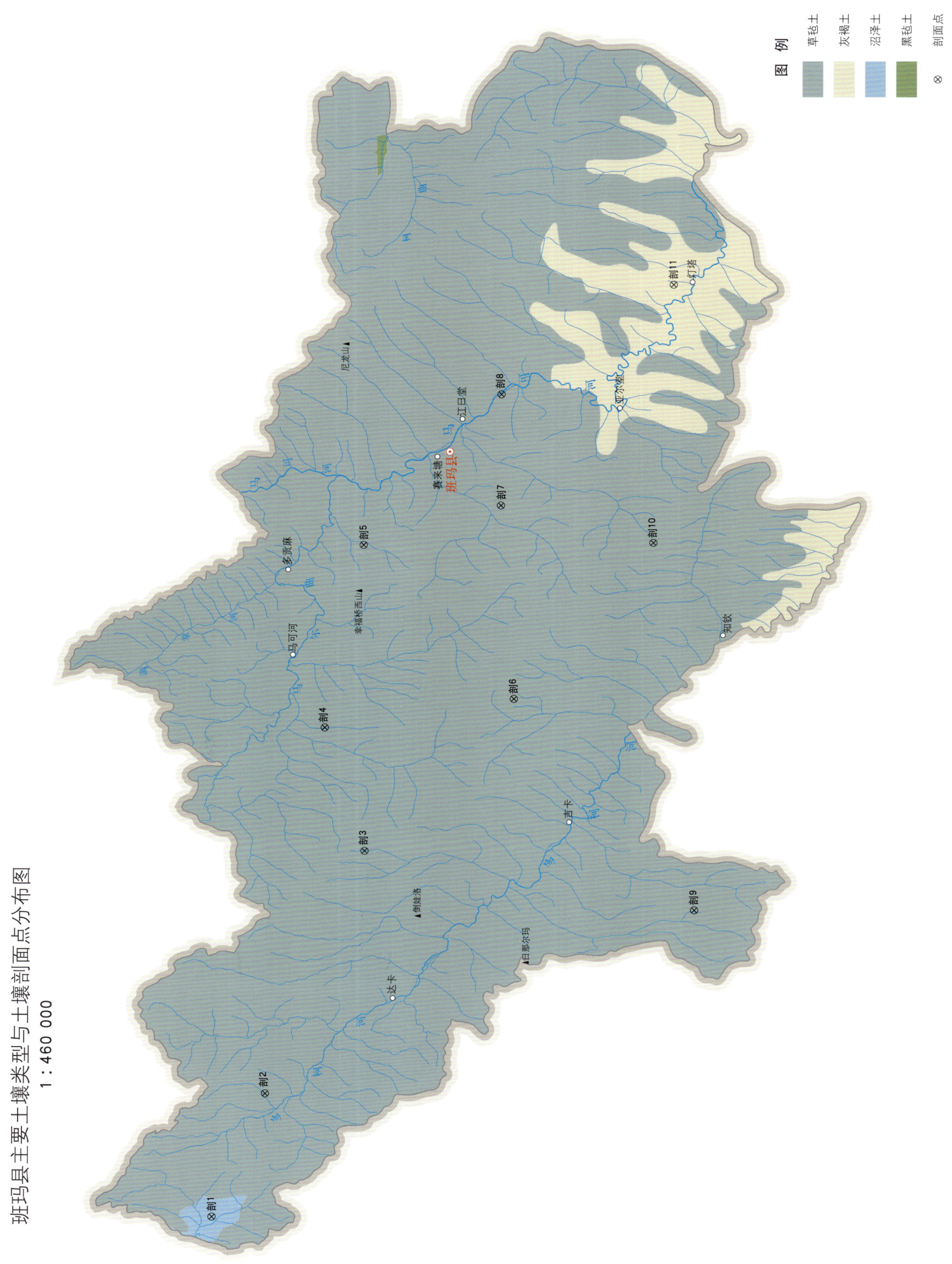

班玛县主要土壤类型与土壤剖面点分布图
1∶460 000

班玛县土壤剖面理化性状表

剖面号	土纲	土类	亚类	土属	土种	土层码	土层厚度/cm	颜色	质地	土壤结构	pH	有机质OM/(g/kg)	全氮TN/(g/kg)	全磷TP/(g/kg)	全钾TK/(g/kg)	碱解氮AN/(mg/kg)	有效磷AP/(mg/kg)	速效钾AK/(mg/kg)	阳离子交换量CEC/(cmol/kg)	土壤母质	剖面点坐标	匹配指数/%
剖1	水成土	沼泽土	泥炭沼泽土			As	0—13	灰褐色		片状	6.5	324.9	10.30	1.27	12.5	651	8.0	117	65.3	冲积物	E 99°48′01.4″ N 33°10′33.6″	91
						He₁	13—33			层片状	6.5	333.1	10.00	1.09	10.7	492	7.0	92	67.6			
						He₂	33—54			腐泥状	7.4	334.7	9.70	0.96	8.6	357	2.0	75	71.3			
						G	54—	青灰色														
剖2	高山土	草毡土	侵蚀草毡土		剥皮土	Ai	0—25	棕色	砂壤土	粒状	6.8	67.7	3.80	1.22	19.5	266	痕迹	75	18.4	坡积物	E 99°57′00.4″ N 33°07′20.6″	88
						A	25—50	棕色	黏壤土	粒状	7.0	47.1	2.70	1.09	19.4	231	痕迹	59	17.2			
						C	50—															
剖3	高山土	草毡土	石灰性草毡土	淋淀石灰性草毡土		1	0—14	暗棕色	轻壤土	小块状	7.8	76.3	4.60	0.65	16.4	343	3.0	67	25.4	残积物、坡积物	E 100°14′44.5″ N 33°01′17.4″	99
						2	14—27	暗灰棕色	重壤土	团块状	7.8	72.1	4.30	0.61	16.2	315	0.5	63	25.4			
						3	27—31	暗灰棕色	轻壤土		8.6	57.4	3.30	0.61	15.4	286	0.5	63	19.1			
						C	31—															
剖4	高山土	草毡土	原始草毡土			1	0—10	棕色	砂壤土	粒状	6.8										E 100°23′54.6″ N 33°03′36.4″	81
						2	10—20	棕色	黏壤土	粒状	7.0											
剖5	高山土	草毡土	原始草毡土			1	0—10	褐棕色		粒状	7.5	52.6	3.40	1.18	21.1	266	2.0	100	2.3		E 100°37′17.8″ N 33°01′09.4″	87
						2	10—12	棕色	中壤土		8.2	43.9	2.70	0.96	20.9	168	痕迹	67	18.3			
剖6	高山土	草毡土	原始草毡土			1	0—10	褐棕色	砾质重壤土	粒状、小块状										残积物、坡积物	E 100°25′52.2″ N 32°52′16.4″	96
						2	10—22															
						3	22—															
剖7	高山土	草毡土	草毡土			1	0—10	褐棕色	重壤土	粒状	7.0	130.6	6.70	1.09	24.0	448	3.0	125	37.4	残积物、坡积物	E 100°40′04.8″ N 32°52′54.5″	91
						2	10—29	褐棕色	中壤土	块状	7.2	95.7	5.10	1.05	23.9	272	0.4	125	29.6			
						3	29—50	褐色	中壤土	粒状	7.8	67.2	3.80	0.92	23.6	203	痕迹	83	28.5			
						4	50—	棕色														
剖8	高山土	草毡土	棕草毡土	假潜育棕草毡土		0	0—3	暗棕色	轻壤土	粒块状	6.5	122.5	7.00	1.18	13.9	5	2.0	186	36.9	坡积物	E 100°48′12.2″ N 32°52′46.9″	72
						2	3—12	暗灰棕色	中壤土	块状	6.8	120.7	6.20	1.09	12.5	469	0.5	150	33.8			
						3	12—27	暗灰棕色	重壤土	粒状	7.0	85.3	4.40	0.87	12.5	336	痕迹	125	29.9			
						4	27—45															
						5	45—															
剖9	高山土	草毡土	侵蚀草毡土		秃斑草毡土	1	0—15	褐棕色		粒状	7.2	111.5	6.10	0.61	21.1	4	2.0	75	31.5		E 100°10′12.7″ N 32°41′35.9″	70
						2	15—36	棕褐色		粒状	7.6	64.4	3.60	0.57	19.8	287	痕迹	59	24.3			
						3	36—															
剖10	高山土	草毡土	侵蚀草毡土		秃斑草毡土	1	0—17	淡棕色		粒状	7.9	69.9	3.90	0.87	22.1	322	0.5	67	23.2		E 100°37′10.7″ N 32°43′48.4″	100
						2	17—															
剖11	半淋溶土	灰褐土	石灰性灰褐土			1	0—14	暗棕色	中壤土	粒状	8.2	53.6	2.90	1.05	22.7	231	痕迹	83	18.4	坡积物	E 100°56′02.7″ N 32°42′22.4″	96
						2	14—32	棕色	中壤土	粒状	8.4	43.1	2.30	0.87	22.2	196	痕迹	67	15.6			
						3	32—80	淡黄棕色	中壤土	碎块状	8.5	17.1	1.00	0.17	19.4	35	痕迹	59	9.6			

甘 德 县

主要土类说明

草毡土是甘德县主要土壤类型,占本县地域面积的90%。草毡土是发生于高寒区(青藏高原)平缓高原面上,具强度生草腐殖质积累与弱度氧化还原特征的高山土壤。由于寒冻,蒿草根累积并弱度分解,该土壤呈草毡状。土体滞水,冻融交替,弱度氧化还原交替进行,造成该土壤氧化铁微弱游离。土体构型为 As–A_1–(AB)BC–C(D),剖面厚度为50—80cm。土体下部因冻融作用,常见鳞片状结构,呈黑褐色,土质松散,有机质含量为100—200g/kg。成土母质为坡积物、残积物或冰碛物。土壤质地为石质砂壤、中壤,pH为6.0—8.0。

寒钙土是甘德县第二大土壤类型,占本县地域面积的7%。寒钙土是发生于青藏高原高寒半干旱区,具弱度腐殖质累积、底层积钙的土壤。该土壤有机质层厚15cm,有机质含量为10—30g/kg;碳酸钙含量为50—120g/kg,上部低,下部高。土壤pH为7.5—8.5。土体构型为A–B–C,无草皮层。钙积层发育明显,有机质含量明显减少,而石灰含量明显增多。成土母质有洪冲积物、湖积物、冰水沉积物及残积物、坡积物等。剖面通体强碱性,质地轻粗含砾多,有强石灰反应。

寒冻土是甘德县第三大土壤类型,占本县地域面积的3%,分布于青藏高原及其毗邻高山冰雪带下的冰缘地区。以寒冻物理风化为主,弱生物累积,土层薄,含石砾多,仅在岩屑中见少量细土物质堆积。土壤pH为7.0—8.5,有的有石灰反应。该土上生长有稀疏垫状植物及雪莲。土体构型为A–C或(A)–AC–C。成土母质为泥岩、灰岩等风化物。

本区域中心区气候特征

本区域中心区气候特征值
Regional climate characteristics in central area of the region

气候带:高原亚寒带亚湿润气候 Climate region: Plateau sub frigid sub humid climate	
年平均气温 /℃ Annual average temperature /℃	−0.4
年平均最高气温 /℃ Annual average maximum temperature /℃	7.7
年平均最低气温 /℃ Annual average minimum temperature /℃	−6.8
年降水量 /mm Annual precipitation /mm	529
≥10℃的积温 /℃ Daily temperature accumulated in a year (≥10℃) /℃	502
年日照时数 /h Annual sunshine /h	2531
年平均相对湿度 /% Annual average relative humidity /%	61
干燥度 Dryness	0.00

本区域中心区月平均气温与月平均降水量
Monthly temperature and precipitation in central area of the region

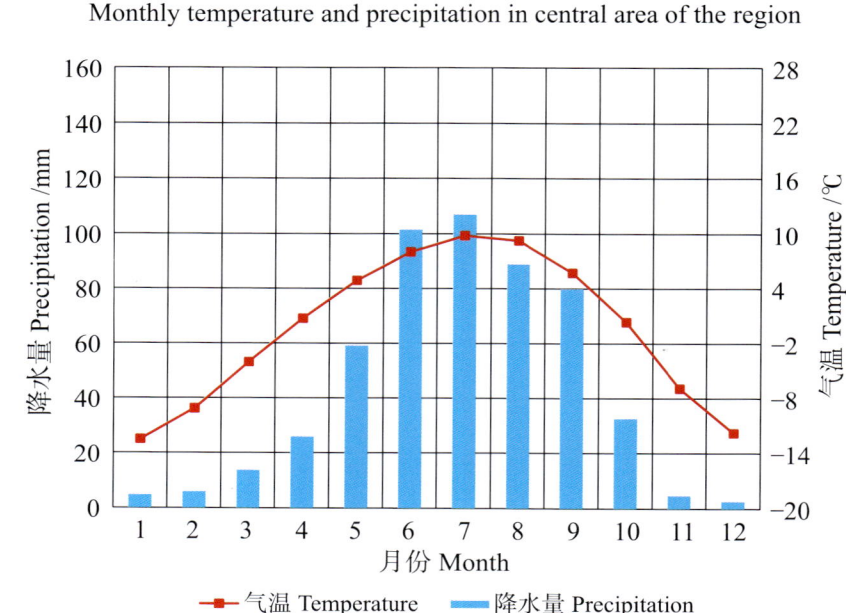

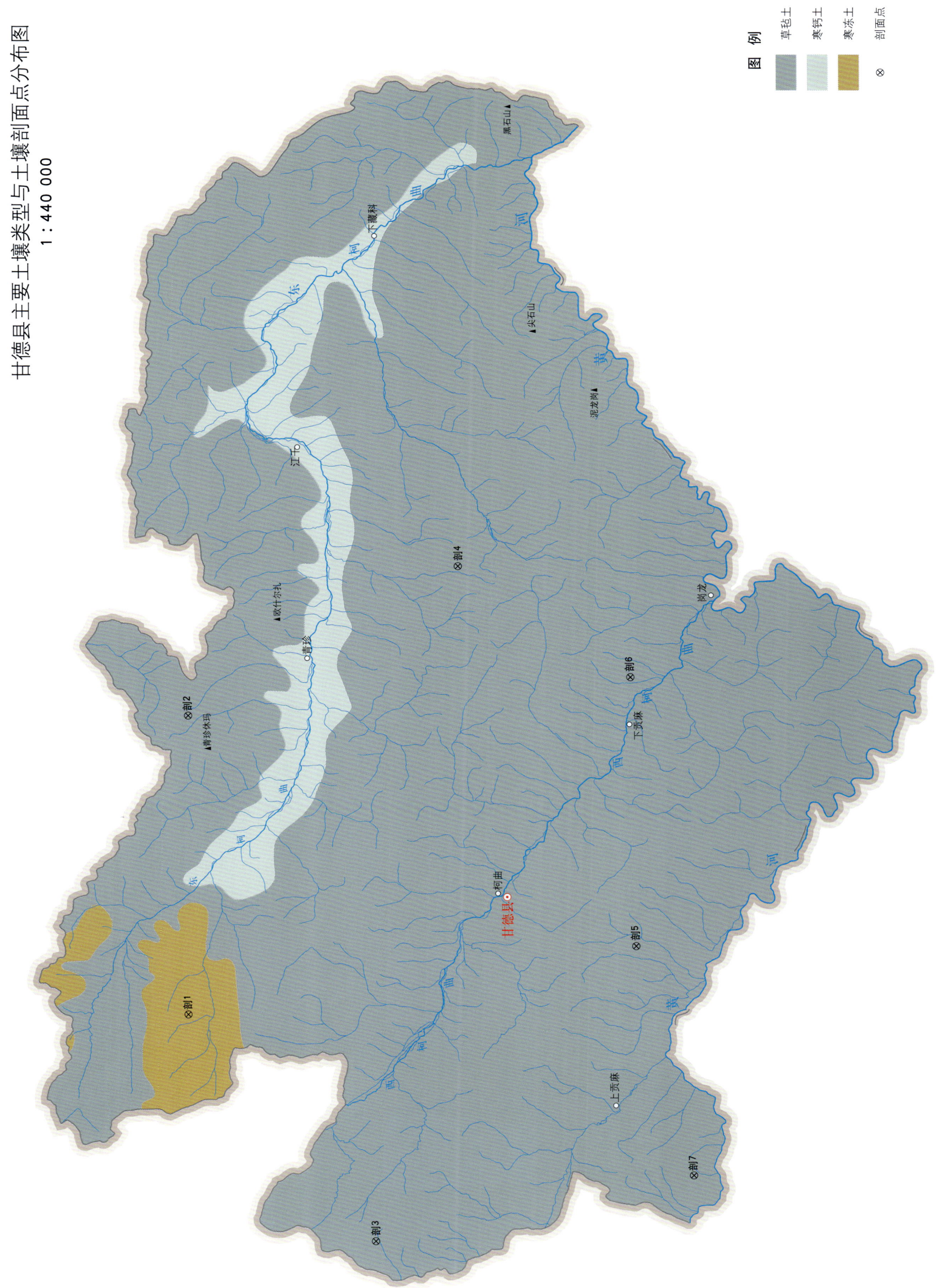

甘德县土壤剖面理化性状表

剖面号 Soil profile	土纲 Soil order	土类 Soil great group	亚类 Soil subgroup	土层码 Layer code	土层厚度 Depth/cm	颜色 Soil color	质地 Soil texture	土壤结构 Soil structure	pH	有机质 OM/(g/kg)	全氮 TN/(g/kg)	碱解氮 AN/(mg/kg)	有效磷 AP/(mg/kg)	速效钾 AK/(mg/kg)	阳离子交换量 CEC/(cmol/kg)	剖面点坐标 Profile coordinate	匹配指数 Matching index/%
剖1	高山土	寒冻土	石砾寒冻土	AC	0—4		石质土		6.7							E 99°46′06.6″ N 34°15′56.5″	94
				C	4—												
剖2	高山土	草毡土	石灰性草毡土	As	0—11				6.3	83.5	3.40	512	3.0	375	21.0	E 100°07′26.0″ N 34°15′42.5″	82
				Ai	11—21				6.9	44.7	1.30	301	2.0	175	13.3		
				Ai₁	21—40				7.8	41.8	0.90	36	2.0	165	11.5		
				AB	40—53				8.1	6.3	0.40	22	3.0	102	7.2		
				BC	53—64				8.3		0.20		2.0	81	5.5		
剖3	高山土	草毡土	原始草毡土	As	0—4				6.6	130.5	6.10	728	1.0	247	35.2	E 99°29′59.3″ N 34°05′22.6″	78
剖4	高山土	草毡土	普通草毡土	As	0—10	褐棕色	轻壤土	粒状	6.5							E 100°17′47.4″ N 34°00′07.6″	92
				Ai	10—25	暗棕褐色	轻壤土	小块状	6.5								
				AC	25—45	黄棕色	砾质壤土	片状、块状	7.0								
				C	45—												
剖5	高山土	草毡土	石灰性草毡土	As	0—15	黑褐色	轻壤土	粒状	6.5							E 99°50′36.6″ N 33°50′16.8″	97
				Ai	15—26	褐棕色	轻壤土	粒状	7.0								
				AB	26—48	黄棕色	壤土	粒状	7.5								
				BC	48—61	灰棕色	黏壤土	块状	7.5								
				C	61—												
剖6	高山土	草毡土	原始草毡土	As	0—6	褐棕色	轻壤土	粒状	7.0	128.3	5.50	631	1.0	183	29.4	E 100°09′46.3″ N 33°50′22.7″	96
剖7	高山土	草毡土	普通草毡土	As	0—8		轻壤土	粒状	6.5							E 99°34′27.1″ N 33°47′08.9″	94
				Ai	8—22	棕褐色	轻壤土	粒块状	6.7								
				AC	22—40	灰棕色	砾质轻壤土	粒块状	7.2								
				C	40—												

达 日 县

主要土类说明

草毡土是达日县主要土壤类型，占本县地域面积的84%。草毡土是发生于高寒区（青藏高原）平缓高原面上，具强度生草腐殖质积累与弱度氧化还原特征的高山土壤。由于寒冻，蒿草根累积并弱度分解，该土壤呈草毡状。土体滞水，冻融交替，弱度氧化还原交替进行，造成氧化铁微弱游离。土体构型为 $As-A_1-（AB）BC-C（D）$，剖面厚度为 50—80cm。土体下部因冻融作用，常见鳞片状结构，呈黑褐色，土质松散，有机质含量为 100—200g/kg。成土母质为坡积物、残积物或冰碛物。土壤质地为石质砂壤、中壤。

寒钙土是达日县第二大土壤类型，占本县地域面积的8%。寒钙土是发生于青藏高原高寒半干旱区，具弱度腐殖质累积、底层积钙的土壤。该土壤有机质层厚15cm，有机质含量为 10—30g/kg；碳酸钙含量为 50—120g/kg，上部低，下部高。土壤 pH 为 7.5—8.5。土体构型为 A-B-C，无草皮层。钙积层发育明显，有机质含量明显减少，而石灰含量明显增多。成土母质有洪积物、冲积物、湖积物、冰水沉积物及残积物、坡积物等。土壤呈强碱性，质地轻粗含砾多，有强石灰反应。

沼泽土是达日县第三大土壤类型，占本县地域面积的8%，分布较为广泛，在桑日麻乡南部地区，上红科、下红科乡境内，巴颜喀拉山南北山下以及窝赛乡、德昂乡的公路都有集中分布。沼泽土为水成性非地带性土壤，由于土壤的大量水分受冻融交错影响，地表常形成大小不等草丘、丘间洼地，常有积水和大的积水坑。沼泽土的主要成土过程是常年的地下水强烈升降，土壤中铁元素发生一系列氧化还原反应，因此剖面中常具铁锈斑纹，底部形成厚 7—20cm 的青灰色氧化亚铁即潜育层。由于水分常处于饱和状态，从而影响土壤的通透性，有机质在土壤中累积丰富，分解十分缓慢，形成含粗有机质的泥炭层，且泥炭层厚度在 10cm 以上。表层有机质含量在 150g/kg 以上。土体构型为 $As-（A）-Bg$（锈斑层）$-G$（潜育层），Eh 值低。成土母质为洪积物、冲积物。植被以藏嵩草、薹草、喜马拉雅嵩草为主，伴生有线叶嵩草、毛茛、星状风毛菊、垂头菊、长管马先蒿等多种牧草。

本区域中心区气候特征

本区域中心区气候特征值
Regional climate characteristics in central area of the region

气候带：高原亚寒带亚湿润气候 Climate region: Plateau sub frigid sub humid climate	
年平均气温 /℃ Annual average temperature /℃	0.4
年平均最高气温 /℃ Annual average maximum temperature /℃	8.1
年平均最低气温 /℃ Annual average minimum temperature /℃	-5.6
年降水量 /mm Annual precipitation /mm	553
≥10℃的积温 /℃ Daily temperature accumulated in a year（≥10℃）/℃	586
年日照时数 /h Annual sunshine /h	2487
年平均相对湿度 /% Annual average relative humidity /%	61
干燥度 Dryness	0.02

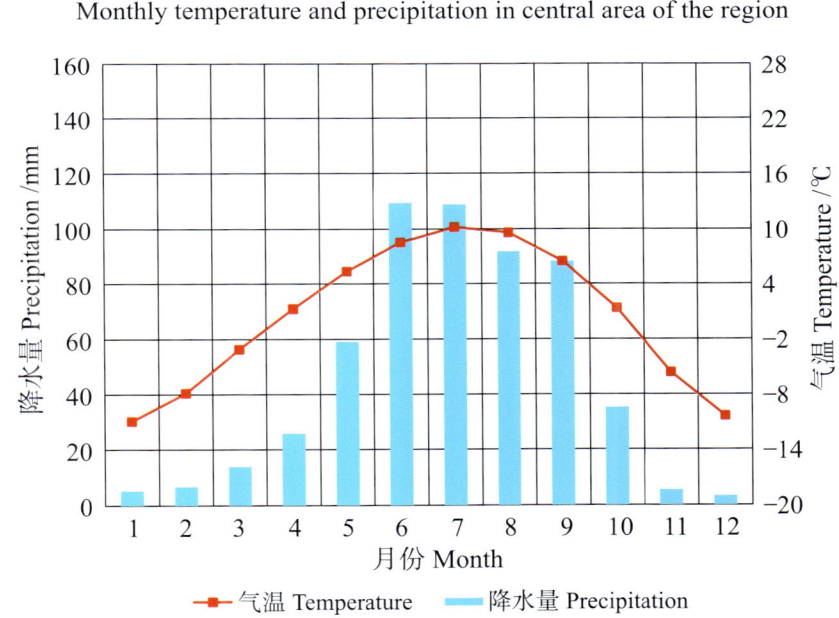

本区域中心区月平均气温与月平均降水量
Monthly temperature and precipitation in central area of the region

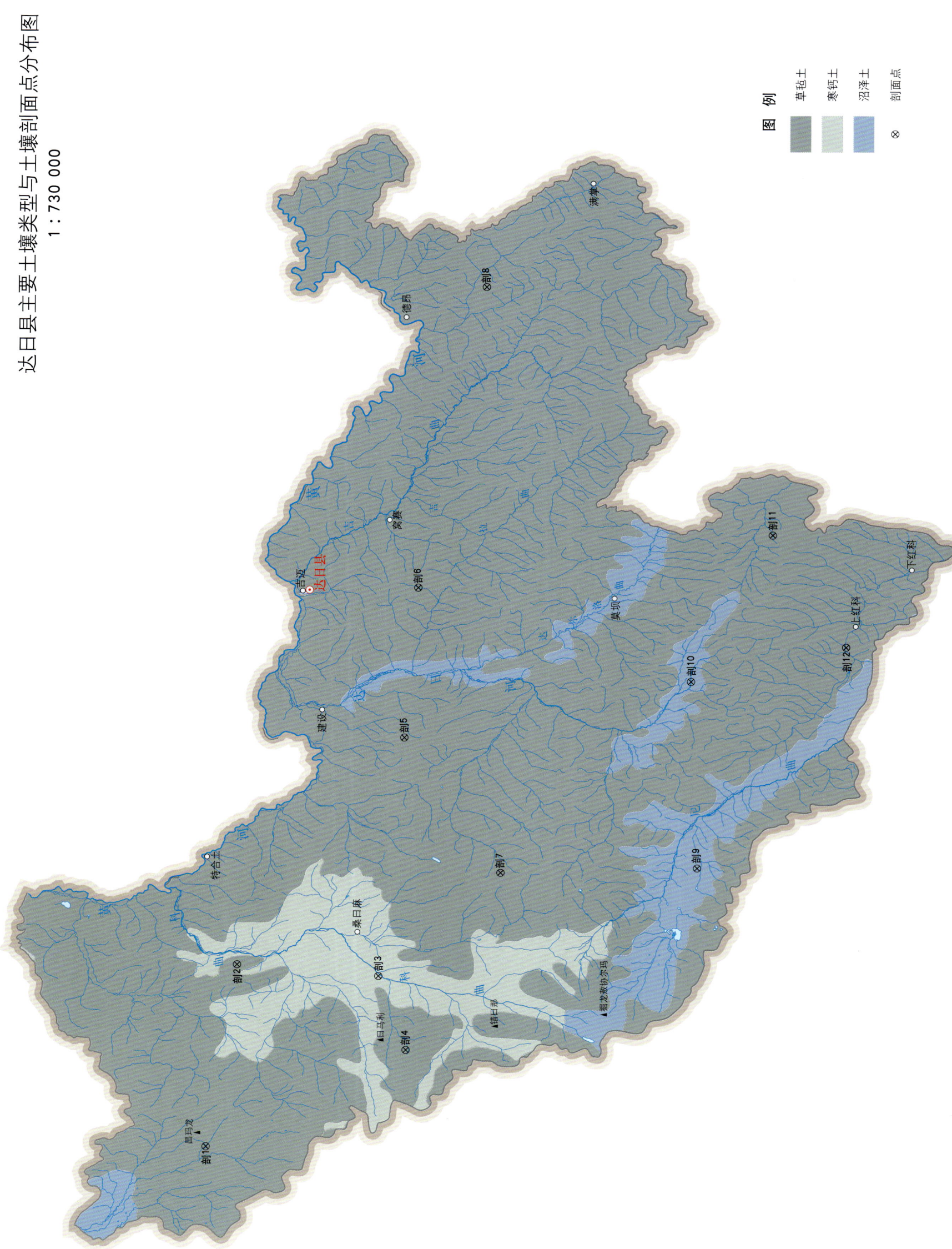

达日县土壤剖面理化性状表

剖面号 Soil profile	土纲 Soil order	土类 Soil great group	亚类 Soil subgroup	土属 Soil genus	土种 Soil species	土层码 Layer code	土层厚度 Depth/cm	颜色 Soil color	质地 Soil texture	土壤结构 Soil structure	pH	有机质 OM/(g/kg)	全氮 TN/(g/kg)	全磷 TP/(g/kg)	全钾 TK/(g/kg)	碱解氮 AN/(mg/kg)	有效磷 AP/(mg/kg)	速效钾 AK/(mg/kg)	阳离子交换量CEC/(cmol/kg)	土壤母质 Parent material	剖面点坐标 Profile coordinate	匹配指数 Matching index/%
剖1	高山土	草毡土	石灰性草毡土	石灰性草毡土		1	0—16	棕色	轻壤土	粒状	7.5	52.7	2.63	1.00	17.1	161	7.0	100	13.0		E 98°34′18.8″ N 33°54′00.0″	85
						2	16—49	淡灰棕色	轻壤土	块状	7.8	40.4	1.66	0.92	17.0	126	痕迹	75	7.0			
						3	49—81	棕黄色	砾质轻壤土	粒状	7.7	14.5	0.75	0.79	22.4	28	痕迹	56	3.0			
剖2	高山土	草毡土	棕草毡土	棕草毡土		1	0—8	黑棕色	中壤土	粒状	5.5	118.7	6.74	0.66	20.7	245	6.0	195	24.5		E 98°55′30.9″ N 33°51′13.7″	71
						2	8—22	棕褐色	中壤土	块状	6.8	114.4	6.17	0.50	17.8	292	4.0	160	27.6			
						3	22—52	灰黄色	中壤土	碎块状	7.2	81.8	4.40	0.27	17.5	217	痕迹	108	26.6			
剖3	高山土	寒钙土	暗寒钙土			1	0—17	灰棕褐色	轻壤土	粒状	7.8	39.2	1.63	5.06	19.2	91	1.0	1580	6.4		E 98°54′13.7″ N 33°37′55.2″	95
						2	17—35	灰褐色	轻壤土	粒状状	8.3	9.5	0.43	0.47	18.3	21	痕迹	100	5.9			
剖4	高山土	草毡土	原始草毡土			1	0—12	褐棕色	中壤土	粒状	6.8	73.3	3.61	0.86	24.6	217	6.0	133	19.2	坡积物，残积物	E 98°45′39.0″ N 33°35′18.0″	90
						2	12—30	灰褐棕色	砾质中壤土	粒状	7.1	38.6	1.86	0.59	22.4	112	5.0	108	12.4			
剖5	高山土	草毡土	草毡土	侵蚀草毡土	蚀余黑毡土	1	0—20	暗棕色	中壤土	粒状	6.8	51.4	2.50	0.87	22.9	161	痕迹	142	14.2		E 99°22′06.7″ N 33°35′36.0″	86
						2	20—64	黑褐色	轻壤土	块状、片状	7.1	54.1	1.14	0.78	22.7	70	痕迹	88	11.2			
						R	64—	黑灰色														
剖6	高山土	草毡土	草毡土	草毡土		1	0—10	褐棕色	中壤土	粒状	7.0	159.6	5.32	0.69	17.3	224	7.0	134	22.8		E 99°39′33.8″ N 33°34′15.6″	95
						2	10—25	褐棕色	中壤土	粒块状	7.2	92.7	3.05	0.64	17.1	189	5.0	100	2.7			
						3	25—40	灰褐棕色	砾质中壤土	碎块状	7.5	47.9	1.94	0.55	16.8	119	4.0	80	11.5			
剖7	高山土	草毡土	石灰性草毡土	淋淀石灰性草毡土		1	0—14	褐棕色	轻壤土	粒状	7.4	56.7	2.68	0.96	20.1	119	1.0	170	9.2		E 99°06′18.0″ N 33°26′29.0″	95
						2	14—60	淡棕色	轻壤土	块状	7.8	34.7	1.50	0.86	17.7	98	痕迹	133	5.0			
						3	60—100	灰黄色	中壤土	块状	8.3	13.3	0.66	0.39	15.4	28	痕迹	100	2.2			
剖8	高山土	草毡土	草毡土	侵蚀草毡土	秃斑土	1	0—22	褐棕色	中壤土	粒状	7.1	81.6	3.11	0.76	18.5	147	5.0	100	16.2		E 100°14′32.4″ N 33°27′41.8″	91
剖9	沼泽土	沼泽土	草甸沼泽土			1	0—10	棕褐色	中壤土	粒状	6.5	175.0	7.70	0.84	23.9	413	4.0	170	18.0		E 99°06′52.9″ N 33°07′58.8″	81
						2	10—50	褐棕色	中壤土	粒状、块状	6.5	80.6	4.03	0.58	23.2	175	痕迹	75	9.7			
						3	50—	青灰色	中壤土	片状、块状	7.5	74.9	2.94	0.54	21.5	77	痕迹	66	5.0			
剖10	沼泽土	沼泽土	沼泽土			1	0—11	褐棕色	轻壤土	粒状	6.5	328.1	13.60	0.90	19.9	343	痕迹	133	52.2		E 99°28′32.5″ N 33°08′36.6″	97
						2	11—30	淡棕色	中壤土	片状、块状	6.5	75.9	3.45	0.82	18.2	133	痕迹	100	22.3			
						3	30—47	青灰色	中壤土	片状、块状	7.2	61.7	2.99	0.46	15.1	105	痕迹	75	18.4			
剖11	高山土	草毡土	草毡土	潜育草毡土		1	0—15	棕褐色	重壤土	粒状	6.5	88.7	1.92	1.09	22.2	329	2.0	81	22.7		E 99°45′30.9″ N 33°00′53.9″	89
						2	15—48	褐棕色	重壤土		6.7	64.4	3.29	1.05	21.2	189	痕迹	60	14.4			
剖12	高山土	草毡土	棕草毡土	假潜育棕草毡土	锈灌土	Ai	0—5	棕色	黏壤土	团粒状	6.0	222.2	7.60	1.00	22.5	357	2.0	50	41.9	坡积物	E 99°32′26.9″ N 32°54′00.7″	87
						Ah	5—28	暗棕色	黏壤土	块状	6.9	149.6	5.80	0.91	22.4	259	1.0	84	36.8			
						Au	28—50	灰棕色	黏壤土	块状	6.7	89.9	2.90	0.77	21.4	196	1.0	40	26.0			
						C	50—100															

久 治 县

主要土类说明

草毡土是久治县主要土壤类型，占本县地域面积的92%。草毡土是发生于高寒区（青藏高原）平缓高原面上，具强度生草腐殖质积累与弱度氧化还原特征的高山土壤。由于寒冻，蒿草根累积并弱度分解，该土壤呈草毡状。土体滞水，冻融交替，弱度氧化还原交替进行，造成该土壤氧化铁微弱游离。土体构型为 As-A_1-（AB）BC-C（D），剖面厚度为50—80cm。土体下部因冻融作用，常见鳞片状结构，呈黑褐色，土质松散，有机质含量为100—200g/kg。成土母质为坡积物、残积物或冰碛物。土壤质地为石质砂壤、中壤，pH为6.0—8.0。

沼泽土是久治县第二大土壤类型，占本县地域面积的7%，主要分布于白玉、索乎日麻、康赛等乡镇及年保玉则山周围河源宽谷滩地。该土类是隐域性水成土，由古冰碛物、冲积物在喜湿植物的参与下发育而成，寒冷、积水是成土的主要条件。植物在多水的环境中，生长十分茂密，每年大量有机残体进入土壤，但由于积水嫌气的环境条件，有机残体分解缓慢，以泥炭的形式积累。土壤底层长期处于积水状态，形成青灰色潜育层。土体构型为 As-（A）-Bg（锈斑层）-G（潜育层）。植被以藏嵩草、莫氏薹草、甘肃嵩草为主，伴生草有蒿草、早熟禾、金莲花、驴蹄草、海韭菜、垂头菊、风毛菊等，覆盖度在90%左右。

小于本县地域面积3%的土壤类型还有寒冻土等。

本区域中心区气候特征

本区域中心区气候特征值
Regional climate characteristics in central area of the region

气候带：高原亚寒带亚湿润气候 Climate region: Plateau sub frigid sub humid climate	
年平均气温 /℃ Annual average temperature /℃	2.4
年平均最高气温 /℃ Annual average maximum temperature /℃	11.1
年平均最低气温 /℃ Annual average minimum temperature /℃	-3.9
年降水量 /mm Annual precipitation /mm	627
≥10℃的积温 /℃ Daily temperature accumulated in a year (≥10℃) /℃	1082
年日照时数 /h Annual sunshine /h	2370
年平均相对湿度 /% Annual average relative humidity /%	62
干燥度 Dryness	0.31

本区域中心区月平均气温与月平均降水量
Monthly temperature and precipitation in central area of the region

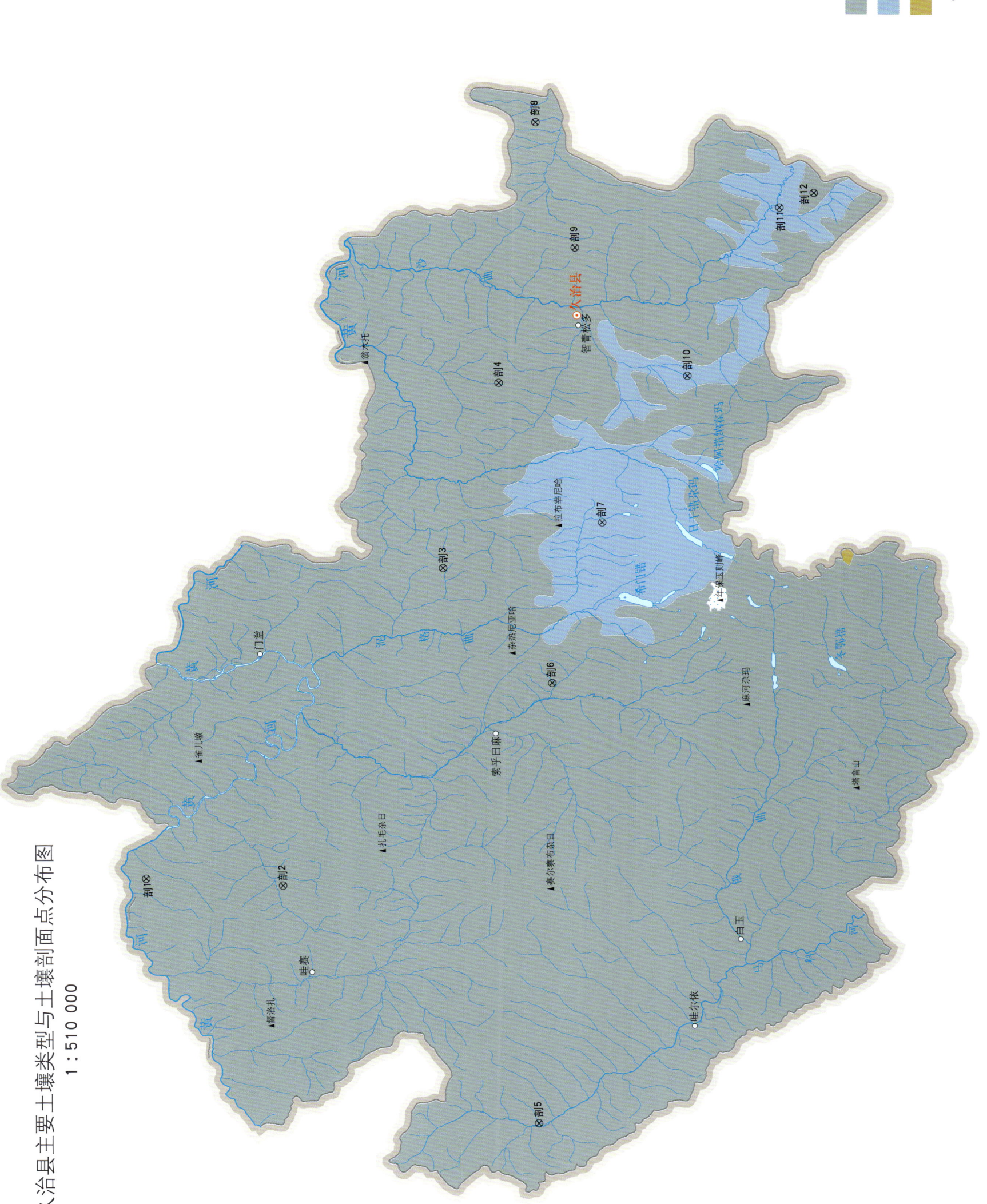

久治县主要土壤类型与土壤剖面点分布图
1∶510 000

久治县土壤剖面理化性状表

剖面号 Soil profile	土纲 Soil order	土类 Soil great group	亚类 Soil subgroup	土属 Soil genus	土种 Soil species	土层码 Layer code	土层厚度 Depth/cm	颜色 Soil color	质地 Soil texture	土壤结构 Soil structure	pH	有机质OM/(g/kg)	全氮TN/(g/kg)	全磷TP/(g/kg)	全钾TK/(g/kg)	碱解氮AN/(mg/kg)	有效磷AP/(mg/kg)	速效钾AK/(mg/kg)	阳离子交换量CEC/(cmol/kg)	土壤母质 Parent material	剖面点坐标 Profile coordinate	匹配指数 Matching index/%
剖1	高山土	草毡土	棕草毡土	棕草毡黏土	黏质冷棕毡土	O	0—3	灰棕色	壤质黏土	团粒状	7.2	118.8	5.50	1.13	14.6	294	4.0	97	22.2	坡积物	E 100°44′46.3″ N 33°54′14.8″	89
						A	3—20	暗棕色	壤质黏土	片状	7.4	62.4	3.70	0.87	14.3	196	3.0	86	21.4			
						AC	20—45	棕色	壤质黏土	片状	7.5	47.9	2.30	0.74	13.7	112	2.0	79	2.8			
						C₁	45—73	黄棕色	黏壤土	块状	7.8	10.8	0.50	0.60	10.9	28	1.0	77	18.2			
						C₂	73—															
剖2	高山土	草毡土	草毡土	侵蚀草毡土	覆壮蚀余黑土	1	0—13	灰褐色	中壤土	块状	6.5	74.1	3.50	1.90	13.7	220	3.0	99	22.6	冲积物	E 100°44′03.0″ N 33°45′31.2″	93
						2	13—43	灰棕色	中壤土	粒状	7.0	23.8	1.20	1.30	13.5	95	1.0	84	15.1			
						3	43—65	灰黄色	中壤土	小块状	7.0	10.2	0.30	1.20	11.7	79	1.0	82	9.7			
剖3	高山土	草毡土	草毡土	侵蚀草毡土	秃匮土	1	0—12	棕色	轻壤土	粒块状		35.1	1.50	1.20	23.0	84	1.0	71		坡积物	E 101°08′56.4″ N 33°34′51.4″	93
						2	12—23	灰棕色	轻壤土	块状		19.9	1.10	1.00	18.0	42	痕迹	36				
剖4	高山土	草毡土	草毡土	侵蚀草毡土	秃匮土	1	0—10	暗灰棕色	中壤土	粒块状		95.9	5.70	2.60	23.8	210	3.0	227		冲积物	E 101°23′28.9″ N 33°31′01.3″	95
						2	10—22	暗灰棕色	中壤土	粒状、片状		95.2	4.30	2.10	23.6	131	1.0	168				
						3	22—27	灰棕色	中壤土	块状		71.2	3.00	1.70	18.0	50	1.0	117				
剖5	高山土	草毡土	棕草毡土	假潜育棕草毡土		1	0—13	暗棕色	重壤土	粒状	7.3	124.8	6.50	2.60	25.2	184	0.8	182	27.4	坡积物	E 100°25′05.9″ N 33°29′29.0″	77
						2	13—52	暗灰棕色	中壤土	鳞片状	7.8	63.9	2.30	1.20	15.6	80	0.7	116	14.6			
						3	52—70	灰黄色	中壤土	片状	7.9	25.4	0.90	0.30	13.2	43	0.6	72	8.4			
剖6	高山土	草毡土	草毡土	草毡壤土	壤质冷毡土	A	0—19	棕色	黏壤土	片状、粒状	7.8	80.9	3.20	0.78	15.9	241	1.0	89	23.2	坡积物	E 100°59′42.7″ N 33°28′03.0″	85
						AC	19—40	灰棕色	壤质黏土	片状、粒状	8.0	57.6	2.10	0.48	17.6	124	1.0	73	21.8			
						C	40—91	油黄棕色	黏壤土	片状	8.0	17.1	0.50	0.30	11.4	85		35	7.1			
							91—															
剖7	水成土	沼泽土	泥炭沼泽土	寒冻沉炭土		1	0—15	暗红棕色			5.5	459.2	12.30	3.20	20.8	784	5.0	228	43.5	残积物	E 101°12′19.8″ N 33°24′38.2″	72
						2	15—53	暗灰棕色			6.0	434.6	11.70	2.20	17.4	714	2.0	71	39.7			
						3	53—100	灰棕色			6.5	417.8	10.30	2.00	12.9	588	1.0	61	39.2			
						4	100—															
剖8	高山土	草毡土	草毡土	侵蚀草毡土	蚀余黑土	As	0—19	暗棕色	中壤土	粒状	7.2	50.9	2.10	1.70	25.5	162	5.0	95	16.1	坡积物	E 101°43′59.7″ N 33°28′13.9″	81
						2	29—76	暗棕色	重壤质土	小块状	7.6	20.0	1.30	1.30	18.9	79	3.0	77	15.4			
						3																
剖9	高山土	草毡土	原始草毡土			1	0—28	棕色	中壤土	粒状、片状	7.6	50.2	2.70	1.60	16.3	168	3.2	146	2.9	残积物	E 101°34′05.2″ N 33°25′55.4″	74
						2	28—40	淡黄棕色	轻壤土	粒状	8.3	25.9	1.00	0.80	15.5	84	0.6	92	14.6			
						3	40—	淡黄棕色	中壤土	粒状	8.3	16.4	0.80	0.80	12.1	42	0.4	77	1.4			
剖10	水成土	沼泽土	沼泽土			1	0—20	暗红棕色	中壤土	层片状	6.5	75.5	3.30	2.00	18.7	210	4.0	112	38.9	冲积物	E 101°23′44.4″ N 33°18′57.8″	74
						2	20—28	暗灰棕色	重壤土	层片状	7.0	64.1	2.60	1.20	15.9	140	2.0	109	32.1			
						4	28—42															
							42—66															
剖11	水成土	沼泽土	泥炭沼泽土	泥炭土		1	0—15	黑棕色	轻壤土	片状	6.5	459.4	13.80	4.10	17.4	840	9.0	436	53.8	洪积物	E 101°36′53.3″ N 33°12′49.0″	94
						2	16—39	黑棕色	轻壤土	片状	6.0	402.0	10.20	3.30	16.3	672	7.0	299	52.0			
						3	39—52	灰黄棕色	中壤土	片状	6.0	171.7	3.40	2.00	16.6	182	6.0	70	32.2			
						4	52—69	棕灰色	轻壤黏土		6.8	35.9	1.20	1.00	13.4	70	3.0	41	8.2			
						5	69—105	淡灰棕色	轻壤土													
剖12	高山土	草毡土	草毡土	潜育草毡土		1	0—14	暗灰棕色	轻壤土	粒状、块状	7.2	90.9	3.90	2.00	25.0	322	1.1	88	2.8	洪积物	E 101°37′58.5″ N 33°10′35.0″	81
						2	14—33	灰灰棕色	轻壤土	块状	7.3	85.9	3.40	1.80	17.2	311	痕迹	51	18.5			
						3	33—															

玛 多 县

主要土类说明

草毡土是玛多县第一大土壤类型，占本县地域面积的39%。草毡土是发生于高寒区（青藏高原）平缓高原面上，具强度生草腐殖质积累与弱度氧化还原特征的高山土壤。由于寒冻，蒿草根累积并弱度分解，该土壤呈草毡状。土体滞水，冻融交替，弱度氧化还原交替进行，造成该土壤氧化铁微弱游离。土体构型为 $As-A_1-(AB)BC-C(D)$，剖面厚度为50—80cm。土体下部因冻融作用，常见鳞片状结构，呈黑褐色，土质松散，有机质含量为100—200g/kg。成土母质为坡积物、残积物或冰碛物。土壤质地为石质砂壤、中壤，pH为6.0—8.0。

沼泽土是玛多县主要土壤类型，占本县地域面积的34%，分布于扎陵、鄂陵两湖周围和野牛沟、岗纳格玛错一带的沼泽中心腹地。该土壤是在地形低洼、母质黏重、土体潮湿、地表常年或季节性积水条件下，由古冰碛物、冲积物参与发育而成的土壤。土壤长期处于低温积水的嫌气环境之中，有机残体分解缓慢，以泥炭的形式积累下来，在土层底部则形成青灰色的潜育层。有机质的泥炭化和底土的潜育化是形成沼泽土的主导过程。土体构型为 $As-(A)-Bg$（锈斑层）$-G$（潜育层），Eh值低。泥炭层厚度大于50cm，可1.5m以上。主要植物有薹草、藏蒿草、莫氏薹草、海韭菜、金莲花等，覆盖度为80%—90%。

寒钙土是玛多县第三大土壤类型，占本县地域面积的27%。寒钙土是发生于青藏高原高寒半干旱区，具弱度腐殖质累积、底层积钙的土壤。该土壤有机质层厚15cm，有机质含量为10—30g/kg；碳酸钙含量为50—120g/kg，上部低，下部高。土壤pH为7.5—8.5。土体构型为A-B-C，无草皮层。钙积层发育明显，有机质含量明显减少，而石灰含量明显增多。成土母质有洪积物、冲积物、湖积物、冰水沉积物及残积物、坡积物等。剖面通体强碱性，质地轻粗含砾多，有强石灰反应。

本区域中心区气候特征

本区域中心区气候特征值
Regional climate characteristics in central area of the region

气候带：高原亚寒带亚湿润气候 Climate region: Plateau sub frigid sub humid climate	
年平均气温 /℃ Annual average temperature /℃	−3.3
年平均最高气温 /℃ Annual average maximum temperature /℃	4.1
年平均最低气温 /℃ Annual average minimum temperature /℃	−9.3
年降水量 /mm Annual precipitation /mm	349
≥10℃的积温 /℃ Daily temperature accumulated in a year（≥10℃）/℃	806
年日照时数 /h Annual sunshine /h	2790
年平均相对湿度 /% Annual average relative humidity /%	59
干燥度 Dryness	0.73

本区域中心区月平均气温与月平均降水量
Monthly temperature and precipitation in central area of the region

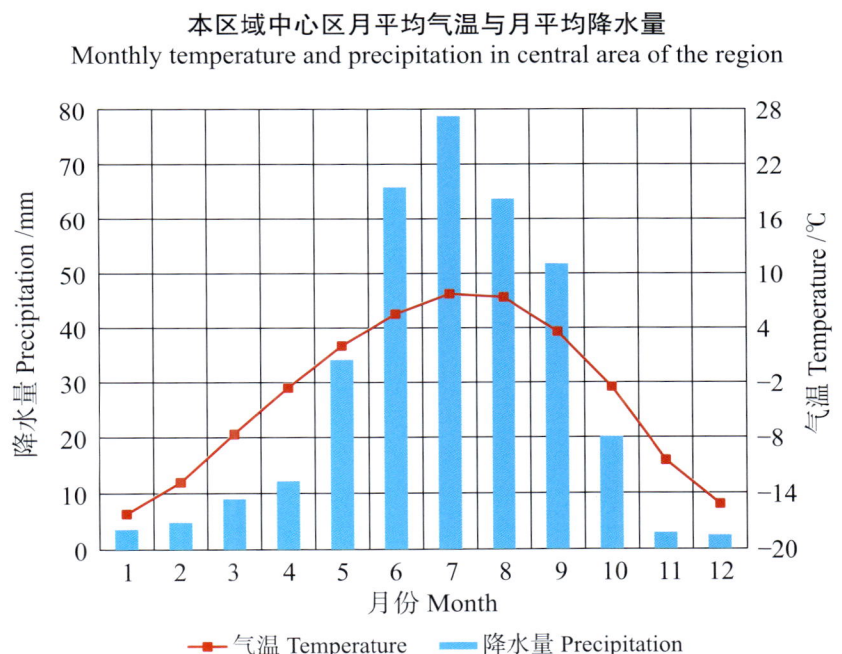

玛多县主要土壤类型与土壤剖面点分布图
1∶880 000

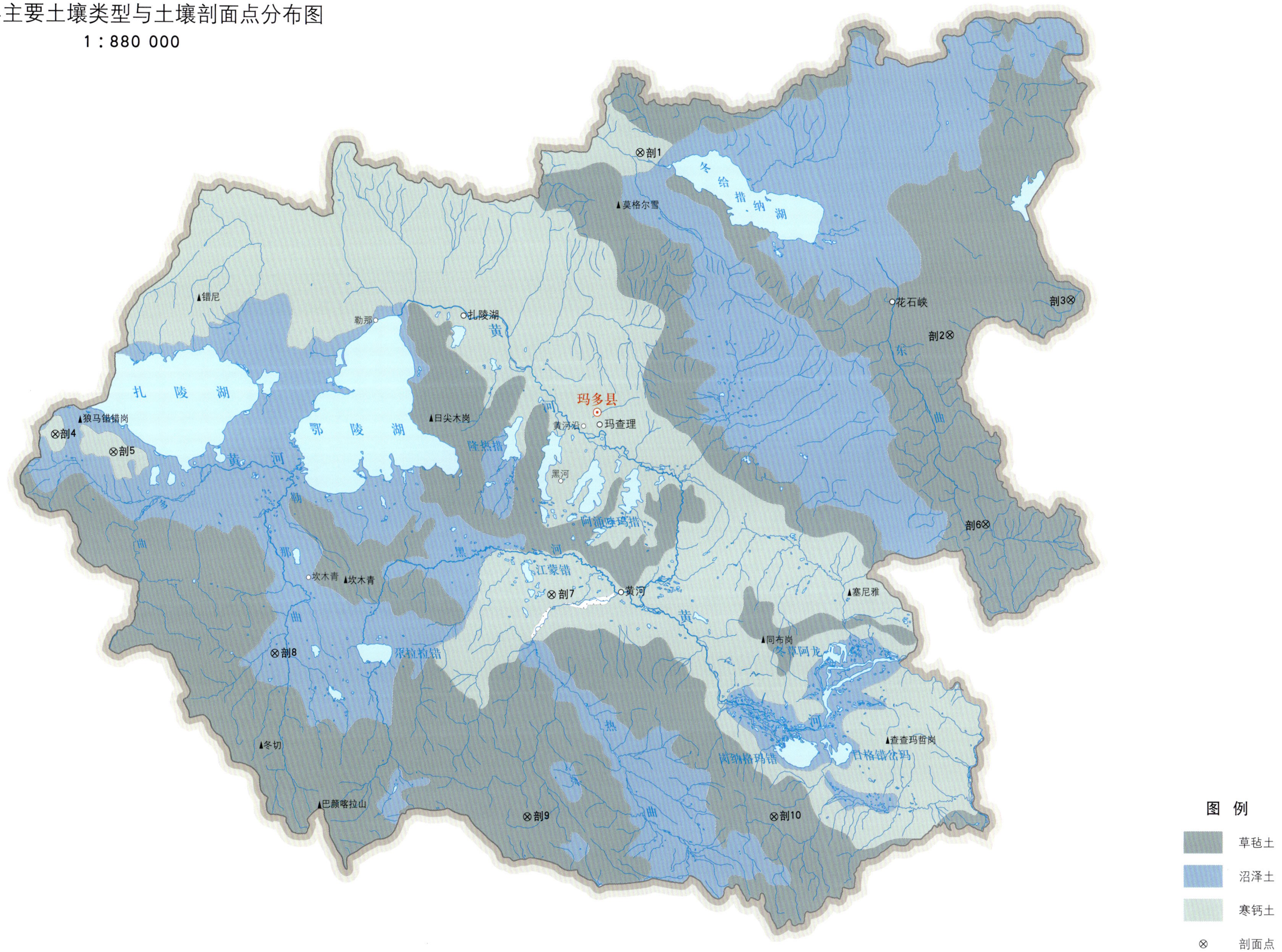

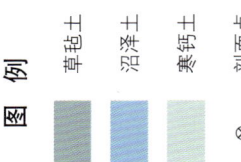

玛多县土壤剖面理化性状表

剖面号 Soil profile	土纲 Soil order	土类 Soil great group	亚类 Soil subgroup	土属 Soil genus	土层码 Layer code	土层厚度 Depth/cm	颜色 Soil color	质地 Soil texture	土壤结构 Soil structure	pH	有机质 OM/(g/kg)	全氮 TN/(g/kg)	全磷 TP/(g/kg)	全钾 TK/(g/kg)	碱解氮 AN/(mg/kg)	有效磷 AP/(mg/kg)	速效钾 AK/(mg/kg)	阳离子交换量CEC/(cmol/kg)	土壤母质 Parent material	剖面点坐标 Profile coordinate	匹配指数 Matching index/%
剖1	高山土	寒钙土	暗寒钙土	侵蚀暗寒钙土	1	0—10	黄棕色	轻壤土	粒状	7.0	18.5	0.86	0.65	20.9	45	3.0	70	7.7	冲积物	E 98°17′55.0″ N 35°22′37.9″	75
剖2	高山土	草毡土	草毡土	侵蚀草毡土	1	0—6	褐棕色	中石ький质中壤土	粒状	7.0	112.8	5.16	0.70	23.4	225	4.0	120	19.0	坡积物	E 98°59′19.8″ N 35°03′32.2″	99
剖3	高山土	草毡土	草毡土	草毡土	1	0—10	褐棕色	轻石质壤土	粒状	6.8	150.5	6.93	0.77	23.8	300	7.0	130	42.6	坡积物、残积物	E 99°15′31.3″ N 35°07′13.1″	70
剖4	高山土	寒钙土	寒钙土	侵蚀寒钙土	1	0—10	棕色	中壤土	粒状	7.0	130.4	1.48	0.60	18.5	45	6.0	120	12.5	冲洪积物	E 97°00′27.7″ N 34°51′42.8″	84
剖5	高山土	寒钙土	寒钙土	寒钙土	1	0—18	棕色	轻壤土	粒状	7.2	40.3	1.93	0.72	15.4	52	7.0	150	9.1	坡积物、洪积物	E 97°08′12.1″ N 34°50′00.2″	76
剖6	高山土	草毡土	石灰性草毡土	石灰性草毡土	1	0—18	黄色	中壤土	团粒状	7.6	59.6	2.99	0.90	23.0	142	12.0	200	14.9	坡积物	E 99°04′06.2″ N 34°43′29.6″	86
剖7	高山土	寒钙土	暗寒钙土	暗寒钙土	1	0—14	暗棕色	中壤土	粒状	6.5	52.4	2.66	0.41	20.0	120	5.0	240	15.6	冲积物	E 98°06′37.1″ N 34°35′47.4″	87
剖8	水成土	沼泽土	草甸沼泽土		1	0—7	暗棕色	重壤土	团块状	7.0	62.1	3.10	0.75	17.3	157	4.0	130	18.3	冲积物	E 97°29′57.1″ N 34°29′05.6″	89
					2	7—24	灰棕色	重壤土	团块状	7.4	56.2	2.74	0.64	15.7	127	2.0	90	17.4			
					3	24—57	灰白色	重壤土	片状	7.8	20.1	0.90	0.50	10.9	37	1.0	80	1.1			
					4	57—															
剖9	高山土	草毡土	石灰性草毡土	侵蚀石灰性草毡土	1	0—10	棕色	中壤土	粒状	8.0	28.3	1.41	0.63	16.9	60	4.0	170	9.5	坡积物	E 98°03′40.3″ N 34°12′16.6″	81
剖10	高山土	草毡土	棕草毡土	棕草毡土	1	0—12	黑棕色	砂质壤土	粒状	7.0	31.0	1.26	0.45	16.6	60	痕迹	110	7.7	坡积物	E 98°36′12.0″ N 34°12′31.0″	83

玉树藏族自治州

玉 树 市

主要土类说明

草毡土是玉树市主要土壤类型，占本市地域面积的83%。草毡土是发生于高寒区（青藏高原）平缓高原面上，具强度生草腐殖质积累与弱度氧化还原特征的高山土壤。由于寒冻，蒿草根累积并弱度分解，该土壤呈草毡状。土体滞水，冻融交替，弱度氧化还原交替进行，造成该土壤氧化铁微弱游离。土体构型为 As-A₁-（AB）BC-C（D），剖面厚度为50—80cm。土体下部因冻融作用，常见鳞片状结构，呈黑褐色，土质松散，有机质含量为100—200g/kg。成土母质为坡积物、残积物或冰碛物。土壤质地为石质砂壤、中壤，pH 为 6.0—8.0。

灰褐土是玉树市第二大土壤类型，占本市地域面积的6%。灰褐土发生于温带干旱、半干旱山地云杉、冷杉下，其腐殖质累积与积钙作用明显，pH 为 7.0—8.0。土体构型为 Ao-A-AB-C，Ao 层有机质含量可达100g/kg，下见暗色腐殖质层，有弱黏淀特征，见棕褐色土层，钙积层出现于60cm以下。成土母质主要有黄土、黄土性物质及多种岩石风化坡积物、残积物等。

寒钙土是玉树市第三大土壤类型，占本市地域面积的5%。寒钙土是发生于青藏高原高寒半干旱区，具弱度腐殖质累积、底层积钙的土壤。该土壤有机质层厚15cm，有机质含量为10—30g/kg；碳酸钙含量为50—120g/kg，上部低，下部高。土壤 pH 为 7.5—8.5。土体构型为 A-B-C，无草皮层。钙积层发育明显，有机质含量明显减少，而石灰含量明显增多。

山地草甸土占玉树市地域面积的3%。山地草甸土是在中山山顶平台的草甸植被下形成的薄层土壤。其表层为草皮层，其下是有锈色斑纹或络合铁锰胶膜的薄层土壤。土体构型为 As-A-C-D。土壤有机质累积量大，腐殖质层厚，可在 1m 以上。成土母质有残积物、坡积物、冰碛物及黄土等。

小于本市地域面积3%的土壤类型还有沼泽土等。

本区域中心区气候特征

本区域中心区气候特征值
Regional climate characteristics in central area of the region

气候带：高原亚寒带亚湿润气候 Climate region: Plateau sub frigid sub humid climate	
年平均气温 /℃ Annual average temperature /℃	2.3
年平均最高气温 /℃ Annual average maximum temperature /℃	10.7
年平均最低气温 /℃ Annual average minimum temperature /℃	-4.2
年降水量 /mm Annual precipitation /mm	481
≥10℃的积温 /℃ Daily temperature accumulated in a year (≥10℃) /℃	1326
年日照时数 /h Annual sunshine /h	2528
年平均相对湿度 /% Annual average relative humidity /%	56
干燥度 Dryness	0.78

本区域中心区月平均气温与月平均降水量
Monthly temperature and precipitation in central area of the region

玉树县主要土壤类型与土壤剖面点分布图
1 : 840 000

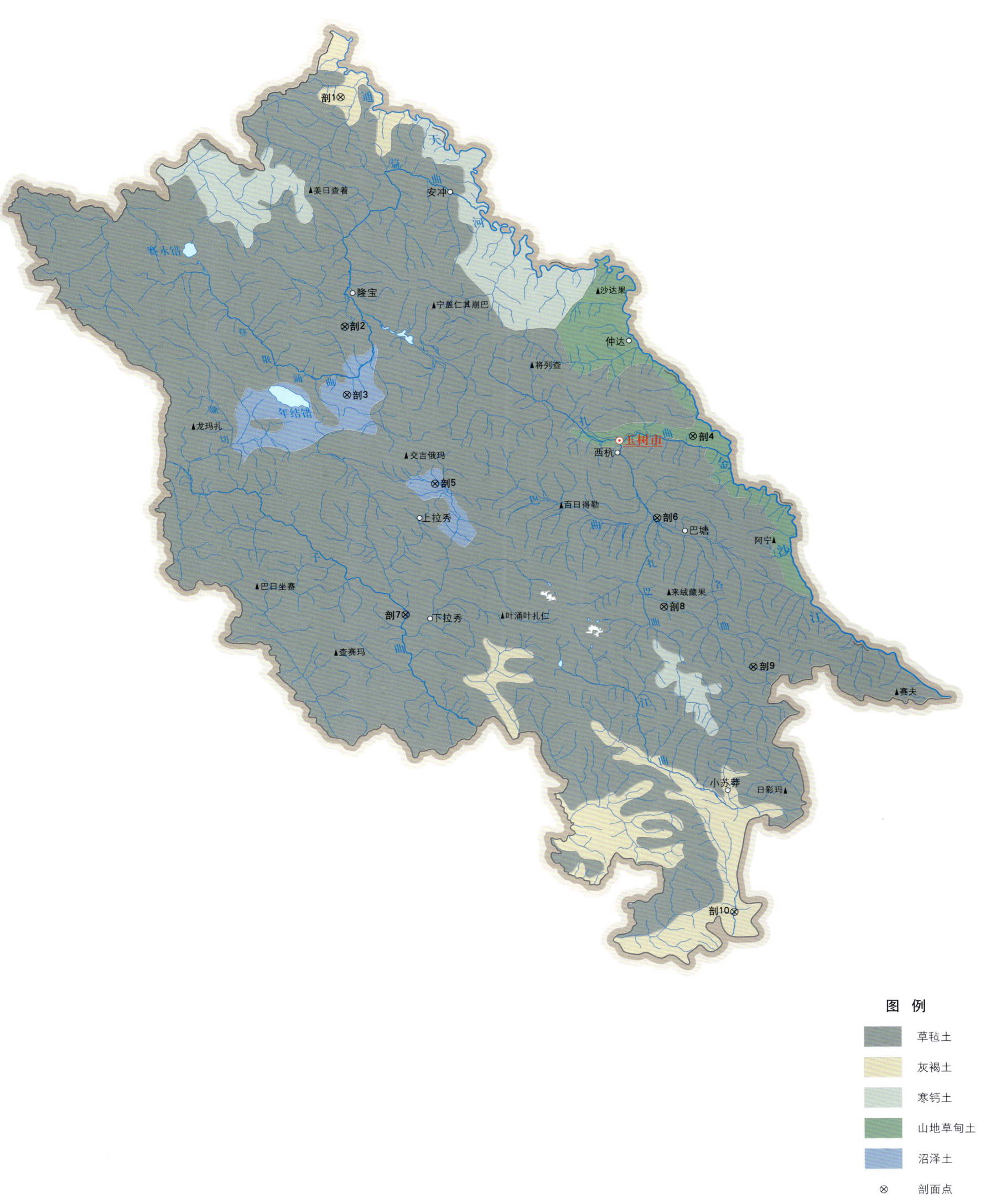

注：国务院 2013 年 7 月批准，撤销玉树县，设立玉树市。

玉树县土壤剖面理化性状表

剖面号	土纲	土类	亚类	土属	土种	土层码	土层厚度/cm	颜色	质地	土壤结构	pH	有机质 OM/(g/kg)	全氮 TN/(g/kg)	全磷 TP/(g/kg)	全钾 TK/(g/kg)	碱解氮 AN/(mg/kg)	有效磷 AP/(mg/kg)	速效钾 AK/(mg/kg)	阳离子交换量 CEC/(cmol/kg)	土壤母质	剖面点坐标	匹配指数 %
剖1	半淋溶土	灰褐土	石灰性灰褐土			1	0—4	棕灰色	轻壤土	粒状	7.9	95.5	3.50	0.63	18.7	214	18.0	500	39.3		E 96°23′27.2″ N 33°38′22.6″	71
						2	4—18	暗棕色	轻壤土	粒状	7.9	95.5	3.50	0.63	18.7	214	18.0	500	39.3			
						3	18—38	灰棕色	中壤土	粒状	8.3	45.2	3.17	0.64	18.4	109	9.0	250	24.0			
剖2	高山土	草毡土	石灰性草毡土	石灰性草毡土		1	0—17	暗褐棕色	砂壤土	粒状	7.6	29.4	1.79	2.75	13.9	60	7.0	88	18.3		E 96°24′38.5″ N 33°12′32.4″	82
						2	17—	暗棕色	砂壤土	粒状	8.1	41.8	2.95	2.44	11.0	94	7.0	50	22.3			
剖3	水成土	沼泽土	泥炭沼泽土			1	0—52	棕褐色	砂壤土	无明显结构		298.6	14.66	0.73	11.5	388	8.0	150			E 96°25′07.0″ N 33°04′50.2″	84
						2	52—70	暗灰棕色	砂壤土	片状		291.7	12.95	0.71	13.9	371	6.0	100				
						3	70—	暗棕灰色	中壤土	块状		261.5	10.96	0.79	16.5	369	6.0	150				
剖4	半水成土	山地草甸土	山地草原草甸土	耕种山地草原草甸土		1	0—13	暗褐色	中壤土	粒状	7.9	47.9	3.17	1.69	18.8	121	23.5	288	16.9		E 97°09′50.0″ N 33°00′56.2″	80
						2	13—26	深棕色	中壤土	粒块状	8.2	38.7	2.74	1.59	18.8	105	14.0	200	15.9			
						3	26—37	棕黄色	中壤土	块状	8.4	12.0	0.96	1.08	20.0	36	14.0	188	8.3			
剖5	水成土	沼泽土	泥炭沼泽土			1	0—26	棕褐色	砂壤土	粒状、块状	7.0	425.0	19.61	1.08	11.9	789	14.0	250	94.6		E 96°36′41.4″ N 32°55′02.6″	81
						2	26—40	棕褐色	轻壤土	块状	6.9	270.2	11.11	0.53	16.5	436	6.0	200	58.5			
						3	40—	深蓝色	中壤土	块状	7.4	169.9	7.00	0.48	13.7	279	5.0	188	31.3			
剖6	高山土	草毡土	原始草毡土			1	0—19	暗灰色	轻壤土	粒状	7.6	35.3	2.39	0.61	24.2	90	7.5	88	22.0	残积物	E 97°05′22.3″ N 32°51′42.4″	79
						2	19—	青灰色	重壤土	核状、块状	8.1	18.4	1.42	0.62	26.8	53	5.0	75	16.4			
剖7	高山土	草毡土	棕草毡土			1	0—3	黑棕色	轻壤土	粒状	7.0	229.3	11.89	0.76	14.4	587	10.5	225	76.3		E 96°33′13.7″ N 32°40′14.9″	95
						2	3—18	黑棕色	轻壤土	粒状	7.0	229.3	11.89	0.76	14.4	587	10.5	225	76.3			
						3	18—	青灰色	中壤土		7.5	117.9	6.76	0.83	16.6	246	5.0	138	51.8			
剖8	高山土	草毡土	薄草毡土	薄草冷薄甸土	壤质冷薄甸土	A	0—9	暗褐棕色	砂质黏壤土	团粒状	7.5	115.1	5.51	0.55	17.3	225	10.0	175	28.6	坡积物	E 97°06′24.7″ N 32°41′40.8″	96
						ACk	9—32	暗棕色	砂质黏壤土	块状	8.4	45.8	3.31	0.52	16.2	118	6.0	100	22.4			
						Ck	32—	橄榄棕色	黏壤土	块状	8.4	9.9	0.70	0.40	13.9	32	4.0	88	1.1			
剖9	高山土	草毡土	普通草毡土			1	0—6	暗棕色	中壤土	粉粒状	6.9	257.7	10.96	1.00	15.4	499	9.0	200	54.3		E 97°17′58.8″ N 32°35′00.6″	73
						2	6—44	灰黄色	轻壤土		7.1	38.8	2.44	0.83	18.5	159	5.0	138	2.9			
						3	44—	棕黑色	中壤土		7.8	5.2	0.27	0.28	18.4	17	7.0	125	8.0			
剖10	半淋溶土	灰褐土	淋溶灰褐土			1	0—8	黑棕色	中壤土	粒状	6.5	136.7	8.49	1.04	14.8	211	7.0	288	43.3	坡积物	E 97°15′54.0″ N 32°07′18.5″	95
						2	8—27	黑棕色	中壤土	粒状	6.5	136.7	8.49	1.04	14.8	211	7.0	288	43.3			
						3	27—83	暗棕色	中壤土	粒状、核状	8.0	56.4	3.89	0.90	13.2	126	5.0	188	21.9			
						4	83—	棕灰色	重壤土	核状	8.2	22.6	1.52	0.68	21.5	51	5.0	88	15.3			

杂多县

主要土类说明

草毡土是杂多县主要土壤类型，占本县地域面积的74%。草毡土是发生于高寒区（青藏高原）平缓高原面上，具强度生草腐殖质积累与弱度氧化还原特征的高山土壤。由于寒冻，嵩草根累积并弱度分解，该土壤呈草毡状。土体滞水，冻融交替，弱度氧化还原交替进行，造成氧化铁微弱游离。土体构型为 $As-A_1-（AB）BC-C（D）$，剖面厚度为50—80cm。土体下部因冻融作用，常见鳞片状结构，呈黑褐色，土质松散，有机质含量为100—200g/kg。成土母质为坡积物、残积物或冰碛物。土壤质地为石质砂壤、中壤，pH为6.0—8.0。

沼泽土是杂多县第二大土壤类型，占本县地域面积的19%，主要分布在西部莫云、旦荣地区。由于地形较平缓、排水不良，加之土壤下部有永久冻土层，使融雪及降雨不能迅速下渗，地表长期处于积水状态，形成沼泽。植物的死亡根系在寒湿条件下分解困难，以半分解的有机残体形式在土壤表层积累，形成泥炭层。土体构型为 $As-（A）-Bg$（锈斑层）$-G$（潜育层）。草甸沼泽土草本植物覆盖度高，Eh值低。在寒湿生境下，生长着较茂密的藏嵩草、小嵩草、薹草等湿生植物，覆盖度在60%—80%。

寒钙土是杂多县第三大土壤类型，占本县地域面积的4%。寒钙土是发生于青藏高原高寒半干旱区，具弱度腐殖质累积、底层积钙的土壤。该土壤有机质层厚15cm，有机质含量为10—30g/kg；碳酸钙含量为50—120g/kg，上部低，下部高。土体构型为A-B-C，无草皮层。钙积层发育明显，有机质含量明显减少，而石灰含量明显增多。成土母质有洪冲积物、湖积物、冰水沉积物及残积物、坡积物等。土壤呈强碱性，质地轻粗含砾多，有强石灰反应。

小于本县地域面积3%的土壤类型还有寒冻土、灰褐土等。

本区域中心区气候特征

本区域中心区气候特征值
Regional climate characteristics in central area of the region

气候带：高原亚寒带亚湿润气候 Climate region: Plateau sub frigid sub humid climate	
年平均气温 /℃ Annual average temperature /℃	−4.4
年平均最高气温 /℃ Annual average maximum temperature /℃	8.0
年平均最低气温 /℃ Annual average minimum temperature /℃	−7.2
年降水量 /mm Annual precipitation /mm	406
≥10℃的积温 /℃ Daily temperature accumulated in a year（≥10℃）/℃	1826
年日照时数 /h Annual sunshine /h	2775
年平均相对湿度 /% Annual average relative humidity /%	54
干燥度 Dryness	2.71

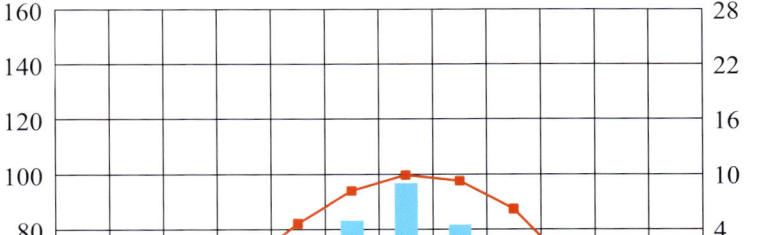

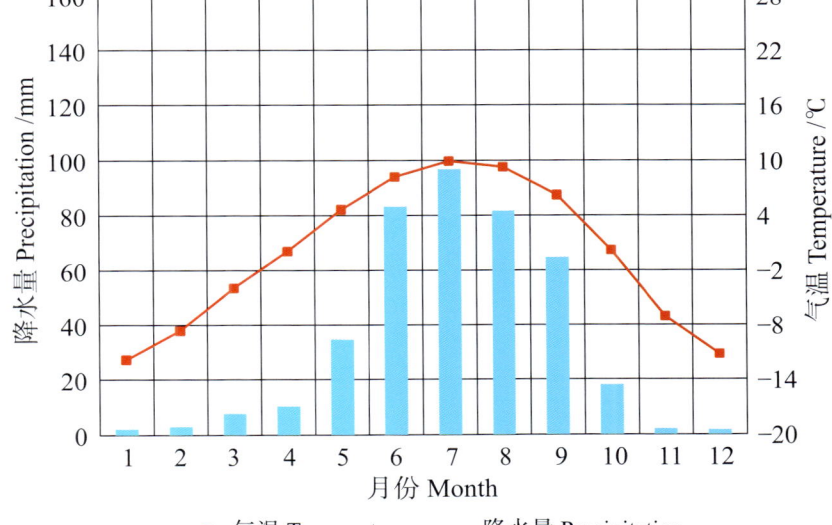

本区域中心区月平均气温与月平均降水量
Monthly temperature and precipitation in central area of the region

杂多县主要土壤类型与土壤剖面点分布图

1:1 080 000

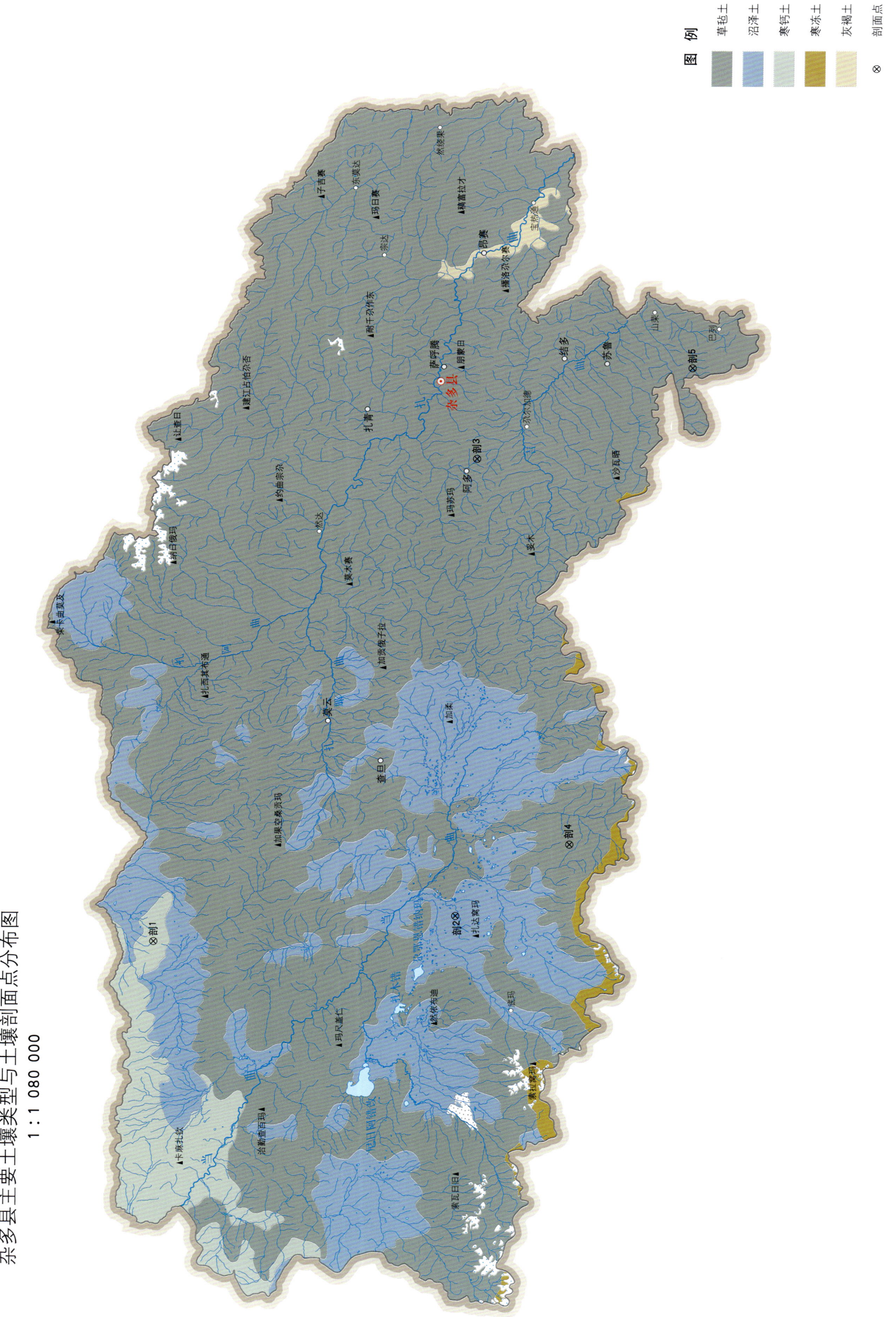

杂多县土壤剖面理化性状表

剖面号 Soil profile	土纲 Soil order	土类 Soil great group	亚类 Soil subgroup	土属 Soil genus	土种 Soil species	土层码 Layer code	土层厚度 Depth/cm	颜色 Soil color	质地 Soil texture	土壤结构 Soil structure	pH	有机质 OM/(g/kg)	全氮 TN/(g/kg)	全磷 TP/(g/kg)	全钾 TK/(g/kg)	碱解氮 AN/(mg/kg)	有效磷 AP/(mg/kg)	速效钾 AK/(mg/kg)	阳离子交换量CEC/(cmol/kg)	土壤母质 Parent material	剖面点坐标 Profile coordinate	匹配指数 Matching index/%
剖1	高山土	寒钙土	寒钙土			A₁	0–13	灰棕色		单粒状	8.3	12.7	0.66	0.40	14.1	6	1.6	119	4.2	冲积物	E 93°37′29.6″ N 33°34′51.0″	94
						B	13–26	灰棕色		单粒状	8.9	4.8	0.48	0.31	11.7	5	1.2	58	2.5			
						C	26—															
剖2	水成土	沼泽土	泥炭沼泽土			Asp	0–45	暗黄褐色		大块状	7.2	294.8	14.26	1.00	16.3	81	8.4	136	62.7	坡积物	E 93°41′48.1″ N 32°52′12.4″	85
						G	45–70	蓝灰色		大块状	7.8	152.6	6.89	0.6	16.4	32	3.0	123	35.7			
						3	70—															
剖3	高山土	草毡土	薄草毡土	薄草毡壤土	砂质冷薄毡土	A	0–14	浊黄棕色	砂壤土	粒状	8.1	31.0	1.23	0.41	13.4	76	6.0	195		洪积物	E 95°01′07.2″ N 32°48′38.5″	82
						AC	14–22	黄棕色	砂壤土	块状	8.4	14.0	0.97	0.42	17.1	65	1.0	104				
						Ck	22–42	亮黄棕色	砂壤土	块状、单粒状	8.3	10.4	0.68	0.40	17.1	71	1.0	89				
剖4	高山土	草毡土	原始草毡土			As	0–9	暗褐色		粒状	7.4	266.2	10.01	0.70	14.9	71	7.1	442	54.7	灰岩残积物、坡积物	E 93°54′05.6″ N 32°36′04.8″	91
						A,B	9–17	棕褐色		粒状	7.9	199.0	7.49	0.76	16.1	46	4.1	197	55.1			
剖5	高山土	草毡土	石灰性草毡土	石灰性草毡土		As	0–13	暗棕褐色		粒状	7.9	79.7	3.32	0.58	13.5	16	0.9	208	19.9	坡积物	E 95°16′05.2″ N 32°18′01.4″	87
						A₁	13–30	棕褐色		粒状、块状	8.0	48.6	2.42	0.59	12.6	17	0.9	161	14.3			
						B	30–48	淡棕褐色		块状	8.2	32.3	2.52	0.56	12.2	11	1.0	136	11.8			
						4	48—															

称 多 县

主要土类说明

草毡土是称多县主要土壤类型，占本县地域面积的 89%。草毡土是发生于高寒区（青藏高原）平缓高原面上，具强度生草腐殖质积累与弱度氧化还原特征的高山土壤。由于寒冻，蒿草根累积并弱度分解，该土壤呈草毡状。土体滞水，冻融交替，弱度氧化还原交替进行，造成该土壤氧化铁微弱游离。土体构型为 As–A_1–（AB）BC–C（D），剖面厚度为 50—80cm。土体下部因冻融作用，常见鳞片状结构，呈黑褐色，土质松散，有机质含量是 100—200g/kg。成土母质为坡积物、残积物或冰碛物。土壤质地为石质砂壤、中壤，pH 为 6.0—8.0。

寒钙土是称多县第二大土壤类型，占本县地域面积的 6%。寒钙土是发生于青藏高原高寒半干旱区，具弱度腐殖质累积、底层积钙的土壤。该土壤有机质层厚 15cm，有机质含量为 10—30g/kg；碳酸钙含量为 50—120g/kg，上部低，下部高。土壤 pH 为 7.5—8.5。土体构型为 A–B–C，无草皮层。钙积层发育明显，有机质含量明显减少，而石灰含量明显增多。成土母质为洪积物、冲积物、湖积物、冰水沉积物及残积物、坡积物等。土壤呈强碱性，质地轻粗含砾多，有强石灰反应。

沼泽土是称多县第三大土壤类型，占本县地域面积的 4%，在本县北部呈大片分布，其中以解吾曲、马尕曲、洛曲、贡德曲、卡拉滩、清水河以北查禾地区和阿尼海一带为最多。所处地形多为河流两岸平缓滩地、河流交汇处，平缓山间平原或起伏小的低山丘陵也有分布。土体构型为 As–（A）–Bg（锈斑层）–G（潜育层）。成土母质为河流冲积物、冰碛物及冰水沉积物。

小于本县地域面积 3% 的土壤类型还有山地草甸土等。

本区域中心区气候特征

本区域中心区气候特征值
Regional climate characteristics in central area of the region

气候带：高原亚寒带亚湿润气候 Climate region: Plateau sub frigid sub humid climate	
年平均气温 /℃ Annual average temperature /℃	−0.5
年平均最高气温 /℃ Annual average maximum temperature /℃	7.5
年平均最低气温 /℃ Annual average minimum temperature /℃	−6.9
年降水量 /mm Annual precipitation /mm	418
≥10℃的积温 /℃ Daily temperature accumulated in a year (≥10℃) /℃	1144
年日照时数 /h Annual sunshine /h	2674
年平均相对湿度 /% Annual average relative humidity /%	56
干燥度 Dryness	1.44

本区域中心区月平均气温与月平均降水量
Monthly temperature and precipitation in central area of the region

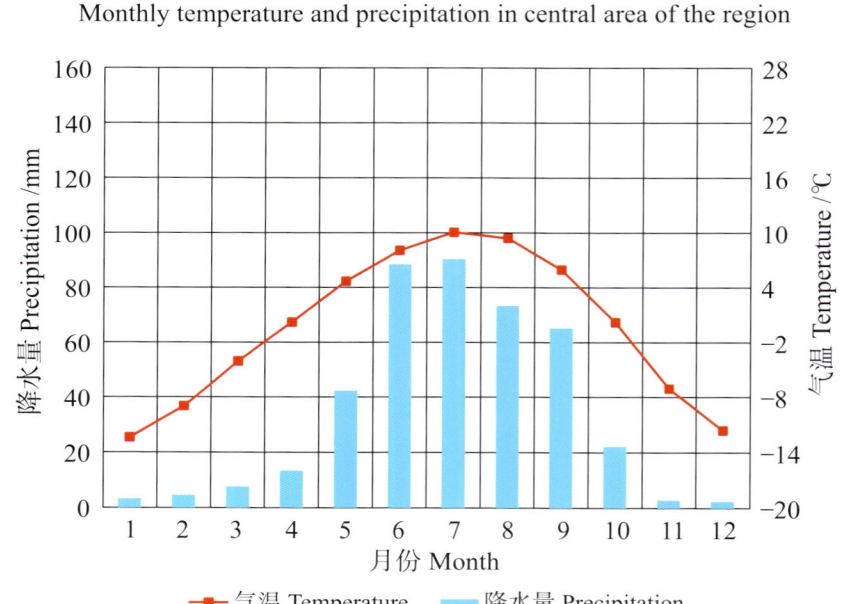

称多县主要土壤类型与土壤剖面点分布图
1∶700 000

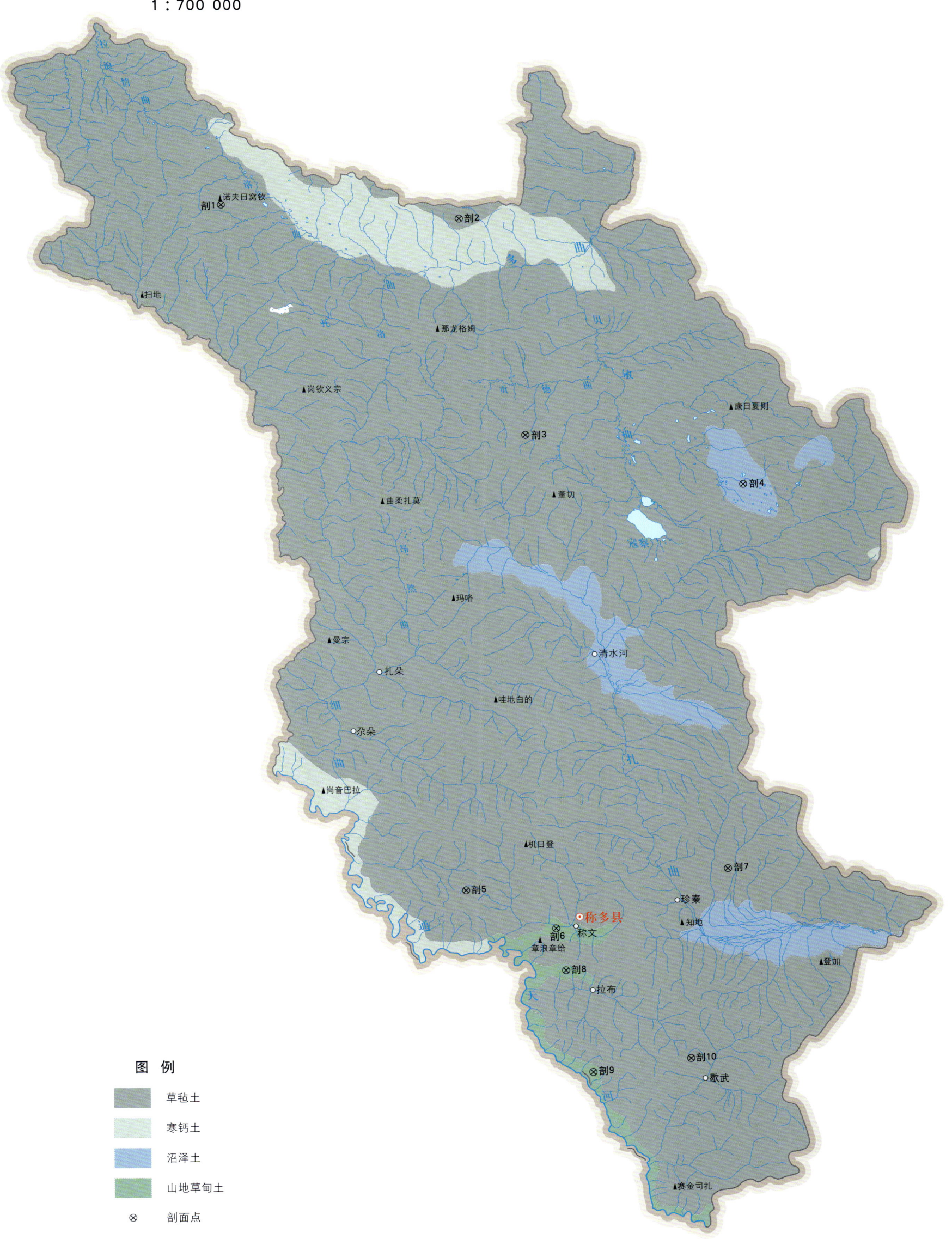

称多县土壤剖面理化性状表

剖面号 Soil profile	土纲 Soil order	土类 Soil great group	亚类 Soil subgroup	土属 Soil genus	土层码 Layer code	土层厚度 Depth/cm	颜色 Soil color	质地 Soil texture	土壤结构 Soil structure	pH	有机质 OM/(g/kg)	全氮 TN/(g/kg)	全磷 TP/(g/kg)	全钾 TK/(g/kg)	碱解氮 AN/(mg/kg)	有效磷 AP/(mg/kg)	速效钾 AK/(mg/kg)	阳离子交换量CEC/(cmol/kg)	土壤母质 Parent material	剖面点坐标 Profile coordinate	匹配指数 Matching index/%
剖1	高山土	草毡土	石灰性草毡土	石灰性草毡土	1	0—12	暗棕色	砂壤土	粉粒状	7.8	57.4	3.20	0.79	23.2	195	6.0	206	21.5	片岩残积物	E 96°25′59.3″ N 34°30′25.5″	71
					2	12—48	褐棕色	砂壤土	粉粒状	8.1	31.4	2.00	0.74	20.8	116	2.0	188	9.9			
					3	48—88	淡棕色	少砾轻壤土	粒状	8.1	7.6	0.70	0.52	21.4	22	6.0	163	4.9			
剖2	高山土	草毡土	石灰性草毡土	侵蚀石灰性草毡土	1	0—14	淡黄色	轻壤土	粉粒状	8.3	33.3	1.30	0.22	14.4	33	3.0	78	18.4	坡积红土	E 96°52′28.2″ N 34°29′33.7″	84
					2	14—31	红棕色	中壤土	核块状、块状	8.5	10.5	0.90	0.13	21.2	23	1.0	13	11.1			
					3	31—															
剖3	高山土	草毡土	潜育草毡土		1	0—20	黑棕色	砂壤土	粒状	6.5	139.8	7.00	1.40	14.1	475	3.0	80	4.6	残积物、坡积物	E 97°00′13.1″ N 34°09′03.2″	97
					2	20—50	灰黄色	少砾轻壤土	棱块状	6.6	16.0	0.90	0.44	12.9	39	2.0	285	6.9			
					3	50—70	灰棕色	重壤土	棱块状	6.5	50.2	2.50	1.00	15.4	204	2.0	75	26.4			
					4	70—95	紫色	中壤土	粒状	7.4	12.3	1.00	0.61	9.6	56	2.0	75				
剖4	水成土	沼泽土	草甸沼泽土		1	0—6	黑色	中壤土	粒状	7.3	202.1	13.80	1.31	14.9	570	7.0	108	41.5		E 97°24′21.7″ N 34°04′39.2″	97
					2	6—20	黑棕色	中壤土	粒状	7.3	187.3	9.20	0.61	16.7	566	8.0	75	38.5			
					3	20—35	暗灰色	轻壤土	粒状	7.4	50.5	2.90	0.57	16.2	185	4.0	103	13.6			
					4	35—54	淡灰色	中壤土	片状	7.8	8.3	0.60	0.79	12.5	44	2.0	73	2.2			
剖5	高山土	草毡土	石灰性草毡土	淋淀石灰性草毡土	1	0—37	淡黄色	中壤土	粉粒状	7.3	52.8	1.60	0.35	9.8	191	5.0	234	16.3	片岩坡积物	E 96°54′23.4″ N 33°25′27.5″	76
					2	37—58	棕黄色	中壤土	粉粒状	8.2	9.7	0.70	0.26	5.8	80	2.2	109	8.8			
					3	58—															
剖6	山地草甸土	山地灌丛草甸土			1	0—20	暗棕色	中壤土	粒状	6.7	83.6	4.40	0.65	15.0	4	1.0	90		砂砾坡积物	E 97°04′18.2″ N 33°21′56.4″	71
					2	20—55	棕黄色	轻壤土	块状	7.1	23.4	1.30	0.52	15.4	130	2.0	85				
					3	55—85	棕黄色	轻壤土	粒状	7.4	3.2	0.20	0.74	15.8	18	3.0	90				
					C	85—															
剖7	高山土	草毡土			1	0—20	黑棕色	砂壤土	粉粒状	6.8	88.5	3.70	0.74	15.4	375	3.0	203	22.7	坡积物、残积物	E 97°23′05.3″ N 33°27′53.1″	93
					2	20—60	暗棕色	砂壤土	粉粒状	7.4	5.1	0.50	0.44	14.7	35	2.0	60	6.6			
					C	60—															
剖8	半水成土	山地草甸土	耕种山地草甸土		1	0—7	暗棕色	轻壤土	粒状	6.3	144.2	7.80	1.27	14.3	536	8.0	120		坡积物	E 97°05′26.9″ N 33°17′59.5″	84
					2	7—17	棕灰色	轻壤土	棱块状	7.0	75.1	2.30	0.83	17.4	114	1.0	80				
					3	17—38	黑灰色	轻壤土	粒状	7.0	20.7	2.10	0.52	17.8	98	1.0	80				
					4	38—69	棕灰色	轻壤土	粒状												
					5	69—94	暗棕褐色	多砾砂壤土													
					C	94—															
剖9	半水成土	山地草甸土			1	0—18	暗棕灰色	中壤土	粒状	8.1	81.9	5.20	1.48	6.3	310	14.0	295	15.8	洪积物	E 97°08′34.4″ N 33°08′24.6″	73
					2	18—37	灰棕色	中壤土	粉粒状	8.4	31.0	2.60	1.31	8.4	155	1.0	130	7.0			
					3	37—78	栗色	中壤土	粉粒状	8.5	23.7	2.00	1.18	8.3	109	3.0	75				
					C	78—															
剖10	高山土	草毡土	原始草毡土		1	0—5	淡棕褐色	少砾轻壤土	粉粒状	7.8	51.0	1.70	0.79	12.2	130	7.0	288	7.5	片岩残积物	E 97°19′14.7″ N 33°09′49.7″	81
					2	5—31	淡棕色	少砾轻壤土	粉状	8.2	19.6	0.90	0.79	13.8	63	5.0	125	7.0			
					3	31—103	淡棕色	多砾中壤土	粉状	7.5	4.9	0.30	0.65	13.7	25	5.0	90	4.0			

治 多 县

主要土类说明

寒钙土是治多县主要土壤类型，占本县地域面积的66%，是位于青藏高原高寒半干旱区，弱度腐殖质累积、底层积钙的土壤。土体构型为A-B-C，无草皮层。钙积层发育明显。有机质层厚15cm，有机质含量为10—30g/kg。碳酸钙含量为50—120g/kg，上部低，下部高。土壤pH为7.5—8.5。成土母质为洪积物、冲积物、湖积物、冰水沉积物及残积物、坡积物等。土壤呈强碱性，质地轻粗含砾多，有强石灰反应。

草毡土是治多县第二大土壤类型，占本县地域面积的24%。草毡土是发生于高寒区（青藏高原）平缓高原面上，具强度生草腐殖质积累与弱度氧化还原特征的高山土壤。由于寒冻，蒿草根累积并弱度分解，该土壤呈草毡状。土体滞水，冻融交替，弱度氧化还原交替进行，造成该土壤氧化铁微弱游离。土体构型为As-A_1-（AB）BC-C（D），剖面厚度为50—80cm。成土母质为坡积物、残积物或冰碛物。

沼泽土占治多县地域面积的4%。土体构型为As-（A）-Bg（锈斑层）-G（潜育层）。草甸沼泽土草本植物覆盖度高，表层根系密布，Eh值低。

小于本县地域面积3%的土壤类型还有寒冻土、灰褐土等。

本区域中心区气候特征

本区域中心区气候特征值
Regional climate characteristics in central area of the region

气候带：高原寒带干旱气候 Climate region: Plateau frigid arid climate	
年平均气温 /℃ Annual average temperature /℃	0.6
年平均最高气温 /℃ Annual average maximum temperature /℃	9.0
年平均最低气温 /℃ Annual average minimum temperature /℃	-6.8
年降水量 /mm Annual precipitation /mm	171
≥10℃的积温 /℃ Daily temperature accumulated in a year (≥10℃) /℃	2603
年日照时数 /h Annual sunshine /h	3065
年平均相对湿度 /% Annual average relative humidity /%	45
干燥度 Dryness	11.78

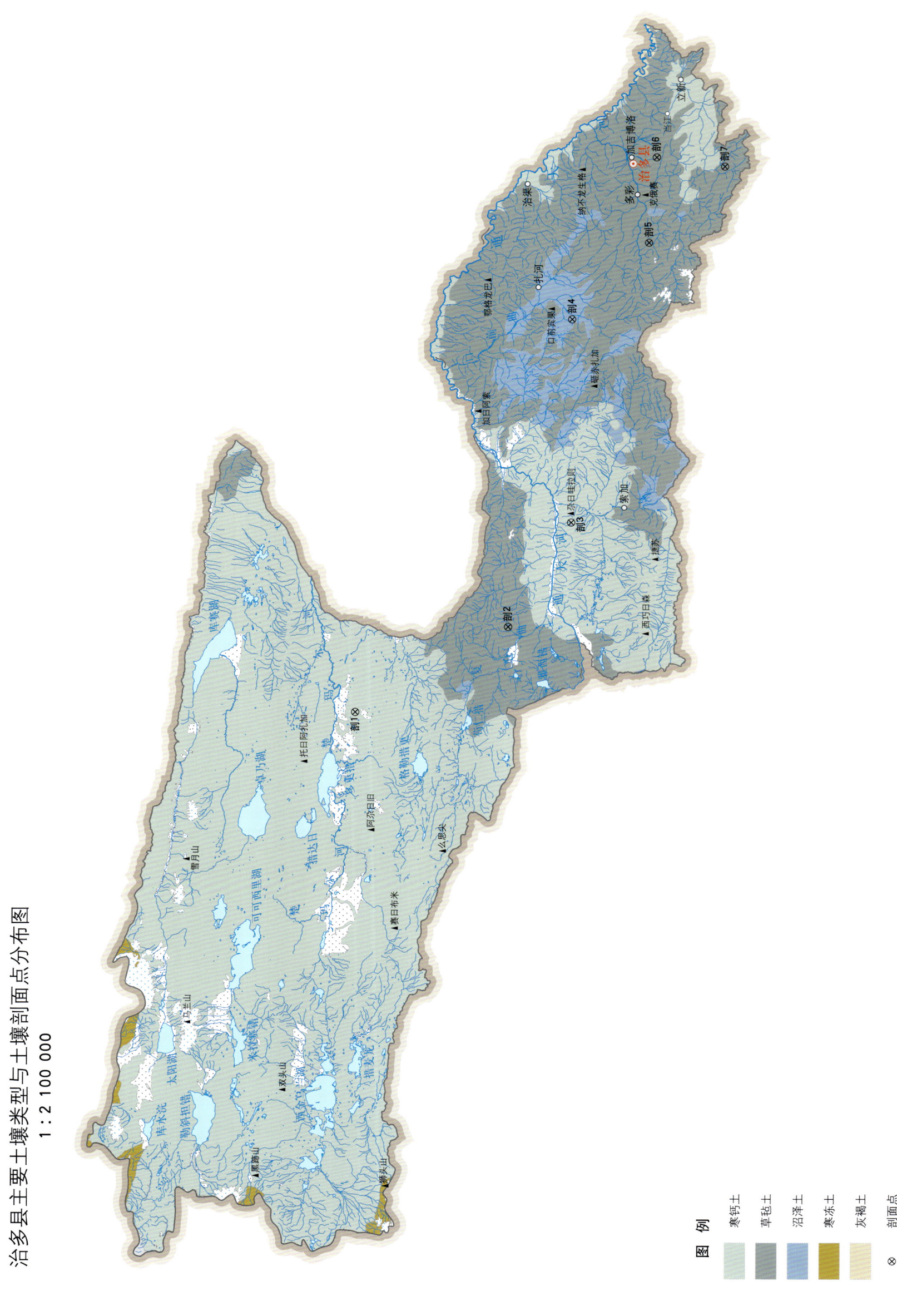

治多县土壤剖面理化性状表

剖面号 Soil profile	土纲 Soil order	土类 Soil great group	亚类 Soil subgroup	土属 Soil genus	土种 Soil species	土层码 Layer code	土层厚度 Depth/cm	颜色 Soil color	质地 Soil texture	土壤结构 Soil structure	pH	有机质 OM/(g/kg)	全氮 TN/(g/kg)	全磷 TP/(g/kg)	全钾 TK/(g/kg)	碱解氮 AN/(mg/kg)	有效磷 AP/(mg/kg)	速效钾 AK/(mg/kg)	阳离子交换量CEC/(cmol/kg)	土壤母质 Parent material	剖面点坐标 Profile coordinate	匹配指数 Matching index/%
剖1	高山土	寒钙土	寒钙土	覆砾寒钙土	覆砾土	A	0—15	灰棕色	砂土	单粒状	8.4	12.7	0.87	0.36	11.3	56	3.7	156	6.9	洪积物	E 92° 31′ 03.0″ N 35° 06′ 01.1″	73
						Bk	15—37	亮红棕色	砂土	单粒状	8.3	9.6	0.79	0.34	11.0	60	3.2	124	6.5			
						Ck	37—60	亮红棕色	砂质黏壤土	单粒、小块状	8.8	5.8	0.57	0.37	11.6	34	2.2	109	11.6			
剖2	高山土	草毡土	石灰性草毡土			1	0—14	暗灰棕色		粒状	8.1	96.4	5.82	0.65	17.3	314	11.0	225	36.1	坡积物	E 93° 00′ 06.8″ N 34° 24′ 50.8″	94
						2	14—20	灰棕色		粒状、块状	8.4	64.7	4.14	0.55	18.0	224	7.0	187	31.2			
						3	20—60	黄棕色		块状	8.2	37.4	2.36	0.47	17.0	101	2.0	175	19.9			
剖3	高山土	寒钙土	暗寒钙土			1	0—18	棕色		粒状	8.5	21.8	1.36	0.52	15.9	24	3.0	237	14.1	洪积物	E 93° 35′ 21.1″ N 34° 07′ 48.4″	76
						2	18—52	淡棕色		块状	8.6	8.0	0.57	0.52	17.8	47	6.0	187	11.7			
剖4	水成土	沼泽土	泥炭沼泽土			1	0—15	暗红棕色		粒状	6.2	121.6	10.37	0.85	16.6	749	5.0	187	42.3	坡积物	E 94° 43′ 49.1″ N 34° 06′ 55.4″	96
						2	15—30	黄棕色		大块状	6.3	143.5	6.30	0.79	17.1	481	5.0	137	47.5			
						3	30—54	暗黄棕色		大块状	6.2	100.0	5.06	0.60	16.4	318	6.0	112	32.8			
剖5	高山土	草毡土	草毡土			1	0—11	暗灰棕色		粒状	7.0	98.5	5.80	0.57	17.4	338	9.0	225	42.0	坡积物	E 95° 08′ 55.1″ N 33° 45′ 45.7″	95
						2	11—20	灰棕色		粒状、块状	6.9	71.3	4.13	0.56	18.9	319	6.0	125	35.9			
						3	20—31	黄棕色		粒状、块状	7.1	47.4	2.52	0.56	19.3	217	4.0	100	23.9			
剖6	高山土	草毡土	石灰性草毡土	侵蚀石灰性草毡土		1	0—15	暗红棕色		粒状	8.0	67.8	3.81	0.54	13.9	58	4.0	112	36.4	残积物	E 95° 37′ 31.1″ N 33° 43′ 04.4″	78
						2	15—29	暗灰棕色		粒状、块状	8.4	44.9	3.19	0.48	17.1	200	10.0	300	3.0			
						3	29—54	淡棕色		块状	8.0	17.7	1.18	0.41	17.5	174	6.0	275	15.6			
剖7	高山土	草毡土	原始草毡土			1	0—10	暗灰棕色		粒状	7.3	88.8	5.01	0.79	16.9	361	9.0	150	39.0	残积物	E 95° 33′ 49.9″ N 33° 24′ 44.4″	81
						2	10—15	灰棕色		粒状状	7.7	72.2	4.28	0.81	17.3	320	6.0	100	35.3			

囊 谦 县

主要土类说明

草毡土是囊谦县主要土壤类型，占本县地域面积的 87%。草毡土是发生于高寒区（青藏高原）平缓高原面上，具强度生草腐殖质积累与弱度氧化还原特征的高山土壤。由于寒冻，蒿草根累积并弱度分解，该土壤呈草毡状。土体滞水，冻融交替，弱度氧化还原交替进行，造成该土壤氧化铁微弱游离。土体构型为 $As-A_1-(AB)BC-C(D)$，剖面厚度为 50—80cm。成土母质为坡积物、残积物或冰碛物。

灰褐土是囊谦县第二大土壤类型，占本县地域面积的 8%，分布于温带干旱、半干旱山地云杉、冷杉下，土体构型为 Ao-A-AB-C。灰褐土腐殖质累积与钙积作用明显，Ao 层有机质含量可达 100g/kg，下见暗色腐殖质层，有弱黏淀特征，见棕褐色土层，钙积层在 60cm 以下出现，铁铝氧化物无移动。pH 为 7.0—8.0。成土母质主要为黄土、黄土性物质及多种岩石风化坡积物、残积物等。

小于本县地域面积 3% 的土壤类型还有山地草甸土、寒钙土、寒冻土等。

本区域中心区气候特征

本区域中心区气候特征值
Regional climate characteristics in central area of the region

气候带：高原亚寒带亚湿润气候 Climate region: Plateau sub frigid sub humid climate	
年平均气温 /℃ Annual average temperature /℃	2.7
年平均最高气温 /℃ Annual average maximum temperature /℃	10.9
年平均最低气温 /℃ Annual average minimum temperature /℃	-3.7
年降水量 /mm Annual precipitation /mm	494
≥10℃的积温 /℃ Daily temperature accumulated in a year (≥10℃) /℃	1659
年日照时数 /h Annual sunshine /h	2562
年平均相对湿度 /% Annual average relative humidity /%	56
干燥度 Dryness	1.09

本区域中心区月平均气温与月平均降水量
Monthly temperature and precipitation in central area of the region

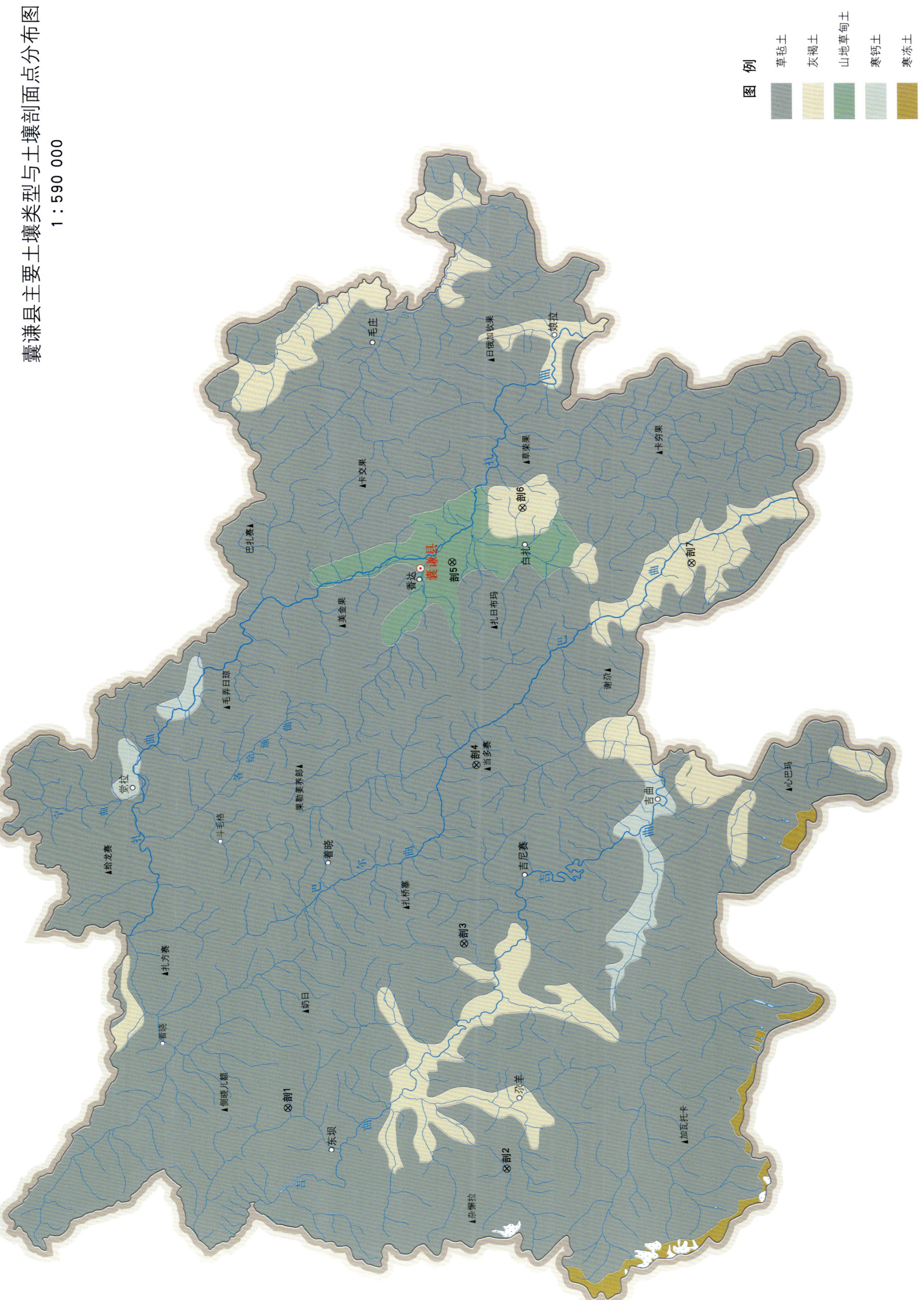

囊谦县土壤剖面理化性状表

剖面号 Soil profile	土纲 Soil order	土类 Soil great group	亚类 Soil subgroup	土属 Soil genus	土种 Soil species	土层码 Layer code	土层厚度 Depth/cm	颜色 Soil color	质地 Soil texture	土壤结构 Soil structure	pH	有机质 OM/(g/kg)	全氮 TN/(g/kg)	全磷 TP/(g/kg)	全钾 TK/(g/kg)	碱解氮 AN/(mg/kg)	有效磷 AP/(mg/kg)	速效钾 AK/(mg/kg)	阳离子交换量CEC/(cmol/kg)	土壤母质 Parent material	剖面点坐标 Profile coordinate	匹配指数 Matching index/%
剖1	高山土	草毡土	石灰性草毡土	石灰性草毡土		1	0—7	暗栗色	砂壤土	粒状	8.6	74.8	4.80	0.80	8.7	327	8.0	200	24.0		E 95°38′05.3″ N 32°21′29.5″	92
						2	7—25	浓红棕色	轻壤土	粒块状色	8.7	29.0	1.80	1.10	8.3	102	7.0	88	12.4			
						3	25—39	红棕色	轻壤土	块状	8.6	20.6	1.30	0.30	10.0	32	7.0	63	11.0			
						4	39—68	棕黑色	轻壤土		8.6	23.7	1.10	0.60	5.7	76	6.0	53	14.0			
						5	68—	淡黄色	中壤土	块状	8.2	5.3	0.60	0.80	8.8	39	3.0	38	7.7			
剖2	高山土	草毡土	湿草毡土	湿草甸壤土	砂质冷锈甸土	As	0—7		砂壤土		6.0	156.0	12.30	0.57	9.6		12.0	164		坡积物	E 95°33′03.2″ N 32°04′44.0″	86
						Au	7—24	灰棕色	砂壤土	块状、鳞片状	5.8	105.0	6.60	0.30	10.8	312	7.0	75	16.5			
						ACu	24—40	浊黄棕色	壤土	块状、鳞片状	6.0	63.0	2.40	0.48	9.5	132	2.0	63	11.6			
						C	40—	浊黄棕色	砂壤土		5.9	23.7	1.10	0.35	7.0	95	1.0	75	6.0			
剖3	高山土	草毡土	原始草毡土			1	0—14	灰黄色	砾质中壤土	块状、粒状	8.3	32.5	1.20	0.30	9.6	142	8.0	81	7.8		E 95°53′37.0″ N 32°08′23.6″	89
剖4	高山土	草毡土	石灰性草毡土	淋淀石灰性草毡土		1	0—4	暗棕色	砂壤土	粒状	6.5	115.1	6.30	0.60	10.5	752	27.0	178	21.3		E 96°10′17.8″ N 32°07′44.8″	80
						2	4—24	红棕色	壤土		6.4	14.4	4.20	0.70	9.6	489	12.0	100	16.9			
						3	24—	棕黄色	轻壤土		8.4	39.0	0.50	0.20	9.5	65	2.0	38	5.2			
剖5	半水成土	山地草甸土	山地草甸土			1	0—5	暗棕色	砂壤土	粒状	6.5	199.6	9.20	1.20	11.3	644	44.0	267	18.3	坡积物	E 96°29′04.9″ N 32°09′54.4″	72
						2	5—42	暗灰棕色	中壤土	粒状、片状	6.1	57.3	2.30	0.80	15.0	185	17.0	125	7.9			
						3	42—72	暗棕色	中壤土	粒状	6.2	47.1	1.90	0.90	10.7	144	13.0	38	1.2			
						4	72—94	暗青灰色	重壤土	片状、块状	6.2	37.1	1.70	0.60	8.0	74	10.0	31	9.7			
						5	94—	棕黄色	重壤土	块状	6.7	7.8	0.40	0.30	7.8	34	3.0	19	3.4			
剖6	半淋溶土	灰褐土	石灰性灰褐土	火灰褐黄土	玉树火黑土	O	0—1													坡积黄土	E 96°34′14.5″ N 32°04′37.6″	95
						Ai	1—16	灰棕色	壤土	粒状	8.0	135.2	6.30	0.80	10.0	443	25.0	144				
						Ah	16—42	棕灰色	壤土	块状	8.2	62.0	5.60	0.90	11.0	225	15.0	106				
						Bk₁	42—55	浊黄色	壤土	块状	8.4	38.5	2.10	0.30	11.2	139	7.0	75				
						Bk₂	55—85	灰黄色	黏壤土	块状	8.4	23.3	1.10	0.30	6.9	75	4.0	44				
剖7	半淋溶土	灰褐土	淋溶灰褐土	淋溶山地灰褐土		1	0—20	深灰色	中壤土	粒状	8.0	166.3	7.10	0.60	12.5	472	24.0	75	23.8		E 96°29′28.0″ N 31°51′40.7″	78
						2	20—34	棕灰色	中壤土		8.9	128.8	5.70	0.70	8.5	412	21.0	63	2.6			
						3	34—64	暗棕灰色	中壤土	鳞片、粒状状	8.1	141.1	5.10	0.40	8.0	366	14.0	47	17.4			
						4	64—90	棕黄色	中壤土	块状	8.3	57.1	2.10	0.40	7.8	132	11.0	84	15.5			

曲麻莱县

主要土类说明

草毡土是曲麻莱县主要土壤类型，占本县地域面积的 42%。草毡土是发生于高寒区（青藏高原）平缓高原面上，具强度生草腐殖质积累与弱度氧化还原特征的高山土壤。由于寒冻，蒿草根累积并弱度分解，该土壤呈草毡状。土体滞水，冻融交替，弱度氧化还原交替进行，造成该土壤氧化铁微弱游离。土体构型为 As–A$_1$–（AB）BC–C（D），剖面厚度为 50—80 cm。成土母质为坡积物、残积物或冰碛物。

寒钙土是曲麻莱县主要土壤类型，占本县地域面积的 42%。寒钙土是发生于青藏高原高寒半干旱区，具弱度腐殖质累积、底层积钙的土壤。该土壤有机质层厚 15cm，有机质含量为 10—30g/kg；碳酸钙含量为 50—120g/kg，上部低，下部高。土壤 pH 为 7.5—8.5。土体构型为 A–B–C。其腐殖质层发育明显，钙积层发育明显。成土母质为洪积物、冲积物、湖积物、冰水沉积物及残积物、坡积物等。土壤呈强碱性，质地轻粗含砾多，有强石灰反应。

沼泽土是曲麻莱县第三大土壤类型，占本县地域面积的 10%，本县各乡都有分布，但主要集中在加玛山以北的麻多乡及曲麻河西部的一些地区。其所在地形有河漫滩、山地的阴坡或河流发源地所在的滩地等。由于地下水位高或土体下部永冻层引起的滞水等原因，土壤常年或季节性积水。东北部海拔 4700m 左右的山地阴坡，自地表向下 70cm 左右可见冻土层。在曲麻河西部的山间谷地，60cm 左右也可见冻土层（7—8 月）。冻土的存在为沼泽土的形成创造了良好的条件。土体构型为 As–（A）–Bg（锈斑层）–G（潜育层）– 永冻层。潜育层剖面下部常年处于过湿状态。上部的腐殖化过程和下部的潜育过程是沼泽土主要的成土过程。由于土壤长期积水，处于嫌气状态，有机质累积量大。植物主要为喜湿性的藏嵩草、薹草、金莲花、驴蹄草等，覆盖度在 70% 以上。

小于本县地域面积 3% 的土壤类型还有灰褐土等。

本区域中心区气候特征

本区域中心区气候特征值
Regional climate characteristics in central area of the region

气候带：高原亚寒带亚干旱气候 Climate region:Plateau sub frigid sub arid climate	
年平均气温 /℃ Annual average temperature /℃	0.0
年平均最高气温 /℃ Annual average maximum temperature /℃	7.9
年平均最低气温 /℃ Annual average minimum temperature /℃	-6.8
年降水量 /mm Annual precipitation /mm	209
≥10℃的积温 /℃ Daily temperature accumulated in a year (≥10℃) /℃	1877
年日照时数 /h Annual sunshine /h	2978
年平均相对湿度 /% Annual average relative humidity /%	45
干燥度 Dryness	6.56

本区域中心区月平均气温与月平均降水量
Monthly temperature and precipitation in central area of the region

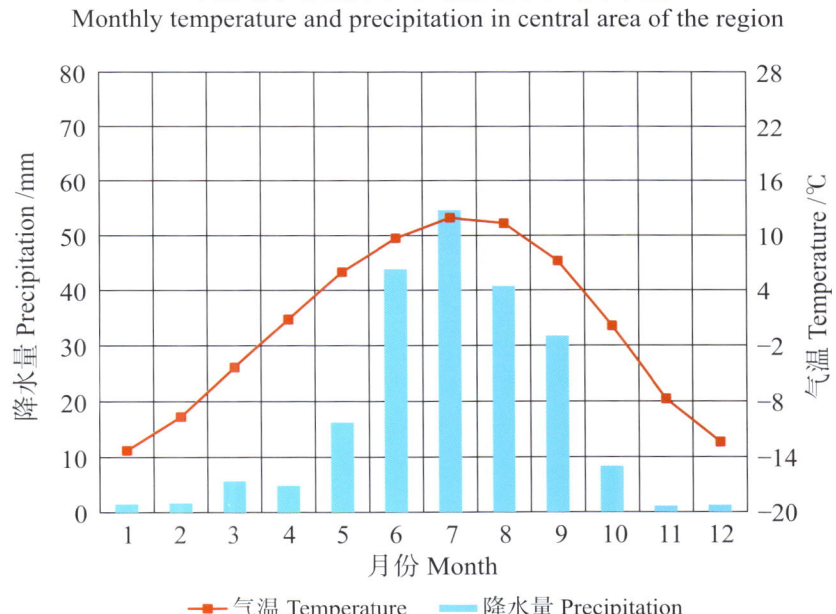

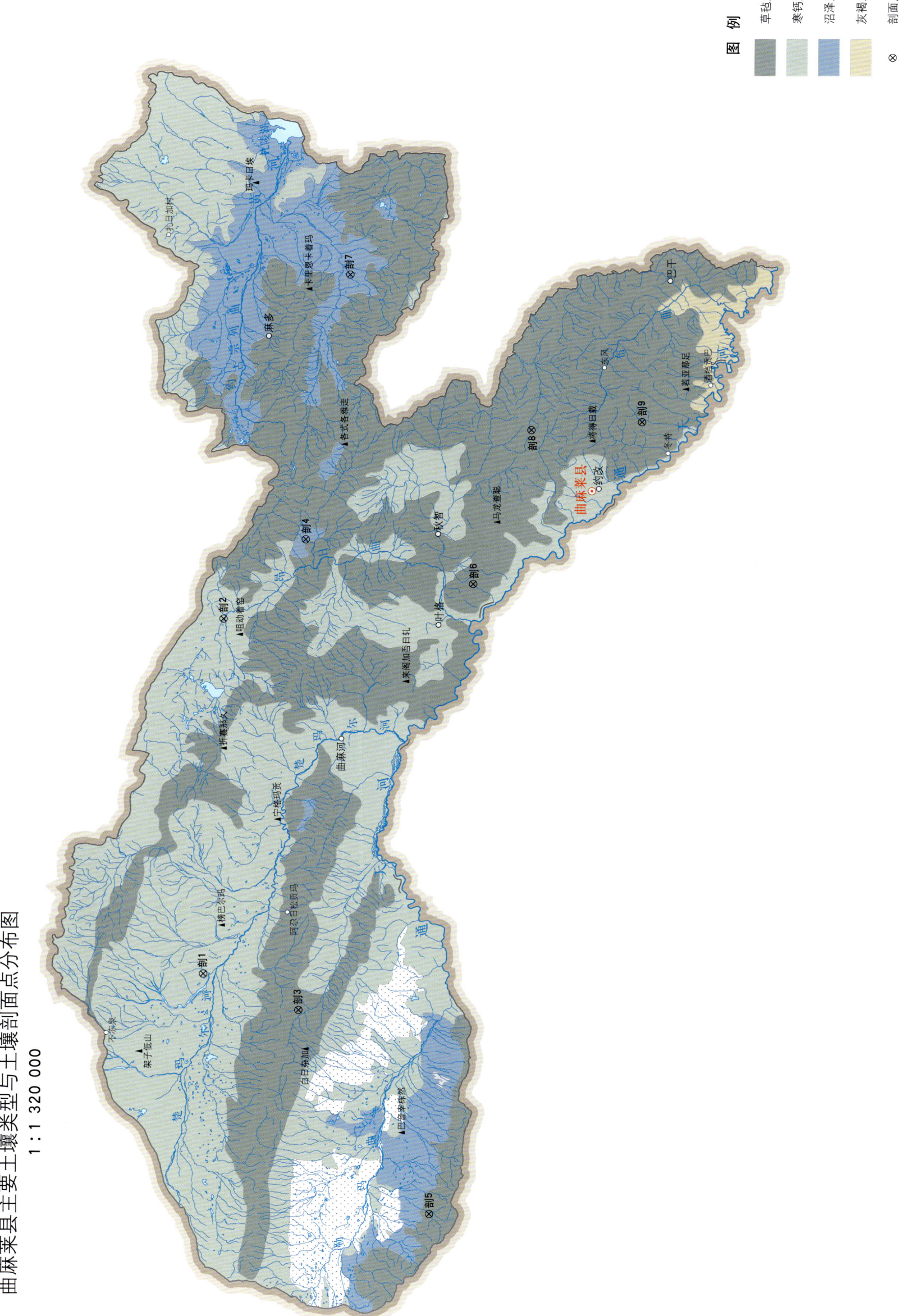

曲麻莱县土壤剖面理化性状表

剖面号 Soil profile	土纲 Soil order	土类 Soil great group	亚类 Soil subgroup	土属 Soil genus	土层码 Layer code	土层厚度 Depth/cm	颜色 Soil color	质地 Soil texture	土壤结构 Soil structure	pH	有机质 OM/(g/kg)	全氮 TN/(g/kg)	全磷 TP/(g/kg)	全钾 TK/(g/kg)	碱解氮 AN/(mg/kg)	有效磷 AP/(mg/kg)	速效钾 AK/(mg/kg)	阳离子交换量CEC/(cmol/kg)	土壤母质 Parent material	剖面点坐标 Profile coordinate	匹配指数 Matching index/%
剖1	高山土	寒钙土	寒钙土		A₁	0-15	黄棕色	砂壤土	粒状、块状	8.4	11.9	0.75	0.47	14.5	48	3.1	138	3.5	坡积物、残积物	E 94°07′01.6″ N 35°14′42.7″	79
					B	15-53	黄棕色	砂壤土	小块状	8.5	8.4	0.57	0.49	15.7	25	5.0	125	2.9			
剖2	高山土	寒钙土	淡寒钙土		A₁	0-20	红棕色	中壤土	块状	8.4	11.4	0.37	0.41	18.0	21	1.1	111	18.1		E 95°22′40.4″ N 35°10′26.8″	84
					A₁B	20-42	红棕色	中壤土	块状	8.5	4.8	0.25	0.35	11.7	39	2.0	155	15.8			
					Bc	42-69	灰棕色	重石质中壤土	块状	8.7	2.6	0.53	0.39	12.1	35	1.5	85	11.9			
					4	69—															
剖3	高山土	草毡土	石灰性草毡土	石灰性草毡土	As	0-13	暗棕褐色	轻壤土	粒状	8.6	64.2	3.53	0.59	15.9	223	6.5	250	23.5	坡积物	E 93°59′07.4″ N 34°58′43.0″	81
					A₁	13-28	棕褐色	轻壤土	粒状	8.4	26.9	1.67	0.50	16.3	108	4.5	200	9.7			
					B	28-76	黄褐色	轻壤土	块状	8.6	21.8	1.43	0.48	15.8	77	4.0	188	9.0			
剖4	水成土	沼泽土	泥炭沼泽土		As	0-16	暗棕褐色	砂壤土	粒状	7.1	199.5	5.27	0.64	19.5	437	7.0	237	15.8	冲积物	E 95°38′56.8″ N 34°56′19.3″	78
					He	16-67	暗棕褐色	中壤土	大块状	7.2	104.4	4.84	0.62	19.0	404	7.5	200	26.9			
					G	67-90	蓝灰色	轻壤土	大块状	6.4	26.8	1.44	0.51	17.1	116	4.5	225	11.6			
					4	90—															
剖5	高山土	草毡土	原始草毡土		As	0-13	灰褐色	中壤土	粒状、块状	8.5	21.3	1.53	0.68	21.3	68	13.0	125	15.1	残积物、坡积物	E 93°16′15.7″ N 34°36′46.4″	74
					C	13—															
剖6	高山土	草毡土	石灰性草毡土	侵蚀石灰性草毡土	As	0-10	褐色	轻壤土	粒状、块状	8.4	44.5	3.04	0.85	20.6	140	7.0	188	7.7		E 95°28′48.7″ N 34°28′22.1″	93
					BC	10-25	灰棕色	轻壤土	块状	8.7	13.7	1.09	0.65	18.5	30	7.5	113	7.6			
					C	18—															
剖7	水成土	沼泽土	草甸沼泽土		As	0-17	黑棕色	中石质中轻壤土	粒状	8.2	60.7	2.79	0.62	17.8	203	5.1	238	28.6		E 96°34′35.4″ N 34°47′31.2″	94
					A₁G	17-38	黑灰色	轻壤土	块状	8.1	40.5	1.71	0.55	19.6	96	5.0	200	18.7			
					Gc	38-100	灰黄棕色	轻壤土	块状	8.2	11.0	0.60	0.51	21.1	34	4.5	150	9.8			
					4	100—															
剖8	高山土	草毡土	草毡土		A	0-10	暗棕色	砂壤土	粒状	6.9	175.4	9.39	0.67	19.8	672	5.1	213	5.2		E 96°00′48.6″ N 34°17′56.2″	100
					A₁c	10-18	棕褐色	轻壤土	粒状、块状	7.2	133.6	7.25	0.65	21.7	424	5.0	225	43.6			
					C	18—															
剖9	高山土	草毡土	棕草毡土		As	0-8	棕褐色	轻壤土	粒状	8.1	115.7	6.24	0.75	17.8	377	13.5	150	36.2	页岩残积物、坡积物	E 96°01′49.9″ N 33°59′19.1″	97
					A₁c	8-25	棕褐色	轻壤土	粒状	8.5	101.2	5.82	0.74	17.6	311	9.0	100	33.4			
					C	25—															

海西蒙古族藏族自治州

格尔木市

主要土类说明

寒钙土是格尔木市主要土壤类型，占本市地域面积的 56%。寒钙土是发生于青藏高原高寒半干旱区，具弱度腐殖质累积、底层积钙的土壤。该土壤有机质层厚 15cm，有机质含量为 10—30g/kg；碳酸钙含量为 50—120g/kg，上部低，下部高。土壤 pH 为 7.5—8.5。土体构型为 A-B-C。土壤呈强碱性，质地轻粗含砾多。

草甸盐土是格尔木市第二大土壤类型，占本市地域面积的 8%。草甸盐土发生于半湿润至半干旱地区，高矿化地下水经毛细管作用上升至地表，使其盐分累积大于 6g/kg，属盐土范畴。该土壤有盐化表土层，具 A-C 剖面构型。

灰棕漠土是格尔木市第三大土壤类型，占本市地域面积的 8%，分布在格尔木境内盆地倾斜平原海拔 3600m 以下地带。土体构型为 A-B-BC。有机质含量在 2g/kg 左右。成土母质为第四纪洪积物。

风沙土占格尔木市地域面积的 6%，是风沙地区风积沙性母质上发育的土壤。风沙土的分布没有地带性规律，有沙源存在就会有表土侵蚀、风沙堆积，堆积地带就会有风沙土形成和存在。土体构型为 A-C。

寒漠土占格尔木市地域面积的 6%。寒漠土发生于高原高寒干旱条件下，其表层见明显漠土化砾幂及漆皮，多砾石，易溶盐就地累积。土壤 pH 为 7.8—9.0。

沼泽土占格尔木市地域面积的 6%。沼泽土分布地区地势低洼，长期地表积水，喜湿植被生长。该土壤有机质累积及还原作用强烈，具有潜育层。土体的泥炭层或腐泥层厚度小于 50cm，剖面构型为泥炭状有机质层 - 潜育层。

漠境盐土占格尔木市地域面积的 4%。漠境盐土发生于荒漠地区，由于土壤水分遭受强烈蒸发，盐分表聚，甚少淋洗，大量盐分累积，可形成盐壳与盐磐，含盐量通常在 100g/kg 以上。

小于本市地域面积 5% 的土壤类型还有草毡土、棕钙土、草甸土、寒冻土、黑钙土等。

本区域中心区气候特征

本区域中心区气候特征值
Regional climate characteristics in central area of the region

气候带：中温带极干旱气候 Climate region: Mid temperate extremely arid climate	
年平均气温 /℃ Annual average temperature /℃	2.7
年平均最高气温 /℃ Annual average maximum temperature /℃	10.6
年平均最低气温 /℃ Annual average minimum temperature /℃	-4.4
年降水量 /mm Annual precipitation /mm	79
≥10℃的积温 /℃ Daily temperature accumulated in a year (≥10℃) /℃	1873
年日照时数 /h Annual sunshine /h	3136
年平均相对湿度 /% Annual average relative humidity /%	35
干燥度 Dryness	9.36

本区域中心区月平均气温与月平均降水量
Monthly temperature and precipitation in central area of the region

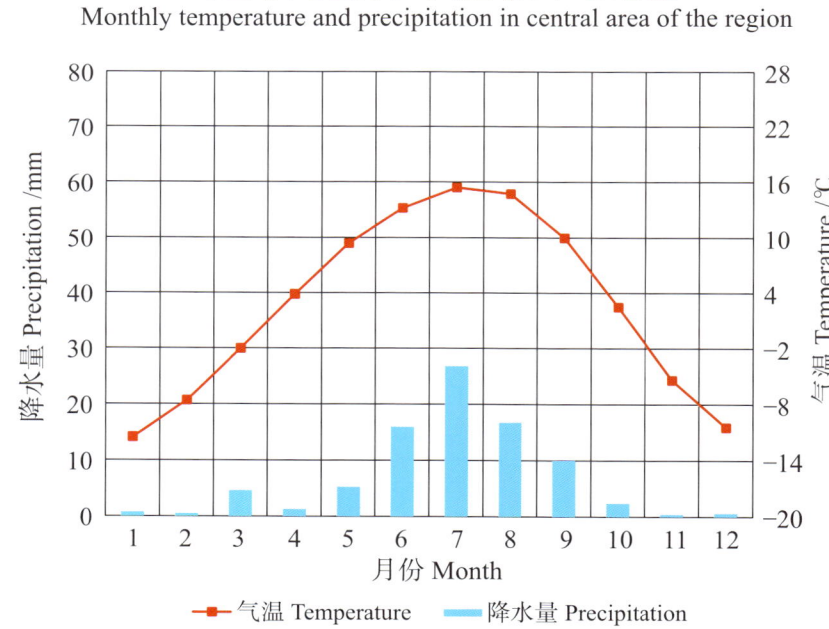

格尔木市主要土壤类型与土壤剖面点分布图

1:2 500 000

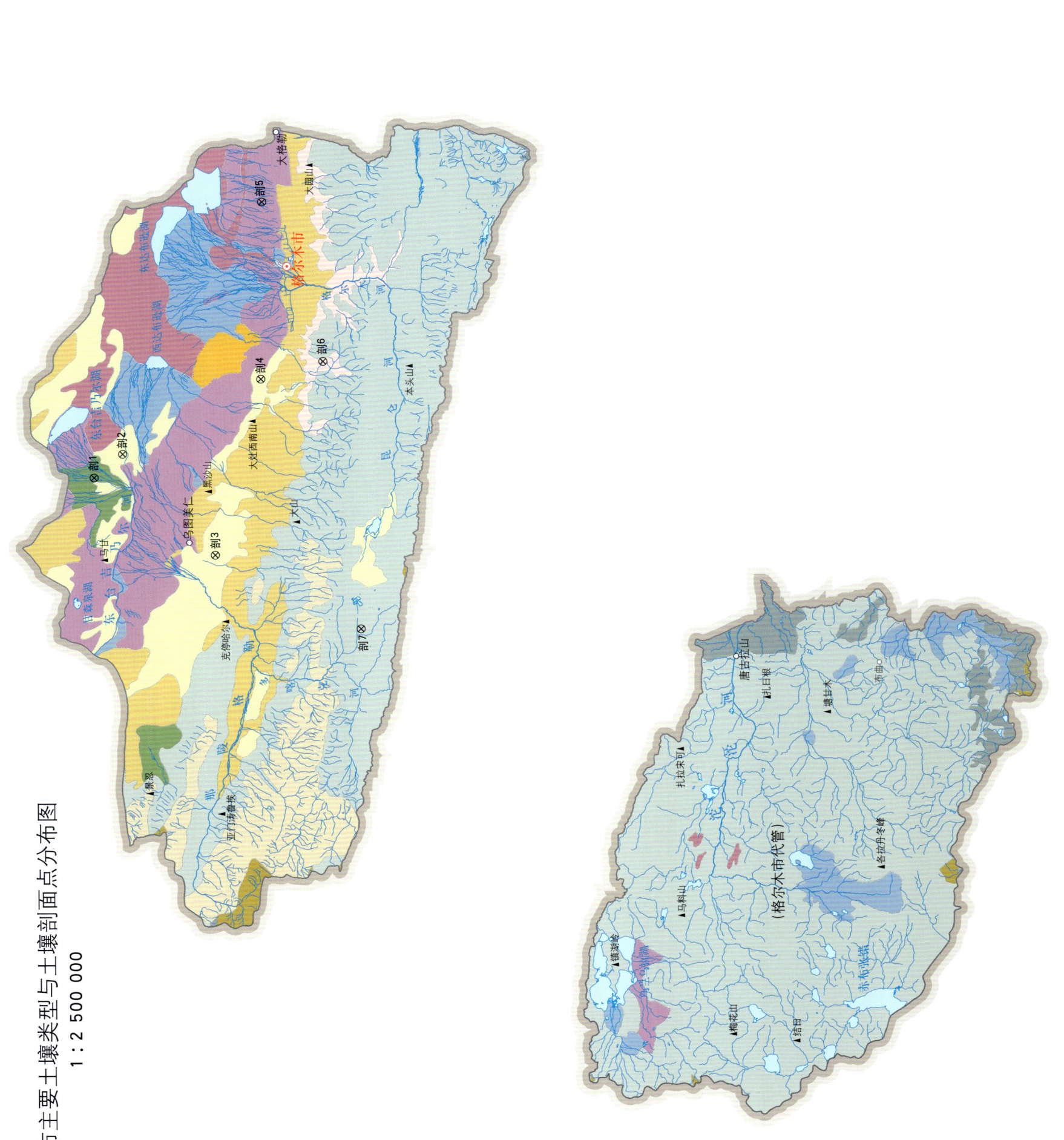

第二编 分县土壤图与土壤剖面数据 | 165

格尔木市土壤剖面理化性状表

剖面号	土纲	土类	亚类	土属	土种	土层码	土层厚度/cm	颜色	质地	土壤结构	pH	有机质OM/(g/kg)	全氮TN/(g/kg)	全磷TP/(g/kg)	全钾TK/(g/kg)	碱解氮AN/(mg/kg)	有效磷AP/(mg/kg)	速效钾AK/(mg/kg)	阳离子交换量CEC/(cmol/kg)	土壤母质	剖面点坐标	匹配指数/%
剖1	半水成土	草甸土	盐化草甸土			1	0—17	淡灰黄色	轻黏土	块状	8.6	8.4	0.59	0.53	31.4	43	4.0	271	1.8		E 93°34′13.4″ N 37°22′32.2″	100
						2	17—23	淡橙红色	轻黏土	棱块状	8.4	5.7	0.49	0.54	33.9	21	2.7	311	13.1			
						3	23—41	红橙色	中壤土	块状、片状	8.6	3.4	0.30	0.49	26.1	17	2.7	141	6.5			
						4	41—89	淡橙黄色	重壤土	片状	8.5	4.5	0.37	0.53	29.2	32	2.9	296	9.8			
						5	89—116	红橙色	黏土	片状												
						6	116—143	淡橙红色	砂土	片状、块状												
剖2	初育土	风沙土	荒漠风沙土	荒漠半固沙土	半固定荒沙土	A	0—17	淡黄色	壤质砂土	单粒状	8.9	1.6	0.15	0.38	25.3	8	2.0	260		风积物	E 93°43′17.0″ N 37°14′04.9″	89
						C_1	17—43	淡黄色	壤质砂土	单粒状	8.6	0.9	0.04	0.29	27.6			106				
						C_2	43—152	淡黄色	壤质砂土	单粒状	8.4	1.1	0.08	0.34	27.8			78				
剖3	初育土	风沙土	流动风沙土			1	0—75		松砂土	单粒状	9.2	1.3	0.06	0.26	15.9	5	0.5	75	2.5	风积物	E 93°04′34.7″ N 36°46′53.4″	95
剖4	初育土	风沙土	固定风沙土			1	0—38	淡黄色	砂壤土	层状	8.1	4.6	0.23	0.53	22.4	18	2.9	88	3.5	风积物	E 94°11′21.8″ N 36°32′53.2″	82
						2	38—95	灰黄色	松砂土		8.7	0.8	0.02	0.40	20.0	9	1.1	44	1.8			
						3	95—110	灰黄色	轻壤土	块状	8.7	6.2	0.32	0.56	24.6	19	1.6	202	6.5			
						4	110—136	灰黄色	紧砂土	单粒状	8.9	1.6	0.08	0.46	20.5	5	0.9	50	2.4			
剖5	盐碱土	草甸盐土	草甸盐土	硫酸盐甸盐土	底黏甸盐砂土	Az_1	0—6	黄棕色	砂壤土	单粒状	8.4	33.4	2.07	0.64	17.6	295	5.0	2511	7.0	河湖沉积物	E 95°18′27.0″ N 36°31′29.6″	97
						Az_2	6—13	灰黄色	砂壤土	块状	8.7	18.9	1.19	0.76	15.6	71	4.0	800	6.0			
						Cu_1	13—58	灰黄色	砂土	单粒状	9.0	1.5	0.13	0.51	15.2	16	1.0	145	3.2			
						Cu_2	58—82	灰黄色	粉砂质黏土	块状	8.2	8.7	0.59	0.75	21.8	27	1.0	351	8.8			
						Cu_3	82—121	油棕色	壤土	块状	8.4	8.5	0.44	0.64	15.9	19	2.0	258	7.0			
剖6	干旱土	棕钙土	棕钙土性土			1	0—13	淡灰黄色	紧砂土	单粒状	8.7		15.90	0.08	0.6		17.0	16	3.1		E 94°17′50.6″ N 36°14′26.9″	85
						2	13—42	淡黄色	中砾石土	块状、块状	8.4		21.90	0.03	0.5		7.0	11	3.1			
						3	42—72		多砾石土	单粒状	8.4		25.50	0.04	0.7		4.0	17	4.9			
						4	72—		砂土													
剖7	高山土	寒钙土	淡寒钙土			1	0—6	淡灰黄色	砂壤土	块状	8.1	6.5	0.46	0.69	25.3	27	5.8	260	4.5		E 92°36′39.6″ N 36°03′48.2″	71
						2	6—11	灰黄色	中壤土	粒状、块状	8.3	6.8	0.45	0.56	22.9	26	4.6	189	4.3			
						3	11—47	紫色	中壤土	单粒状	8.4	6.3	0.44	0.66	22.7	19	3.1	233	5.9			
						4	47—74		紧砂土	单粒、块状	9.0	2.8	0.13	0.39	20.6	7	0.8	113	3.1			
						5	74—		砾石土													

茫 崖 市

主要土类说明

灰棕漠土是茫崖市主要土壤类型，占本市地域面积的32%，是温带极端干旱生境下砾质化明显的土壤。土体构型为A-B-BC。地表见砾幂及褐色结皮，亦见干面包状结皮，石灰表聚，下见纤维状石膏聚积，亦见铁质黏化现象。土壤有机质含量少于5g/kg，且土层甚薄。铁铝结合的胡敏酸多于钙结合者，铁铝结合的富啡酸少于钙结合者是本土类的特征。

寒钙土是茫崖市第二大土壤类型，占本市地域面积的22%。寒钙土是发生于青藏高原高寒半干旱区，弱度腐殖质累积、底层积钙的土壤。该土壤有机质层厚15cm，有机质含量为10—30g/kg。碳酸钙含量50—120g/kg，上部低，下部高。土壤pH为7.5—8.5。土体构型为A-B-C，钙积层发育明显。成土母质为洪积物、冲积物、湖积物、冰水沉积物及残积物、坡积物等。剖面通体呈强碱性，质地轻粗含砾多，有强石灰反应。

风沙土是茫崖市第三大土壤类型，占本市地域面积的20%，主要分布于半干旱干旱漠境地区，是风沙移动堆积形成的多种形态的风沙沉积。由于成土时间短暂，该土壤无剖面发育。土体构型为C型、(A)-C型或A-C型，反映了风沙流动堆积与固定的不同阶段。

漠境盐土占茫崖市地域面积的9%，主要分布于荒漠地区。由于土壤水分遭受强烈蒸发，盐分表聚，甚少淋洗，大量盐分累积，可形成盐壳与盐磐，含盐量通常在100g/kg以上，甚至500g/kg以上。由于山洪带来的盐分在谷口外大量累积，从而有古积盐土体的残存。

寒漠土占茫崖市地域面积的7%，多分布于海拔4000m以上的青藏高原西北部。在高原高寒干旱条件下，表层见明显漠土化砾幂及结皮，多砾石，易溶盐就地累积。pH为7.8—9.0。

草甸盐土占茫崖市地域面积的7%，主要分布于半湿润至半干旱地区。高矿化地下水经毛细管作用上升至地表，盐分累积大于10g/kg以上时，属盐土范畴。土体构型为Az-C。其易溶盐组成中所含的氯化物与硫酸盐比例有差异。

小于本市地域面积3%的土壤类型还有草甸土、寒冻土、沼泽土、草毡土等。

本区域中心区气候特征

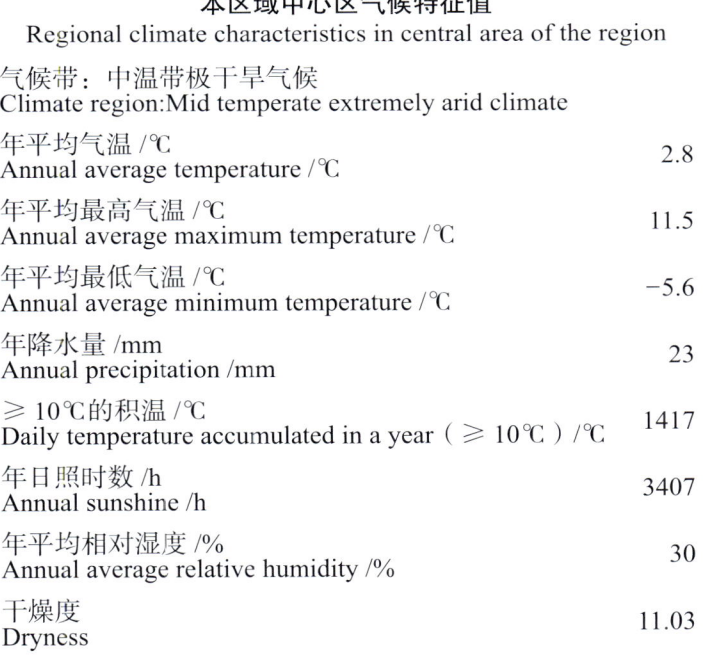

本区域中心区气候特征值
Regional climate characteristics in central area of the region

气候带：中温带极干旱气候 Climate region: Mid temperate extremely arid climate	
年平均气温 /℃ Annual average temperature /℃	2.8
年平均最高气温 /℃ Annual average maximum temperature /℃	11.5
年平均最低气温 /℃ Annual average minimum temperature /℃	-5.6
年降水量 /mm Annual precipitation /mm	23
≥10℃的积温 /℃ Daily temperature accumulated in a year (≥10℃) /℃	1417
年日照时数 /h Annual sunshine /h	3407
年平均相对湿度 /% Annual average relative humidity /%	30
干燥度 Dryness	11.03

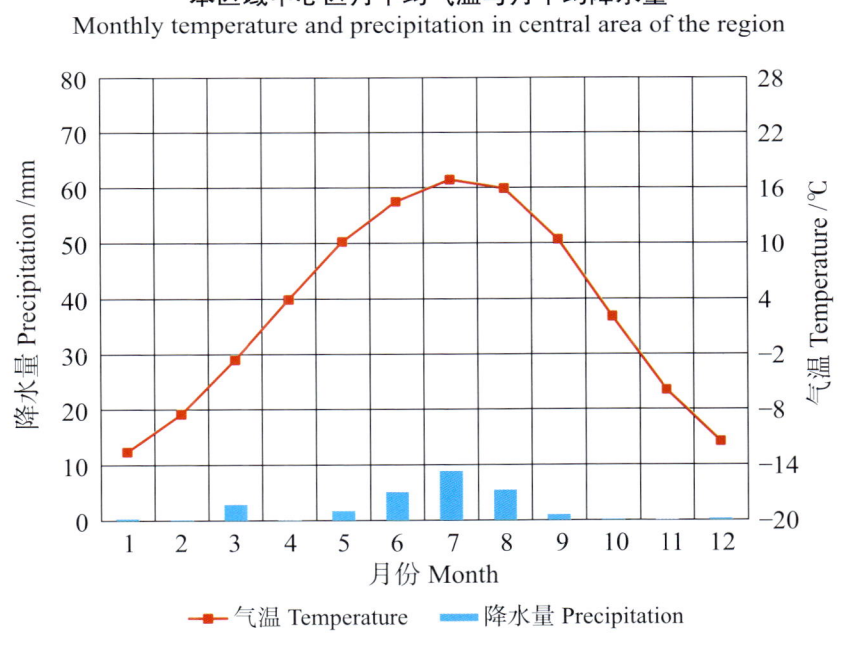

本区域中心区月平均气温与月平均降水量
Monthly temperature and precipitation in central area of the region

茫崖市 大柴旦行政委员会主要土壤类型与土壤剖面点分布图
1∶1 850 000

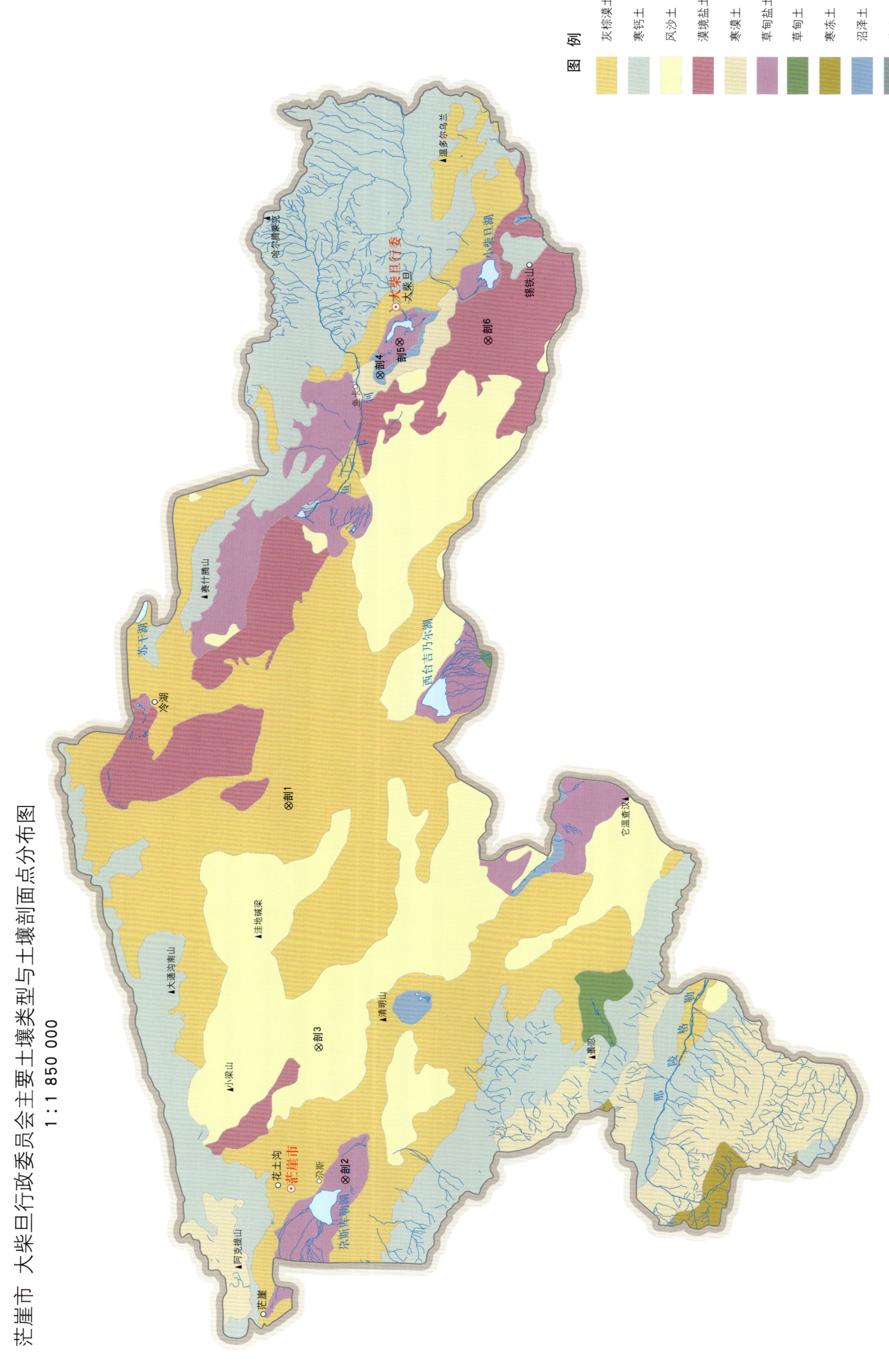

图 例
- 灰棕漠土
- 寒钙土
- 风沙土
- 漠境盐土
- 寒漠土
- 草甸盐土
- 草钙土
- 寒冻土
- 沼泽土
- 草毡土
- ⊗ 剖面点

注：国务院2018年2月批准，撤销茫崖行政委员会和冷湖行政委员会，设立茫崖市。1992年1月设立县级大柴旦行政委员会，为自治州直辖。

茫崖市土壤剖面理化性状表

剖面号 Soil profile	土纲 Soil order	土类 Soil great group	亚类 Soil subgroup	土属 Soil genus	土种 Soil species	土层码 Layer code	土层厚度 Depth/cm	颜色 Soil color	质地 Soil texture	土壤结构 Soil structure	pH	有机质 OM/(g/kg)	全氮 TN/(g/kg)	全磷 TP/(g/kg)	全钾 TK/(g/kg)	碱解氮 AN/(mg/kg)	有效磷 AP/(mg/kg)	速效钾 AK/(mg/kg)	阳离子交换量CEC/(cmol/kg)	土壤母质 Parent material	剖面点坐标 Profile coordinate	匹配指数 Matching index/%
剖1	漠土	灰棕漠土	石膏盐盘灰棕漠土	膏盘灰棕漠泥砂土	膏盘面包土	Ak	0—9	油棕色	砂质黏土	块状	8.0	4.0	0.31	0.41	22.3	19	5.0	76		洪积物	E 92°48′56.9″ N 38°17′21.1″	73
						By	9—25	油红棕色	砂土	单粒状、块状	8.1	2.4	0.16	0.18	17.6	15	3.6	144				
						Byz	25—31	棕灰色	砂土	大块状	7.3	1.5	0.10	0.09	8.4	8	2.1	45				
						Cy	31—53	油红棕色	砂土	块状	8.4	2.7	0.19	0.24	19.4	9	2.7	150				
剖2	盐碱土	草甸盐土	碱化盐土	氯化物碱盐土	碱盐砂土	J	0—3													冲积物	E 90°54′52.2″ N 38°02′41.3″	87
						Azn	3—9	黄棕色	砂壤土	碎块状	9.7	4.9	0.18	0.44	15.8	35	16.0	576	8.6			
						Cz	9—40	黄棕色	砂壤土	块状	10.3	1.5	0.10	0.38	15.6	8	16.0	129	7.5			
						C	40—68	黄棕色	黏壤土	块状												
剖3	初育土	风沙土	荒漠风沙土	荒漠流沙土	松漠沙土	C₁	0—25	淡黄色	砂土	单粒状	9.0	1.2	0.10	0.31	17.7	39	6.0	121	1.8	风积物	E 91°34′49.8″ N 38°09′38.5″	82
						C₂	25—70	黄棕色	砂土	单粒状	8.6	2.2	0.19	0.29	16.9	29	10.0	120	2.0			
剖4	水成土	沼泽土	腐泥沼泽土	腐泥土	腐泥土	M	0—16	黑色	黏壤土	腐泥状	8.3	92.1	4.06	0.78	15.7	131	16.0	476	17.3	湖积物	E 95°00′30.0″ N 37°55′17.5″	96
						G₁	16—37	青灰色	粉砂质黏壤土	块状	8.1	79.2	3.24	0.76	18.3	110	19.0	308	16.1			
						G₂	37—59	淡黄色	粉砂质黏壤土	块状	8.0	53.4	2.01	0.65	19.1	70	10.0	299	13.8			
						G₃	59—	青灰色	粉砂质黏土	块状	7.8	65.9	2.50	0.70	20.9	85	13.0	262	16.5			
剖5	盐碱土	草甸盐土	沼泽盐土	氯化物盐土	潜盐泥土	J	0—1	淡灰色												湖相沉积物	E 95°10′20.8″ N 37°50′38.3″	91
						Az	1—11	灰黄色	黏壤土	块状	8.4	36.1	1.81	0.63	12.9	53	9.0	718	11.7			
						Gz	11—58	灰色	黏壤土	块状	8.5	14.0	0.89	0.69	15.8	46	3.0	191	9.4			
						G₁	58—94	灰色	砂质黏壤土	糊块状	8.4	12.3	0.32	0.74	21.4	32	2.0	147	1.8			
						G₂	94—	蓝灰色	黏壤土	糊块状	8.0	5.3	0.50	0.70	22.7	43	2.0	167	12.4			
剖6	盐碱土	漠境盐土	残积盐土	氯化物残积盐土	结盘盐土	Az₁	0—9	油红棕色	砂壤土	块状	8.1	1.8	0.09	0.46	20.1	40	3.6	335	6.0	湖相沉积物、洪积物	E 95°10′17.0″ N 37°30′00.0″	70
						Az₂	9—25	油红棕色	砂土	单粒状	8.4	2.0	0.07	0.29	19.0	17	4.6	315	2.8			
						Czx	25—32	油红棕色	砂土	粒状	7.9	1.0	0.09	0.31	12.7	22	3.5	1931	1.8			
						Czy	32—66	棕灰色	砂土	单粒状	8.5	0.8	0.06	0.36	20.2	5	3.9	209	3.2			
						C	66—	砂土	砂土	单粒状	8.6	0.8	0.02	0.31	22.8	3	2.2	126	2.0			

乌 兰 县

主要土类说明

寒钙土是乌兰县主要土壤类型，占本县地域面积的 50%。寒钙土是发生于青藏高原高寒半干旱区，具弱度腐殖质累积、底层积钙的土壤。该土壤有机质层厚 15cm，有机质含量为 10—30g/kg；碳酸钙含量为 50—120g/kg，上部低，下部高。土体构型为 A–B–C，钙积层发育明显，成土母质为洪积物、冲积物、湖积物、冰水沉积物及残积物、坡积物等。土壤呈强碱性，质地轻粗含砾多，有强石灰反应。

棕钙土是乌兰县第二大土壤类型，占本县地域面积的 16%。棕钙土形成于微温干旱气候，是境内主要的耕灌土类型，它的分布规律和洪积扇有关，一般分布在洪积扇北部的冲积细土带。有机质含量为 3—25g/kg，土层厚度为 20—60cm，有粉点状白色钙质新生体，碳酸钙含量为 13%—24%，80cm 以下有石膏聚积，大部分伴有盐化。

漠境盐土是乌兰县第三大土壤类型，占本县地域面积的 16%。漠境盐土发生于荒漠地区，由于土壤水分遭受强烈蒸发，盐分表聚，甚少淋洗，大量盐分累积，可形成盐壳与盐磐，含盐量通常在 100g/kg 以上，甚至达 500g/kg 以上。也有由于山洪带来的盐分在谷口外大量累积，从而有古积盐土体的残存。

沼泽土占乌兰县地域面积的 6%，分布在境内湖沉带的湖洼滩地、扇缘溢水带河畔。该土壤具有水成土和半水成土的特点。土壤表层有腐泥质层和泥炭层，下部土壤颜色呈青灰色。有机质累积明显及还原作用强烈，形成潜育层。土体构型为泥炭状有机质层 – 潜育层。

灰棕漠土占乌兰县地域面积的 4%。灰棕漠土是温带极端干旱荒漠地区砾质化明显的土壤。该土壤地表见砾幂及褐色结皮，亦见干面包状结皮；石灰表聚，下见纤维状石膏聚积，亦见铁质黏化现象。有机质含量小于 5g/kg，且土层甚薄。铁铝结合的胡敏酸多于钙结合者，铁铝结合的富啡酸少于钙结合者是本土类特征。

寒冻土占乌兰县地域面积的 3%。寒冻土发生于高山冰雪带下缘，它的形成以寒冻物理风化为主，弱生物累积，土层薄，含石砾多，仅在岩屑中见少量细土物质堆积。土壤 pH 为 7.0—8.5。

小于本县地域面积 3% 的土壤类型还有风沙土、草毡土、草甸盐土、灰褐土、冷钙土、栗钙土等。

本区域中心区气候特征

本区域中心区气候特征值
Regional climate characteristics in central area of the region

气候带：高原亚寒带亚干旱气候 Climate region:Plateau sub frigid sub arid climate	
年平均气温 /℃ Annual average temperature /℃	3.2
年平均最高气温 /℃ Annual average maximum temperature /℃	10.3
年平均最低气温 /℃ Annual average minimum temperature /℃	−2.9
年降水量 /mm Annual precipitation /mm	160
≥ 10℃的积温 /℃ Daily temperature accumulated in a year（≥ 10℃）/℃	1471
年日照时数 /h Annual sunshine /h	3138
年平均相对湿度 /% Annual average relative humidity /%	40
干燥度 Dryness	3.41

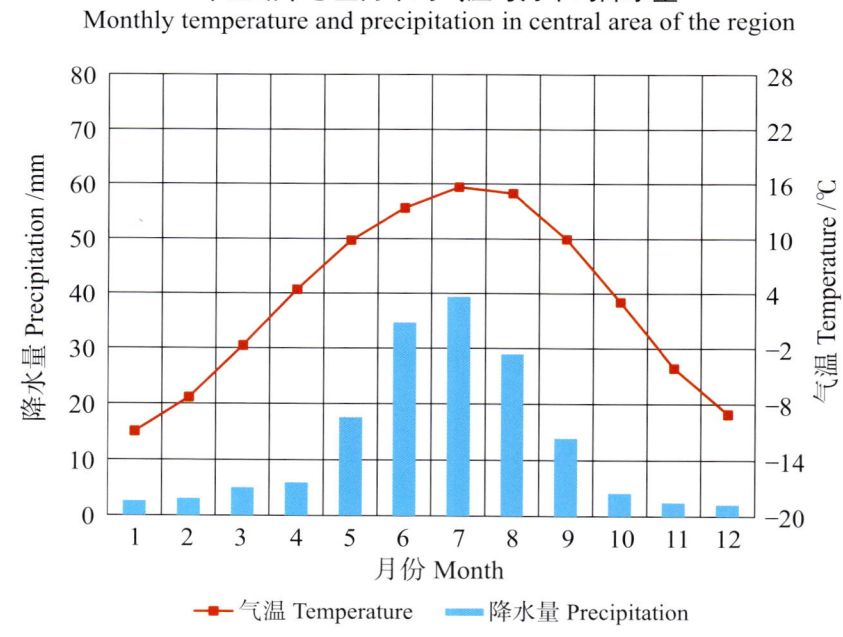

本区域中心区月平均气温与月平均降水量
Monthly temperature and precipitation in central area of the region

乌兰县主要土壤类型与土壤剖面点分布图

1：1 210 000

图 例

寒钙土　棕钙土　漠境盐土　沼泽土　灰棕漠土　寒冻土　风沙土　草毡土　草甸盐土　灰褐土　冷钙土　栗钙土　⊗ 剖面点

注：国务院1988年4月批准，设立德令哈市。

第二编　分县土壤图与土壤剖面数据 ｜ 171

乌兰县土壤剖面理化性状表

剖面号 Soil profile	土纲 Soil order	土类 Soil great group	亚类 Soil subgroup	土属 Soil genus	土种 Soil species	土层码 Layer code	土层厚度 Depth/cm	颜色 Soil color	质地 Soil texture	土壤结构 Soil structure	pH	有机质 OM/(g/kg)	全氮 TN/(g/kg)	全磷 TP/(g/kg)	全钾 TK/(g/kg)	碱解氮 AN/(mg/kg)	有效磷 AP/(mg/kg)	速效钾 AK/(mg/kg)	阳离子交换量CEC/(cmol/kg)	土壤母质 Parent material	剖面点坐标 Profile coordinate	匹配指数 Matching index/%
剖1	高山土	寒钙土	淡寒钙土	疏林灌淡寒钙土		1	0—14	棕黄色	砂壤土		9.3	14.1									E 97°01′55.9″ N 37°45′57.2″	98
						2	14—29	淡黄棕色	粉砂土							19	5.1					
						3	29—46	淡黄色	粉砂土			9.7										
						C	46—															
剖2	漠土	灰棕漠土	灰棕漠土			1	0—9	灰黄色	砂壤土	粒状	8.2	4.6	0.38	0.40		42	9.2	502			E 97°01′25.7″ N 37°20′22.9″	73
						2	9—14	红棕色	石砾砂质壤土	粒状	9.2	5.6	0.38	0.41		42	8.2	663				
						3	14—28	棕色	石砾土	粒状	8.7	5.2	0.38	0.41		54	6.9	324				
剖3	干旱土	棕钙土	棕钙土	耕灌棕钙土	板黄土	1	0—28	淡棕黄色	中壤土	块状	8.4	10.0				62	8.6	152			E 97°46′18.5″ N 37°21′52.2″	74
						2	28—52	淡黄棕色	重黏土	棱块状	8.5	8.7				44	3.9	112				
						3	52—69	黄棕色	中黏土	棱块状	8.6	5.4				17	3.2	102				
						4	69—115				8.6											
剖4	水成土	沼泽土	盐化沼泽土			1	0—18	暗棕色	砂壤土		8.1	225.8									E 97°09′38.9″ N 37°10′40.1″	78
						2	18—25	深灰黄色			8.1											
剖5	干旱土	棕钙土	棕钙土	耕灌棕钙土	粉黄土	1	0—22	淡灰黄色	中壤土	粒状	8.0	22.1	1.17	0.41		99	13.2	149			E 97°15′18.7″ N 37°12′57.6″	89
						2	22—37	淡黄棕色	中壤土	块状	8.2	18.4	1.79	0.37		29	4.6	128				
						3	37—97	黄棕色	重黏土	块状	8.3											
						4	97—115	灰黄色	轻壤土	层片状	8.6											
						5	115—135	淡黄色		层片状	8.5											
剖6	高山土	草毡土	棕毡土			1	0—40	暗棕色	黏壤土	粒状	8.6	65.9	2.88	2.24	19.0	461			1.8		E 97°43′14.2″ N 37°11′53.9″	76
						2	40—	灰棕色	黏壤土	粒状	8.0											
剖7	盐碱土	漠境盐土	残积盐土			1	0—18	淡黄色	轻黏土	块状	8.3	11.7	0.44	0.56	20.2	18	25.4	121	11.0		E 97°18′59.4″ N 36°58′29.3″	92
						2	18—33	黄棕色	轻黏土	块状	8.7	8.4	0.48	0.58	20.6	22	11.8	123	1.4			
						3	33—100	灰黄色	粉砂质壤土	块状	8.6		0.35	0.60								
						4	100—150	淡黄色	中壤土		8.8											
剖8	干旱土	棕钙土	淡棕钙土		浅灰黄土	A	0—6	灰白色	黏壤土	粒状	8.6	8.8				38	6.3	167			E 98°27′53.6″ N 36°52′43.3″	89
						Bk	6—20	浊黄棕色	黏壤土	块状	8.5	7.3				29	4.5	139				
						Ck	20—28	浊黄棕色	砂质黏壤土	块状	8.4	5.7				72	2.8	135				
						C	28—			单粒状												
剖9	水成土	沼泽土	泥炭沼泽土			He	0—40	暗棕色	砂土	无明显结构	7.0										E 97°16′31.9″ N 36°43′13.5″	89
						2	40—70	棕色	重黏土	无明显结构	7.0											
						3	70—100	蓝灰色	重黏土	块状	8.0											
						4	100—	蓝黑色	细砂土	块状	8.0											
剖10	初育土	风沙土	半固定风沙土			1	0—16	灰黄色	细砂土	散粒状	8.5	0.6								风积物	E 97°27′05.0″ N 36°40′56.6″	79
						2	16—	暗灰黄色	粗砂土	散粒状	8.5											
剖11	初育土	风沙土	固定风沙土			1	0—17	黄棕色	细砂土	单粒状	8.7	4.7								风积物	E 97°53′55.7″ N 36°45′06.8″	89
						2	17—	棕黄色	砂壤土	单粒状	8.5	4.9										
剖12	干旱土	棕钙土	盐化棕钙土	耕灌盐化棕钙土	中盐黄土	A_{11}	0—19	灰黄棕色	壤土	块状	8.2	16.1	1.60	0.48		54	24.7	105	7.0		E 98°09′43.9″ N 36°46′14.2″	95
						$A_{12}z$	19—45	灰黄棕色	砂壤土	块状	8.0	8.9	1.20	0.48		18	17.9	109	6.1			
						B/C	45—75	浊黄棕色	砂壤土	块状	8.0		0.70	0.44			15.9	129	8.0			
						C	75—145	浊黄棕色	砂壤土	块状	8.2								12.5			
剖13	干旱土	棕钙土	棕钙土			1	0—25	黄棕色	轻壤土	块状	8.5	21.0				109	9.3	170		洪冲积物	E 99°06′37.8″ N 36°49′52.0″	98
						2	25—48	淡黄棕色	中壤土	块状	8.0											
						3	48—81	棕黄棕色	中壤土	棱块状	8.5											

续表 Continued

剖面号 Soil profile	土纲 Soil order	土类 Soil great group	亚类 Soil subgroup	土属 Soil genus	土种 Soil species	土层码 Layer code	土层厚度 Depth/cm	颜色 Soil color	质地 Soil texture	土壤结构 Soil structure	pH	有机质 OM/(g/kg)	全氮 TN/(g/kg)	全磷 TP/(g/kg)	全钾 TK/(g/kg)	碱解氮 AN/(mg/kg)	有效磷 AP/(mg/kg)	速效钾 AK/(mg/kg)	阳离子交换量CEC/(cmol/kg)	土壤母质 Parent material	剖面点坐标 Profile coordinate	匹配指数 Matching index/%
剖14	干旱土	棕钙土	棕钙土	棕钙黄土	茶卡棕黄土	A	0—16	灰黄棕色	砂壤土	小块状	8.4	8.0	0.50	0.62	18.2	23	7.0	134		黄土状沉积物	E 98°15′16.6″ N 36°39′08.0″	71
						Bk	16—54	浊黄棕色	砂壤土	块状	8.4	4.0	0.27	0.54	18.5	17	4.0	139				
						Ck	54—94	浊黄橙色	砂壤土	块状	8.8	2.2	0.19	0.58	19.0	17	3.0	178				
剖15	干旱土	棕钙土	盐化棕钙土	硫酸盐氯化物棕钙泥砂土	咸棕土	Az	0—18	灰黄棕色	黏壤土	小块状	8.0	7.1	0.49	0.65	20.1	34	9.0	170		冲积物	E 98°58′44.8″ N 36°38′19.0″	75
						Bzk	8—18	浊黄棕色	黏壤土	块状	8.1	6.7	0.18	0.57	19.5	23	6.0	104				
						BzkC	18—38	浊黄橙色	黏壤土	块状	8.1	7.0	0.49	0.67	20.2	28	3.0	119				
						C	38—															
剖16	高山土	草毡土	石灰性草毡土			1	0—5	暗棕色	粉砂土	单粒状	9.1										E 98°59′02.0″ N 36°33′22.7″	82
						2	5—12	黄棕色	粉砂土	粒块状	9.1	53.0	2.99	0.28		158	9.8	459				
						3	12—23	淡黄棕色	粉砂土	粒块状	9.2	52.3	2.94	0.36		158	34.4					

都 兰 县

主要土类说明

寒钙土是都兰县主要土壤类型，占本县地域面积的50%。寒钙土是发生于青藏高原高寒半干旱区，弱度腐殖质累积、底层积钙的土壤。有机质层厚15cm，有机质含量为10—30g/kg。碳酸钙含量为50—120g/kg，上部低，下部高，土体构型为A-B-C，钙积层发育明显，成土母质有洪积物、冲积物、湖积物、冰水沉积物及残积物、坡积物等。土壤呈强碱性，质地轻粗含砾多，有强石灰反应。

漠境盐土是都兰县第二大土壤类型，占本县地域面积的13%，多分布于荒漠地区。由于土壤水分遭受强烈蒸发，盐分表聚，甚少淋洗，大量盐分累积，可形成盐壳与盐磐，含盐量在100g/kg以上，甚至在500g/kg以上。由于山洪带来的盐分在谷口外大量累积，从而有古积盐土体的残存。

沼泽土是都兰县第三大土壤类型，占本县地域面积的12%，分布于小柴旦、老巴隆、夏拉光三角地段，其他地方有零星分布。该土壤为水成土，地形低洼，地下水位高，喜湿植被生长。土体构型为泥炭状有机质层-潜育层。成土母质为洪积物、冲积物。植被为三棱草、薹草、芦苇、海韭菜等。

棕钙土占都兰县地域面积的8%，是境内主要地带性土壤。其分布面积大，在海拔3800m以下均有分布，以夏日哈、察汗乌苏、香日德一线为多，巴隆—大格勒的低山带亦有分布。棕钙土形成于凉温干旱、半荒漠生物气候条件下。成土母质以洪积物、坡积物、残积物为主。

草甸盐土占都兰县地域面积的6%。草甸盐土发生于半湿润至半干旱地区。高矿化地下水经毛细管作用上升至地表，使其盐分累积大于6g/kg时，属盐土范畴。该土壤有盐化表土层，具A-C剖面构型。其易溶盐组成中所含的氯化物与硫酸盐比例有差异。

灰棕漠土占都兰县地域面积的5%，主要分布于海拔3400m以下的脱土山以西大面积的山前洪积扇，包括砾质戈壁及土质戈壁、风蚀残丘及低山带，是境内西部的基带土壤，也是温带荒漠的地带性土壤。所分布地区为温凉干旱、极端干旱荒漠生物气候，植被稀疏单一。因风蚀作用强烈，地表广布砾幂，形成钙质、盐分表聚和干面包状的荒漠结皮。成土母质为砾质洪积物。

草毡土占都兰县地域面积的5%。草毡土是发生于高寒区（青藏高原）平缓高原面上，具强度生草腐殖质积累与弱度氧化还原特征的高山土壤。由于寒冻，蒿草根累积并弱度分解，该土壤呈草毡状。土体滞水，冻融交替，弱度氧化还原交替进行，造成该土壤氧化铁微弱游离。草毡土的剖面构型为As-A_1-（AB）BC-C（D）。成土母质为坡积物、残积物或冰碛物。

小于本县地域面积5%的土壤类型还有风沙土、灰褐土等。

本区域中心区气候特征

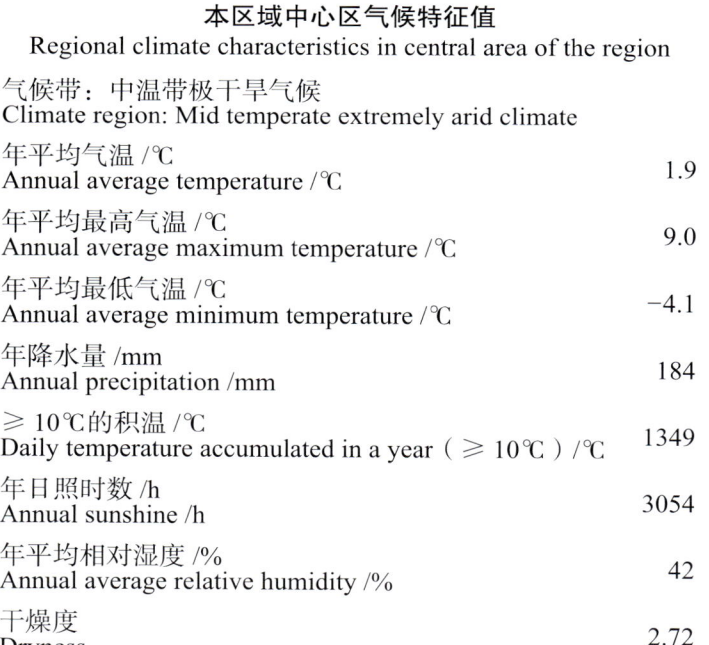

本区域中心区气候特征值
Regional climate characteristics in central area of the region

气候带：中温带极干旱气候 Climate region: Mid temperate extremely arid climate	
年平均气温 /℃ Annual average temperature /℃	1.9
年平均最高气温 /℃ Annual average maximum temperature /℃	9.0
年平均最低气温 /℃ Annual average minimum temperature /℃	-4.1
年降水量 /mm Annual precipitation /mm	184
≥10℃的积温 /℃ Daily temperature accumulated in a year（≥10℃）/℃	1349
年日照时数 /h Annual sunshine /h	3054
年平均相对湿度 /% Annual average relative humidity /%	42
干燥度 Dryness	2.72

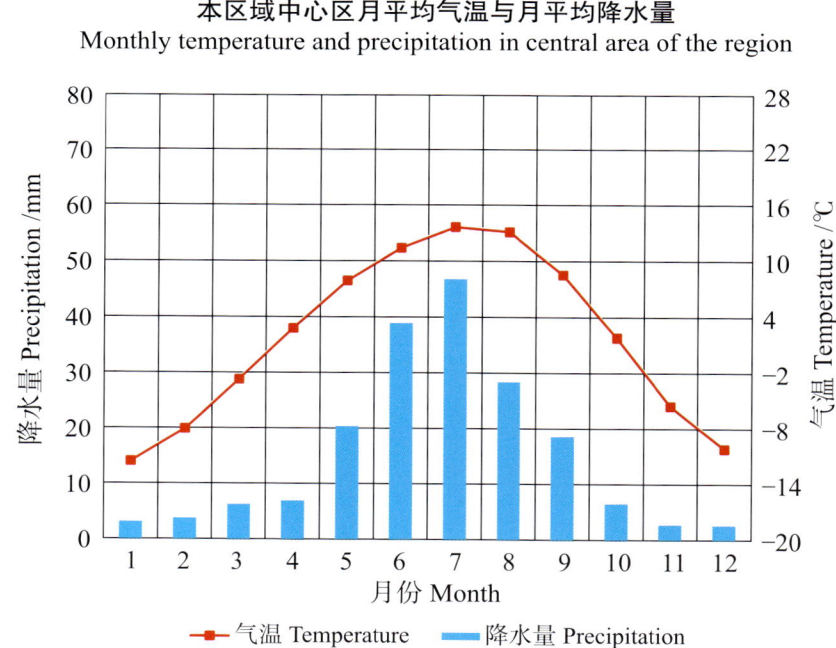

本区域中心区月平均气温与月平均降水量
Monthly temperature and precipitation in central area of the region

都兰县主要土壤类型与土壤剖面点分布图

1:1 210 000

图 例

- 寒钙土
- 漠境盐土
- 沼泽土
- 棕钙土
- 草甸盐土
- 灰棕漠土
- 草毡土
- 风沙土
- 灰褐土
- ⊗ 剖面点

第二编　分县土壤图与土壤剖面数据 | 175

都兰县土壤剖面理化性状表

剖面号 Soil profile	土纲 Soil order	土类 Soil great group	亚类 Soil subgroup	土属 Soil genus	土种 Soil species	土层码 Layer code	土层厚度 Depth/cm	颜色 Soil color	质地 Soil texture	土壤结构 Soil structure	pH	有机质 OM/(g/kg)	全氮 TN/(g/kg)	全磷 TP/(g/kg)	全钾 TK/(g/kg)	碱解氮 AN/(mg/kg)	有效磷 AP/(mg/kg)	速效钾 AK/(mg/kg)	阳离子交换量CEC/(cmol/kg)	土壤母质 Parent material	剖面点坐标 Profile coordinate	匹配指数 Matching index/%
剖1	初育土	风沙土	流动风沙土			1	0—74	灰黄色	松砂土	单粒状	9.1	1.8	0.07	0.28	15.1	9	3.0	45	1.4		E 95°21′23.8″ N 37°06′16.2″	98
剖2	高山土	寒钙土	淡寒钙土	淡寒钙壤土	砂质冷漠淡土	2	74—90	暗灰黄色	砂壤土	小块状	8.9	2.8	0.15	0.25	15.6	20	4.0	75	4.5	坡积物	E 96°05′35.2″ N 37°10′29.6″	87
						3	90—120	暗灰黄色	砂壤土	块状	8.7	2.4	0.12	0.31	15.9	19	3.0	80	4.8			
剖3	初育土	风沙土	荒漠风沙土	固定荒漠风沙土	漠境固沙土	A	0—5	浊棕色	砂壤土	小块状	8.4	10.3	0.86	0.33	15.4	31	2.0	133	9.8	风积物	E 98°00′35.3″ N 36°40′33.5″	80
						Bk	5—19	红棕色	砂壤土	块状	8.6	9.6	0.83	0.38	16.1	25	1.0	75	9.5			
						C	19—36	亮红棕色	砂质黏壤土	块状	8.9	5.0	0.38	0.38	14.9	6	1.0	63	6.2			
剖4	水成土	沼泽土	盐化沼泽土	盐潟土		A	0—27	灰黄色	砂土	单粒状	9.1	6.2	0.46	0.21	12.7	14	2.0	495	2.5	风积物	E 96°10′24.2″ N 36°34′59.5″	77
						Cb	27—65	浊棕色	砂土	单粒状,块状	8.7	11.5	0.85	0.21	12.7	41	2.0	380	7.4			
						C	65—															
剖5	水成土	沼泽土	草甸沼泽土			Aiz	0—12	棕色	砂壤土	块状	8.6	66.4	3.99	0.35	7.7	269	6.0	518	15.5	冲积物	E 96°42′56.9″ N 36°33′28.4″	74
						A	12—22	灰棕色	黏壤土	大块状	8.6	54.4	2.96	0.33	7.3	207	6.0	191	15.9			
						Ahu	22—35	浊红棕色	黏壤土	大块状	8.6	64.5	3.94	0.31	9.1	278	5.0	126	18.0			
						AG	35—	暗青灰色	黏壤土	大块状	8.4	52.0	2.60	0.34	13.1	239	3.0	116	16.4			
剖6	漠土	灰棕漠土	灰棕漠土			1	0—7	棕色	砂壤土	块状	8.1	31.9	1.12	0.60	15.4	129	14.0	252	7.3		E 96°10′18.1″ N 36°26′28.3″	85
						2	7—35	黑棕色	砂壤土	块状	8.4	31.9	1.15	0.65	16.2	92	34.0	76	2.0			
						3	35—	灰色	砂土	单粒状												
剖7	初育土	风沙土	半固定风沙土	耕灌灰棕漠土	薄层轻壤土	1	0—32	淡灰黄色	轻壤土	小团块状	8.7	9.2	0.42	0.45	17.7	40	7.0	106	5.8	风积物	E 96°37′17.4″ N 36°22′37.6″	95
						2	32—47	淡黄棕色	轻壤土	块状	8.6	8.8	0.48	0.49	17.6	47	3.0	121	4.8			
						3	47—130	浊红棕色	砂壤土	单粒状	8.8	3.2	0.17	0.41	16.8	13	2.0	63	3.6			
剖8	干旱土	棕钙土	棕钙土	耕灌棕钙土	薄层轻壤土	1	0—10	灰青灰色	砾石土	单粒状	7.8	6.3	0.24	0.47	17.9	92	4.0	386			E 98°02′31.6″ N 36°22′04.1″	98
						2	10—26	淡棕色	紫砂壤土	粒状,片状	7.9	3.3	0.13	0.51	18.1	59	5.0	195	5.8			
						3	26—70	红棕色	紫砂壤土	片状	7.5	6.4	0.30	0.47	18.5	55	3.0	227	6.1			
						4	70—												2.0			
剖9	干旱土	棕钙土	棕钙土	耕灌棕钙土	中层中壤土	1	0—20	紫棕色	中壤土	团粒,小块状	8.5	11.4	0.66	0.57	15.4	37	9.0	114	5.8		E 98°30′30.2″ N 36°23′23.3″	73
						2	20—33	紫棕色	轻壤土	块状	8.7	5.2	0.45	0.41	18.0	15	1.0	162	6.1			
						3	33—	灰黄色	砾石土	单粒状	8.6	7.6	0.50	0.61	17.3	8	2.0	80	2.0			
剖10	漠土	灰棕漠土	盐化棕钙土	碳酸盐化棕钙土	咸黄土	1	0—23	淡黄棕色	中壤土	块状	8.6	7.1	0.43	0.80	19.5	47	4.0	176	7.2		E 96°13′04.1″ N 36°19′33.2″	97
						2	23—56	灰黄棕色	重壤土	块状	8.5	7.3	0.37	0.77	19.3	58	3.0	152	6.2			
						3	56—															
剖11	干旱土	棕钙土	盐化棕钙土	碱酸盐化泥砂土		$A_{11,z}$	0—8	紫棕色	紧砂土	结块状	8.2	3.1	0.17	0.43	15.9	37	8.0	125	2.7	冲积物	E 98°05′28.7″ N 36°15′59.8″	77
						Bk	8—24	红棕色	紧砂壤土	单粒状	8.3	2.9	0.17	0.25	18.3	34	2.0	141	4.5			
						Bzk	24—65	淡棕色	壤土	单粒状												
						C	95—	灰棕色	黏壤土	块状	8.2	7.2	0.46	0.82	19.7	51	41.0	166				
剖12	初育土	风沙土	固定风沙土			1	0—27	暗黄棕色	黏壤土	块状	8.2	8.8	0.59	0.71	20.2	37	3.0	159	2.5	风积物	E 97°16′57.4″ N 36°10′46.2″	95
						2	27—65	灰黄色	黏壤土	块状	8.1	6.4	0.43	0.67	20.7	40	4.0	167	7.4			
剖13	干旱土	棕钙土	盐化棕钙土	耕灌盐化棕钙土	厚层重壤土	1	0—0.5	灰黄色	松砂壤土	块状	9.1	6.2	0.46	0.21	12.7	14	2.0	495	5.4		E 98°25′34.0″ N 36°14′28.0″	74
						2	0.5—32	淡黄棕色	砂壤土	块状	8.7	11.5	0.85	0.21	12.7	41	2.0	38	5.5			
						3	32—80	灰黄色	重壤土	块状	8.2	8.3	0.53	0.86	18.3	50	5.0	227	5.6			
						4	80—105	淡黄棕色	重壤土	块状	8.0	5.7	0.40	0.75	18.8	28	2.0	197				

续表 Continued

剖面号 Soil profile	土纲 Soil order	土类 Soil great group	亚类 Soil subgroup	土属 Soil genus	土种 Soil species	土层码 Layer code	土层厚度 Depth/cm	颜色 Soil color	质地 Soil texture	土壤结构 Soil structure	pH	有机质 OM/(g/kg)	全氮 TN/(g/kg)	全磷 TP/(g/kg)	全钾 TK/(g/kg)	碱解氮 AN/(mg/kg)	有效磷 AP/(mg/kg)	速效钾 AK/(mg/kg)	阳离子交换量CEC/(cmol/kg)	土壤母质 Parent material	剖面点坐标 Profile coordinate	匹配指数 Matching index/%
剖14	高山土	寒钙土	淡寒钙土			1	0—5	淡棕色	轻壤土	小块状	8.4	10.3	0.86	0.33	15.4	31	2.0	113	9.9		E 96°23′38.8″ N 36°07′16.0″	74
						2	5—19	红棕色	轻壤土	块状	8.6	9.6	0.83	0.38	16.1	25	1.0	75	9.5			
						3	19—36	淡红棕色	砂壤土	块状	8.9	5.0	0.38	0.38	14.9	6	1.0	63	6.2			
剖15	干旱土	棕钙土	棕钙土	耕灌棕钙土	薄层砂壤土	1	0—15	淡紫色	砂壤土	块状	9.1	10.5	0.66	0.43	16.1	34	8.0	86	5.8		E 97°01′10.9″ N 36°07′52.7″	73
						2	15—32	淡紫色	砂壤土	小块状	9.0	11.5	0.76	0.48	14.5	38	3.0	81	5.0			
						3	32—45	紫色	中壤土		8.7	11.8	0.79	0.59	15.6	40	2.0	90	7.2			
						4	45—			单粒状												
剖16	干旱土	棕钙土	盐化棕钙土	耕灌盐化棕钙土	厚层中壤土	1	0—22	灰黄色	中壤土	块状	7.9	15.0	0.79	0.66	18.0	69	8.0	379	11.8		E 97°49′22.4″ N 36°02′16.8″	75
						2	22—73	淡灰黄色	中壤土	块状	8.2	10.6	0.57	0.66	19.2	39	2.0	192	11.5			
						3	73—106	淡黄色	砂壤土	大块状	8.1	5.8	0.25	0.59	18.4	23	2.0	116	1.6			
						4	106—150															
剖17	高山土	草毡土	棕草毡土			1	0—9	暗棕色	砂壤土	团粒状	8.5	70.0	4.00	0.61	18.3	288	4.0	182	21.2		E 99°01′55.9″ N 35°58′01.9″	71
						2	9—26	暗棕色	轻壤土	团粒状	8.6	49.8	3.22	0.55	18.3	58	2.0	116	18.1			
						3	26—45	黄棕色	中壤土	团块状	8.8	34.8	2.23	0.50	18.3	108	1.0	117	12.8			
剖18	高山土	寒钙土	寒钙土			1	0—15	紫棕色	紧砂土	粒块状	8.8	7.1	0.50	0.33	13.4	30	1.0	100	5.5		E 96°55′52.3″ N 35°38′03.1″	73
						2	15—30	紫棕色	砂壤土	块状	9.0	7.2	0.54	0.33	13.5	21	1.0	100	6.2			
						3	30—80	淡棕色	紧砂土	单粒状	9.4	4.0	0.23	0.37	13.3	95	1.0	63	4.2			
剖19	高山土	草毡土	石灰性草毡土			1	0—7	棕色	砂壤土	粒状	8.0	51.8	2.84	0.54	18.8	247	5.0	265	26.9		E 98°29′32.6″ N 35°34′07.3″	77
						2	7—18	黄棕色	砂壤土	小团块状	8.3	47.7	2.77	0.41	17.6	58	4.0	151	24.7			
						3	18—36	黄棕色	重壤土		8.8	19.1	1.32	0.37	16.9	75	2.0	137	1.7			
						4	36—	黄棕色	砂壤土	小块状												

天 峻 县

主要土类说明

草毡土是天峻县主要土壤类型，占本县地域面积的39%。草毡土是发生于高寒区（青藏高原）平缓高原面上，具强度生草腐殖质积累与弱度氧化还原特征的高山土壤。由于寒冻，蒿草根累积并弱度分解，该土壤呈草毡状。土体滞水，冻融交替，弱度氧化还原交替进行，造成该土壤氧化铁微弱游离。土体构型为 As–A_1–（AB）BC–C（D），剖面厚度为 50—80cm。成土母质为坡积物、残积物或冰碛物。

寒钙土是天峻县第二大土壤类型，占本县地域面积的32%。寒钙土是发生于青藏高原高寒半干旱区，具弱度腐殖质累积、底层积钙的土壤。该土壤有机质层厚15cm，有机质含量为10—30g/kg；碳酸钙含量为50—120g/kg，上部低，下部高。土壤pH为7.5—8.5。土体构型为A–B–C，钙积层发育明显。成土母质为洪积物、冲积物、湖积物、冰水沉积物及残积物、坡积物等。土壤呈强碱性，质地轻粗含砾多，有强石灰反应。

沼泽土是天峻县第三大土壤类型，占本县地域面积的16%，分布在木里山、三河源地带。沼泽土是隐域性土壤，是由于高寒冰冻阻滞作用、排水不畅，在高寒沼泽植被和草甸沼泽植被下形成的一类土壤。土体构型为 As–（A）–Bg（锈斑层）–G（潜育层）– 永冻层，表层泥炭化或腐殖质化，下部形成蓝灰色的潜育层，部分剖面底土为冻土。草本植物覆盖度高。

栗钙土占天峻县地域面积的4%，分布于海拔3300—3500m的布哈河中游以北的山前丘陵冲积阶地、察汉诺以北山间谷地以及生格乡野马滩等地区。土体构型为 Ah–Bk–Ck。表层为栗色腐殖质层，呈粒状结构，质地均一。有机质层厚度为20—40cm，土体富含碳酸钙，钙积层出现深度30cm以下。成土母质为第四纪冲积物、洪积物。布哈河以北为草甸化植被，优势种为紫花针茅、细叶薹；察汉诺二郎洞之间谷地以及生格野马滩等地为干草植被，优势种为芨芨草、赖草和扁穗冰草。

小于本县地域面积3%的土壤类型还有草甸土、风沙土、棕钙土、寒冻土、漠境盐土、冷钙土等。

本区域中心区气候特征

本区域中心区气候特征值
Regional climate characteristics in central area of the region

气候带：高原亚寒带亚干旱气候 Climate region: Plateau sub frigid sub arid climate	
年平均气温 /℃ Annual average temperature /℃	3.4
年平均最高气温 /℃ Annual average maximum temperature /℃	10.6
年平均最低气温 /℃ Annual average minimum temperature /℃	−2.8
年降水量 /mm Annual precipitation /mm	190
≥10℃的积温 /℃ Daily temperature accumulated in a year (≥10℃) /℃	1591
年日照时数 /h Annual sunshine /h	3105
年平均相对湿度 /% Annual average relative humidity /%	45
干燥度 Dryness	3.10

本区域中心区月平均气温与月平均降水量
Monthly temperature and precipitation in central area of the region

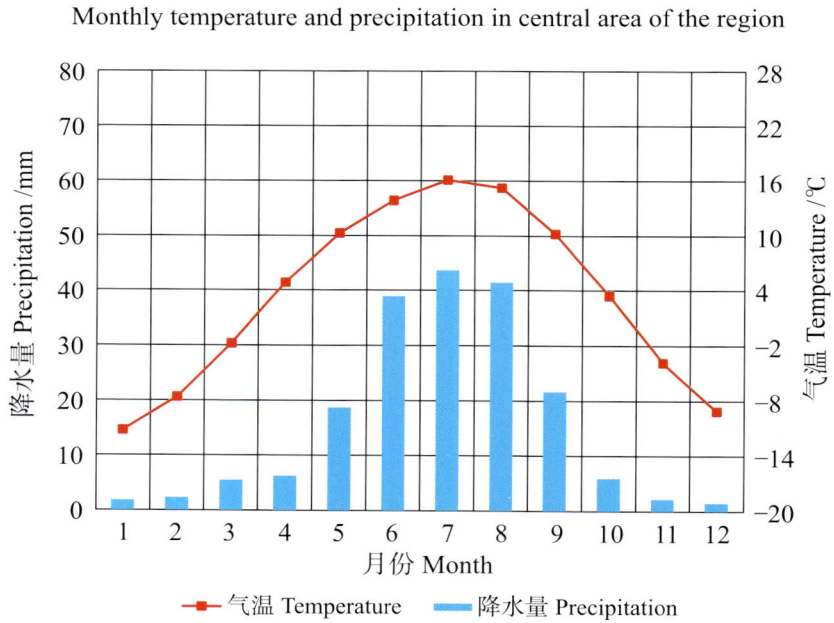

天峻县主要土壤类型与土壤剖面点分布图
1∶1 060 000

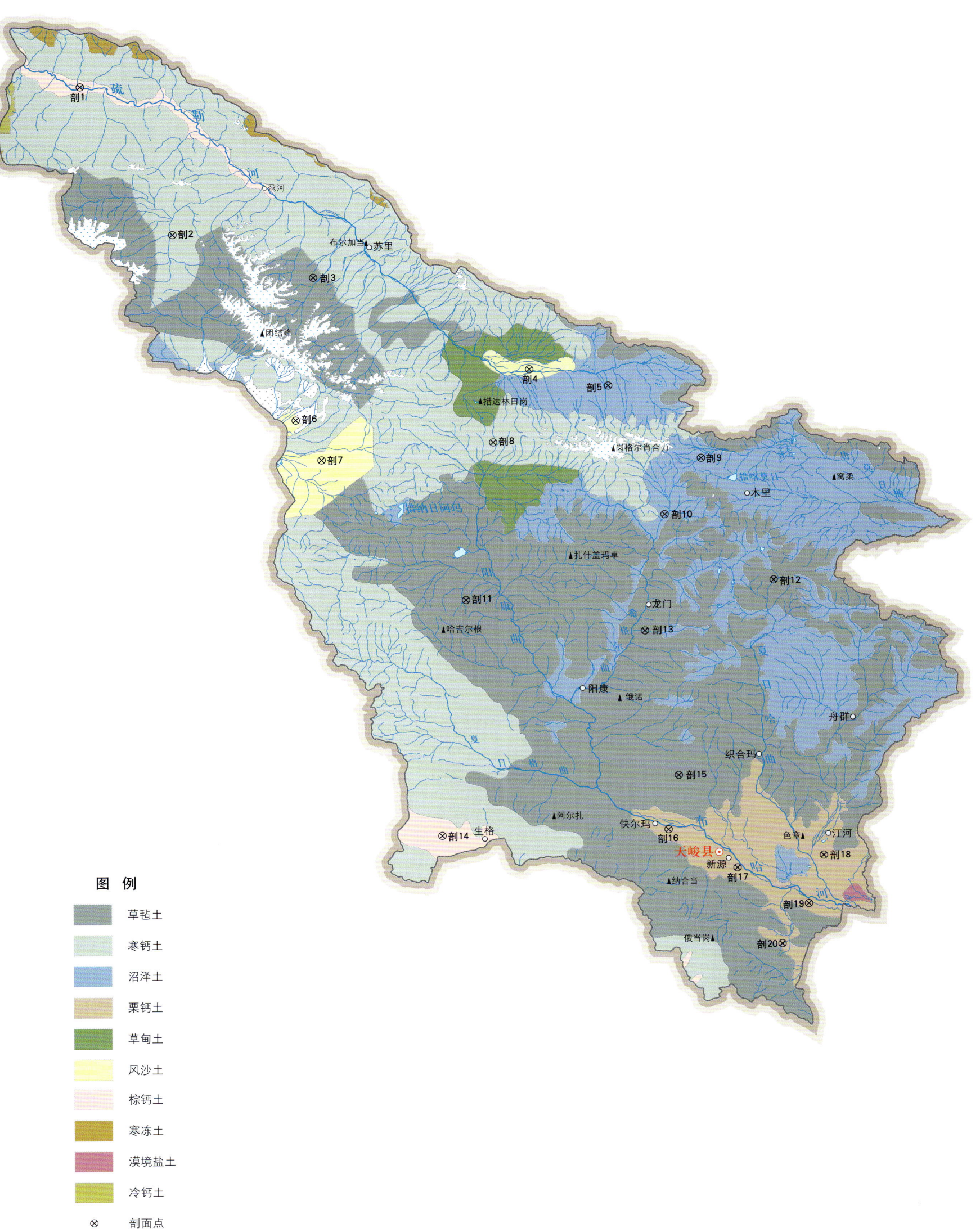

天峻县土壤剖面理化性状表

剖面号 Soil profile	土纲 Soil order	亚类 Soil subgroup	土属 Soil genus	土种 Soil species	土层码 Layer code	土层厚度 Depth/cm	颜色 Soil color	质地 Soil texture	土壤结构 Soil structure	pH	有机质 OM/(g/kg)	全氮 TN/(g/kg)	全磷 TP/(g/kg)	全钾 TK/(g/kg)	碱解氮 AN/(mg/kg)	有效磷 AP/(mg/kg)	速效钾 AK/(mg/kg)	阳离子交换量CEC/(cmol/kg)	土壤母质 Parent material	剖面点坐标 Profile coordinate	匹配指数 Matching index,%
剖1	干旱土	棕钙土	淡棕钙土		1	0—7	黄棕色	轻壤土	粒状	8.1	8.3	0.51	0.38	15.4	15	12.7	144	8.8		E 97°10′57.4″ N 39°03′53.6″	92
					2	7—18	暗棕色	多砾轻壤土	单粒状	7.9	8.5	0.55	0.24	15.0	13	2.4	171	6.7			
					3	18—30	暗棕色	砂壤土	块状												
剖2	高山土	淡寒钙土	石质淡寒钙土		1	0—12	灰黄色	轻壤土	粒状	8.5	15.9	1.00	0.63	16.7	29	21.3	143	7.0		E 97°27′17.6″ N 38°43′32.5″	97
					2	12—21	棕黄色	轻壤土	粒状	8.5	12.9	0.84	0.60	17.0	32	5.3	103	8.4			
剖3	高山土	草毡土	石灰性草毡土	蚀余黑土	1	0—15	淡灰褐色	中壤土	粒状	8.6	38.5	1.99	0.73	18.6	115	4.1	62	32.6		E 97°51′35.3″ N 38°37′49.8″	97
					2	15—40	黄灰色	中壤土	棱块状	8.2	6.2	0.49	0.52	15.4	14	3.0	80	16.8			
					3	40—97	黄灰色	中壤土	块状	8.1	3.2	0.20	0.47	17.8	7	1.6	74	12.7			
剖4	初育土	风沙土	半固定风沙土		1	0—12	灰棕色	松砂土	单粒状										风积物	E 98°28′45.8″ N 38°25′23.2″	74
					2	12—57	暗棕色	松砂土	单粒状												
剖5	水成土	沼泽土	泥炭沼泽土		He₁	0—12	黑棕色	中壤土	苞状	7.1	192.1	7.89	0.56	16.6	252	16.2	107	33.2		E 98°42′16.9″ N 38°23′07.4″	76
					He₂	12—22	暗棕色		苞状												
					3	22—39	暗棕色		苞状												
剖6	初育土	风沙土	流动风沙土		1		淡灰黄色	松砂土	单粒状	8.3	2.5	0.16	0.3		9	6.4	91		风积物	E 97°48′49.0″ N 38°17′58.6″	70
剖7	初育土	风沙土	固定风沙土		1	0—14	灰棕色	紧砂土	单粒状	8.5	20.4	1.18	0.24	19.3	38	3.0	154		风积物	E 97°53′19.7″ N 38°12′26.3″	72
					2	14—40	黄棕色	紧砂土	单粒状												
剖8	高山土	暗寒钙土		壤质冷钙淡土	A	0—13	灰棕色	壤土	团粒状	8.3	52.6	3.20	0.89	19.3	131	5.0	256	16.8	坡积物	E 98°22′39.4″ N 38°15′07.6″	90
					ABk	13—35	浊黄棕色	粉砂质黏壤土	团块状	8.5	36.7	2.45	0.76	18.6	83	2.0	129	15.9			
					Bk	35—98	浊黄棕色	粉砂质黏壤土	小块状	9.1	22.7	1.52	0.71	19.2	43	1.0	109	13.3			
					Ck	98—	浊黄橙色	黏壤土	块状	8.9	10.9	0.70	0.70	18.8	30	2.0	100	9.3			
剖9	水成土	沼泽土			1	0—14	黑棕色	轻壤土	无明显结构	6.3	218.0	8.77	0.79	16.7	330	15.7	162	36.2		E 98°58′11.6″ N 38°13′02.3″	88
					2	14—23	暗棕色	中壤土	块状	6.1	177.2	9.07	0.59	16.9	290	10.7	84	32.8			
					3	23—64	灰棕色	中壤土	粒状	6.2	126.1	6.97	0.52	19.3	152	9.6	59	25.6			
剖10	水成土	沼泽土	潦洼土	薄层积炭土	As	0—22	暗蓝棕色	黏壤土	片状	7.9	47.2	2.83	0.54	21.0	98	3.0	74	26.7		E 98°51′54.7″ N 38°05′07.4″	99
					He	22—37	暗蓝灰色	黏壤土	无明显结构	8.1	34.1	2.11	0.58	16.5	58	6.0	58	17.8			
					G₁	37—47	灰色														
					G₂	47—82															
剖11	高山土	石灰性草毡土	石灰性草毡土		1	0—18	暗棕色	轻壤土	粒状	7.6	84.5	5.28	0.53	17.0	254	19.7	151	27.3		E 98°18′08.3″ N 37°53′06.4″	82
					2	18—62	暗黄棕色	砂壤土	块状	8.2	23.9	1.31	0.52	15.5	44	5.9	68	9.6			
					3	62—84	黄棕色	砂壤土	块状	8.4	5.9	0.26	0.28	17.8	27	1.3	65	9.8			
剖12	高山土	原始草毡土			1	0—24	红棕色	中壤土	块状	8.1	25.5	1.10	0.39	15.8	28	3.0	66	11.4		E 99°10′28.7″ N 37°56′00.1″	97
剖13	高山土	草毡土			1	0—12	暗棕色	轻壤土	块状	6.3	223.8	16.00	0.96	15.3	668	21.5	178	37.1		E 98°48′34.2″ N 37°48′57.2″	81
					2	12—23	暗棕色	轻壤土	块状	6.1	142.4	6.80	0.92	17.7	332	13.4	95	31.8			
					3	23—44	灰棕色	中壤土	棱片状	6.0	90.6	5.80	0.70	19.4	319	9.6	46	26.2			
					4	44—70	淡黄棕色	中壤土	块状	6.2	60.4	2.70	0.52	19.4	60	11.7	67	26.2			
剖14	干旱土	棕钙土			1	0—8	黄黄色	轻壤土	块状	8.5	10.3	0.54	0.59	15.2	28	2.6	175	5.6		E 98°14′15.4″ N 37°20′05.3″	97
					2	8—22	淡黄棕色	砂壤土	粒状	8.7	20.5	1.37	0.38	12.9	46	9.6	102	1.7			
剖15	高山土	石灰性草毡土	侵蚀石灰性草毡土		1	0—14	灰黄棕色	砂壤土	粒状块状	8.8	40.4	2.39	0.61	12.7	22	3.6	78	22.4	冰碛物	E 98°54′13.3″ N 37°28′37.6″	87
					2	14—63	黄黄棕色	砂壤土	块状	8.4	12.3	0.68	0.41	12.2	28	2.2	51	1.8			
剖16	钙层土	暗栗钙土	砂质暗栗钙土	中层砂质暗栗钙土	1	0—14	暗黄棕色	中壤土	粒状块状	8.9	40.8	1.80	0.55	16.8	120	8.6	84	18.8		E 98°52′27.7″ N 37°21′06.1″	87
					2	14—23	浊棕褐色	轻壤土	块状	9.1	13.6	0.87	0.52	15.4	47	4.8	33	19.4			
					3	23—45	淡黄棕色	重壤土	块状	9.2	25.6	1.65	0.55	17.5	55	3.1	37	18.2			

续表 Continued

剖面号 Soil profile	土纲 Soil order	亚类 Soil subgroup	土属 Soil genus	土种 Soil species	土层码 Layer code	土层厚度 Depth/cm	颜色 Soil color	质地 Soil texture	土壤结构 Soil structure	pH	有机质 OM/(g/kg)	全氮 TN/(g/kg)	全磷 TP/(g/kg)	全钾 TK/(g/kg)	碱解氮 AN/(mg/kg)	有效磷 AP/(mg/kg)	速效钾 AK/(mg/kg)	阳离子交换量CEC/(cmol/kg)	土壤母质 Parent material	剖面点坐标 Profile coordinate	匹配指数 Matching index/%
剖17	钙层土	暗栗钙土	耕灌暗栗钙土	厚层耕灌暗栗钙土	1	0—13	黄棕色	中壤土	块状	8.4	55.3	3.06	0.69		133	10.0	111	17.0		E 99°04′04.1″ N 37°15′41.8″	84
					2	13—31	淡栗色	重壤土	粒状	8.7	25.6	1.23	0.58		41	3.5	110	19.2			
					3	31—114	暗栗色	重壤土	粒状	8.3	23.3	1.12	0.48		31	47.0	40	2.9			
剖18	钙层土	栗钙土	耕灌栗钙土		1	0—13	暗灰黄色	轻壤土	粒块状	8.0	15.5	1.00	0.54	15.4	59	6.2	174	11.2		E 99°18′39.2″ N 37°17′25.1″	80
					2	13—33	灰黄色	中壤土	块状	8.0	25.5	1.35	0.52	17.0	79	5.0	134	11.8			
					3	33—40	灰白色	松砂土	单粒状	8.5	3.8	0.24	0.36	13.4	101	4.3	42	9.3			
					4	40—150	棕灰色	中壤土	片状	7.9		1.48	0.54	18.6	39	4.4	114	16.8			
剖19	钙层土	暗栗钙土	砂质暗栗钙土	薄层砂质暗栗钙土	1	0—6	淡棕褐色	砂壤土	粒块状	8.1	45.9	2.76	0.65	15.9	94	3.0	116	28.0		E 99°16′03.7″ N 37°10′36.9″	79
					2	6—22	淡黄棕色	轻壤土	块状	8.8	19.8	1.41	0.67	14.4	56	1.7	75	19.7			
剖20	钙层土	暗栗钙土	山地暗栗钙土		1	0—15	褐棕色	轻壤土	粒状	8.0	53.6	3.17	0.62	18.2	141	2.3	110	23.3		E 99°11′33.2″ N 37°05′04.3″	79
					2	15—26	暗褐棕色	重壤土	块状、粒状	8.2	29.8	1.79	0.60	17.5	76	0.9	92	17.6			
					3	26—96	淡褐棕色	重壤土	小块状	8.6	12.5	0.90	0.79	21.2	23	0.4	65	8.6			
					4	96—120	棕褐色	重壤土	小块状	8.6	14.9	1.02	0.77	20.4	33	0.5	32	18.4			

附　录

附录1　青海省县级行政区及县级土壤图地域名对照表

地级行政区划	县级行政区划[1)	分县主要土壤类型与土壤剖面点分布图地域名[2)
西宁市	城东区	市辖区*
	城西区	
	城北区	
	城中区	城中区、湟中区
	湟中区	
	大通回族土族自治县	大通回族土族自治县
	湟源县	湟源县
海东市	乐都区	市辖区*
	平安区	平安县
	民和回族土族自治县	民和回族土族自治县
	互助土族自治县	互助土族自治县
	化隆回族自治县	化隆回族自治县
	循化撒拉族自治县	循化撒拉族自治县
海北藏族自治州	门源回族自治县	门源回族自治县
	祁连县	祁连县
	海晏县	海晏县
	刚察县	刚察县
黄南藏族自治州	同仁市	同仁县
	尖扎县	尖扎县
	泽库县	泽库县
	河南蒙古族自治县	河南蒙古族自治县

续表

地级行政区划	县级行政区划[1]	分县主要土壤类型与土壤剖面点分布图地域名[2]
海南藏族自治州	共和县	共和县
	同德县	同德县
	贵德县	贵德县
	兴海县	兴海县
	贵南县	贵南县
果洛藏族自治州	玛沁县	玛沁县
	班玛县	班玛县
	甘德县	甘德县
	达日县	达日县
	久治县	久治县
	玛多县	玛多县
玉树藏族自治州	玉树市	玉树县
	杂多县	杂多县
	称多县	称多县
	治多县	治多县
	囊谦县	囊谦县
	曲麻莱县	曲麻莱县
海西蒙古族藏族自治州	格尔木市	格尔木市
	茫崖市	茫崖市
	乌兰县	乌兰县
	都兰县	都兰县
	天峻县	天峻县

注：1）为民政部于2022年3月发布的《2021年中华人民共和国行政区划代码》中的县级行政区名称。该名称也作为本数据集分县目录。分县排序按《2021年中华人民共和国行政区划代码》中的地级、县级行政区排列。

2）分县主要土壤类型与土壤剖面点分布图地域名是全国第二次土壤普查中分县采样调查、制图的县级行政区名称。分县主要土壤类型与土壤剖面点分布图采用的县级行政域是从国家测绘局获取的1∶25万DLG（公众版）数据（使用许可协议编号：非2011—1011）。附录1显示了全国第二次土壤普查时的县级行政区域名与《2021年中华人民共和国行政区划代码》中的县级行政区名称之间的关联。附录1中仅有《2021年中华人民共和国行政区划代码》中的县级行政区名称，而没有对应的分县主要土壤类型与土壤剖面点分布图地域名的分县，表示该县级行政区无土壤剖面数据，未纳入分县目录。

* 在附录1中，凡分县主要土壤类型与土壤剖面点分布图地域名表示为"市辖区"的地域，均指在全国第二次土壤普查中，在城市中心区及近郊区完成的采样调查和制图。此时，县级行政区名称与分县主要土壤类型与土壤剖面点分布图地域名不是完全的对应关系。如西宁市市辖区主要土壤类型与土壤剖面点分布图代表土壤调查中西宁市城区及近郊区的土壤分布状况。此时将"市辖区"作为这一节的标题。

附录2 专题图基础地理要素图例

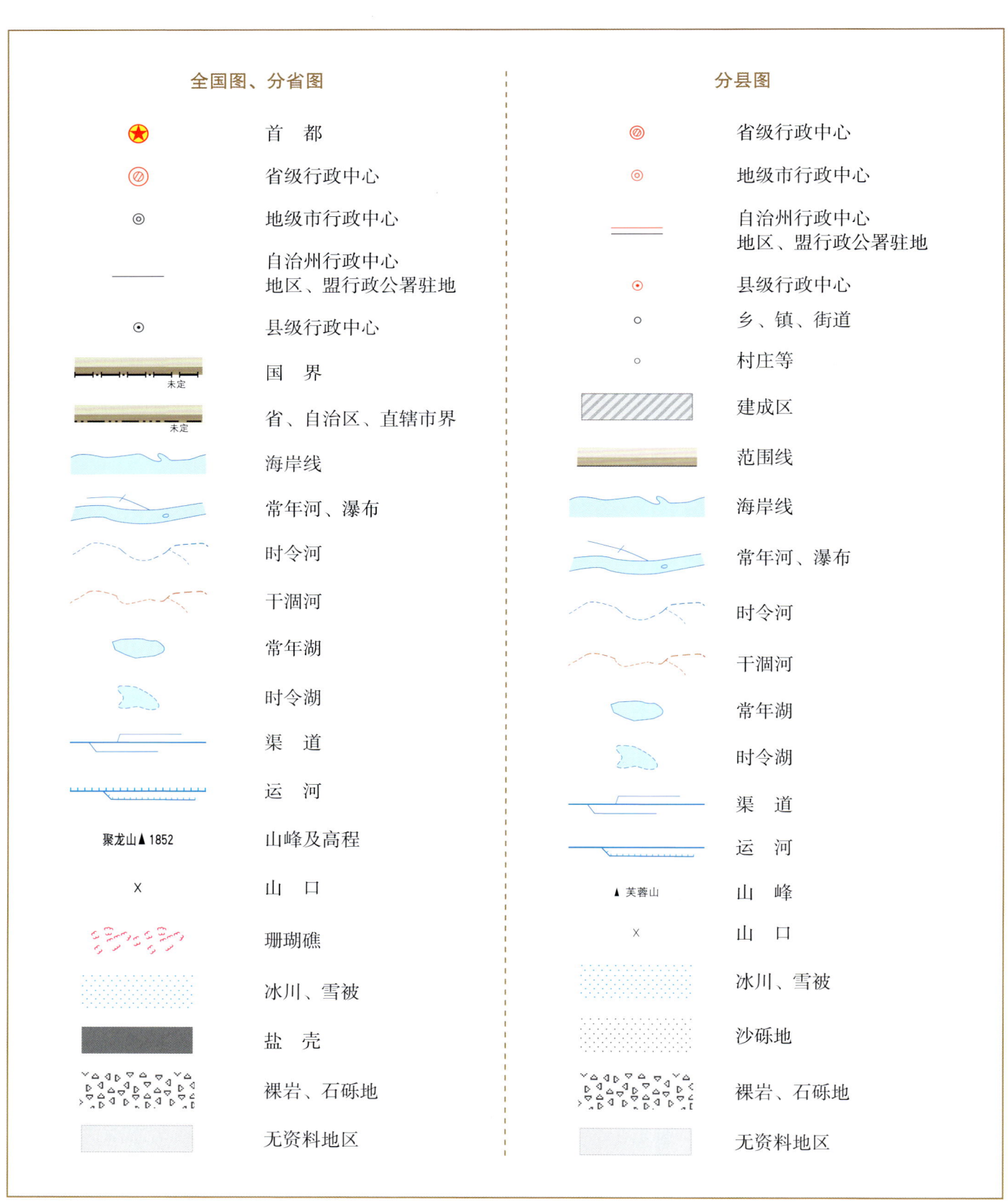

附录 3　土壤图土类图例

图例	土类名	色码（RGB）	色码（CMYK）	图例	土类名	色码（RGB）	色码（CMYK）
	砖红壤	253，139，149	0，56，26，0		棕钙土	250，221，212	2，17，13，0
	赤红壤	253，160，170	0，47，17，0		灰钙土	230，214，165	11，15，40，1
	红　壤	252，199，209	1，29，6，0		灰漠土	246，237，182	4，6，36，0
	黄　壤	250，238，14	2，5，92，0		灰棕漠土	232，207，118	8，19，62，1
	黄棕壤	247，231，171	3，9，40，0		棕漠土	238，220，86	5，12，76，1
	黄褐土	249，236，121	2，5，64，0		黄绵土	249，223，2	1，13，93，0
	棕　壤	238，218，147	6，14，50，1		红黏土	247，149，143	1，52，33，0
	暗棕壤	226，181，98	9，33，68，2		新积土	184，199，156	30，11，44，2
	白浆土	223，226，205	15，7，22，0		龟裂土	254，252，55	0，7，86，0
	棕色针叶林土	206，169，142	18，35，40，4		风沙土	242，242，180	6，2，39，0
	灰化土	183，169，182	31，31，16，4		石灰（岩）土	176，175，85	28，21，75，9
	漂灰土*	220，219，162	15，9，44，1		火山灰土	223，167，170	11，41，19，2
	燥红土	250，161，9	0，46，95，0		紫色土	199，177，221	28，31，0，0
	褐　土	225，201，153	12，21，43，1		磷质石灰土	240，250，156	7，1，51，0
	灰褐土	228，219，186	12，12，30，0		石质土	171，181，150	35，18，43，5
	黑　土	142，164，151	46，21，38，8		粗骨土	196，187，132	23，21，53，4
	灰色森林土	162，178，175	40，19，27，4		草甸土	128，171，117	51，14，63，7

续表

图例	土类名	色码（RGB）	色码（CMYK）	图例	土类名	色码（RGB）	色码（CMYK）
	黑钙土	230，188，50	6，30，88，1		潮　土	169，219，118	34，1，68，0
	栗钙土	214，195，161	17，22，37，2		砂姜黑土	191，202，188	29，13，26，1
	栗褐土	240，213，157	5，18，43，1		林灌草甸土	171，191，44	31，12，93，5
	黑垆土	201，204，125	22，12，60，3		山地草甸土	132，184，161	52，9，42，3
	沼泽土	144，183，212	49，14，8，2		灌漠土	158，184，110	39，12，67，6
	泥炭土	150，140，173	46，41，10，6		草毡土	150，172，169	45，20，29，6
	草甸盐土	222，145，201	21，49，0，0		黑毡土	129，157，106	48，19，63，14
	滨海盐土	232，206，217	10，22，5，0		寒钙土	198，214，203	26，8，21，1
	酸性硫酸盐土	187，159，184	29，38，9，3		冷钙土	194，194，96	23，15，72，5
	漠境盐土	209，130，159	16，58，11，3		冷棕钙土	183，186，169	31，20，32，3
	寒原盐土	187，159，184	29，38，9，3		寒漠土	235，223，181	9，12，33，0
	碱　土	227，211，211	13，18，11，0		冷漠土	223，197，102	11，22，68，2
	水稻土	107，176，107	59，9，72，3		寒冻土	196，171，79	19，29，77，8
	灌淤土	136，146，47	38，24，90，21				

注：* 漂灰土，《中国土壤分类与代码》(GB/T 17296—2009) 中无此土类，在全国第二次土壤普查中完成的中国 1∶100 万土壤图和分县土壤图中含漂灰土，主要分布于西藏自治区南部，总面积约为 112 km^2。

附录 4　中国主要土壤类型简表

土纲名[1]	土类名[2]	主要成土条件及特征[3]	分布区域	WRB 土组名[4]	MR[5]/%	百分比[6]/%
铁铝土纲 Ferrallisols	砖红壤 Latosols	热带雨林或季雨林下，强烈脱硅富铝化，游离铁占全铁的 80%，土壤呈砖红色，具 A–Bs–Bv–C 剖面构型	海南、广东等	Acrisols	29	0.46
	赤红壤 Latosolic red soils	南亚热带季雨林下，脱硅富铝化程度次于砖红壤、强于红壤，铁的游离度介于二者之间，土壤呈赤红色，具 A–Bs–C 剖面构型	广东、云南、广西、福建等	Acrisols	40	2.23
	红壤 Red soils	中亚热带常绿阔叶林下，中度脱硅富铝化，具有深厚红色土层，具 A–Bs–Bv 或 A–Bs–C 剖面构型	南部的江西、福建、湖南等	Cambisols	35	6.79
	黄壤 Yellow soils	亚热带湿润气候条件下，多见于海拔 700—1200m 的山区，中度富铝化，土壤有机质累积较多，土壤呈黄色，具 O–A–AB–B–C 剖面构型	贵州、四川、云南、西藏、台湾等	Cambisols	45	2.65
淋溶土纲 Alfisols	黄棕壤 Yellow-brown soils	北亚热带暖湿落叶阔叶林下，弱度富铝化，母质多为砂页岩及花岗岩风化物，黏化特征明显，土壤呈黄棕色，具 A–B–C 或 A–(B)–C 剖面构型	长江中下游沿江低山丘陵区，以及云南、贵州、四川、陕西、西藏等	Cambisols	39	2.37
	黄褐土 Yellow-cinnamon soils	北亚热带地区，黄土状母质，无游离碳酸钙，黏化淀积明显，土壤呈灰黄棕色，具 A–B–C 或 A–Bt–C 剖面构型	河南、安徽面积最大，陕南、鄂北、江苏、川东北、江西等地也有分布	Luvisols	58	0.59
	棕壤 Brown soils	湿润暖温带地区，处于硅铝风化阶段，盐基已淋失，土体见黏粒淀积，土壤呈棕色，具 O–A–Bt–C 剖面构型	辽东至苏北低山丘陵，以及内蒙古、河南、西藏、云南、湖北等地的山地垂直带	Luvisols	51	2.73
	暗棕壤 Dark brown soils	湿润温带地区，针阔叶混交林下，弱酸性淋溶，有机质富集明显，土体 B 层呈棕色，具 O–A–B–C 剖面构型	黑龙江、吉林、内蒙古等	Cambisols	48	4.12

续表

土纲名[1]	土类名[2]	主要成土条件及特征[3]	分布区域	WRB 土组名[4]	MR[5]/%	百分比[6]/%
淋溶土纲 Alfisols	白浆土 Bleached baijiang soils	湿润温带平缓岗地森林草原下，上层土壤周期性滞水，还原铁、锰，漂洗形成灰黄色至灰白色白浆土层 E，具 Ah-E-Bt-C 剖面构型	黑龙江、吉林等	Luvisols	46	0.49
	棕色针叶林土 Brown coniferous forest soils	寒温带针叶林下，酸性淋溶，表层盐基饱和度降低，B 层呈棕色，具 O-A-AB-B-C 剖面构型	内蒙古、黑龙江、四川、云南、吉林、新疆等	Cambisols	47	1.15
	灰化土 Podzolic soils	寒冷湿润针叶林下，表层有机质层深厚，强烈淋溶和 SiO_2 淀积形成灰化层 A_2，具 A_1-A_2-B-BC 剖面构型	西藏	Podzols	100	< 0.01
半淋溶土纲 Semi-alfisols	燥红土 Torrid red soils	热带、亚热带干旱河谷与雨区稀树草原下形成的盐基饱和的红色土壤，具 A-B-C（D）剖面构型	海南、贵州、云南、四川等	Luvisols	100	0.08
	褐土 Cinnamon soils	暖温带半湿润，黏化与钙质淋移淀积，盐基饱和，B 层呈棕褐色，具 A-B-Bk-C 剖面构型	河北、山西、北京等	Cambisols	48	2.88
	灰褐土 Gray-cinnamon soils	温带干旱、半干旱山地云冷杉下，腐殖质累积与钙积作用明显，弱黏淀特征，具 Ao-A-B-C 剖面构型	甘肃、内蒙古、新疆、西藏、青海、宁夏等地的山地垂直带	Cambisols	43	0.65
	黑土 Black soils	温带半湿润草甸草原下，具深厚的腐殖质层，无石灰性的黑色土壤，底层轻度淋溶，具 A-ABh-BhC-C 剖面构型	东北平原	Phaeozems	31	0.68
	灰色森林土 Gray forest soils	温带森林植被下，腐殖质层深厚，弱度淋溶，剖面下部见硅粉，具 O-A-AB 或（B）-BC-C 剖面构型	内蒙古、新疆、河北	Phaeozems	77	0.34
钙层土 Pedocals	黑钙土 Chernozems	温带半湿润草甸草原下，具深厚的腐殖质层、碳酸钙淋溶淀积层	内蒙古、新疆、吉林、黑龙江、青海、甘肃	Chernozems	50	1.51
	栗钙土 Castanozems	温带半干旱草原下，具有栗色腐殖质层和灰白色钙积层	内蒙古、新疆、河北、山西、吉林等	Kastanozems	61	4.18
	栗褐土 Castano-cinnamon soils	暖温带半干旱草原及灌木下，弱度黏化和弱度淋溶，通体有石灰反应	山西、内蒙古、河北	Cambisols	40	0.47
	黑垆土 Dark loessial soils	黄土高原上，由黄土母质发育，有机质含量低，腐殖质层深厚，无明显黏化层	甘肃面积最大，其次为陕北和宁南地区	Cambisols	59	0.21
干旱土 Aridisols	棕钙土 Brown caliche soils	温带干旱草原向荒漠过渡区，具浅棕色薄腐殖质层、灰白色薄钙积层，钙积层接近地表	内蒙古、甘肃、青海、新疆	Cambisols	36	2.81
	灰钙土 Sierozems	暖温带干旱草原下，母质多为黄土，低腐殖质、弱淋溶，具腐殖质层和钙积层	甘肃、宁夏、新疆、青海、内蒙古、陕西	Cambisols	63	0.50

续表

土纲名[1]	土类名[2]	主要成土条件及特征[3]	分布区域	WRB 土组名[4]	MR[5]/%	百分比[6]/%
漠土 Desert soils	灰漠土 Gray desert soils	温带干旱漠境边缘区	宁夏、内蒙古、甘肃、新疆等	Cambisols	44	0.72
	灰棕漠土 Gray-brown desert soils	温带干旱中心	新疆、内蒙古等	Cambisols	78	3.11
	棕漠土 Brown desert soils	暖温带极干旱漠境中心	新疆、甘肃等	Cambisols	65	2.69
初育土 Amorphic soils	黄绵土 Loessial soils	黄土高原上，由黄土母质直接翻耕形成，具 A-C 剖面构型	陕西、甘肃、山西、宁夏等	Cambisols	33	1.97
	红黏土 Red primitive soils	由第三纪红色黏土及部分第四纪老黄土发育	陕西、甘肃、河南、山西、辽宁等	Regosols	48	0.07
	新积土 Neo-alluvial soils	新近冲积、洪积、坡积、塌积或人工堆垫，具 A-C 或（A）-C 剖面构型	全国各地，以吉林、陕西面积最大，其次为黑龙江、宁夏、四川等	Fluvisols	51	0.57
	龟裂土 Takyr	干旱、漠境地区山前细土洪积微弱发育，表层为不规则龟裂结皮	新疆、甘肃、内蒙古、宁夏	Cambisols	72	0.06
	风沙土 Aeolian soils	半干旱、干旱及滨海地区，由风成沙性母质发育	新疆、内蒙古、甘肃、青海等	Arenosols	75	7.03
	石灰（岩）土 Limestone soils	由热带、亚热带石灰岩母质发育	贵州、广西、四川、湖南等	Cambisols	80	1.73
	火山灰土 Volcanic ash soils	由火山喷发碎屑、粉尘状堆积物发育，具 A-C 剖面构型	黑龙江、江苏、海南等	Andosols	53	0.04
	紫色土 Purplish soils	由热带、亚热带紫红色岩层侵蚀发育，土层浅薄，具 A-C 剖面构型	四川、云南、湖南、贵州、广西等	Cambisols	68	2.44
	磷质石灰土 Phospho-calcic soils	热带珊瑚岛礁上，由海鸟粪与珊瑚礁风化物形成	南海的西沙、南沙、东沙、中沙诸岛	Arenosols	81	<0.01
	石质土 Lithosols	石质山地岩石风化残积物，风化层厚度一般小于 10cm，具 A-R 剖面构型	西北和华北山地	Leptosols	100	1.87
	粗骨土 Skeletal soils	基岩风化残积物、坡积物，属于 A-C 或（A）-C 剖面构型	辽宁、内蒙古、山东、浙江等的河谷阶地、丘陵、低山和中山	Regosols	93	1.76
水成土 Aqueous soils	沼泽土 Bog soils	所处地势低洼，长期地表积水，还原作用形成潜育层 G，泥炭层或腐泥层厚度小于 50cm，具 H-G 剖面构型	黑龙江、青海、内蒙古等地的沟谷、平原河湖滨低洼地区均有分布，主要分布于东北	Gleysols	53	1.53
	泥炭土 Peat soils	泥炭层 H 厚度大于 50cm，其下为潜育层 G，具 H-G 剖面构型	青海、四川、黑龙江、吉林等	Histosols	48	0.06

续表

土纲名[1]	土类名[2]	主要成土条件及特征[3]	分布区域	WRB 土组名[4]	MR[5]/%	百分比[6]/%
半水成土 Semi-aqueous soils	草甸土 Meadow soils	冷湿条件下受地下水浸润并在草甸植被下发育，有明显腐殖质累积，铁、锰氧化还原形成锈纹层 Cu，具 A-Cu 或 A-C-Cu 剖面构型	黑龙江、内蒙古、新疆、四川等	Cambisols	92	3.54
	潮土 Fluvo-aquic soils	河流冲积平原或低平阶地耕作土壤，地下水位高，底土氧化还原交替形成锈纹层 Cu，具 A_{11}-A_{12}-Cu 或 A_{11}-C-Cu 剖面构型	主要分布于黄淮海平原，内蒙古、辽宁、湖北等地的河谷平原，滨湖低地与山间谷地也有分布	Cambisols	85	3.71
	砂姜黑土 Lime concretion black soils	河湖沉积物经脱沼与长期耕作形成，底土见砂姜	主要分布于安徽、河南、山东、江苏等，河北、湖北、广西等地也有分布	Cambisols	79	0.54
	林灌草甸土 Shrubby meadow soils	漠境河谷平原沿河一带的胡杨林下发育，有交替氧化还原作用，具 Ao-AC-C 剖面构型	新疆、内蒙古、甘肃等	Cambisols	87	0.24
	山地草甸土 Mountain meadow soils	中海拔山顶平台草甸植被下发育的薄层土壤，草皮层 As 下见铁锰锈纹、胶膜，具 As-A-C-D 剖面构型	除青藏高原及西北高山区以外，各省、自治区、直辖市均有分布，以西部为多，西南部次之	Cambisols	60	0.04
盐碱土 Alkali-saline soils	草甸盐土 Meadow solonchaks	草甸土、潮土、沼泽土地区，盐分累积量大于 6g/kg，有盐化表土层 Az，具 Az-C 剖面构型	从长江口到松辽平原均有分布	Solonchaks	55	1.21
	滨海盐土 Coastal solonchaks	母质为滨海沉积物，盐分来自海水和高矿化潜水，通常含盐量为 10g/kg，具 Az-Cz 剖面构型	山东、浙江、福建等沿海地区	Solonchaks	47	0.31
	酸性硫酸盐土 Acid sulphate soils	热带、南亚热带滨海低平原的海潮可及处，红树林残体形成的硫化物经氧化形成硫酸，土壤呈强酸性	海南、广东、广西、福建、台湾等	Solonchaks	36	<0.01
	漠境盐土 Desert solonchaks	极端干旱的漠境条件，含盐量通常在 100g/kg 以上	新疆、青海、甘肃等	Solonchaks	50	0.31
	寒原盐土 Frigid plateau solonchaks	青藏高寒地区退缩内陆湖盆、河间洼地	西藏	Solonchaks	88	0.10
	碱土 Solonetzes	碱化度（交换性钠占阳离子交换量百分比）大于 20%	零星分布于东北、华北、西北的内陆地区	Solonetz	50	0.06
人为土 Anthrosols	水稻土 Paddy soils	长期季节性淹灌、排水，水下翻耕，氧化还原交替，形成多种发生层分异：淹育层 Aa、犁底层 Ap、渗育层 P、潴育层 W 与潜育层 G	全国各地，以四川、江西、湖南等地面积为大	Anthrosols	83	4.93
	灌淤土 Irrigated warped soils	引用高泥沙含量灌溉水淤灌，加厚土层大于 50cm	新疆、宁夏、甘肃、河北、青海、西藏等	Anthrosols	70	0.22

续表

土纲名[1]	土类名[2]	主要成土条件及特征[3]	分布区域	WRB 土组名[4]	MR[5]/%	百分比[6]/%
人为土 Anthrosols	灌漠土 Irrigated desert soils	干旱荒漠地区，坎儿井水长期耕灌	新疆、甘肃、宁夏、青海等地的荒漠绿洲地带	Anthrosols	68	0.12
高山土 Alpine soils	草毡土 Felty soils	高寒区平缓高原面上，强度生草腐殖质累积与弱度氧化还原形成草毡层	青海、西藏、四川、新疆等	Cambisols	69	5.46
	黑毡土 Dark felty soils	高寒区略较温湿的原面上，草毡层初步分解，色泽较暗，有机质含量较高	西藏、四川、新疆、甘肃等	Cambisols	61	2.73
	寒钙土 Frigid calcic soils	高寒半干旱区，弱度腐殖质累积，底层积钙	西藏、青海、新疆、甘肃等	Calcisols	70	7.88
	冷钙土 Cold calcic soils	高寒区冷凉半干旱原面下，具弱腐殖质累积与钙积特征	新疆、西藏、甘肃等	Cambisols	45	1.43
	冷棕钙土 Cold brown calcic soils	高寒区温凉的半干旱河谷处，土壤弱腐殖质累积，弱度淋溶与积钙	西藏	Cambisols	67	0.09
	寒漠土 Frigid desert soils	高寒干旱条件下成土	青藏高原西北部海拔4000m以上地区，涉及新疆、四川、西藏、青海等	Cryosols	87	0.29
	冷漠土 Cold desert soils	亚高山冷凉干旱条件下成土	西藏海拔4500m以下的湖盆、河谷及山地中下部	Cambisols	42	0.03
	寒冻土 Frigid frozen soils	高山冰川冰缘地带条件下，以物理风化为主	青藏高原冰缘地区，涉及新疆、西藏、甘肃等	Leptosols	100	3.23

注：1) 中国土壤分类系统中土纲名及土纲英译名。
2) 中国土壤分类系统中土类名及土类英译名。
3) 本栏所用土层及后缀代码释义。
   自然土壤：A 表土层，As 草根层、草毡层，A_2 灰化层，B 母质特征消失的表下层，C 受成土作用少的母质层，D 未受成土作用影响的碎屑层，R 坚硬岩石层，E 漂白层、白浆层，H 泥炭状有机质层，Hi 纤维状泥炭层，He 半分解泥炭层，O 凋落物有机质层。
   旱地土壤：A_{11} 旱耕层，A_{12} 亚耕层，C_1 心土层，C_2 底土层。
   水田土壤：Aa 耕作层（淹育层），Ap 犁底层（淹育层），P 渗育层，W 潜育层，G 潜育层，Gw 脱潜层，M 腐泥层。
   土层后缀代码：d 漂灰特征，c 铁结核或硬结核，f 冰冻特征，h 有机质淀积，k 石灰聚积，n 碱化特征，q 硅聚积，t 黏粒淀积，v 网纹特征，x 脆盘，z 易溶盐聚积，su 硫化物聚积，b 埋藏或重叠，e 漂洗特征，g 潜育特征，i 弱分解有机质，m 胶结或固结，p 人工扰动，s 三氧化二物聚积，u 锈色斑纹，w 色泽或结构发育，y 石膏聚积，mo 铁锰胶膜。
4) 世界土壤资源参比基础（world reference base for soil resources，WRB）工作组发布土组名，WRB 土组划分原则与中国土壤分类系统中土纲接近。
5) WRB 土组对中国土壤分类系统中各土类的最大可参比性（maximum referencibility，MR）。
6) 该土类面积占各土类总面积的百分比。

附录5 青海省主要土壤类型表

土纲名[1]	土类名[2]	WRB土组名[3]	MR[4]/%	百分比[5]/%
半淋溶土纲 Semi-alfisols	灰褐土 Gray-cinnamon soils	Cambisols	43	0.9
钙层土 Pedocals	黑钙土 Chernozems	Chernozems	50	1.2
	栗钙土 Castanozems	Kastanozems	61	3.5
干旱土 Aridisols	棕钙土 Brown caliche soils	Cambisols	36	2.2
	灰钙土 Sierozems	Cambisols	63	0.2
漠土 Desert soils	灰棕漠土 Gray-brown desert soils	Cambisols	78	5.3
初育土 Amorphic soils	风沙土 Aeolian soils	Arenosols	75	3.4
	粗骨土 Skeletal soils	Regosols	93	0.1
水成土 Aqueous soils	沼泽土 Aqueous soils	Gleysols	53	7.0
半水成土 Semi-aqueous soils	草甸土 Meadow soils	Cambisols	92	0.3
	山地草甸土 Mountain meadow soils	Cambisols	60	1.3
盐碱土 Alkali-saline soils	草甸盐土 Meadow solonchaks	Solonchaks	55	1.4
	漠境盐土 Desert solonchaks	Solonchaks	50	3.3
人为土 Anthrosols	灌淤土 Irrigated warped soils	Anthrosols	70	0.1
高山土 Alpine soils	草毡土 Felty soils	Cambisols	69	28.0
	寒钙土 Frigid calcic soils	Calcisols	70	27.6
	寒漠土 Frigid desert soils	Cryosols	87	0.9
	寒冻土 Frigid frozen soils	Leptosols	100	8.4

注：1）中国土壤分类系统中土纲名及土纲英译名。
2）中国土壤分类系统中土类名及土类英译名。
3）世界土壤资源参比基础（world reference base for soil resources，WRB）工作组发布土组名，WRB土组划分原则与中国土壤分类系统中土纲接近。
4）WRB土组对中国土壤分类系统中各土类的最大可参比性（maximum referencibility，MR）。
5）该土类面积占青海省省域面积百分比，土类面积不足本省省域面积0.05%的土类未列入本表。

附录6　分省土壤有机质含量图有机质含量分级图例

图例	分级序号	色码（CMYK）	色码（RGB）	图例	分级序号	色码（CMYK）	色码（RGB）
	1	2, 2, 17, 0	255, 255, 220		8	38, 0, 74, 0	157, 218, 104
	2	4, 1, 35, 0	248, 255, 190		9	42, 0, 80, 0	146, 210, 90
	3	8, 0, 47, 0	238, 255, 165		10	48, 1, 85, 0	132, 200, 80
	4	17, 0, 53, 0	220, 249, 150		11	52, 4, 89, 1	123, 190, 70
	5	23, 0, 60, 0	203, 242, 135		12	54, 11, 94, 3	115, 175, 55
	6	28, 0, 62, 0	185, 235, 130		13	61, 18, 98, 7	92, 158, 37
	7	34, 0, 68, 0	169, 225, 118		14	64, 24, 100, 15	70, 138, 20

附录7 青海省典型剖面0—20cm土层土壤理化性状中位数与平均数

土壤理化性状[1]	青海省[2]			西北地区[3]			全国[4]		
	中位数	平均数	样本量*	中位数	平均数	样本量*	中位数	平均数	样本量*
有机质 /(g/kg)	34.4	60.0	541	12.7	25.3	5132	18.6	25.4	53243
pH	8.2	8.0	543	8.2	8.0	4727	6.8	6.8	54014
全氮 /(g/kg)	2.00	2.97	536	0.85	1.41	4954	1.06	1.37	49409
全磷 /(g/kg)	0.75	0.87	534	0.65	0.77	4844	0.60	0.78	50185
全钾 /(g/kg)	19.1	19.5	525	19.4	19.3	3034	18.0	17.5	29736
碱解氮 /(mg/kg)	114	169	529	57	98	1597	90	114	19316
有效磷 /(mg/kg)	5.0	7.0	511	5.0	7.5	2643	4.4	7.5	23100
速效钾 /(mg/kg)	155	185	532	149	171	2529	90	110	23841
阳离子交换量 /(cmol/kg)	16.6	20.0	497	12.3	15.0	3210	13.1	14.8	22361

注：1）土壤全氮、全磷、全钾、碱解氮、有效磷、速效钾含量均以N、P、K纯养分量计。
2）收录本卷的青海省典型土壤剖面共计654个。通过对剖面数据的土层厚度转换，附录7给出了这些典型剖面0—20cm土层土壤理化性状中位数与平均数。全国第二次土壤普查剖面采样为典型土类采样，而非网格化采样。0—20cm土层土壤理化性状中位数与平均数不代表本省土壤理化性状平均状况。但全国第二次土壤普查是我国最早的大样本量调查，附录7所示的0—20cm土层土壤理化性状中位数与平均数对了解青海省20世纪80年代土壤肥力性状量化指标具有一定参考价值。
3）西北地区包括陕西、甘肃、宁夏、青海和新疆5个省、自治区，本数据集收录该地区的剖面共计6078个。
4）本数据集全集收录的剖面共计63792个。
* 样本量的单位为"个"。

附录 8　青海省主要土地利用类型 0—30cm 土层土壤有机质含量[1]

土地利用类型	青海省		西北地区[2]		全国	
	占省域面积百分比 /%[3]	有机质 / (g/kg)	占地域面积百分比 /%	有机质 / (g/kg)	占地域面积百分比 /%	有机质 / (g/kg)
耕地	0.81	22.56	5.62	12.35	13.52	18.65
园地	0.09	7.50	0.95	9.58	2.13	16.68
林地	6.61	32.92	12.67	19.03	30.04	26.96
草地	56.71	27.70	36.49	20.20	27.97	19.18
湿地	7.33	19.02	2.62	14.55	2.48	17.56

注：1）各土地利用类型 0—30cm 土层土壤有机质含量由本卷编制的青海省土壤有机质含量图和自然资源部土地科学数据中心编制的 2019 年 1:100 万比例尺全国土地利用缩编图通过叠加、计算生成。其中，耕地包括水田、水浇地和旱地；园地包括果园、茶园和其他园地；林地包括有林地、灌木林地和其他林地；草地包括天然牧草地、人工牧草地和其他草地；湿地包括沼泽地、沿海滩涂和内陆滩涂。
2）西北地区包括陕西、甘肃、宁夏、青海和新疆 5 个省、自治区。
3）土地利用类型占省域面积百分比根据第三次全国国土调查发布的 2019 年土地利用现状分类面积汇总数据计算生成。

附录9 青海省耕地、园地、林地和草地中主要土壤类型占比[1]

青海省								西北地区[2]								全国							
耕地		园地		林地		草地		耕地		园地		林地		草地		耕地		园地		林地		草地	
土类名	占比/%	土类名	占比/%	土类名	占比/%	土类名	占比/%	土类名	占比/%	土类名	占比/%	土类名	占比/%	土类名	占比/%	土类名	占比/%	土类名	占比/%	土类名	占比/%	土类名	占比/%
栗钙土	51.1	灰棕漠土	39.4	草毡土	41.8	草毡土	37.0	黄绵土	14.9	黄绵土	21.2	黄绵土	11.1	草毡土	18.2	水稻土	14.9	水稻土	14.3	红壤	16.7	寒钙土	21.8
黑钙土	29.9	棕钙土	26.5	灰褐土	13.5	寒钙土	29.8	草甸盐土	8.9	褐土	14.3	风沙土	11.1	寒钙土	13.6	潮土	14.3	红壤	13.1	暗棕壤	10.3	草毡土	14.4
棕钙土	8.5	风沙土	18.2	山地草甸土	12.3	沼泽土	8.9	黑炉土	7.4	棕漠土	9.0	黄棕壤	9.7	棕钙土	9.0	草甸土	9.1	砖红壤	11.5	黄壤	7.0	栗钙土	9.7
灰钙土	2.6	漠境盐土	12.3	黑钙土	5.6	寒冻土	7.2	草甸土	6.9	灌淤土	8.0	棕壤	8.6	栗钙土	7.4	褐土	6.1	褐土	10.5	黄棕壤	6.3	棕钙土	7.4
灌淤土	2.1	草甸盐土	2.7	栗钙土	5.0	栗钙土	4.0	潮土	6.9	黑炉土	6.4	褐土	8.0	灰棕漠土	7.0	紫色土	4.8	赤红壤	9.6	棕壤	5.8	寒冻土	5.3
山地草甸土	2.1	沼泽土	0.3	草甸盐土	4.6	棕钙土	2.3	褐土	6.6	潮土	6.2	灰褐土	5.0	寒冻土	5.0	红壤	4.7	紫色土	5.6	赤红壤	5.1	风沙土	4.8
灰褐土	1.1	灰钙土	0.3	漠境盐土	3.9	灰棕漠土	2.0	灰钙土	5.4	草甸土	5.3	草甸盐土	4.9	冷钙土	4.9	黑土	3.4	粗骨土	5.0	褐土	4.6	灰棕漠土	4.4
寒钙土	0.6			寒钙土	3.1	漠境盐土	1.8	灰漠土	4.6	风沙土	4.8	草毡土	4.4	棕漠土	4.0	黑钙土	3.2	潮土	4.8	紫色土	4.5	黑毡土	4.0
合计	98.0	合计	99.7	合计	89.8	合计	93.0	合计	61.6	合计	75.2	合计	62.8	合计	69.0	合计	60.5	合计	74.4	合计	60.3	合计	71.8

注：1）耕地、园地、林地和草地中主要土壤类型占比由本卷分省土壤图和自然资源部土地科学数据中心编制的2019年1:100万比例尺全国土地利用缩编图通过叠加、计算生成。其中，耕地包括水田、水浇地和旱地；园地包括果园、茶园和其他园地；林地包括有林地、灌木林地和其他林地；草地包括天然牧草地、人工牧草地和其他草地。当某省、自治区，直辖市中某土地利用类型所含土壤类型较多时，本表仅列出占比比较大的土壤类型。

2）西北地区包括陕西、甘肃、宁夏、青海和新疆5个省、自治区。

附录10 《中国土壤剖面数据集》参编单位

国家科技基础性工作专项重点项目"我国1∶5万土壤图籍编撰及高精度数字土壤构建"主持与参加单位	
中国农业科学院农业资源与农业区划研究所	湖南农业大学
中国科学院南京土壤研究所	西北农林科技大学
中国农业科学院农业环境与可持续发展研究所	沈阳大学
中国科学院地理科学与资源研究所	山东省国土测绘院
国家基础地理信息中心	辽宁省基础测绘院
全国农业技术推广服务中心	黑龙江省农业科学院土壤肥料与环境资源研究所
中国农业大学	海南省农业科学院
华中农业大学	上海市农业科学院生态环境保护研究所
中国地质大学（北京）	城信迪赛（北京）科技有限公司
参加数据集各分卷审核和修订工作的单位	
北京市农林科学院植物营养与资源研究所	广西农业科学院农业资源与环境研究所
河北省农林科学院农业资源环境研究所	重庆市农业技术推广总站
山西省农业科学院农业环境与资源研究所	贵州省农业科学院土壤肥料研究所
辽宁省农业科学院植物营养与环境资源研究所	云南省农业科学院农业环境资源研究所
吉林省农业科学院农业资源与环境研究所	甘肃省农业科学院土壤肥料与节水农业研究所
江苏省农业科学院农业资源与环境研究所	青海省农林科学院土壤肥料研究所
福建省农业科学院	宁夏农林科学院农业资源与环境研究所
江西省土壤肥料技术推广站	新疆农业科学院土壤肥料与农业节水研究所
山东省农业科学院农业资源与环境研究所	西藏自治区农牧科学院
湖南省土壤肥料研究所	

续表

参加分县大比例尺纸质土壤图与土种志收集的单位	
北京市耕地建设保护中心	福建省农田建设与土壤肥料技术总站
天津市农田建设管理处	山东省土壤肥料总站
河北省土壤肥料总站	河南省土壤肥料站
山西省耕地质量监测保护中心	湖北省耕地质量与肥料工作总站（湖北省土壤肥料调查测试中心）
内蒙古自治区土壤肥料和节水农业工作站	湖南省土壤肥料工作站
辽宁省土壤肥料总站	广东省农业科学院农业资源与环境研究所
吉林省土壤肥料总站	河池市土壤肥料工作站
黑龙江八一农垦大学	成都土壤肥料测试中心
上海市农业技术推广服务中心	云南省土壤肥料工作站
江苏省农业科学院	陕西省耕地质量与农业环境保护工作站
扬州市土壤肥料站	甘肃省耕地质量建设保护总站
安徽省土壤肥料总站	

注：表中各参编单位仅出现一次，参与多项工作的单位不重复列出。

参考文献

［1］张维理，徐爱国，张认连，等．土壤分类研究回顾与中国土壤分类系统的修编［J］．中国农业科学，2014，47（16）：3214-3230.

［2］张维理，KOLBE H，张认连，等．世界主要国家土壤调查工作回顾［J］．中国农业科学，2022，55（18）：3565-3583.

［3］MCBRATNEY A B，MENDONÇA SANTOS M L，MINASNY B. On digital soil mapping［J］. Geoderma，2003（117）：3-52.

［4］USDA. Natural Resources Conservation Service［EB/OL］. Soils National Soil Information System（NASIS）［2021-12-01］. http://www.nrcs.usda.gov/wps/portal/ nrcs/detail/soils/survey/cid=nrcs142p2_053552.

［5］CSIRO Land and Water. Australian Soil Resource Information System（ASRIS）［EB/OL］.［2021-12-01］. http://www.asris.csiro.au/asris.

［6］European Soil Data Centre［EB/OL］.［2021-12-01］. http://eusoils.jrc.ec.europa.eu/.

［7］全国土壤普查办公室．全国第二次土壤普查暂行技术规程［M］．北京：农业出版社，1979.

［8］张维理，张认连，徐爱国，等．中国1∶5万比例尺数字土壤的构建［J］．中国农业科学，2014，47（16）：3195-3213.

［9］张维理，傅伯杰，徐爱国，等．中国土壤调查结果的地统计特征［J］．中国农业科学，2022，55（13）：2572-2583.

［10］张维理．海量空间数据提取、整合与制图表达方法概要［J］．中国农业科学，2014，47（16）：3231-3249.

［11］张维理．智能化海量空间信息分析与地图制图软件包IMAT设计及构建［J］．中国农业科学，2014，47（16）：3250-3263.

［12］《第一次全国地理国情普查地图集》编纂委员会．第一次全国地理国情普查地图集［M］．北京：中国地图出版社，2019.

［13］中国地图出版社．中国地图集［M］.3版．北京：中国地图出版社，2022.

［14］全国土壤质量标准化技术委员会．土壤制图 1∶25 000　1∶50 000　1∶100 000 中国土壤图用色和图例规范：GB/T 36501—2018［S］．北京：中国标准出版社，2018.

［15］张维理，KOLBE H，张认连．土壤有机碳作用及转化机制研究进展［J］．中国农业科学，2020，53（2）：317-331.

［16］周北燕，石家星．中华人民共和国地形图［M］．北京：中国地图出版社，2009.

［17］《中华人民共和国气候图集》编委会．中华人民共和国气候图集［M］．北京：气象出版社，2002.

［18］中国标准化与信息分类编码研究所，全国农业技术推广服务中心．中国土壤分类与代码：GB/T 17296—1998［S］.

［19］中国标准研究中心．中国土壤分类与代码：GB/T 17296—2000［S］.

［20］全国信息分类编码标准化技术委员会．中国土壤分类与代码：GB/T 17296—2009［S］．北京：中国标准出版社，2009.

［21］ISSS，ISRIC，FAO. World Reference Base for Soil Resources. Wageningen/Rome，1998.

［22］SHI X Z, YU D S, XU S X, et al. Cross-reference for relating Genetic Soil Classification of China with different scales［J］. Geoderma, 2010（155）: 344-350.
［23］全国土壤普查办公室. 中国土种志　第一卷［M］. 北京：中国农业出版社，1993.
［24］全国土壤普查办公室. 中国土种志　第二卷［M］. 北京：中国农业出版社，1994.
［25］全国土壤普查办公室. 中国土种志　第三卷［M］. 北京：中国农业出版社，1994.
［26］全国土壤普查办公室. 中国土种志　第四卷［M］. 北京：中国农业出版社，1995.
［27］全国土壤普查办公室. 中国土种志　第五卷［M］. 北京：中国农业出版社，1995.
［28］全国土壤普查办公室. 中国土种志　第六卷［M］. 北京：中国农业出版社，1996.
［29］全国土壤普查办公室. 中国土壤［M］. 北京：中国农业出版社，1998.